U0160540

2020
室内设计论文集

中国建筑学会室内设计分会　编

2020

INSTITUTE OF

INTERIOR

DESIGN

JOURNAL

中国水利水电出版社
www.waterpub.com.cn
·北京·

内 容 提 要

　　本书为中国建筑学会室内设计分会2020年年会论文集,共收录论文44篇,内容包括建筑设计、景观设计和室内设计的设计理论探讨、设计方法总结、设计案例分析、项目实践经验分享等,涉及中国优秀传统设计文化传承、设计教育改革、历史建筑室内空间环境解析、艺术与技术融合、空间设计创新、新型材料应用等论题。

　　全书内容丰富,图文并茂,可供建筑设计师、室内设计师阅读使用,还可供室内设计、环境设计、建筑设计、景观设计等相关专业的高校师生参考借鉴。

图书在版编目(CIP)数据

2020室内设计论文集 / 中国建筑学会室内设计分会
编. -- 北京 : 中国水利水电出版社, 2020.11
ISBN 978-7-5170-8981-0

Ⅰ. ①2… Ⅱ. ①中… Ⅲ. ①室内装饰设计—文集
Ⅳ. ①TU238.2-53

中国版本图书馆CIP数据核字(2020)第205901号

书　　名	**2020 室内设计论文集** 2020 SHINEI SHEJI LUNWENJI	
作　　者	中国建筑学会室内设计分会　编	
出版发行	中国水利水电出版社 (北京市海淀区玉渊潭南路1号D座　100038) 网址:www.waterpub.com.cn E - mail:sales@waterpub.com.cn 电话:(010)68367658(营销中心)	
经　　售	北京科水图书销售中心(零售) 电话:(010)88383994、63202643、68545874 全国各地新华书店和相关出版物销售网点	
排　　版	中国水利水电出版社微机排版中心	
印　　刷	天津嘉恒印务有限公司	
规　　格	210mm×285mm　16开本　15印张　624千字	
版　　次	2020年11月第1版　2020年11月第1次印刷	
定　　价	**98.00**元	

凡购买我社图书,如有缺页、倒页、脱页的,本社营销中心负责调换

版权所有·侵权必究

目　录

布达拉宫自明性的表达

■ 曾智静
■ 重庆大学建筑城规学院

摘要 建筑的自明性（identity）是一种自我说明能力，实现身份认同，提供辨识，展现建筑与众不同的特征；藏式宫殿建筑因其特殊的民族、宗教和环境特征，具有很强的辨识度。本文以建筑遗产拉萨布达拉宫历史建筑群为研究对象，试图从建筑形象、室内空间和建筑要素等层面，解读布达拉宫建筑设计中的自明性表达。

关键词 建筑遗产 布达拉宫 建筑设计 自明性

1 建筑的自明性

凯文·林奇在其重要著作《城市意象》中，将意向和环境认知作为解读城市的一种方式推向建筑学世界，描述了构成环境意象的三种重要元素，即自明性、结构和意义[1]。自明性满足人类的方向感与认同感，人类据此了解自己"身在何处"及"该何处去"。自明性通过物质实体展现独有的高辨识度的特征，能够给观者留下鲜明的印象，便于观者分辨与记忆，它构建出自身完整的生长逻辑，具备强烈的自我说明能力，并传达给观者，观者由此产生感觉并强化空间的意向。因此，"自明性"是产生建筑环境意象的物质基础，身处其中的观者据此体会到建筑空间的独特意义。

2 布达拉宫与藏式宫殿建筑

藏式宫殿建筑起源于西藏古格王朝洞窟建筑，发展于西藏萨迦王朝、帕木竹巴王朝、噶丹颇章王朝，有近千年的历史，其有古建筑出于防御目的、依山而建、易守难攻的特点，代表权力的威严、尊贵，建在山头，与山下的民宅呈居高临下的态势。西藏宫殿建筑独占山头，不与其他建筑相连，它虽有寺庙建筑一样的装饰，但不求华丽，以粗犷、威严、高傲的风格体现世俗政权的内在特质。

布达拉宫为藏式宫殿建筑的典型代表。它坐落在玛布日山之上，借助山势建造了规模庞大的宫堡式建筑群，是海拔最高的世界文化遗产（图1）。主体建筑分为红宫和白宫两大部分：红宫为历世达赖喇嘛的灵塔殿和各类佛堂，白宫则是达赖喇嘛的冬宫，也曾是原西藏地方政府办事机构所在地。布达拉宫的其他建筑还有朗杰扎仓、僧官学校、作坊、马厩等。宫前还有坚硬的城墙、宫门和角楼。

3 布达拉宫建筑形象与室内空间自明性的表达

3.1 建筑形象与室内空间功能的契合

（1）从建筑群体形象到建筑功能的合理安排。布达拉宫取法自然，依山修建，内部按密宗"金科"（坦城净土）[2]构建，同时很切合实用。"它根据坡、坞、沟、壑、坪等不同地势，构建成若干大小不同的房间，若干房间连成一院、一楼、一群，内部井井有条，外部和谐统一。高大却不突兀，因为依山堆砌，与山体吻合无间，像山体的

图1 布达拉宫历史建筑群

自然延伸,而平顶和两侧的圆形堡垒,又加强了圆融恬静的神韵,在这整体中又突出主体建筑的气势,用布设横纹饰带,多设盲窗等,使实高九层的宫楼具有十三层高的表貌。在整体的浑厚平稳中又精心布置金塔层顶,突出富丽堂皇。"[3]黄志龙在《布达拉宫秘史》中提及该宫殿构建的奥妙:"先因不同的地形而建成一个个四合院,若干四合院又组成一楼,这就便于按政、教两个系统,安排大殿、议事厅,经营灵塔,并按僧俗官员地位越高者住得越高的规矩,配置经堂、办公室、住房等。一万多间房间却都住得井然有序呢!它雕梁画栋,殿廊交错,宫殿、佛堂、经室、客厅、寝宫、灵塔殿、僧官学校以及庭院等,交相辉映,浑然一体。身临其境,若无向导,往往像进入阵图,不知身在何处呢!"

(2)从单体建筑到群体建筑形象的完整设计。布达拉宫室内功能庞杂,同时要兼顾各个功能的流线,做到有条不紊。朝拜空间内部大小房间混杂,多呈现"回"字形的朝拜流线,回环往复,逐级上升。各个大小房间组合形成方正的外部形体,以保持外部形象的简洁干练,有力度;多个这样的形体结合山体有机地整合,运用"均衡"的构图方法,使得主体得到突出和取得整体的和谐统一。"主体建筑红宫和白宫建在山顶最高处,但这个位置却偏在山头的西部,所以处理方法是在东面的山脊上建一点矮小的建筑,用围墙连接再东面的一座楼房,最东端建一座小圆碉楼结束,东面的建筑不多,但距离较长;西面建一片楼房,最西端也建一座半圆形碉楼与东端呼应,但西端虽有楼房,宽度却不大,于是在其南坡上建一片向下跌落的僧舍。这样,西面虽宽,却体量较小,主体建筑左右取得均衡之势。布达拉宫东西延绵

300余米,形成宏伟壮观的艺术效果。"[4]

无论从群体到单体,或是从单体到整体,由内而外或是从外至内,布达拉宫都实现了整体形象与功能逻辑的清晰架构。身处其中的人不致迷失,远处瞻仰的人不致困惑。它符合人们心里对最高等级的藏式宫殿建筑的形象诉求。此为建筑形象与室内空间的自明性表达。

3.2 基于朝拜仪式设计的建筑空间自明性的表达

布达拉宫为藏民心中的"圣宫"。西藏沿途,有各式朝圣之人,而布达拉宫,即是他们重要的目的地之一。设计者在处理布达拉宫政、教两个功能时,将"教"的流线放在了突出位置,从而组织了整个建筑群的室内空间功能和序列。

由朝拜仪式所定义的建筑空间有着适应朝圣者心理的起、承、转、合(图2)。"起"的部分为序章,多为室外路线,朝圣者在攀登的过程中可多角度瞻仰布达拉宫的宏伟立面(图3)。朝拜流线从两座高楼的廊道开始,这两座楼就是藏有全部藏文大藏经的东西印经院(室外)。东侧部为有四尊大金刚画像的东大门(室内),通过厚达4m的宫墙之间的夹道就进入宫中。半山有一广阔达2000多㎡的平台广场——德阳厦(室外),为达赖喇嘛在节日里观看跳神演出之处(图4)。以循序渐进的节奏,间或转入室内空间,而后又重回室外,这样"一呼一吸"之间,将朝圣者的视觉与心理感知调至合适的程度,同时制造神秘的氛围。

"承"的部分为承接,室内空间比例增大,此时不只是建筑空间的明暗交替,同时加入了壁画、雕塑等室内陈设进行氛围营造。沿正中的扶梯上去,即为"噶崩当"廊道,

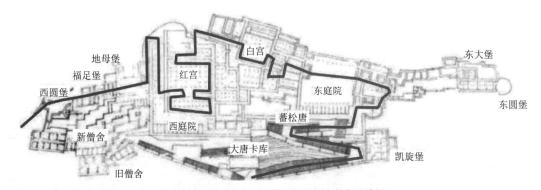

图2 1948年布达拉宫主体平面及笔者朝拜流线图

图3 朝拜流线一隅

图4 德阳厦和白宫东大殿入口

由此即进入东部白宫——白宫东大殿（举行达赖喇嘛坐床典礼等重大政治活动的场所）。墙壁上绘着文成公主进藏的种种故事图。历史故事、宗教宝藏、建筑遗存，在朝圣者心里有节奏地铺陈展现，渐入佳境。

"转"的部分为高潮，进入室内，通过极端尺度的殿堂空间、神圣的灵塔陈设、更加繁复的室内装饰予以朝圣者巨大的心理震撼。沿着"回"字形的转经路径转入正中红宫，密柱式的殿宇深邃神圣，大殿周边环绕一圈柱廊和僧舍，它们又与其他厅室相连，逐圈外扩[3]。殿内有历世达赖喇嘛的灵塔8座，其中五世达赖喇嘛的灵塔高达14.85m，外裹11万两金皮，镶嵌的珠宝达15000多颗。红宫最大的殿堂司西平措殿，有50根大柱，面积达200m²，四壁绘着历代达赖喇嘛的故事图，其中以五世达赖喇嘛朝见顺治皇帝图最为珍贵。大殿东、西、北三面配殿内藏有珍贵的大藏经、贝叶经及名贵佛像等。越深入，越幽暗，殿堂越发高耸，人越加渺小，敬畏之感达到顶峰。

"合"的部分为尾声，至此由红宫进入西部白宫再出室外。西部白宫有两大殿，通往大门的"松格廊"廊道内绘有近700幅壁画，内容为佛本生故事，佛、菩萨，密宗各派的"金科"、本尊、明王、明妃、六道轮回、世界形成图等。上楼即为七世纪遗留的"曲吉竹普"殿，殿内有松赞干布、文成公主、噶尔·东赞、桑布札等的塑像，还有观音堂（布达拉宫祖殿）。朝圣者惊魂未定，历史故事在眼前逐一放映，历史与现实发生模糊与偏差，忽而眼前一片白光，原是步出白宫，再见辽阔青天。

朝拜仪式随着朝拜空间的起、承、转、合进行到尾声。布达拉宫海拔3750m，宫殿高度110m，拾级而上，室内空气愈发稀薄，只感人力的微弱，缓慢前行，心里的崇敬之情愈烈。

整个过程下来，由转经路串联起室内外的空间序列。转经路作为藏区独有的空间组织模式，在外部串接了世俗和宗教，串连街巷、广场、寺庙、宫殿、林卡和民居；在建筑内部，转经路围绕经堂、佛像和宝塔，将人们的礼拜活动有机地组织在一起，形成了建筑空间的核心。与转经路相伴的，是一种内向而稳定的空间结构，一种因空间叠加而带来的特殊的空间体验。人与物理空间之间形成了非常多样化的关系，或高狭，或开阔，或幽暗，或明朗，仿佛在经历一段特殊的生命旅程。

4 不同要素在布达拉宫自明性表达中的作用

4.1 光

光线设计贯穿整个朝拜流线，参与制造宗教氛围。如布达拉宫白宫，从白宫东大殿入口进入，经过陡峭的呈"回"字形布置的楼梯，逐级升高。这时，回环往复的室内空间一直都是较为昏暗的状态，时而布置有从上部引光的采光天井（图5），故不致全黑，向上迈出室外，光线突然明朗，再进入则为较狭窄的室内空间，此为主要殿堂之前厅，此时有较为明亮的光线投入（图6），然后步入主要殿堂，空间进深大，靠外墙设置宅窗与座龛，光线微弱，空间再次阴暗起来，而在主要的佛龛顶部开高侧窗（图7），

图5 采光天井

图6 前厅光线

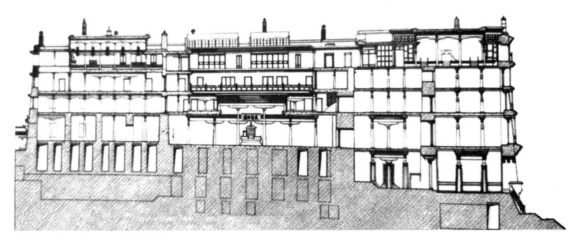

图7 布达拉宫白宫剖面图

光线通过层层的经幢漫射下来，打在佛像上，既起到了突出主体、引导视线的作用，黄色烛光摇曳，天光稳定通透，又使人顿生敬畏平和之感。

光线是布达拉宫朝拜活动的重要感知要素，而设计者巧妙又充分地利用光线，设计出与朝拜者朝拜体验相吻合、引导朝拜者心灵体验的室内空间。

4.2　声

声音并非设计但胜似设计，与其他感官配合攻陷朝圣者心灵。布达拉宫室内殿堂里的各种声音——鼓声、铃声、祈祷声、颂吟声等组成的幽、和、静、淡的音乐声，能使人完全沉浸其中。除此之外，再无杂声，朝圣者必须屏气凝神。而声音伴随着殿堂里明晃晃的烛台，风一动，又伴随着燃烧的香蜡气味，钻入耳朵与鼻翼，朝圣者又觉眼里含泪，五感早已模糊。这种模糊五感的特殊体验，是布达拉宫殿堂内的极致宗教气氛的产物。

4.3　构件

藏式建筑内部的木构架，经过了长时间的发展演化，柱、栌斗、替木、梁等各构件的尺度、造型、比例以及雕刻、色彩等都有完整的传统做法，形成与其他民族不同的别致的"柱式"。

柱均为木质，布达拉宫的柱断面主要有圆形、方形、多折角及束柱等（图8），柱身均有收分。在重要显眼部位入口处（如门口、前廊等）多使用多折角柱（图9）；宫城南门后檐及僧官学校正门各有一对束柱（图10）；主要宫室内部主要使用方柱。布达拉宫东大殿内的方形柱的每一面都做成了较为明显鼓出的琴面，加工时在中部1/3的宽度凸出约3cm，左右小弧面与柱角相连，形成凸起的琴面，它比用同一直径的原木加工的方柱显得硕大而浑厚，增加了柱身粗壮感的美观效果[5]。

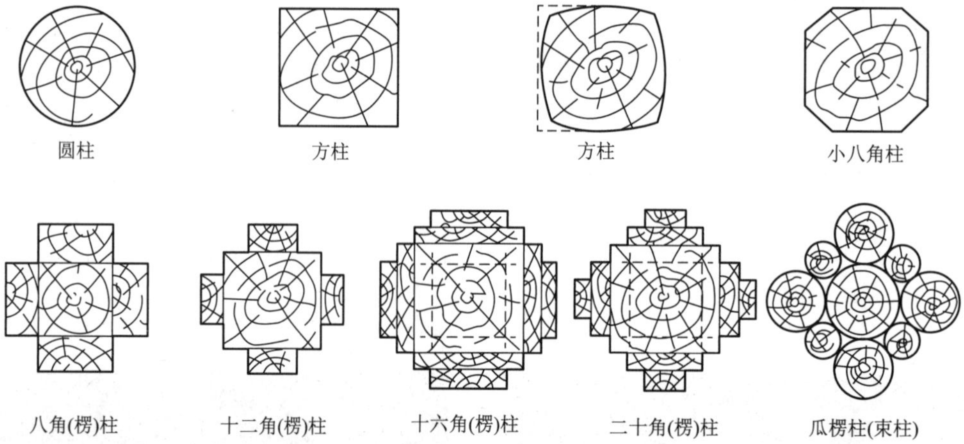

（图8　圆柱　方柱　方柱　小八角柱　八角(楞)柱　十二角(楞)柱　十六角(楞)柱　二十角(楞)柱　瓜楞柱(束柱)）

图8　藏式柱断面图

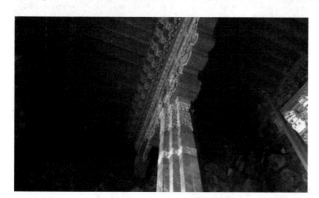

图9　多折角柱

图10　束柱

建筑门外入口，常作柱廊，在围墙大门口两侧出挑木，挑木上置斗，其上为额枋，上附短椽出檐。柱身上细部施花纹、雕饰；柱头满绘彩画，施雕刻。建筑室内大空间，常作柱阵，室内核心空间的柱阵高耸直上，柱身截面大；周边朝拜回廊空间柱阵较低，柱身截面稍小，与核心空间形成自然的高下错落，以起到突出佛龛主体空间的作用。

4.4　色彩

布达拉宫的外部和内部，使用简单、强烈的色彩突出

建筑的民族与宗教特色。墙面色彩丰富，有白色、红色和黄色。白色外墙，顶部用边玛檐墙（图11）或刷成棕色，窗上均有小雨棚，门窗口外刷黑色的梯形窗套；红宫的红墙上部，边玛檐墙之下是一条高度约1m的白色横带，这条横带分隔上面深棕色的边玛檐墙与下面的红墙，表现出建筑色彩的丰富而有变化，极为醒目；在白宫殿堂屋顶正中入口上部设金色法轮、双鹿，四角插金幢，正面边玛檐墙上装饰写有梵文的金饰，红宫白宫上均建金顶，更显建筑色彩丰富，金碧辉煌；在门窗檐下及内檐檐下，挂宽不

到 30 厘米的红、蓝、白三色布幔，微风使得布幔形成彩色的涟漪，给光洁的墙面和寂静的檐下带来动感。白、红、黄等色彩均为原色，大面积均匀平涂，墙顶以棕色横带结束。在鲜艳色彩的大墙面，有规律地点缀以黑色门窗，色

彩对比强烈，突出布达拉宫敦厚、稳重的感觉。室内墙面红、黄、蓝三色搭配，创造出有特色的墙带来凸显门框（图 12 ）。

图 11　边玛檐墙

图 12　室内墙面装饰

结语

布达拉宫的民族性、政权性、宗教性等多重身份决定了其建筑内涵的复杂性。自建成至今，布达拉宫虽经不断修葺，但其建筑的风格与格局并未发生大的改变，有历久弥新的特色与风格。建筑遗产的核心作用是提供"自明性"（ identity ）。自明性影响着建筑遗产的辨识度与传承。布达

拉宫作为世界文化遗产，其复杂的建筑内涵通过自明性得以表达。

布达拉宫建筑形象与室内空间功能的高度契合、基于宗教朝拜仪式的建筑空间设计、独特的建筑要素、建筑各要素配合所营造的宗教氛围，共同创造了布达拉宫建筑群室内外空间的高度自明性。

参考文献

［1］凯文·林奇 . 城市意象［M］. 北京：华夏出版社 , 2017.
［2］宿白 . 藏传佛教寺院考古［M］. 北京：文物出版社 , 1996.
［3］次仁卓玛 . 布达拉宫主要机构的功能［J］. 文物古建 , 2008(4).
［4］陈耀东 . 中国藏族建筑［M］. 北京：中国建筑工业出版社 , 2007.
［5］张鹰 . 西藏民间艺术丛书：建筑装饰［M］. 重庆：重庆出版社 , 2001.
［6］汪永平 . 拉萨建筑文化遗产［M］. 南京：东南大学出版社 , 2005.
［7］西藏拉萨古艺建筑美术研究所 . 西藏藏式建筑总览［M］. 四川：四川美术出版社 , 2007.
［8］肖诚 . 天路：西藏非物质文化遗产博物馆设计札记［J］. 建筑学报 ,2019(11): 63–69.

疫情时期的医疗室内空间设计思考

■ 陈　亮
■ 中国中元国际工程有限公司建筑环艺院　　中国建筑学会室内设计分会
　中国医药卫生文化协会人文医居分会

摘要 全世界范围内的新型冠状病毒疫情给人类自身健康发展带来了新的考验。未来我们将长期与各种病毒共存。健康医养将成为全球共同关注的话题，因此医疗设施的建设将会进入到一个建设高潮。医院设计的未来发展变的是方式，不变的是超前的理念和前瞻的眼光，医疗室内设计作为医院建设的重要环节必将有新的发展。

关键词 医疗　室内设计　控制感染　新的设计方式　病毒时代

世界上有这样一个地方，它洁白纯净、冰冷严肃、每个人都白衣口罩，是记忆中的梦魇，但它又是每一个人从生到死几乎无法逃避的地方，这就是医院。笔者参与设计了 200 多所医院的室内设计，对医院空间的功能作用以及情感逐渐有了不一样的认识，医疗建筑作为功能最为复杂的公共建筑之一，承载了人们的喜悦、悲伤、痛苦等诸多复杂的情感，是每一个现代人都无法回避的空间场所。它既是医护工作者为之奋斗、体现医者仁心的工作岗位，也是患者在这里治疗身体或心理疾病的港湾，更是患者亲属在或欢笑或悲鸣的场所，所以医疗室内空间设计是最集中体现人类行为、意识、情感、人文的空间。

全世界范围内的新型冠状病毒疫情给人类自身健康发展带来了新的考验，无论我们的文明科技发展得如何迅猛，突发而来的疫情瞬间就能摧毁所有成果。这次病毒疫情的肆虐也是气候变化、生态改变的恶果，在未来我们也将长期与各种病毒共存。健康医养将成为全球共同关注的话题，因此医疗设施将会进入到一个建设高潮。我国的医院建设数量在全世界排名第一，但在这次新冠疫情暴发之际，仍暴露出了我们在医院建设理念、管理方面的短板和政策方向引导的不足。在突发疫情面前瞬间束手无策，这其实是很多一、二线城市的现状，而很多三线城市的医疗设施更是捉襟见肘。国内现在只有上海、南京等少数城市建设了 1000~1200 床的公共卫生中心，能够相对从容地面对此次疫情。而很多大型城市都是近期临时搭建应急医疗设施。这种应急设施建设成本与常规医院建设成本相差无几，但是使用年限很短，性价比不高。例如北京小汤山医院仅使用了几年就废弃了，而最近又在短时间内改造完成并使用，这种短期临建使用寿命有限，往往无法达到正规医疗设施的运行水平，因此我们应长期规划，不能总是头痛医头、脚痛医脚。那么在后疫情时代，全国具有一定人口规模的城市都将进入新一轮医院建设和对既有医院的改造大潮中，医院建筑设计规划将进入一个新的建设周期，医院建设中的室内环境设计作为重要环节也将得到空前的重视与发展。

笔者在近 20 年的工作中，有幸跟随国内医院设计领域的领军人物——勘察设计大师黄锡璆博士，以及一批最为专业的医院建筑设计团队配合工作，在实践项目中深刻理解了室内设计对于医院整体建筑设计的重要性：室内空间是联系医生和患者的空间平台，是体现人性化关怀和尊重生命的载体。我们要建设符合现代医疗流程的医院，不仅要考虑良好的医疗环境和空间效果，还要保证安全性，不仅包括工程建设的安全合规性以及医生工作环境的安全、患者就医避免二次感染的安保障措施，还要做到经济合理，性价比最优，医院运行高效节能、绿色环保。以上为医院建设的基本原则，这些原则把设计环节需要考虑的各方面问题做了很好的平衡，也是做医院室内设计的最基础的要求。

通过以往项目实践的体验，笔者深刻感受到医疗室内设计与一般的公共空间和私宅设计完全不同，具有其专业特殊性。

第一，医疗空间的功能流线复杂。一般综合三甲医院大约有 30 多个科室，这些科室不是独立存在的，相互之间要有关联，设计时应当考虑医生和患者的流线，减少交叉，同时人员、医疗用品与污物流线也要避免交叉，还应当考虑院感控制等环节。

第二，医疗空间具有多变的灵活性。例如北京协和医院从 20 世纪 20 年代的 100 多张床位发展到现在的 2000 多张床位。医院的建设会随着时代和技术的变化快速做出调整，随着各种仪器设备的变化以及国家建设规范的调整而不断改造升级。

第三，医疗空间设计具有多专业、多学科交叉的庞杂性。医疗空间设计涉及的专业比较多，设计师需要了解各科室所用设备的尺寸、特点及其对结构、机电的要求。医院室内多专业的综合汇总图往往都是由室内专业最后落地收尾，既要满足最后的实用、美观的要求，又要平衡和协调好所有相关专业的设计要求，设计师必须具有整体把控相关专业的能力和知识储备。

第四，设计应当充分考虑能耗问题。在公共建筑中，医院建筑的能耗最高，因为有患者在，医院必须 24 小时不间断运行。因此，医疗室内设计必须充分考虑节能环保、绿色运行。

第五，必须重视各个环节设计的安全性。例如，设计空间装修材料的安全性要有符合医院防火等级的耐燃性，施工安装的材料在相应的抗震等级下不易脱落伤人，有放射线检查的空间要有适合的材料屏蔽和保护患者等。

医疗建筑种类丰富，有门急诊楼、病房楼、体检中心、VIP保健中心以及各种专科医院（如儿科楼）等多种类型的建筑单体，也有大型综合建筑，所以医疗室内设计看似简单，其实涉及的建设种类是最为复杂的。"非典"之后，在国家政策的引导下，大型综合三甲医院的建设体量不断扩大，建设规模动辄十几万平方米的医院已很常见，二三十万至四五十万平方米的医疗综合体也比比皆是，医院基础设施建设的规模不断扩大，但仍然无法满足人们医疗保障的需求。尤其是各地区发展还不均衡，还需要加大资金的投入。虽然医疗建筑类型多样，功能复杂，但通过归纳整合，医疗室内空间大致分成以下四类：

（1）公共空间。包括公共大堂、中庭以及门急诊出入大厅、住院大厅等各类型功能的大厅。

（2）串联各种医疗功能区的交通空间。包括医疗主街，通往诊区、检查区、病区的通道走廊等空间。

（3）医院内的等候空间。包括候诊区、药房、挂号、咨询的等候区等。

（4）医疗诊疗空间。包括医技科室和门诊部的各诊室以及护理单元区域（包括病房及护士站）等。

医疗公共空间是患者进入医院的第一功能空间，具有信息提示、引导分流等一系列重要功能，引导人们迅速进入到交通空间或者其他功能空间，是人流量较大的地方，也是医院形象建设的门面，所以做室内设计时往往最为优先考虑，建设资金投入也会向其倾斜。例如，在设计北京协和医院门急诊楼的大厅时，入口大厅原设计方案为4层高，后期根据建设方要求把大厅层高增加到9层，并且加入了玻璃采光顶，取得了良好的空间视觉效果，使人进入大厅瞬间感受到室内设计带来的空间氛围。但是这也付出了极大的代价，在交通方面，电梯数量必须增加；建筑层高改变，建筑结构必须调整；层高的增加引起室内消防系统的改变，又引起空调、照明等各机电专业设计的连锁调整。医院投入使用后，发现由于空间的改变，大厅内噪声较大，每天早上挂号时总是人声鼎沸，嘈杂声充满整个室内大厅，极大地降低了室内环境的品质。后来，经过现场测试，发现问题在于整个大厅顶面和立面上铺贴的大面积光滑、硬质的玻璃、石材等材料，而有肌理的吸声材料面积过小，无法满足吸声要求。经过声学设计师的设计调整，这一问题才得以改善。由此可以看出，要想获得超出预期的效果，不仅是室内设计的调整，而且还涉及相关专业的设计调整以及工程投资的增加，正所谓牵一发动全身，因此医疗室内空间在设计时要适度，满足使用功能的前提下保证空间效果（图1）。

医院的大厅、中庭不仅要解决医疗空间的使用功能，更应该注重给患者带来极强的心理感受，在大厅内增加适当的自然采光和让人舒心的绿化景观，都会给医护人员和病患带来心理上的舒适感。北京某医院由于院区场地有限，缺乏亲近自然植物的活动空间，因此在其高端病房楼室内设计时，考虑增加了多个室内立体中庭花园，并且赋予不同的自然主题，患者仿佛置身在室外的自然空间中。此外，中庭花园的设计也有很好的隔离作用，把整个护理单元区域分成几个组团，对护理病房进行有效分区，使之便于管理（图2、图3）。

图1 北京协和医院门急诊楼大厅

图2 北京某医院室内中庭

图3 北京某医院室内中庭轴测效果图

7

医院室内设计目前存在两个误区：其一，对医院内所有空间都严格按照院感控制的要求来设计，缺乏人性化设计，带来令人不适的负面影响；其二，设计师根本缺乏医院设计的整体概念，把医院设计成酒店或者会所风格，造成后期院感管理的不便。因此，医院室内设计应把控好设计效果，区别对待不同的空间，进行分级设计。医院的公共空间相对比较开放，适于大量人群集散，空间效果可以丰富一些，适当营造温馨舒适的环境，搭配艺术品陈设以及容易养护、非过敏源的植物，甚至可以在公共区域内设置咖啡厅和临时舞台表演区，让公共空间充满人文气息。近些年，民营医院在这方面考虑得更加细致，它们没有三甲综合医院的垄断性医疗资源，因此要通过环境和服务来弥补，从而达到吸引患者的作用。

近几年，随着互联网技术和医院智能信息化系统的逐步完善，很多患者会在网上或用手机端预约挂号，有效地减少了医院非必要性人流量，同时信息化系统有效地优化了挂号、取药、候诊等一系列问诊环节，减少了患者的等候时间，减少了人员的聚集。因此，未来大型医院的公共空间会逐步减小，甚至其功能会分散，直接对接科室，减少中间交通环节，有效地节约时间、空间，不再出现患者熬夜排队、人群涌动的排队等候场景。

新冠疫情暴发时，有的医院发生了人传人的情况，之前强调的感染分区、院感控制等引以为豪的设计环节都暴露出了设计和管理运行上的短板。疫情期间，很多医院又把原来开放的公共空间进行了分隔，隔离成不同区域，以避免交叉感染，并进行体温检测。这次疫情将会对医疗建筑、室内等设计环节提出新的要求。例如，2019年刚刚竣工投入使用的北京某大型三甲医院病房楼就是面向未来的设计。由于地处北京中心区域，建设用地面积有限，建筑面积约4.5万 m^2。对于不必要的医疗空间，适当压缩面积，其中大厅面积为566m^2，两层高约为7m，面积虽然不大，但是功能布局合理，除了常规的人工服务窗口外，增加了大量的自助设备，可以有效地减少排队人流，提高效率。大厅和交通空间的主街、走廊紧密连接，可迅速分散患者，引导其去往不同区域。在主街和重要交通节点设置了多个岛状接待区，可以有效地改善患者过于集中的状况。

串联各种医疗功能区的交通空间包括医疗主街，医院的主干道以及各诊室通道、走廊等空间。这些功能空间就相当于医院内的"脉络"，串联起整个医院的功能空间，让医院内的各种人群通过该空间到达其相关功能区。其中包含水平和垂直方向，如何减少医患在该空间范围内的流程，增加流量的便捷性，这是设计师应该重点关注的问题。过去，在设计大型综合三甲医院时，设计师习惯把交通空间的体量做到极致，以便满足各种情况下的人流使用。例如，昆明呈贡新区医院设计了近百米长的医疗主街串联门诊、急诊、病房楼等主要功能区，其中主街3层高，宽度为24m，局部最宽处达30多m。结合当地气候，医疗主街空间内部采用自然通风，内部栽种适合当地生长的植物调节室内空间小气候。在近百米长的主街上有多组垂直交通核心筒，把从各个大厅进入的病患迅速导流分散。主街

内分段设置了多组休闲区，内有咖啡、水吧等设施，方便病患及家属候诊（图4、图5）。医疗主街是医院交通组织的"大动脉"，在医院交通空间设计中极为重要，因功能综合多样，可适当进行分段处理，多采用自然光、绿植或艺术品进行设计点缀，以丰富狭长、沉闷的空间（图6）。

近些年，随着医疗建筑设计的革新和智慧医院建设的不断升级，医疗主街作为医院面积大、重要性强的空间也在逐步演变。压缩主街或交通空间的长度并与大厅门厅等功能性空间结合，模糊明确的空间概念，甚至演变成为复合性的交通大厅，与公共空间和规模大些的交通空间结合，这种集约型空间更能有效地缩短交通距离，节省空间面积，有效利用空间，节约投资造价。刚竣工投入使用的石药儿童医院改造工程就是压缩交通大厅的平面尺度，采用弧形曲线环绕并串联三个功能大厅（图7~图9）。由于该项目是改造工程，因此设计时因地制宜地结合现状平面功能，把入口大厅和交通空间结合，采用弧形平面把三个原有建筑结合在一起，形成了造型独特的综合性大厅。大厅立面采用彩色玻璃幕墙，既有很好的视觉效果，也起到良好的采光作用，给前来就诊的小患者和家属营造出活泼、轻松的就医氛围。原有的三栋建筑外立面局部变成了交通大厅室内的一部分，并且每栋楼的交通核心筒区域

图4 昆明呈贡新区医院医疗主街效果图

图5 昆明呈贡新区医院医疗街室外效果图

图 6　天津生态城医院交通中庭

采用与外幕墙一致的彩色玻璃设计，形成室内外空间一体化设计。投入使用后，该项目功能合理紧凑、运行良好，获得了 2019 年度权威行业协会评选的十佳医疗室内设计。

医院交通空间的诊室通道、走廊等空间也是医疗建筑非常重要的空间组成部分，在设计时不仅要考虑使用功能和院感控制，也要充分考虑人性化的关怀，从细节品质入手，充分考虑人的行为和心理。例如在狭长的通道和走廊应有节奏地进行分段设计，内预留休息区，宜在 20~30m 范围设置座椅，便于病患随时休息。由于人群使用量大，交通空间内的材料，建议选择经久耐用、具有抗腐蚀性能的材料。另外，该类型空间一般处于各个功能区之间，采光普遍比较差，因此，设计师应充分考虑利用人工照明和透光隔墙等手法营造出开敞、通透的空间（图 10）。交通空间还应注意导向设计，以达到高效衔接候诊、大厅、门厅等功能空间的作用。

医院内的等候空间包括候诊区、药房、挂号、咨询的等候区等，这些空间是病患聚留时间长的空间，大量人群聚集，容易导致交叉感染，未来的设计中，这些区域应设置隔断或进行分区处理。这些区域中的一部分常被包含在公共空间和交通空间当中，例如药房、挂号、咨询等区域，还有一部分是相对独立的空间，与交通空间串联，如各个科室的候诊区。

随着医院信息化系统设施的完善，可通过手机 App 查询等候情况，因此等候区的空间设计可以适度开放。但在

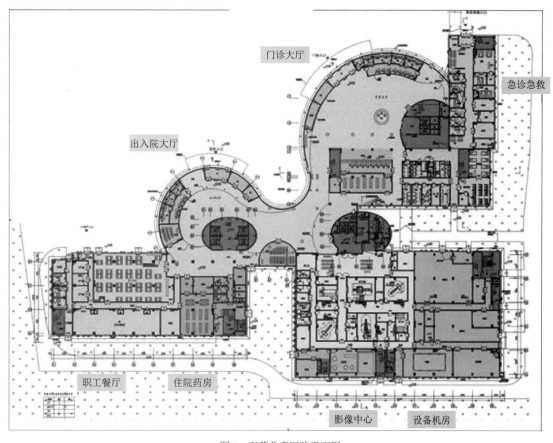

图 7　石药儿童医院平面图

图8 石药儿童医院外立面

图9 石药儿童医院室内主街

图10 医院候诊区空间

挂号、出入院、药房、咨询办理窗口应采用局部隔断，在保证病患隐私的同时也有效地保障了1m以上的间距，有效控制交叉感染（图11）。结合医院的院感和后疫情时代人们对人与人之间的距离会更加敏感，注重设计细节保证设计品质，成为今后医疗室内设计的新要求。

候诊空间的一次候诊区应具有公共开放性和便于识别性，而二次候诊区容易聚集病患，易产生交叉感染，也易使患者因长时间等待而产生焦虑，从而激发医患矛盾。可以在一次候诊时，通过叫号系统对候诊人群进行分区，适当增加活动隔断来分散候诊座位，也可应用多屏障分隔措施，采用透明材质或半开敞隔断进行分隔（图12）。在二次候诊前，应安排预诊空间，对病患进行初步询问和安抚，合理引导进入诊室，让病患有一个空间转换，避免其产生焦躁感，使其在进入诊室就诊前有个心理准备，同时减少医患矛盾，减少交叉感染的机会。

图 11　北京大学第一医院出入院办理台

图 12　候诊空间的等候区

医疗诊疗空间包括医技科室和门诊部的各诊室，它们与护理单元区域（包括病房及护士站等）在整体医院建筑空间的占比较高，是医生与患者产生交互行为的空间，具有通用化和标准化的特点。此类空间的平面设计有详细的设计规范和具体要求，有时由专业医疗流程设计公司作为三级流程的内容来设计平面布置。由于这些诊疗功能空间量大且设计可以标准化处理，因此比较适合采用国家现在大力推广的装配式设计。在这次抗击疫情过程中，装配式医院得到大力推广，雷神山医院、火神山医院建设都是采用集装箱形式的装配式设计，建筑室内材料都是工厂生产运抵现场后安装。今后，装配式设计将会快速、大规模地运用于医院建设，尤其是医院诊室、病房护理单元等易标准化的空间（图13、图14）。近几年，装配式在室内装修工程中的应用已经比较成熟，随着人们对医疗健康的关注，医院建设的市场需求会逐步加大，对于缩短建设周期的要求将越来越高，而节约时间成本最有效的设计和施工方式就是装配式。随着各种技术、材料的不断升级，病房或诊室护理单元走廊等都可以采用装配式施工建成。装配式设计具有很多施工方面的优势，在新建建筑尤其是既有医疗建筑的室内改造中应用广泛，可以与机电设备、面材更好地结合，节省施工时间带来的效益足以摊平成本费用。

未来，装配式医院室内设计必将大规模推广，这也是对室内设计、施工的一次革命性推进，将逐渐改变设计行业的格局。

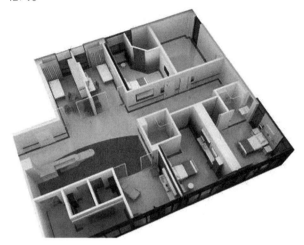

图 13　装配式医院样板轴测图

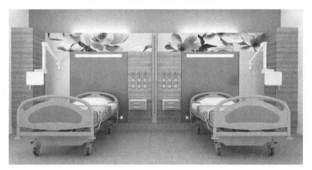

图 14　装配式医院样板病房效果图

医院病房的护理单元区域也是容易发生医患感染、医患矛盾的场所。护士的工作强度较大，难以面面俱到，因此设计师在做设计时应当考虑通过室内空间布局来解决问题。过去做室内平面设计通常只考虑护士工作的便利，一般把护士站及其相关功能区置于整个护理单元的中心区域，以便于护士照顾整个护理单元的病人，但却忽略了护理单元入口区的控制和隔离问题。从交通核——电梯厅入口门厅就近设置小型接待空间或"护士岛"，则便于护士对进出人员进行监控以及引导就近治疗，从而避免病患或外部人员进入护理单元中心护士站产生交叉感染或医患纠纷的问题。

此外，护士站设计目前多采取开放式设计，这种设计看似人性化（护士可与病患面对面交流），其实存在巨大的安全隐患，大量的伤医事件发生在护士站。因此为了医护人员的安全以及避免感染，护士站的设计在解决护理人员工作必要的交通流线外，应保持医护人员面对病患的距离（仅在护士站远端预留无障碍台面即可），护理人员完全可以从护士站内走出来面对患者解决问题，护士站不应是接待服务台，而应当是为护理人员创造的便捷、高效的工作空间。

通过以上对医疗室内各个空间设计的阐述，可以看出医疗室内设计专业性非常强。如何突破常规医疗室内设计，进行创新、探索未来医疗的发展方向，是所有室内设计师应当思考的问题。笔者认为医疗空间设计应从以下 6 个设计基本要素来入手：

（1）在医疗室内设计中，不同材质的材料应用极为重要，不仅要满足医院空间高强度、高耐候性的使用要求，还要健康环保。材料是营造使用空间环境氛围的重要表达方式。

（2）医疗室内色彩设计是整体设计的重要一环，运用得当，往往会有出其不意的效果。在医疗空间设计中，需要选择色调、冷暖接近的色彩，少用补色（蓝和橙）和对比色（黄和红），黑色、熟褐等黯淡压抑的重色切忌使用，以减少对病人的心理刺激。用色彩的变化赋予空间变化的韵律感和节奏感，达到空间与色彩的和谐。

（3）由于医疗空间的使用人群心理和生理的特殊性，因此在光线的设计上应把握好分寸，光线不能过强，以免对病人产生强烈的生理刺激，光线也不能过暗或给人暗淡沉闷的感觉。医疗空间室内照明设计最重要的是把握光的亮度，始终保持柔和、自然的光环境，稳定使用者的情绪。

（4）家具和陈设设计是室内设计的一个重要环节，与人关系最为密切，而医疗室内设计中的家具，除美观外，更重要的是满足患者活动需要。随着医疗环境品质的提升，医院室内设计中的艺术品、陈设、软装设计越来越受到重视，未来有很大的设计市场和发展潜力。

（5）室内景观绿化设计也越来越多地应用在医疗空间内，给人以强烈的感染力，柔化空间，使室内空间变得自然柔和、亲切感人。

（6）随着医疗空间品质逐步提升以及就诊人群素质的不断提高，医院室内的声学环境品质越来越高。医院公共空间应避免人群嘈杂，应减轻患者就诊时的心理压力；诊室和病房隔墙的隔声板应做至结构板顶，避免声音的交叉干扰。设计师应按照（或高于）国家相关设计标准的要求来进行医院内的声学设计，从而保证医疗空间的软性品质，达到真正的舒适宜人。

医院室内设计对从业设计师有很高的技术要求。设计要满足使用者的需求，体现人性化的关怀。医养室内设计受制于医疗功能和院感需求，空间、材质、色彩、灯光都应该从患者和医护工作者的角度去考虑并精心推敲，这是医养室内设计的精髓。

十几年来，尤其是在 2003 年北京"非典"之后，我国的医疗设计和建设持续快速发展，据统计，近 3 年来，我国每年新增医院 3 万多所，已建成的医院数量居世界首位。国家持续进行医疗体制改革，人民对医疗健康服务的要求不断提高，医疗健康市场不断升温。近年来，社会资本逐渐介入医疗行业，民营医院逐步开花结果，中国医养环境的建设不断升温，但尚不能满足我国社会医疗需求。据国家有关部门测算，未来预计新增床位 150 多万张，投资近几百个亿，建设面积约 1.5 亿 m²，建设规模与数量都是非常巨大的。

中国中元为首的国内专业医疗设计团队拥有医院设计核心技术，不断拓展国际市场，在世界各地陆续设计了多所综合医院，取得了巨大的社会影响力。2016 年，"变形医院"——适应性空间的医院摩天楼获得了由美国 EVOLO 杂志主办的摩天楼竞赛荣誉奖，该作品在来自全球的数百个作品中总排名第四，是摩天楼竞赛举办 11 年以来的首个医院项目，也是首个应用"变形"的概念展现中国设计师医疗建筑设计水平的作品。如同变形金刚一样，该作品通过建筑空间的形态变化和空间转换，以空间围绕患者进行变化为概念来设计实现医院空间以患者为中心的设计目标（图 15）。

纵观人类生存和发展史，每一次重大疫情过后，人类都会迎来一场技术、医疗健康、社会意识形态的改变和提

图 15 "变形医院"概念设计方案

升。未来人类对自身生存环境的健康将高度关注。随着科技的不断进步，以及5G网络和大数据技术的发展，人们的就医模式将发生巨大的变化，综合性医院的体量将减小和分解，物联网、3D打印与药剂整合技术、大数据以及远程同步动作传输技术，使患者足不出户即可完成病症诊断及治疗。未来，看病将越来越趋向于家庭医疗，技术将改变医疗方式。因此，医院设计的未来发展变的是方式，不变的是超前的理念和前瞻的眼光。医疗室内设计作为医院建设的重要环节，必将有新的发展。

这次全球疫情对人类而言，是一次严苛的考验。在全国人民共同努力之下，我国国内的疫情已经得到控制，但是海外疫情仍处在暴发期，在全球化的今天，人类的命运息息相关。疫情之后更加证明了中国的医疗无论从硬件到软件都经得起考验，未来在医疗建设领域，一定是世界看中国！

国家话语与生活品位：中美第一代女性室内装饰师的比较研究

■ 丁 俊

■ 苏州工艺美术职业技术学院

摘要 女性室内装饰师在中美室内设计发展的早期阶段发挥了重要作用。在比较的视野中对中美第一代女性室内装饰师进行分析，有利于建构关于室内设计历史的深层理解。文章从以下三个维度进行二者的比较：成长历程，作品类型、规模与服务对象，作品风格及创作手法。通过比较，发现以下异同：第一，中美第一代女性室内装饰师都成长于相对优越的家庭环境。相对而言，美国女性室内装饰师都出生于中上阶层，她们的成长环境以及欧洲的生活经历都有利于其为美国富裕阶层提供室内装饰设计服务。而中国女性室内装饰师都出生于知识分子家庭，其毕业和工作的院校在其职业成长过程中发挥了关键作用，体现在职业准备和职业机遇两个方面。第二，美国女性室内装饰师面对的项目以家庭空间为主，体现了富裕阶层的生活品位，而中国女性室内装饰师面对的项目以政府公共空间为主，体现社会主义和民族性的双重需求。第三，美国女性室内装饰师继承的是欧洲传统，在此基础上将其转化为现代化的美国特色；中国女性室内装饰师受到苏联影响，并在借鉴中国传统图案的过程中，探索古典式的民族性。显然，中美女性室内装饰师在当时的社会语境与自我能动性的平衡中建构了其职业成长历程。她们的实践既促进了室内设计职业的进步，也提升了妇女地位。然而对于女性的偏见在室内设计中仍然存在，因而室内设计中的女性话语权是一个值得未来继续探讨的议题。

关键词 室内设计 女性主义 比较研究

引言

设计史中的女性角色是近年来学术界讨论的热点之一。原因在于以往的设计史研究充斥着男性话语。然而，"伴随着女性主义思潮的影响，20世纪90年代以来，女性主义研究成为西方设计史研究的重要范畴"[1]。在这种趋势下，从包括建筑[2]、都市[3]、产品[4]、室内[5]等各个领域开始探讨女性的地位、作用与意义。

对于室内设计而言，女性无疑在其发展历程中发挥了重要作用。尤其是美国的室内设计最开始与女性主导的住宅美化活动密不可分。虽然中国没有美国那样在室内设计发展过程中呈现强烈的女性气质，但是女性也为室内设计的发展做出了重要贡献。在室内设计史论研究中，西方学者对于女性表现出了较多关注，而中国则相对欠缺。这是由于中国的室内设计史论研究起步较晚，处于对西方研究趋势的引进、消化和借鉴阶段，中国室内设计史的主流叙述基本停留在艺术美感和风格分析为主的阶段。而这也是目前设计史研究所批判的"英雄史"[6]的方式，这种方式只关注著名设计及其体现的风格演变，呈现出精英主义的历史观。而女性角色恰恰是其所忽略和边缘化的群体。因此，以美国作为参照，将有利于对中国室内设计发展过程中的女性角色进行发掘、分析和反思。值得指出的是，女性主义❶（Feminism）是西方文化研究中的一项重要议题。它包含着较为丰富的内涵。但是，本文主要就中美两国室内设计发展早期阶段的女性室内装饰师的工作状态进

行梳理，并进而对其地位、作用及意义进行探讨，而并无意对女性主义进行解释。

1 研究问题的提出

室内设计中的女性话题在美国室内设计史研究中已经得到了较多讨论。现有研究多从几个代表性的女性室内装饰师进行研究，包括艾尔西·德·沃尔夫（Elsie de Wolfe，1859—1950）、南希·文森特·麦克勒兰德（Nancy Vincent McClelland，1877—1959)、桃乐丝·德雷帕（Dorothy Draper，1880—1960)、茜斯特·帕里斯（Sister Parish，1910—1994）等（表1）。研究的角度涉及多个方面，包括成长经历、美学品位、职业化、性别身份认同等多个方面。其中Campbell N. 分析了艾尔西·德·沃尔夫为室内装饰所贡献的一生[7]；McNeil P. 探讨了性别与室内装饰师的关系[8]；Sparke P. 撰写了大量的文章研究艾尔西·德·沃尔夫，以她为个案分析了室内装饰的美学品位[9]，同时探讨了美国现代室内装饰的诞生[10]，探究了当时美国室内装饰师的职业化过程[11]；May B. 以南希·文森特·麦克勒兰德的写作和设计实践为研究对象，探讨了在20世纪早期，女性在室内设计的职业化过程中发挥的作用[12]。Turpin J.C. 研究了桃乐丝·德雷帕与美国中产阶级家庭主妇之间的关系[13]。Zarandian M. 以消费主义兴起的20世纪60年代为背景探讨了女性设计师群体[14]。而与女性主义相对应的是，有学者也对室内设计中的男性气质进行了研究。Osgerby B. 从美国男性杂志中洞察了男

---

❶ 女性主义的基本定义是坚信男性和女性必须拥有平等的权力和机会，它是两性政治、经济与社会的理论。

性文化偶像、消费和室内设计[15]。而中国的室内设计史研究缺乏对本国女性设计师的关注，而仅仅停留在对西方室内设计史中女性话语的介绍层面，包括概念普及[16]与文献综述[17]。对此，关注中国室内设计史中的女性设计师，并借助于与美国同行的比较将有利于形成自我判断的洞察力。

值得指出的是，比较是历史研究的一种重要方式。比较是对两个及两个以上的对象或个案的属性之取值的并置[18]。比较的可能性在于比较对象具有一定的相似性与相异性[19]。中美两国第一批女性室内装饰师具备比较的可能性，原因在于：二者都是各自室内设计历史发展过程中的参与主体。她们在同样的性别类属下，基于不同的社会语境经历了不同的人生轨迹，参与了不同类型的设计项目。虽然二者成长的年代不同，但是基于中美室内设计发展的代差，将两国室内设计历史早期发展阶段出现的女性室内装饰师进行并置，从而使得二者具备比较的可能性。

美国第一代女性室内装饰师的实践活动主要集中在20世纪10年代至70年代；而中国则主要体现于20世纪50年代至90年代。选择这个时间段主要是基于女性开始进入室内装饰领域并将其作为职业生涯的考量。另外，在此时间段，室内设计表现为室内装饰，因此在一般描述中采用室内设计，而具体描述这些室内装饰师时使用室内装饰。

目前，中美第一代女性室内装饰师越来越多地进入人们的视野，美国学术界开展了相关个案研究和展览（表1、表2），中国出现了一些回顾性展览（表2）。因此，本文从美国选取四位被学术界讨论较多的女性室内装饰师，即艾尔西·德·沃尔夫、南希·文森特·麦克勒兰德、桃乐丝·德雷帕、茜斯特·帕里斯；从中国选取三位较为活跃的女性室内装饰师，即常沙娜、王炜钰、张绮曼，将双方予以并置，从成长历程、作品类型、创作手法几个维度进行比较，并从双方所处的社会语境探讨形成异同的成因。

表1　美国第一代女性室内装饰师的个案研究简表

个案类型	研究对象	研究者	文 献 名 称	文献来源
单一个案	艾尔西·德·沃尔夫 (Elsie de Wolfe)	Sparke P.（2003）	《在 Elsie de Wolfe 1913 年著作＜高雅的房子＞中的"理想"和"真实"的室内》(The 'Ideal' and the 'Real' Interior in Elsie de Wolfe's "The House in Good Taste" of 1913)	《设计史学报》(Journal of Design History)
		Maffei G.L.（2006）	《Elsie de Wolfe: 现代室内装饰的诞生》(Elsie de Wolfe: The Birth of Modern Interior Decoration)	《设计史学报》(Journal of Design History)
	南希·文森特·麦克勒兰德 (Nancy Vincent McClelland)	May B.(2008)	《Nancy Vincent McClelland(1877—1959): 20 世纪早期室内装饰的职业化》[Nancy Vincent McClelland (1877—1959): Professionalizing Interior Decoration in the Early Twentieth Century]	《设计史学报》(Journal of Design History)
	桃乐丝·德雷帕 (Dorothy Draper)	Turpin J. C.(2015)	《Dorothy Draper 与美国家庭主妇：阶级价值与成功的研究》(Dorothy Draper and the American Housewife: A Study of Class Values and Success)	《室内设计手册》(The Handbook of Interior Design)
多个案	艾尔西、桃乐丝等	McNeil P.(1994)	《设计女性：性别，性征和室内装饰师》(Designing Women: Gender, Sexuality and the Interior Decorator)	《艺术史》(Art History)
	艾尔西、桃乐丝、茜斯特	Blossom N. H. & Turpin J. C.(2008)	《风险是洞察能动性的窗口：三个装饰师的案例研究》(Risk as a Window to Agency: A Case Study of Three Decorators)	《室内设计学报》(Journal of Interior Design)

表2　中美第一代女性室内装饰师的展览简表

国别	展览时间	展览地点	展 览 主 题
美国	1987.11.16—1988.1.16	圣胡安卡皮斯特拉诺 (San Juan Capistrano) 图书馆	Eslie de Wolfe 的世界：一场风格的革命（The world of Eslie de Wolfe: A revolution in Style）
	2006.5.25—8.6	纽约城市博物馆	Dorothy Draper 的高贵风格（The high style of Dorothy Draper）
	2006.12—2007.7	达拉斯妇女博物馆	红粉佳人:Dorothy Draper 的传奇人生（In the Pink: The Legendary Life of Dorothy Draper）
	2008.2—6	劳德代尔堡艺术博物馆	

国别	展览时间	展览地点	展 览 主 题
中国	2017.10.23—11.30	山东工艺美院	花开敦煌——常沙娜艺术研究与应用高校巡展
	2017.3.8	中国美术馆	花开敦煌——常沙娜艺术研究与应用展
	2014.7.1—7.22	北京今日美术馆	
	2019.7.16—7.31	清华大学艺术博物馆	花开敦煌——常书鸿、常沙娜父女作品展
	2019.10.1—11.3	清华大学艺术博物馆	国家·民生——清华大学美术学院创作成就展（涉及女性室内装饰师作品）
	2019.9.9—10.31	北京规划馆	新大国工匠智慧——人民大会堂（涉及女性室内装饰师作品）
	2019.9.5—10.7	中华世纪坛	国家形象设计展（涉及女性室内装饰师作品）

2 比较结果

2.1 成长历程

中美第一代女性室内装饰师都具有相对优越的家庭背景和成长环境。美国的四位女性室内装饰师都出生于中产或富裕家庭，这为其职业生涯带来了优势。上层社会造就的审美品位使其能够胜任当时富裕阶层对其生活空间的品质追求。她们在上流社会所维持的社会关系为其后续的室内装饰职业提供了便利。在她们所处的时代，室内装饰职业呈现出业余性的特征。这些女性室内装饰师都没有经历过系统的设计教育过程，其专业知识的获得依赖于个人的成长经历、对欧洲的游览、阅读杂志和广告等。其中，被誉为美国的第一个室内装饰师[20]的艾尔西·德·沃尔夫具有代表性。她出生于纽约的富裕家庭，在纽约和苏格兰的爱丁堡接受私立教育。艾尔西最开始是作为纽约的一名演员及其富于品位的穿着而为人熟知的。随后在朋友的帮助下，她借助其社会关系及过往的舞台表演经历，进入室内装饰领域[21]。艾尔西与美国的一些社会名流维持了较好的关系，而这也使其能够为他们提供室内装饰设计服务。艾尔西的客户包括安妮·摩根、温莎公爵夫人、亨利·克莱·弗里克等❶许多美国社会名流。艾尔西设计的第一个项目是殖民地（Colony）俱乐部❷（图1）。这是一个私人女子俱乐部，其会员都是纽约富裕阶层女性，J.P.摩根的女儿安妮·摩根就是其初始会员之一。艾尔西服务过的客户多是美国社会名流，亨利·克莱·弗里克就是其长期提供设计服务的对象之一。自1913年起，艾尔西就开始

为他在纽约曼哈顿的住宅提供包括装修设计和置办家具的服务。如图2所示的信件描述了艾尔西为亨利·克莱·弗里克家庭装饰设计而购买家具的细节，包括她通过伦敦和巴黎的经销商购买古董的事情。这种设计服务一直持续到1924年[22]。艾尔西还与安妮·摩根以及伊丽莎白·马布里（Elisabeth Marbury）❸关系密切，以至于三人被称为"凡尔赛三巨头"。而她在法国的私人别墅特里亚侬（Villa Trianon）经常举办晚会，并接待过可可·香奈儿、温莎公爵夫妇和罗斯柴尔德家族。巴黎时尚界称她为世界上穿着最好的女人，她的设计眼光将她推到了巴黎社会的高层。

图1 殖民地俱乐部的格子屋（1904）/艾尔西设计

（图片来源：De Wolfe E. The House in Good Taste: Design Advice from America's First Interior Decorator[M]. Courier Dover Publications, 2017.）

---

❶ 文中提到的安妮·摩根（Anne Tracy Morgan，1873—1952）、温莎公爵夫人（The duchess of Windsor，1896—1986）、亨利·克莱·弗里克（Henry Clay Frick，1849—1919）都是美国当时的社会名流。其中，安妮·摩根是美国著名的金融家及银行家J.P.摩根的女儿；温莎公爵夫人是曾经有过两次婚姻而让英国国王爱德华八世为之倾倒并放弃王位成为温莎公爵的人物；亨利·克莱·弗里克是著名的实业家，是美国当时最富裕的人之一。

❷ 殖民地（Colony）女子俱乐部于1903年由Florence Jaffray Harriman在纽约成立，是第一个由女性成立并服务于女性的俱乐部。1906年，该俱乐部搬迁至新址，但是老的和新的俱乐部的室内装饰设计都是由艾尔西·德·沃尔夫完成的。该俱乐部在1973年还为基辛格举办过生日庆祝。

❸ 伊丽莎白·马布里（Elisabeth Marbury）与艾尔西·德·沃尔夫同居40年，被誉为"波士顿婚姻"（Boston marriage）。

图2 艾尔西于1915年写给亨利·克莱·弗里克的信件（这些信件在亨利·克莱·弗里克收藏博物馆及研究中心有完整的保存。）

[图片来源: The Frick Collection/Frick Art Reference Library Archives. (1915,November 9).Letter to Henry Clay Frick.Retrieved Dec 30, 2019 from https://artsandculture.google.com/asset/letter-to-henry-clay-frick/mAGTuFo0J0BgMA.]

南希·文森特·麦克勒兰德出生于纽约的中产阶级家庭。她于1897年获得拉丁语和英语文学学士学位。早期她想成为一个作家，1897—1900年在费城出版社担任记者，随后从事广告工作，并接触展示设计。作为公司的代表，她于1907—1913年在巴黎学习艺术及艺术史。1913年，她回到美国开设了古董店并从事装饰设计。南希设计的项目不仅包括住宅，还涉及剧院大厅、大学宿舍、办公室和银行。自1924年开始，她出版了多本关于室内装饰的著作，并为多本杂志［包括《科利尔》（Collier's）、《乡村生活》（Country Life）、《美丽的房子》（House Beautiful）、《房子与花园》（House and Garden）等］撰写文章。她服务过的一些重要客户包括约翰·洛克菲勒和伊莱克特拉·哈夫迈耶·韦伯等。此外，她还参与一些建筑物的装修或修复工作，例如弗吉尼亚州的芒特弗农庄园和缅因州波特兰的亨利·沃兹沃斯·朗费罗庄园。由于其突出的成就和表现出的专业性，她后来成为美国国家室内设计师协会的首任女主席。

桃乐丝·德雷帕出生于纽约的上层社会家庭。她的教育主要是通过家庭教师完成的，并且在纽约市的布雷里学校（Brearley School）学习了两年。此外，德雷帕一家每年都去欧洲旅行。1912年，桃乐丝与乔治·德雷帕（Gorge Draper）结婚。乔治·德雷帕是美国总统罗斯福的私人医生。桃乐丝上层社会的背景使其对历史上的艺术风格较为熟悉，并且也便于其开展业务。1925年，桃乐丝·德雷帕成立了美国第一个室内装饰公司。作为一个商业女性，她将室内装饰的服务领域从家庭空间扩展到大型公共空间，并进而重新定义了室内装饰这个职业[23]。而由她所创立的现代巴洛克风格特别适用于大型公共空间和现代建筑。桃乐丝公司服务过的客户包括许多社会名流，如卡特总统、劳伦斯·洛克菲勒、艾索尔·摩曼（美国演员与歌唱家）等。桃乐丝设计的项目涵盖广泛，包括剧院、百货商店、商业机构、私人公司办公室等，甚至还涉及喷气式飞机（图3）以及汽车的内饰设计。桃乐丝取得了巨大成就，以至于时代与生活杂志曾经将其选为封面人物[24]。

茜斯特·帕里斯是股票经纪人的女儿，在显赫的社会环境中长大。她的家族在新泽西、纽约曼哈顿、缅因以及巴黎都有房产。茜斯特结束高中学业后与一个银行家结婚。1933年，随着美国经济危机带来的家庭财政吃紧，她开办了自己的设计公司。虽然她没有接受过艺术和设计方面的训

练，并且缺乏相关知识储备，但是她的家庭关系为其提供了帮助。她的表亲桃乐丝·德雷帕就是当时知名的室内装饰师，而且她的早期业务都是帮朋友做家庭装修设计。随着事业的成长，茜斯特·帕里斯服务的客户包括实业家和政要，包括阿斯特家族、洛克菲勒家族、盖提家族以及第一夫人杰奎琳·肯尼迪。通过与杰奎琳结识，茜斯特·帕里斯做了白宫的室内设计（图4）。她创造的美国乡村风格成为20世纪影响最为深远的风格之一。《时尚》杂志（Vogue）评价她影响了美国人的生活方式。她被誉为美国最后一位贵妇人式的装饰设计师（grande dame decorator）[25]。

图3 通用动力公司的Convair 880喷气式飞机的内饰设计（1958）/桃乐丝设计

[图片来源: Studio International(2006, September 29).The Draper Touch.Retrieved Dec 30, 2019 from http://insideinside.org/project/draper-convair-880-jet-1958/.]

图4 白宫黄色椭圆办公室（1962）/茜斯特设计

[图片来源: Wikipedia(2019).Sister Parish. Retrieved Dec 30, 2019 from https://en.wikipedia.org/wiki/File:WHyellowNARA.jpg.]

相对而言，中国三位女性室内装饰师虽然没有美国同行那样富裕的家庭环境，但是在当时的中国也是属于相对优越的。其中，王炜钰出生于北京知识分子家庭，父亲为大学教授，表姐为林徽因[26]。王炜钰在北京大学工学院接受了系统的建筑设计教育。根据其描述，她在上学期间受到沈理源和俄罗斯外籍教师毕古烈威赤[27]两位老师的影响较大。中外名师的指引使其获得了专业知识储备。1945年，她从北大工学院建筑工程系毕业留校，在1952年院系调整中随学校并入清华大学。在清华任教期间，开始接触大量设计任务，包括革命历史博物馆、毛主席纪念堂，以及后续的

钓鱼台国宾馆、人民大会堂小礼堂、人民大会堂香港厅、人民大会堂澳门厅、人民大会堂金色大厅等项目。

常沙娜的家庭背景与成长经历对其后来的职业生涯产生了影响。常沙娜在法国里昂出生，是艺术家常书鸿之女。她12岁随父亲在敦煌生活，并于1943—1948年度过了敦煌壁画的临摹岁月。1948年常沙娜在美国波士顿美术博物院美术学院学习绘画。1950年回国后，在林徽因的影响下走入艺术设计领域[28]，并先后在清华大学、中央美术学院、中央工艺美术学院任教，其间于1983—1998年担任中央工艺美术学院院长。她参与的室内设计项目包括人民大会堂、民族文化宫、首都剧场、北京展览馆等建筑的装饰设计。

张绮曼也是成长于知识分子家庭，父亲毕业于交通大学，母亲毕业于女子师范。根据其自述，其喜爱美术的母亲以及毕业于浙江美院绘画系的姨父都对其职业选择具有影响作用[29]。张绮曼在上海完成了小学、初中、高中的教育，并于1959年考入中央工艺美术学院室内设计专业。1964年大学毕业后在建工部北京工业建筑设计院工作至1978年（其间下放湖南）。1980年在中央工艺美术学院获得硕士学位，此后在该校任教至1998年，其间曾赴日本东京艺术大学访问（1983—1986年）。1999年，她随中央工艺美术学院合并进入清华大学。2000年，她被调往中央美术学院任教。她参与或主持的项目包括：毛主席纪念堂、民族文化宫，以及后期的北京人大会堂西藏厅、东大厅、国宾厅、北京市政府市长楼、外事接待大厅、北京会议中心、北京饭店、中国国家博物馆等大型室内设计项目。

由上可见，中美几位女性室内装饰师的成长经历呈现出不同。中国的三位女性室内装饰师都接受了系统的艺术和设计教育，涵盖建筑设计、装饰艺术、室内装饰方向，而且都长期在院校工作。她们毕业和任教的学校都受到国家领导人重点关照，包括清华大学（王炜钰）、中央工艺美术学院（常沙娜、张绮曼）、中央美术学院（张绮曼）。其中，常沙娜虽然没有获得学位，但是其父亲的言传身教、在敦煌临摹壁画的岁月、在美国波士顿美术博物馆的学习经历，都使其获得了丰富的艺术教育。与此不同的是，美国四位女性室内装饰师都没有艺术与设计教育背景，甚至于除了南希·文森特·麦克勒兰德之外都没有获得大学学位。但是，她们的生活环境、社交人脉、频繁的欧洲旅行经历以及大量的设计机遇都为其职业成长奠定了基础。她们的审美能力、艺术修养、设计知识都在其生活阅历与设计实践中获得进步。与中国三位女性室内装饰师具有教师和设计师双重身份不同的是，美国四位女性室内装饰师主要职业重心在于设计实践。只有南希·文森特·麦克勒兰德主动投身室内装饰职业化，为杂志撰写专栏文章，推广室内装饰的教育与培训，并担任了室内装饰协会主席职位。

此外，中国的三位女性室内装饰师毕业和工作的学校对其室内装饰设计职业生涯发挥了关键作用。在完成中央政府分配的设计任务过程中，学校是对接单位。因而集体的作用是第一位的，而且其早期所参与的项目也多是集体设计。尤其对于中央工艺美术学院而言，该校成立之前便得到了毛泽东（1956）与周恩来（1953）的相关指示[30]。

而且该校的建立和发展一直受到中央政府的关注。1956年，在中央工艺美术学院成立大会上，学院首任院长、中央手工业管理局局长邓洁指出，学院的成立是满足人民及国家和社会主义建设的需要。自1957年以来，文化部、轻工部相继派来人员直接担任学院党委书记[31]。这所学校在中央领导的关怀下参与或主持了历次反映国家和社会主义形象的设计项目，例如1958年开始的建国十周年北京十大建筑，以及后续的毛主席纪念堂、钓鱼台国宾馆、中南海紫光阁、北京饭店、中国国际贸易中心等[32]。与此不同的是，美国的四位女性室内装饰师的设计实践是个人化的商业行为，其项目的获取来源于其家族关系及社交活动。随着职业成长，美国四位女性室内装饰师都成立了自己的设计机构，而且在设计实践过程中，她们也获得了较为丰厚的物质回报。

2.2 作品类型、规模与服务对象

二者在作品类型、规模、服务对象方面存在显著差异，而缺乏相似性。在作品类型方面，美国女性室内装饰师最开始从事的设计项目多为住宅和家庭装修，后来扩展到尺度较大的公共空间。这与美国室内装饰设计来源于富裕阶层女性的家庭美化活动具有密切联系。她们的设计项目具有强烈的生活气质，项目主要是服务于富裕阶层的生活。虽然她们也完成了一些公共空间装饰设计，但是这些空间也是生活化的。比如桃乐丝·德雷帕完成的大量酒店室内装饰设计。而中国女性室内装饰师所涉及的项目类型都属于公共空间。尤其在中国室内设计发展早期阶段，有限的设计需求都是政府委托的公共空间的装饰设计项目。

在作品规模上，美国四位女性室内装饰师的设计项目规模较小，都是以个人居住空间为主，反映了微观细腻的生活视角。即使是将室内装饰从个人家庭空间拓展到公共空间，也是与日常生活相关的反映人的尺度的空间，其中包括酒店、总统办公室、甚至客机机舱等。中国三位女性室内装饰师接触的设计项目较为宏大，体现了国家话语。这些项目并不突出个人视角，而是集体主义视角下的宏大与崇高。

在服务对象上，美国女性室内装饰师是为富裕阶层而设计，体现了这个阶层的美学品位及对生活品质的追求。美国富裕阶层对欧洲和美国古董、家具、窗帘、地毯等室内物品以及整体氛围都有一定的品质需求，这一点是美国女性室内装饰师需要面对的。而且当时美国经常举办欧洲古董展览会，推广欧洲富于品质的生活物品。与之不同的是，中国女性室内装饰师是为国家服务的，体现的是国家意志与民族精神。尤其是北京十大建筑的装饰设计直接展现的是中国社会主义建设的成就及其带来的民族自豪感。在项目对接过程中，是由其工作的单位而非个人作为主体来完成的。

2.3 作品风格及创作手法

二者在作品风格和创作手法上具有差异，其相似性仅体现在二者都在早期受到国际影响，并随之形成符合各自民族身份的设计风格，并且二者都是以装饰的创作手法进行室内空间的设计。二者的差异性主要体现在：受到国际影响的来源不同，且将其转化成各自特色的方法与路径存在差异。

显然，美国女性室内装饰师受到欧洲，尤其是法国和英国装饰风格影响较大。美国女性室内装饰师借鉴的欧洲艺术

风格包括维多利亚风格❶、法国18世纪装饰风格、英国乡村风格、巴洛克与洛可可风格等。在这些女性室内装饰师的实践下，欧洲艺术传统逐渐演变成具有美国特色的风格。这几位美国女性室内装饰师的设计实践集中于不同的时代，先后形成不同的风格倾向，依次体现为经过改良的欧洲风格、好莱坞风格、现代巴洛克和美国乡村风格。相对于欧洲传统而言，美国女性室内装饰师的创作更为大胆，采用明亮的颜色和现代的造型。其中，艾尔西是这几位女性室内装饰师中执业最早的。虽然艾尔西所处的时代深受英国维多利亚风格的影响，但是她对这种风格进行了改良。她设计的纽约殖民地俱乐部体现了与当时流行的维多利亚风格的分离。对此，Khederian R.[33]认为其预示着美国设计的诞生。纽约殖民地

俱乐部的室内装饰设计中摒弃维多利亚式风格的复杂造型、深色家具和厚重布帘，采用了明亮、开放的空间和柔软舒适的室内装潢[34]。在该设计中，她使用印花布、淡色系、细腻的家具，而不是当时在俱乐部室内装饰中常见的笨重家具和深色系。艾尔西善于将空间打开，迎接室外景观和光线。如图5所示，艾尔西在法国凡尔赛附近的别墅（The Villa Trianon）室内装饰设计中，将室内空间与室外的游泳池及自然环境联系起来，且将光线引入室内形成明亮的光感。在室内装饰的搭配中，她一反欧洲传统装饰的厚重感，而代之以轻松明快的基调，具体体现为淡色系与镜子、印花棉布、白花的搭配使用，并结合室内的格子花边和来自不同时期的浅色家具的组合使用[35]。

图5　Trianon别墅建筑及室内（1906—1950）/艾尔西设计

[图片来源：Nessy,N.(2017,Nov.17).The American Marie Antoinette of Pre-War Paris.Messy Nessy.
Retrieved 30 December 2019 from https://www.messynessychic.com/2017/11/17/the-american-marie-antoinette-of-pre-war-paris/.]

稍晚时期的桃乐丝·德雷帕所完成的室内装饰设计更具美国本土特色。桃乐丝·德雷帕擅长将法国和英国元素融合在一起形成独特风格。她所创立的现代巴洛克风格是植根于欧洲传统但却颇具美国特色的风格。这种风格采用黑白对比色、金色、几何式的简约造型使其完全不同于欧洲传统。在纽约大都会艺术博物馆的室内装饰设计中，她在中庭中央设置水池形成倒影与天窗顶棚呼应，而其设计的鸟笼吊灯也成为其标志性的作品（图6）。在Greenbrier酒店的门厅室内设计中，她采用黑白相间的大理石铺地、淡色系、大

胆的色彩搭配，体现出她并不拘禁于欧洲某一历史时期的风格（图7）。其设计的位于纽约第五大道的Coty Salon室内装饰中也体现出这种趋势。该室内装饰呈现出的现代巴洛克风格显示出其对于欧洲历史风格的灵活把控（图8）。而茜斯特·帕里斯的设计也是在欧洲传统的基础上融入了美国文化，她的标志性设计元素包括彩绘地板、盎格鲁-佛朗哥家具、彩绘家具、印花棉布、钩针编织的枕头和椅套、床垫、钩形地毯、碎布地毯、浆过的蝉翼纱、植物版画、彩绘灯罩、白柳条、被子和篮子等[36]（图9）。

图6　纽约大都会艺术博物馆咖啡区室内设计（1954）/桃乐丝设计

（图片来源：Dorothy Draper& Company.Historical Portfolio. Retrieved 30 December 2019 from.https://www.dorothydraper.com/historical/.）

---

❶ 维多利亚装饰艺术是在维多利亚时代流行的一种风格。这种风格沉迷于过多的装饰。在维多利亚时代，流行着历史风格的复兴与折衷，并混杂着来自中东和亚洲的家具、配饰、装饰等。在维多利亚风格晚期，直接诞生了与之相反的工艺美术运动、美学运动、盎格鲁-日本风格、新艺术运动。维多利亚时代的室内装饰将重心放在客厅和餐厅，因为这里是主人招待客人的地方，体现了主人的品位，所以客厅空间的每一个表面都布满了体现主人品位与兴趣的装饰品。

图7　Greenbrier 酒店的门厅室内设计（1946）/ 桃乐丝设计

（图片来源：Knotting Hill–Interiors by Kimberly Grigg.Gone but not Forgotten:(Part 2)Interior Designer:Dorothy Draper. Retrieved 30 December 2019 from https://www.knottinghillinteriors.com/gone-but-not-forgotten-part-2-interior-designer-dorothy-draper/.）

图8　纽约第五大道上的 Coty Salon / 桃乐丝设计

（图片来源：Knotting Hill–Interiors by Kimberly Grigg.Gone but not Forgotten:(Part 2)Interior Designer:Dorothy Draper. Retrieved 30 December 2019 from https://www.knottinghillinteriors.com/gone-but-not-forgotten-part-2-interior-designer-dorothy-draper/.）

图9　Sister Parish 的家庭装修设计 / 茜斯特设计

（图片来源：1stdibs.(2016,August 15).Decorators to Know: Sister Parish. Retrieved 30 December 2019 from https://www.1stdibs.com/blogs/the-study/decorators-know-sister-parish/.）

中国三位女性室内装饰师则深受苏联社会主义和中国民族传统的双重影响。1954—1955 年建成的北京苏联展览馆和上海中苏友好大厦建筑及室内装饰是在苏联专家安德烈耶夫的主导下完成的。这些设计无疑对当时的室内装饰设计形成了示范效应。对此，中央工艺美术学院的奚小彭撰文《苏联展览馆装饰品的设计与制作》（1954）、《我从苏联展览馆设计中学了些什么》（1954），并提出了分析和思考。他提倡对苏联装饰艺术消化吸收并"创出一种全新的，然而不脱离自己民族艺术的装饰纹样"[37]。而当时在"社会主义的内容、民族的形式"的创作方针指引下，中国的三位女性室内装饰师展开了具体的设计实践。其中，常沙娜深受敦煌艺术的影响，并将其作为室内装饰设计借鉴的源泉（图10~ 图13），敦煌艺术及其背后的传统文化为其艺术设计实践奠定了基调[38]。她以敦煌图案为蓝本，完成了如人民大会堂建筑装饰等国家重点设计任务[39]。在介绍人民大会堂大宴会厅的室内装饰设计时，常沙娜指出："人民大会堂的建筑和设计都是重要的政治任务，当时是在周总理的亲自指导下完成的。周总理的指示要点我至今还记忆犹新。他要求我们的设计要借鉴民族传统，要探索新中国建筑艺术的新形式和新内容，古为今用，洋为中用。"[38]138 以人民大会堂为代表的政府建筑反映的是国家形象。继承和发扬民族传统是其建筑及室内装饰设计所要面对的主要议题。在设计手法上，主要是针对建筑表面进行图案装饰。将图案运用于空间表面装饰的手法影响广泛而深远，对中国后续的室内装饰设计实践和设计教育都产生了影响，正如常沙娜指出的，传统图案是承载民族精神和文化的重要基石，在设计教育中也需要坚持传统图案教学[40]。

图10　人民大会堂宴会厅灯饰局部及室内效果（1958）/ 常沙娜设计

（图片来源：清华大学艺术博物馆《花开敦煌——常书鸿、常沙娜父女作品展》展览翻拍）

图11　人民大会堂宴会厅灯饰局部及图纸（1958）/ 常沙娜设计

（图片来源：北京规划馆《新中国大工匠智慧——人民大会堂》展览翻拍）

图 12　人民大会堂宴会厅灯饰设计创作手法（1958）/常沙娜设计

（图片来源：清华大学艺术博物馆《花开敦煌——常书鸿、常沙娜父女作品展》展览翻拍）

图 13　毛主席纪念堂建筑陶板装饰（1976）/袁运甫、
张绮曼、周令钊设计

（图片来源：清华大学艺术博物馆《国家·民生——
清华大学美术学院创作成就展》展览翻拍）

3　差异及其成因

3.1　差异分析

如表 3 所示，中美几位女性室内装饰师的差异性大于共性。中美女性室内装饰师的成长历程主要体现在先天的家庭背景和后天的职业成长两个方面。美国女性室内装饰师的家庭背景和成长经历弥补了其从业时的业余性。她们中上阶层的家庭环境为其后来在室内装饰职业发展提供了直接帮助，这体现在其美学品位和社会资源的调动方面。在职业成长过程中，美国女性室内装饰师的社交活动和商业精神发挥了重要作用：一方面，这些女性室内装饰师擅长通过社交结识社会名流，并由此扩展业务；另一方面，美国四位女性室内装饰师所具备的商业精神使其获得职业成长。相较而言，中国三位女性室内装饰师所获得的教育经历使其具备专业性。相对而言，美国四位女性室内装饰师在执业之初呈现出业余性：她们缺乏专业训练，且受教育程度普遍低于中国女性室内装饰师。而且，中国三位女性室内装饰师的家庭背景对其职业成长的帮助没有美国同行那么密切。其中只有常沙娜随其父亲学习敦煌传统对后续职业成长产生了持久影响。在社会关系方面，不同于美国女性室内装饰师那样频繁参加各种社交活动，中国女性室内装饰师的设计项目主要来自政府委托。此外，她们具备室内装饰师和教师的双重身份，她们对于室内设计教育与专业建设做出的贡献也是美国三位女性室内装饰师不具备的。

在作品类型、规模与服务对象上，美国女性室内装饰师面对的主要是居住空间，这些项目一般规模较小，主要服务于美国当时的富裕阶层。这些作品从微观的个体视角体现了美国富裕阶层的生活品位与美学追求。而中国女性室内装饰师面对的是大型公共空间，这些项目体量较大，主要服务于国家需要，从宏大视角体现了国家话语。

在作品风格及创作手法上，美国女性室内装饰师继承的是以法国和英国为代表的欧洲装饰艺术传统。而且，这些女性室内装饰师都具有欧洲学习、游历和生活的经历。在装饰设计实践过程中，这些女性室内装饰师将欧洲传统转化为具有美国特色的设计，体现在她们并不拘泥于某一特定风格，而是对欧洲传统装饰艺术风格的综合运用，并且使其轻松自由和生活化。相对而言，中国女性室内装饰师当时受到苏联影响较大，并且在社会主义民族化创作方针指引下，将民族传统与社会主义内容融合，创立了具有民族特色的装饰设计。

表 3　中美室内设计发展早期阶段女性室内装饰师的比较简表

国别	室内装饰师	成长历程	出版著作	设计作品（室内）	作品类型	创作手法
美国	艾尔西·德·沃尔夫（Elise de Wolfe，1859—1950）	接受私立教育；1886 年开始作为演员登上舞台；1903 年离开舞台并成为一名室内装饰师；1904 年设计殖民地俱乐部，被誉为第一位开业室内装饰师	《品味家居》（The House in Good Taste）（1913）、《终究》（After All）（1935）	Colonial Club（1904，1913）、Irving House、The Villa Trianon、Henry Clay Frick's private room	住宅空间、机构空间	敏感于风格与色彩，摒弃维多利亚风格；将深色木饰面、沉重的窗帘替换为光亮的、亲密的空间，使用鲜艳的颜色，采用 18 世纪法国的家具和装饰品

国别	室内装饰师	成长历程	出版著作	设计作品（室内）	作品类型	创作手法
美国	南希·文森特·麦克勒兰德 (Nancy Vincent McClelland, 1877—1959)	1897年在波基普西的瓦萨学院获得了拉丁语和英语文学学士学位；作为记者于1897年至1900年为费城出版社撰写有关女性兴趣的报道；在沃纳梅克百货公司的广告部工作，并有机会接触橱窗和商店展示；游历于巴黎，并学习艺术史，研究壁纸与古董；1913年回美国开店售卖欧洲古董；1922年，在纽约开办自己的公司，从事装饰设计	《历史性的壁纸》（*Historic Wallpapers*）（1924）、《邓肯·菲夫和英国摄政》（*Duncan Phyfe & The English Regency*）（1939）、《装饰墙的实用手册》（*The Practical Book of Decorative Wall-Treatments*）（1926）、《装饰殖民地和联邦住宅》（*Furnishing the Colonial and Federal House*）（1936）、《年轻的装饰家》（*The Young Decorators*）（1928）	Dwight Wiman 太太卧室（1928）、瓦萨学院 Cushing 厅（1930）、弗吉尼亚州的威廉斯堡酒店客房（1937）、康涅狄格州格林威治亚当图书馆（1942）	住宅空间、文化空间、机构空间	对欧洲历史风格的综合运用
	桃乐丝·德雷帕 (Dorothy Draper, 1889—1969)	接受家庭私人教育，在纽约布兰蕾私立女校 (The Brearley School) 接受两年教育；1912年结婚并开始从事室内装饰工作；1925年成立设计公司 Architectural Clearing House，该公司被誉为第一个室内装饰设计公司（1929年改名为 Dorothy Draper and Company）	《装饰是有趣的！如何成为你自己的装饰师》（1939）、《款待是有趣的！如何成为一个受欢迎的女主人》（1941）、《家庭装饰的365条捷径》（1965）	纽约 Carlyle 酒店（1930s）、Sutton Place、纽约 Sherry-Netherland 酒店、芝加哥 Drake 酒店、旧金山 Fairmont 酒店、Mark Hopkins 酒店、Hampshire House apartment 酒店（1937）、纽约大都会博物馆（1954）、纽约 Essex 酒店门厅（1954）、肯尼迪机场国际酒店（1957）	住宅空间、酒店空间	创立现代巴洛克风格（Modern Baroque）；运用亮丽的色彩、大面积的壁纸、黑白相间的地砖、洛可可式的漩涡纹样、巴洛克式的石膏装饰，擅长好莱坞风格
	茜斯特·帕里斯 (Sister Parish, 1910—1994)	先后就读于新泽西州的派克（Peck）学校，纽约的 Chapin 学校，弗吉尼亚州的福克斯克罗夫特（Foxcroft）学校；1930年与 Henry Parish 结婚；1933年创办 Henry Parish II 夫人室内设计；1950年代结识第一夫人杰奎琳；1962年合伙人 Albert Hadley 加入公司	无	Kennedy White House、西维吉尼亚的 The Greenbrier 酒店（1946—1948年）、肯尼迪任内的白宫室内设计	住宅空间、酒店空间	开创了20世纪60年代的美国乡村风格；偏爱英国乡村住宅，混搭印花布、软包扶手椅、锦缎沙发、拼布被子、四柱床、针织披肩和碎布地毯等元素

国别	室内装饰师	成长历程	出版著作	设计作品（室内）	作品类型	创作手法
中国	王炜钰（1924—）	1945年毕业于北京大学工学院建筑系建筑学专业，获学士学位；毕业后留校任教，1952年随北京大学工学院合并至清华大学，后为清华大学建筑学院教授	译著《图解室内装饰设计方法》（1994）、《王炜钰选集》（2004）、《王炜钰全集》（2011）	中国革命历史博物馆工程方案竞赛、毛主席纪念堂工程、北京钓鱼台国宾馆方案竞赛、重庆文化艺术中心方案竞赛、北京大观园宾馆方案竞赛、北京圆明园西洋楼整治与复原设计（万花阵石亭迷宫复原设计）、中国驻印尼大使馆室内设计、福建会堂门厅及礼堂设计、人民大会堂澳门厅室内设计、人民大会堂香港厅室内设计、人民大会堂全国人大常委会会议大厅、北京八一大厦阅兵厅及南门厅室内设计	文化空间、政府空间、机构空间、酒店空间	遵循社会主义内容，探索民族形式
	常沙娜（1931—）	生于法国里昂，1945—1948年在敦煌学习壁画艺术；1948年赴美国波士顿美术博物馆美术学校学习；1951年在清华大学营建系工艺美术教研组任助教；1953年调中央美术学院实用美术系任教；1983—1998年任中央工艺美术学院院长	《常沙娜文集》（2011）、《黄沙与蓝天：常沙娜人生回忆》（2013）、《花开敦煌：常沙娜艺术研究与应用展》（2017）、《敦煌：常沙娜笔下的敦煌之美》（2019）、《花开：常沙娜笔下的花卉之美》（2019）	北京展览馆，首都剧场的建筑装饰设计，人民大会堂外墙的琉璃花板及须弥座石雕花饰以及大会堂宴会厅的天顶装饰、彩画和门楣的装饰设计，民族文化宫的大门装饰设计	政府空间、文化空间	借鉴民族传统图案，将其转化为装饰元素，探索新中国建筑装饰艺术的形式与内容
	张绮曼（1941—）	1964年毕业于中央工艺美术学院室内设计专业；1964—1978年先后工作于建工部北京工业建筑设计院、北京市建筑设计院；1980年中央工艺美术学院硕士研究生毕业；1983—1986年留学东京艺术大学；1980—2000年任教于中央工艺美术学院、清华大学美术学院；2000年任教中央美术学院	《室内设计资料集》（1991）、《室内设计经典集》（1994）、《环境艺术设计与理论》（1996）、《室内设计资料集2》（1999）、《室内设计的风格样式和流派》（2000）	北京人大会堂西藏厅、东大厅、国宾厅，毛主席纪念堂，民族文化宫，北京市政府市长楼、外事接待大厅，北京会议中心，北京饭店，中国国家博物馆，隋唐洛阳城国家遗址公园内"天之圣堂"和"明堂"的室内设计	政府空间、文化空间、酒店空间	重视风格设计与装饰造型

3.2 差异的成因

美国女性室内装饰师呈现出的状态与美国当时的社会语境相关联，个体在社会语境的制约下进行有限选择，从而成就了美国室内装饰领域的第一代女性室内装饰师。在19世纪与20世纪之交，美国女性在女权运动的开展下赢得了更为平等的地位和广泛的权利。最开始，女性在职业选择上并不具有与男性同等的权利，那些需要一定培训的、专业性较强的工作是不属于女性的。但是，随着女性受教育程度的提高，妇女开始走出家庭并承担一定的社会角色。一些女性从家庭美化活动拓展至室内装饰设计。而这种拓展无疑提升了女性的社会形象和地位。尤其是她们为客户提供设计咨询时所展现出的专业性为其赢得了社会尊重。虽然，在最开始，女性从事室内装饰并不能够获得社会认可，例如艾尔西在接手殖民地俱乐部的室内装饰工作时，有人认为女性无法胜任这种大项目，但是艾尔西以实际行动展现出令人信服的专业性，证明了女性具备从事装饰设计工作的能力。随着专业性的成长，美国四位女性室内装饰师都开展了自己的事业，实现了经济独立。经济因素是她们投身于室内装饰事业的重要原因之一，如桃乐丝·德雷帕1929年因离异带来经济问题，茜斯特·帕里斯因1933年金融危机而遭受家庭财务危机。在聚焦于室内装饰事业的同时，她们创造的多个"第一"对提升妇女地位具有标志意义。其中，艾尔西·德·沃尔夫是第一位就税收问题起诉美国政府的女性，她还是第一个出现在百老汇舞台上的女性，第一个主持并邀请作家和艺术家参加社交晚宴的女性[35]。南希·文森特·麦克勒兰德是美国室内装饰师协会第一任女主席，也是第一个加入建筑联盟（Architectural League）的女性；桃乐丝·德雷帕创办了美国历史上第一个室内装饰设计公司。在这些女性室内装饰师的示范和指引下，越来越多的女性加入室内装饰行业，室内装饰的职业化与女性社会地位都得到了提升。

美国在19世纪末成为世界上最富裕的国家，美国中产阶级逐渐崛起并成为潜在的室内装饰的消费者。富裕的美国家庭对生活质量提出了更高的要求。大量女性及家庭杂志的涌现即因应了这种需求，包括《装饰师和家具商》（The Decorator and Furnisher）、《更美的家庭与花园》（Better Homes and Gardens）、《美丽家居》（House Beautiful）、《女士家庭期刊》（Ladies Home Journal）等。这些杂志通过一系列的实际案例向公众，尤其是女性普及和推广了室内装饰。创刊于1882年的《装饰师和家具商》刊文《室内装饰是女性职业》[41]，作者认为女性本能的对家庭生活、艺术品、色彩、纺织品等熟悉，因此自然而然的适合从事室内装饰职业。创刊于1883年的《女士家庭期刊》刊文《你为什么不成为一名职业室内装饰师？》[42]，文章为女性勾画了成为一个职业的室内装饰师的蓝图，这样不仅收益丰厚，而且不必打乱其家庭职责。在这种趋势下，美国第一代室内装饰师便从一些中上阶层的女性中诞生了。她们富于生活品位和审美眼光，因其家庭背景和成长经历是较为优越的。其室内装饰设计观念来源于其生活状态，正如Elsie将家视为自我表达的媒介，将自己看作生活方式的艺术家。

美国一直以来与欧洲联系密切，继承了欧洲的艺术传统，这使得美国室内设计发展早期的女性室内装饰师能够站在较高的起点，并具备了源源不断的装饰艺术灵感源泉。这些女性室内装饰师虽然身处美国，但都普遍在欧洲游历、学习和生活，因而对欧洲的艺术风格较为熟悉。其中，艾尔西·德·沃尔夫偏爱18世纪的法国风格。她长期在法国生活，甚至将人生的最后时光都交给了巴黎。南希·文森特·麦克勒兰德在法国学习多年，熟知法国艺术史。在开展室内装饰设计实践中，她们将欧洲传统转化为具有现代感的美国式设计。

而中国女性室内装饰师面对的是一个完全不同的社会语境。中国采取的是"一边倒"的向苏联学习的政策。在苏联专家的帮助和示范下，中国在北京、上海、广州、武汉相继建成了四座苏联展览馆。苏联的"斯大林"风格对20世纪50年代的室内装饰设计手法产生了重要影响。在"社会主义的内容、民族的形式"政策指引下，中国的女性室内装饰师开始探索具有民族特色的社会主义室内装饰设计。对此，中国传统装饰图案成为体现民族特色的主要来源。

在女性地位方面，中国妇女地位在20世纪取得了巨大进步，并且随着越来越多的妇女接受专业教育和走向工作岗位，她们开始以自己的专业知识获得社会认可。虽然社会对于女性地位认知不足，甚或偏见，正如王炜钰在其自述中指出的："读大学对女性而言是一件奢侈的事情，嫁个好人家才是第一要务。"[27]但是在建筑及室内装饰实践过程中，她们在投身中国社会主义建设事业中凭借自己的专业知识，为提升妇女地位贡献了力量。

从服务对象而言，20世纪50年代的中国，室内装饰设计主要服务于国家需要。在设计中需要突出社会主义的伟大建设成就，而非资产阶级的审美情趣和生活品位。因此，向日葵、麦穗、五角星等象征社会主义的符号元素大量出现在室内外装饰中。而在中苏关系恶化之后，中国建筑内外装饰设计中开始探索民族性。

结语

在室内设计发展早期阶段，中美女性室内装饰师的状态体现为三点不同。其一，对于成长经历而言，美国女性室内装饰师诞生于中上阶层，她们的审美品位及生活状态使其能够满足美国当时富裕阶层对家庭装修的需要。虽然她们在进入室内装饰行业时缺乏职业准备，包括专业学习和职业培训，但是这种业余性被其丰富的欧洲经历和实践经验所弥补。而中国女性室内装饰师都出生于知识分子家庭，虽然物质并不充裕，且家庭背景对其职业帮助有限，但是由于都接受了系统的设计教育，从而使其在从业伊始就表现出专业性。其二，美国女性室内装饰师当时的业务多集中于家庭空间，其装修设计体现出生活化的微观视角。而中国女性室内装饰师面对的是国家项目，其装修设计体现出国家叙事的宏观视角。其三，美国女性室内装饰师继承了欧洲传统并将其转化为美国化的设计，作品呈现出现代性。而中国女性室内装饰师借鉴了苏联的设计手法并融入中国传统纹样，作品体现出民族性。

此外，值得讨论的是，中美女性室内装饰师的从业经历与各自国家早期的室内装饰发展形成了良性互动。对于美国而言，一方面，美国的女性室内装饰师对于美国室内装饰的职业化发挥了重要作用；另一方面，室内装饰行业的发展为其提供了走出家庭获得工作的机遇，并最终促进妇女社会地位的提升。对于中国而言，这些女性室内装饰师对于中国室内设计的独立发展起到了推动作用；而相应的，室内装饰的设计机遇又使她们成为该领域的专家，使女性群体能够凭借专业性赢得国家和社会尊重。但是，室内装饰领域的女性话语还是一个有待挖掘的领域。在美国，室内装饰及室内设计被视为女性职业和缺乏专业性。在中国，室内装饰领域体现的是男性主导的话语权力。因而，室内设计中的女性话语与女性权力值得未来持续探讨。

（原文发表于《创意与设计》2020 年第 3 期。）

参考文献

［1］袁熙旸 . 当设计史遭遇女性主义批评［J］. 装饰 , 2012(1): 27–31.

［2］Brown, Lori A, ed. Feminist practices: interdisciplinary approaches to women in architecture［M］. Ashgate Publishing, Ltd., 2011.

［3］Rothschild J. Design and feminism［J］. Rutgers: The State University Press, New Jersey, 1999.

［4］Prochner I. Feminist contributions to industrial design and design for sustainability theories and practices［J］. 2019.

［5］Attfield J, Kirkham P. A view from the interior: feminism, women and design［M］. London: Women's Press, 1989.

［6］丹尼尔·米勒 . 物质文化与大众消费［M］. 南京 : 江苏美术出版社 , 2010.

［7］Campbell N, Seebohm C. Elsie de Wolfe: a decorative life［M］. Clarkson Potter, 1992.

［8］McNeil P. Designing women: Gender, sexuality and the interior decorator, c. 1890－1940［J］. Art History, 1994, 17(4): 631–657.

［9］Sparke P. The'Ideal'and the'Real'Interior in Elsie de Wolfe's The House in Good Taste of 1913［J］. Journal of design history, 2003, 16(1).

［10］Sparke P. Elsie de Wolfe: the birth of modern interior decoration［M］. Acanthus Press, 2005.

［11］Sparke P. Elsie de Wolfe: A professional interior decorator［M］. Shaping the American Interior. Routledge, 2018: 47–57.

［12］May B. Nancy Vincent McClelland (1877–1959): Professionalizing Interior Decoration in the Early Twentieth Century［J］. Journal of Design History, 2008, 21(1): 59–74.

［13］Turpin J C. Dorothy Draper and the American Housewife: A Study of Class Values and Success［J］. The Handbook of Interior Design, 2015: 29–45.

［14］Zarandian M. Feminism and Interior Design in the 1960s［J］. 2015.

［15］Osgerby B. The Bachelor Pad as Cultural Icon Masculinity, Consumption and Interior Design in American Men's Magazines, 1930－1965［J］. Journal of Design History, 2005, 18(1): 99–113.

［16］杨京玲 . 女性主义室内设计与批评研究［J］. 文艺争鸣 , 2012(10): 158–160.

［17］杨京玲 . 室内设计史中的女性话语与文献综述［J］. 艺术百家 ,2014, 30(2): 253–254.

［18］拉曼尼·D. 基于布尔代数的比较法导论［M］. 蒋勤，译 . 上海 : 上海人民出版社，格致出版社 , 2012: 3.

［19］约翰·A. 沃克 . 凤凰文库设计理论研究系列 : 设计史与设计的历史［M］. 南京 : 江苏美术出版社 , 2017: 88–92.

［20］Encyclopedia Britannica.Elsie de Wolfe［EB/OL］.［2019–12–30］. https://www.britannica.com/biography/Elsie-de-Wolfe.

［21］The New York Times. Lady Mendl Dies in France at 84 (1950, July 13)［N/OL］. New York Times Online. https://timesmachine.nytimes.com/timesmachine/1950/07/13/86445969.pdf.

［22］Edgar Munhall.Elsie de Wolfe:The American pioneer who vanquished Victorian gloom［EB/OL］.［2019–12–30］. https://www.architecturaldigest.com/story/dewolfe-article–012000.

［23］Turpin J C B. The life and work of Dorothy Draper, interior designer: A study of class values and success［M］. Arizona State University, 2008.

［24］Suzanne Slesin. Not–So–Old Designs: the Latest Thing in Nostalgia［EB/OL］.［2019–12–30］. https://timesmachine.nytimes.com/timesmachine/1989/03/16/340889.html?pageNumber=112.

［25］Sister Parish.Heritage［EB/OL］.［2019–12–30］. https://sisterparishdesign.com/heritage/.

［26］左灿 . 王炜钰 : 沉迷设计的一生［EB/OL］.［2019–12–30］. http://www.coe.pku.edu.cn/xwxx/xwjj/xwzt/qcmbdg/rsz/891030.htm.

［27］中国建筑装饰协会 . 设计教育科研媒体工作者［EB/OL］.［2019–12–30］. http://zhuanti.ccd.com.cn/091013/mt-wwy.html.

［28］伊侯 . 花开敦煌 : 常沙娜艺术研究与应用展在京开幕［J］. 美术观察 , 2017(05): 35.

［29］中国美术家协会 . 张绮曼先生获"终身成就奖"［EB/OL］.［2019–12–30］. https://www.caanet.org.cn/ACdetail.mx?id=272.

［30］常沙娜 . 走向二十一世纪 : 纪念中央工艺美术学院建院三十五周年［J］. 装饰 , 1991(04): 3–4.

［31］张仃 . 与人民共和国同步 : 中央工艺美术学院建院四十周年［J］. 装饰 , 1996(05): 7–8.

［32］常沙娜 . "不惑"之路 : 庆祝中央工艺美术学院建院四十周年［J］. 装饰 , 1996(05): 4–6.

［33］Khederian R.Elsie de Wolfe, The Colony Club, and the birthplace of American design［EB/OL］.［2019–12–30］. https://www.curbed.com/2017/3/23/15035218/elsie-de-wolfe-interior-decor-history-nyc.

［34］1stdibs.Decorators to Know: Elsie de Wolfe［EB/OL］.［2019–12–30］. https://www.1stdibs.com/blogs/the-study/elsie-de-wolfe/.

［35］Nielsen J. The Elsie de Wolfe Design Revolution［N/OL］. New York Times Online,［2019–12–30］. https://www.nytimes.com/1987/12/24/garden/the-elsie-de-wolfe-design-revolution.html?searchResultPosition=1.

［36］Steven M. L. Aronson.Sister Parish The doyenne's unerring eye for warmth and grace［EB/OL］.［2019–12–30］. https://www.architecturaldigest.com/story/parish-article–012000.

［37］马怡西 . 奚小彭文集［M］. 济南 : 山东美术出版社 .2018:7–17.

［38］高阳 . 存真至善 大美不言 : 访艺术设计教育家常沙娜［J］. 中国文艺评论 , 2018(11): 125–134.

［39］清华大学艺术博物馆 . 花开敦煌 : 常书鸿、常沙娜父女作品展（三层展厅）［EB/OL］.［2019–12–30］. http://www.artmuseum.tsinghua.edu.cn/cpsj/zlxx/zlyg/201907/t20190711_3861.shtml.

［40］常沙娜 . 应该坚持传统图案的教学［J］. 装饰 ,2008(S1):108–110.

［41］Wheeler, C. Interior Decoration as a Profession for Women［J］. The Decorator and Furnisher, 26(3): 87–89.

［42］Franklin R. A Life in Good Taste–The fashions and follies of Elsie de Wolfe［EB/OL］.［2019–12–30］. https://www.newyorker.com/magazine/2004/09/27/a-life-in-good-taste.

乡村振兴战略背景下的田园综合体营造探究
——以凤溪玫瑰教育研学基地为例

■ 郭晓阳 李 洋
■ 苏州科技大学建筑与城市规划学院

摘要 2018年"乡村振兴"上升为国家战略。党中央指出,将通过田园综合体的建设为中国的三农发展探索出一套稳定的、可推广复制的生产生活方式,助推乡村振兴。本文以浙江省杭州市桐庐县三鑫村凤溪玫瑰教育研学基地为例,深入分析其发生发展机制,归纳并提出符合当地语境的设计方式,为田园综合体的设计提供借鉴和参考。

关键词 乡村振兴 美丽乡村 田园综合体 凤溪玫瑰

1 乡村振兴战略背景

习近平总书记提出的农村振兴战略,反映了中央政府对农业和农村方向的反思。中国经济发展已经完成从高速增长阶段到高质量发展阶段的转变。新时期,我国社会的主要矛盾也已经发生了变化。于是在人们的幸福感和安全感得到充分保障的同时,也对农村和农业的发展提出了更高的要求。乡村振兴战略是将农村与城市摆在同等的地位,使发展更充分地立足于农村生态、工业和文化资源,发挥村民积极性,激发农村发展的活力。

十九大报告提出了"工业兴旺、生态宜居、乡村文明、治理有效、生活富裕"[1]的农村发展总体要求。这五个方面是相辅相成的。产业繁荣是从单一的农业中跳出来,实现一、二、三产业融合发展,使农业成为一个富裕、盈利的产业,从而带动农民收入的稳定增长;依托当地环境,提高生态质量;满足人民的美好生活需求,建设新时期的美丽乡村。

中央对农村问题的关注由来已久。习近平总书记2003年在浙江实施的"千村示范万村整治"行动,是"美丽乡村"的发端。2013年由农业部率先将其推向全国;乡村振兴战略是以习近平总书记为核心的新一届中央领导集体,在新的形势下,为实现美丽中国的宏伟蓝图而作出的重要战略部署。自此,我国新时代的"三农"发展架构已经基本形成。

2 田园综合体概念阐述与特征分析

2.1 概念解读

田园综合体是集现代农业、休闲旅游、田园社区为一体的特色小镇和乡村综合发展模式,是在城乡一体格局下,顺应农村供给侧结构改革、新型产业发展,结合农村产权制度改革,实现中国乡村现代化、新型城镇化、社会经济全面发展的一种可持续性模式[2]。

2.2 特征分析

田园综合体的建设按照土地现状不变,生态风貌不变,农民主体地位不变的"三个不变"方式,遵循因地制宜、共享共生、资源内生、产融联合"四项原则",导入生态农业、旅游体验、健康养生、文化教育、当地特色"五类产业",挖掘当地资源,延伸公共服务,在美丽乡村建设基础上,实现农民就地城镇化,保证乡村产业兴旺、生态宜居、生活富裕[3]。

3 实证案例——凤溪玫瑰项目

3.1 发展缘起

美丽乡村建设的发端是在浙江省。"田园综合体"被写入中央一号文件后,浙江省被列为首批田园综合体发展试点之一。杭州市桐庐县三鑫村响应中央政策号召,以当地的千亩玫瑰园为依托,与企业联合,实现传统农业向现代"股份农业"的跨越式发展。以此为试点,积极推进农业现代化,以提升第一产业。同时吸引投资,积极推进二、三产业的开发建设,探索三产融合的美丽乡村建设之路。

3.2 项目特色

3.2.1 农民入股、村企合作

三鑫村通过建立村企联合的发展机制,进行股份制合作(图1、图2)。一方面流转集中土地,地方政府通过优惠政策帮助企业发展。另一方面,企业协助村里修编了总体规划,建设农田喷滴灌设施等基础设施及环村绿道,并对入村口的形象节点进行了提升,进一步深化美丽乡村建设。

企业作为发起平台、投资主体,主导项目的开发。同时农户将土地经营权入股,依托农民合作社,将土地经营权授权开发公司使用,开发公司通过项目的开发运营获得的利润定期向农民分红。田园综合体的开发营造也可以创造出大量的就业岗位,反哺当地农户,为他们提供高质量

❶ 中国共产党第十九次全国代表大会文件汇编[M].北京:人民出版社,2017.
❷、❸ 前瞻产业研究院.2018年乡村产业发展研究报告[DB/OL].2018-09-28. https://bg.qianzhan.com/report/detail/1809281507227465.html.

的就业机会。通过对贫困农户的重点帮扶，也可以辅助精准扶贫工作，增加农民收入。农民的充分参与和受益，使投资者和农民形成利益共同体，激发了农民的积极性，有利于实现投资者和农民的共同富裕。

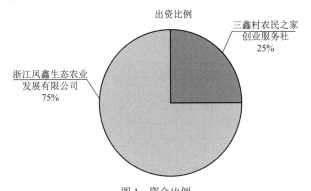

图1　资金比例
（图片来源：凤溪玫瑰园内展板）

截至 2018 年 10 月，三鑫村集中流转土地 1058 亩，高标准建成了玫瑰花种植基地，形成规模化、产业化发展格局。此外，通过股份合作，村集体每年可增加收入 100 万元。初步实现了"三生"（生态、生产、生活）共赢环境好，产业支撑集体强，乡风文明农民富的目标。很大程度上促进了当地的发展❶。

3.2.2　农业产业化

实现农业生产的产业化、现代化，是提高农产品质量、实现农业强国的必由之路和有效手段。农业生产方面当地推广建设智慧农场，每个农场约有 10 亩地，结合当地特色的农产品种植、加工和旅游服务，每个智慧农场都是包含

着一、二、三产业的小单元。每个农场聘请一位专门的管理员，以基本收入加绩效提成的方式，实施现代化的管理。农场之间也分为不同的主题，整个园区不同主题农场达 50 个，各具特色。同时，农场也作为实践教育课堂使用。

智慧农场的建设与推广，使土地趋于集中，更有利于农业种植的规模化、科学化。每个农场相对独立，有利于进行系统化、精细化的管理，从而提高农产品的产量和质量。当地传统的蔬菜、中药材、精品水果等优势产业的生产规模进一步扩大，生产效率也得到提高，并且引导农户发展林农、林药、林菌等多种间作模式。当地政府大力开展农业项目招商引资，以外来投资为引导，进行农产品的深加工，形成生产、加工、运输为一体的产业链条，提高产业的规模和竞争力。

3.2.3　发展特色产业、三产结合

当地依托千亩玫瑰园，结合旅游业建立当地特色产业，从玫瑰种植到后期加工，实现种类丰富的特色体验。游客可以亲临玫瑰种植园，欣赏千亩玫瑰的宜人风光，了解玫瑰的相关知识，参与体验玫瑰种植和加工过程。

当地的智慧农场种植蓝莓、大马士革玫瑰，出产水稻、红薯、玉米和各类蔬菜，作为当地的第一产业；玫瑰种植延伸出园艺活动，花朵可以生产果酱，花瓣可以生产精油等，这些后期加工作为第二产业；创意生活的营造与体验，休闲旅游，特色民宿，集成了服务业为主的第三产业。三产发展的基础上，三鑫村还建设了石舍学校，带动当地教育的发展。

3.2.4　引入人才，创新驱动产业提升

创新是引领发展的第一动力。当地鼓励发展生态循环

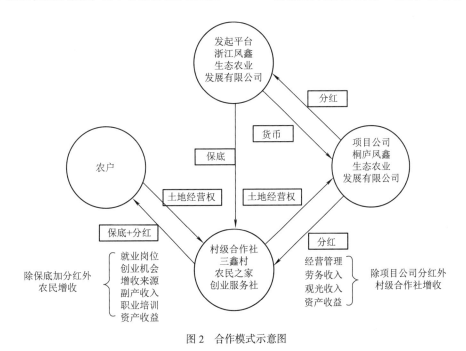

图2　合作模式示意图
（图片来源：凤溪玫瑰园内展板）

---

❶　土地流转"转"出农村发展新篇章. 桐庐新闻网 [N/OL].2018-10-24, http://www.tlnews.com.cn/xwpd/tlxw/content/2018-10/24/content_8814180. htm.

农业，应用大数据移动互联平台实现集约化模块化，可以提高资源利用率，减少环境污染。并且积极推进农业科技的创新，提高了劳动生产率和资源利用率，提升了农业产业的竞争力。

创新的首要条件是人才的引入，通过当地玫瑰产业的发展，许多外来人才被吸引回乡村，成为"新农人"。高素质人才的引入进一步支援了乡村建设。他们不断探索现代城市文明与自然村落相结合的生活体验，依托当地资源，引入了一系列诸如度假民宿、学习实践基地和老年疗养等项目，并且导入先进的管理经验，结合当地实际情况制定个性化的管理体系。产生的新项目进一步吸引人才，推动创新，形成一套良性循环的发展模式。

3.3 凤溪玫瑰教育研学基地设计

该项目的发展思路是依托凤溪玫瑰，发展以能力教育为核心的实践教育。选址位于浙江省杭州市桐庐县凤川街道南部三鑫村。基地南侧依山，西北侧与小源溪相邻，东北侧是柴雅线公路，地处三山夹谷、两溪交汇的小河谷平原，毗邻 G25 高速，交通便捷，距离即将建成的桐庐高铁站 8km，距杭州市区 70km。

3.3.1 玫瑰教育研学基地一期

一期项目从外部看像三个巨型的温室，十分吸引眼球，其功能分别作为接待中心、创意中心和美食中心，分别命名为爱壳、美壳和谷壳。

建筑内部的空间也十分新颖。建筑中央是一座盘旋而上的木质楼梯，其中连接着可供停留休憩的平台，正上方是圆形天窗，光线顺着弧形屋顶洒下，既美观又节能（图3）。爬藤植物沿着支撑平台和楼梯的木架缠绕生长，加上周围种植的花木，使人如同置身原始树林，营造出清新自然的氛围。一期周围有零星几栋民俗，但未成规模，其建造依然延续了原始自然的风格，以木质材料为主，内部空间温馨而又舒适（图4）。

3.3.2 玫瑰教育研学基地二期

二期定位主要是以研学为主，结合玫瑰的栽培、加工产业、酒店住宿，形成整体性的玫瑰主题体验区。具体布局是将创意中心与种植体验单元结合，让游客体验玫瑰种

植过程，之后了解玫瑰的后期加工，自己进行创意制作，包括制作玫瑰鲜花饼、玫瑰酒、玫瑰花茶、玫瑰精油、玫瑰护手霜等项目。同时这些作为参观和研学的项目，也可以形成文创产业，通过品牌的营造，将产品对外销售。中部是教学部分，家长和孩子将有机会在这里了解关于田园耕作的趣味知识，是进行教学和亲子互动的主要场所。临近小源溪的部分是住宿部分，面向小源溪，有最佳的景观朝向，游客亦可以枕溪而眠。部分房间底层架空，更有利于自然通风（图5、图6）。

方案提取三鑫村古村落的形成肌理，以巷道为脉络串联整体建筑。街巷作为村落的主要交通结构，是人与人发生交流的主要场所。我们在组织建筑空间的同时，在形式上和设计上对"巷"加以强调，意在创造人与人之间的不期而遇，实现更多的交往可能。"相遇"的概念同时也呼应了当地的玫瑰产业，作为浪漫象征的玫瑰，通过建筑内交错连接的巷道和穿插其间的景观节点，意在在建筑中创造浪漫的邂逅（图7、图8）。

同时巷道也是节能技术的依托。通过形成遮阳通风的窄通道、使用蓄冷墙，并借鉴"江南坎儿井"的概念，在巷道下引入水系，从而形成"冷巷"。建筑内形成热压差，

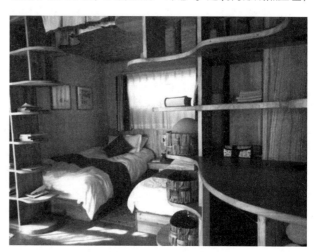

图4 住宿区域内部

（图片来源：作者自摄）

图3 一期内部效果

（图片来源：作者自摄）

图5 设计效果图

（图片来源：作者自绘）

图6 功能分析
（图片来源：作者自绘）

图7 内部巷道效果图
（图片来源：作者自绘）

促进建筑的自然通风，实现太阳能的被动利用。建筑屋顶设置太阳能光伏板，可以为建筑提供热水和电力，以实现太阳能的主动利用。同时建筑采用屋顶种植，建立雨水收集系统，进一步实现建筑的节能减排。一系列技术的采用，是基于对当地气候适应的基础上，符合当地所处夏热冬冷地区的气候特征。建筑材料上，使用当地建筑材料和建筑技术，如夯土墙、杭灰石墙、抹泥墙等，就地取材，保持当地特色。

项目在功能上将玫瑰及农产品的种植、玫瑰相关产品的深加工，结合实践教育、特色体验，实现三产融合，有机共生。形式和建造上尊重当地的地域性。建筑节能策略的采用，期望能探索出适合当地的绿色可持续的建筑营造模式，从而提高村民的居住质量。

4 乡村振兴导向下的田园综合体发展策略

4.1 发掘农家院落价值，打造特色田园综合体

农家院落是乡村社会的一个缩影，也是乡村社会的重要结构要素，是乡村文化的重要载体，其具有适应长期农业生产过程的生产价值，体现农民日常生活模式、文化习俗得以传承的生活价值，更具有除体现房屋"天人合一"的建设理念外还体现农民生产与生活之间有机循环的生态价值。无论是乡村的产业兴旺，还是乡风文明，或生态宜居，这些的发展立足于乡村院落才会事半功倍。

因此，建设田园综合体需要深入了解当地农家院落或宅基地的基本情况，不能盲目地改建、拆除，应当结合当地风貌、建造材料、建造技术进行建设。对于有历史文化价值的建筑，要予以保留修缮，从而避免建筑层面的同质化，防止当地特色的流失。

4.2 建设"文化+"的发展模式

文化的振兴对于乡村振兴尤为重要。我国自古以来都是农业大国，农耕文明底蕴深厚，保存与复兴乡村文化、传承乡村文脉是振兴乡村的重要组成部分。

图8 村落内部巷道

田园综合体是乡村发展基础上的一种创新模式，在将新的产业融入乡村发展的同时，也需要结合传统文化元素，深入挖掘地域文化的特色，打造与当地契合的具有文化创意的表达方式。"文化＋"的发展模式，即是以文化为核心，将其融入建筑、旅游、信息、生态建设、养生康体等附加产业，兼顾文化的保存与创新、兼顾乡村文化传承与现代产业发展，依托村域人文资源、乡村建筑群落、文化遗址遗迹、非物质文化遗珍等载体弘扬乡村文化。通过再创新，让广大村民意识到、了解到文化的重要性和必要性。通过"文化＋"的发展实践所产生的多重效益，增强其对当地乡村文化价值内涵的认识与认同，将乡村建设得更像乡村。

4.3 完善政策体系，建立考核制度

目前，田园综合体的建设主要是以企业牵头、农民合作入股、村镇政府合作引导的模式进行建设的。田园综合体的建设尚属新鲜事物，虽然已有概念，但实际操作依然是"摸着石头过河"，企业建设过程中难免出现与现有政策冲突、理解不到位的情况。因此地方政府需要进行引导和监督，对于有潜力的项目，适当给予优惠政策，鼓励投资；要及时建立一套完善的政策体系，使田园综合体的建设有迹可循。

田园综合体的发展，各地的建设都存在考核制度松紧不一、制度不全等问题。建设田园综合体不是全新建造一个乡村，而是在延续和发扬当地特色文化的基础上建设，故在完善建设、验收标准的基础上，可根据三鑫村当地特色文化或传统习俗及时调整制定个性化的考核制度，并建立退出机制，进行动态化管理，让那些跟风盲目建设、特色挖掘不深入、同质性严重及管理经营不善的项目理性地被淘汰，保证考核机制的公平性、有效性。

结语

田园综合体作为新型城镇化建设的创新产品，虽然学术界对其研究热情高涨，但主要研究方向是旅游业的建设和发展，有关"田园综合体"建设的研究呈现出量少、深度不够等现象，且各地在建设中出现了诸如特色产业选取忽视当地资源优势和发展潜力、盲目造镇、田园综合体营造缺乏文化特色等问题。在矫正现存问题的同时可从深入发掘农家院落价值、完善政策体系、建立考核监管制度及建设"文化＋"发展模式等方面着手，推进具有地方特色的田园综合体设计营造。

（本文系国家艺术基金"历史文化名村、名镇创意设计"人才培养项目文章，曾刊载于《苏州工艺美术职业技术学院学报》。）

参考文献

［1］秦汉川．"田园综合体"模式：乡村振兴的可操作样本［N］.中国建设报，2019(1).
［2］孔俊婷，杨超．乡村振兴战略背景下田园综合体发展机制构建研究［J］.农村发展，2019(1).
［3］刘静君．基于乡村旅游视角下"田园综合体"设计分析［J］.现代园艺，2019(2).
［4］于小琴．规划设计中的"田园综合体"模式［J］.中国林业产业，2016(10).
［5］万剑敏．基于地方理论的"田园综合体"规划研究［J］.江西科学，2018(1).
［6］孙琳．城乡统筹视野下的乡村旅游可持续发展机制重构［J］.农业经济，2017(12): 56-57.
［7］李铜山．论乡村振兴战略的政策底蕴［J］.中州学刊，2017(12): 1-6.

新疆商业综合体公共空间增效设计方法研究

■ 范　涛[1,2]　王　欢[2]　刘　静[2]　艾山江·阿布都热西提[2]
■ 1　同济大学建筑与城市规划学院　2　新疆大学建筑工程学院

摘要　选取新疆商业综合体中人气最旺的国际大巴扎与美美购物中心进行分析，发现它们最主要的共同点是公共空间为其整体增效作用明显。通过实地调研并采集顾客空间分布及行为数据，进行两个层面的研究，即宏观层面在城市立体节点的角度及微观层面在容纳各类城市公共活动的角度，分析各自优缺点，并提出增效优化建议。

关键词　商业综合体　公共空间　增效设计

1　商业综合体的城市属性

近年来，在国家宏观政策的支持下，商业综合体的建设在一线城市持续升温，并向二、三线城市增速蔓延[1]。新疆虽然位于我国的西北边陲，但近些年的商业综合体建设也是进行得如火如荼，特别是在乌鲁木齐市的商业中心区，不断涌现更多的商业综合体。同时，伴随城市气候的不断变化以及城市居民生活方式的转变，城市公共生活逐渐呈现往室内空间过渡的趋势[2]。阿里·迈达尼普尔从社会学的角度，分析公共空间所具有的城市属性，对其公共性进行界定，并总结两个明显特征，即可进入性和交流性[3]。公共空间是指由集体维护的，任何人都可以在任意时间使用的社会空间，其"城市属性"的核心在于其承载的公共活动及公众的意愿[4]。所以，商业综合体应该承担更多的城市功能属性，提供更多的公共空间，并承载城市居民的生活。而当前我国学者对商业综合体的城市属性进行研究才刚起步，其主要探讨建筑与城市空间的相互作用，关注建筑空间与城市的关系[5]。

近些年，可以明显看出我国在加速城市建设的过程中，产生的注重商业发展忽视文化建设、缺乏活力等问题在商业综合体中更加明显。商业综合体的开发往往对经济价值过于关注，而忽视其本需要发挥的城市属性，运营活力不足、使用效率不高[6]。因此，强化商业综合体的城市属性，发挥城市公共空间的作用，为居民和顾客提供活动空间，在运营时起到城市公共空间的作用[7]。这样商业综合体对于城市发展的作用才能有本质的提升。

2　商业综合体公共空间增效设计方法

城市公共空间是将各功能子系统相联系，并将其纳入城市公共空间中的类型，这种公共空间能够承载城市步行交通，并容纳多样的城市公共生活[8]。通过公共空间的设计可以对商业综合体的城市属性进行提升，从而发挥协同效应带来整体上的增效。参考其他学者研究成果精简出公共空间增效设计方法：宏观层面在城市立体节点的角度和微观层面在容纳各类城市公共活动的角度[9]。首先在宏观层面，商业综合体应成为城市立体节点，与城市公交步行等系统紧密结合，吸引人流；其次在微观层面，商业综合体包含多种城市公共空间的活动，加强城市属性，能够延长顾客的停留时间，大力提高顾客的到访率及增加对顾客的吸引力[10]。

3　新疆商业综合体发展现状

新疆与其他省市商业综合体的不同之处在于：首先，受到气候特征的影响，夏热冬冷的天气，使得商业综合体更注重营造室内空间；其次，多民族的聚集、多种文化的交汇，使得商业综合体又同时注重对于室外公共空间的营造及地域特色风格的设计。由于互联网对传统商业的冲击，近些年，新疆乌鲁木齐市的商业综合体面临较大的压力，虽然也在不断尝试改建更新，而实际运营效果都不够理想。笔者通过对新疆商业综合体的调研考察后发现明显问题是缺乏活力注重短期效应，这主要是因为开发商过于放大由经济利益所驱动的"商业活力"，忽略了由城市属性所激发的"公共活力"。而商业综合体的公共空间的设计过于追求形式，很少聚焦地域文化，也很难满足公共需求多样化的特点。

虽然乌鲁木齐不乏大型商业综合体，但商业综合体中公共空间人气最旺盛的就属新疆国际大巴扎与美美购物中心（表1），其公共空间的打造各具特色，下面分别进行简要介绍。

新疆国际大巴扎建成于2003年，作为全国规模最大的巴扎，同时也是世界规模最大的巴扎，当时的设计定位是"创造新疆民族建筑的精品，使其成为乌鲁木齐标志性建筑群"[11]。2018年通过改扩建，以大巴扎为中心打造了一条步行街，与老步行街相连，呈T形分布，与原大巴扎的商业楼和广场一起形成拥有3300多个铺面的规模。随着新疆国际大巴扎重新开业，每天游客量也由以往的2万~3万人次增加到10万人次以上，周末和节假日甚至超过15万人次，人数增长了将近5倍[12]。而大巴扎改造后最大的变化是广场面积却增加了近1倍，但建筑面积只增加了11%，所以说广场公共空间为大巴扎增效起到重要的作用。

表 1 国际大巴扎与美美购物中心比较

项目名称	新疆国际大巴扎	美美购物中心
建筑区位	天山区解放南路 8 号	沙依巴克区友好北路 689 号
开业时间	2003 年 8 月	2008 年 9 月
扩建时间	2018 年	2018 年
建筑类型	城市级 商业综合体	区域级 商业综合体
商业面积	约 10 万 m²	约 12 万 m²
与地铁接口数量	2 个	地铁规划中
是否与交通换乘枢纽	11 条公交线路，地铁 1 号线，BRT3 号线，的士	17 条公交线路，BRT1、2、4 号线，的士
是否有直接通过的人流	是	是
与城市接口分布层数	2	3
举办公共活动数量	较多 (歌舞、展览、音乐会、文艺演出)	一般 (发布会、展览、文艺演出、促销)
休憩设施数量	较多 (集中在室外广场和室外步行街)	一般 (集中在室内步行街及中庭)

美美购物中心经过 2018 年的改扩建，已经将北楼开发完毕，并且在友好路对面新建美美购物中心二期。而美美购物中心一期拥有一条长约 220m、宽约 40m 的室内步行街，这是其最明显的特征，是其人流量最大的区域，所以美美购物中心总是精心打造这条步行街并及时更新主题。同时，美美购物中心二期还引进新疆首府首个城市秘密花园，1~2 层布满植物的步道梯、4 层 400m² 的绿植花卉完美地将绿色生态概念引入购物中心。

通过百度热力图我们可以发现，美美购物中心室内步行街的人流量全天都持续在较高的水平，只是在晚间 23:00 左右人数才开始下降；而国际大巴扎的室外步行街在 24:00 时人流量依然高居不下（图 1）。说明室内外公共空间对于商业综合体人气的提升具有非常重要作用，而人气的提升是商业综合体增效最重要的标准。

4 国际大巴扎与美美购物中心公共空间增效设计方法对比

虽然国际大巴扎与美美购物中心的建筑风格迥异，但它们都非常重视公共空间，都采取了一定的增效设计方法并取得了较好效果。本研究以现场调查顾客行为数据作为研究分析的资料，重点记录和测算人流分布均匀度、停留时间、人流量、公共交通人流吸引比例等，通过数据分析比较，验证增效设计方法的有效性。下面具体分析国际大巴扎与美美购物中心在公共空间的增效设计方法上的

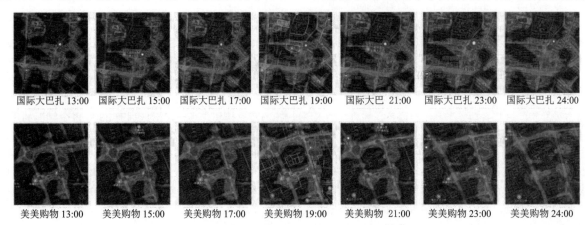

图 1 国际大巴扎与美美购物中心人流量比较

不同。

4.1 在宏观层面，商业综合体是否发挥城市立体节点的作用

如果作为城市立体节点，需要在水平和垂直两个方向上融合城市步行及公交系统。商业综合体作为城市的立体节点，能够吸引更多人流进入，从而实现增效。其效果表现在4个方面：①综合体内人流量更高；②乘坐公共交通前来的比例更高；③直接通过性人流比例更高；④在区域步行交通中发挥重要作用。总体来说，国际大巴扎和美美购物中心距离城市立体节点的要求还是有一定的差距（图2）。

4.1.1 内部人流量比较

国际大巴扎建筑内部人流量不均衡，只是靠近室外广场的一层人流量较大，其他区域内部人流量越往顶层人流递减越明显。美美购物中心内部人流量较大的区域在连接两条主干道的室内步行街和地下商业街，而建筑的地下一层、五层和六层人流量高于二层和三层。比较国际大巴扎和美美购物中心各层人流量可以发现，美美购物中心内部人流量更高，这说明美美购物中心作为城市交通节点的优势大于国际大巴扎（图3）。

4.1.2 乘坐公共交通前来的比例

在对公交及地铁出站人流吸引的比较中，美美购物中心从公交站直接吸引的人流比例平均为45.7%，远高于国际大巴扎的20.9%（图4）。

4.1.3 直接通过性人流比例

通过跟踪记录顾客的步行轨迹，美美购物中心直接通过的人流比例高达50.7%，远高于国际大巴扎的28.6%，这体现出美美购物中心作为枢纽的作用（图5）。

4.1.4 在区域步行交通中发挥作用

建立乌鲁木齐二道桥商圈及乌鲁木齐友好商圈的步行交通的SDNA模型，比较去除两个商业综合体前后整合度的区别，可以发现友好商圈地的整合度值下降显著，而二道桥商圈整合度值变化不显著，这说明了美美购物中心在区域内步行交通中的作用发挥得更大（图6）。

4.2 在微观层面，是否发挥容纳各类城市公共活动的作用

商业综合体中的公共空间可以通过容纳各类城市公共活动，加强商业综合体的城市属性，增加顾客的停留时间，最终达到增效。

通过对二者各层空间内积极停留活动和消极停留活动的统计对比可以发现，美美购物中心内积极停留活动比例更高，这与美美购物中心在各层公共空间中设置展品及座椅有关，引起了顾客与空间的互动（表2）。在国际大巴扎的室外广场有特别高的停留比例，原因是国际大巴扎室外广场设置了较多的休息椅和民族文化艺术品，并进行文化歌舞表演，吸引了人群驻足观赏（图7）。参照传统商业经验，顾客停留时间超过1小时就有很大可能会产生消费行为[13]，上述人群停留会对综合体的营业额带来提升。

我国的商业综合体，近些年来越来越注重体验营造和公共性提升，积极注入各类文化艺术功能，并取得理想的经济效益和社会效应[14]。在调研国际大巴扎时发现，有民族歌舞表演时，各层的人流量均高于无民族歌舞表演时，尤其是邻近表演活动的建筑下部各层的人流量提高显著，室外广场人群驻足观赏的比例也明显提高，这说明有组织的公共活动能够迅速增加商业整体的人流量。

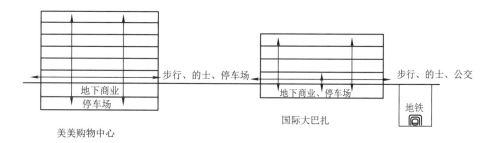

图2 国际大巴扎及美美购物中心与城市空间的关系

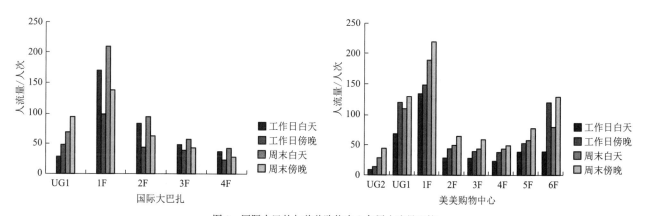

图3 国际大巴扎与美美购物中心各层人流量比较

公交站出入口	工作日白天	工作日傍晚	周末白天	周末傍晚	平均
A区南入口/人次	182	233	312	406	283.3
A区北入口/人次	94	151	279	203	181.8
B区西入口/人次	203	247	406	521	344.3
C区西入口/人次	147	207	276	297	240
C区东入口/人次	152	196	291	321	960
总计/人次	778	1034	1564	1748	1281
进入大巴扎比例/%	18.7	22.4	19.2	23.1	20.9

国际大巴扎

公交站出入口	工作日白天	工作日傍晚	周末白天	周末傍晚	平均
美美西门/人次	90	117	109	142	114.5
美美东门/人次	53	68	71	80	68
美美二期西门/人次	82	95	108	121	101.5
总计/人次	225	280	288	343	284
进入美美比例/%	48.1	44.6	47.7	42.3	45.7

美美购物中心

图 4　国际大巴扎与美美购物中心公交站出入口人流量比较

国际大巴扎路线	类型	穿C区	穿A、B区	购物、吃饭、工作	总计
	人次	54	7	152	213
	百分比	25.3%	3.3%	71.4%	100%

美美购物中心路线	类型	穿步行街	穿地下街	购物、吃饭、工作	总计
	人次	94	12	103	209
	百分比	45.0%	5.7%	49.3%	100%

图 5　国际大巴扎及美美购物中心人流量比较

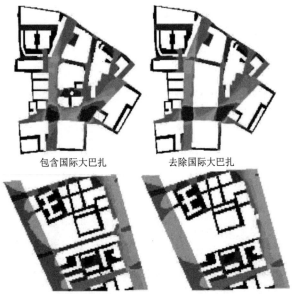

包含国际大巴扎　　去除国际大巴扎

包含美美购物中心　　去除美美购物中心

图 6　两个综合体对所在区域步行系统整合度的影响

表 2　国际大巴扎与美美购物中心停留行为占比统计
%

行为活动		国际大巴扎	美美购物中心
积极停留活动	拍照	7	18
	看展品	6	19
	观望空间	4	10
	交流	13	11
消极停留活动	打电话	7	6
	等候	21	13
	休息	42	23

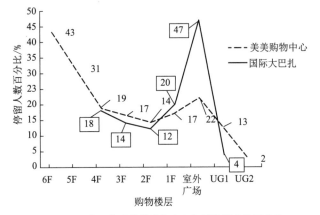

图 7　国际大巴扎及美美购物中心各层停留人数百分比

5 国际大巴扎与美美购物中心公共空间增效优化建议

通过上述两个新疆典型商业综合体的比较可以看出：它们的成功之处都是营造了良好的城市公共空间，容纳了多彩的城市公共生活，对于公共空间增效作用明显，取得良好的经济效益和社会效益。

对于在宏观上是否作为城市立体节点，笔者提出优化建议如下：

国际大巴扎公共空间增效优化建议：①更便捷地连接地铁（利用好地铁出入口）；②打通东西地下商业街道，使得原先被公路隔断的商业能够加强连接，增加东西两块地段的协同发展，同时使得行人往返于两地块更加方便和安全；③增加室内公共文化服务功能（地下或顶层），吸引和带动有明确目的的人群前往综合体的各个路线的尽端；④步行街增加座椅，以满足大量人流缺少休息和等候场地的需要；⑤各楼之间提高可达性，可以打通他们在地下室空间联系，在各楼的2~3层据功能和流线的需要增设一些局部的连廊。

美美购物中心公共空间增效优化建议：①建立天桥，连接友好路两侧的各大商场，特别是能从天桥直接进入各大商场的二层或三层；②增强与地下一层商业街的联系，现有的地下一层商业空间与地上空间的连接口较少且不便，应增设地下与地上空间的竖向连接电梯和自动扶梯；③增加步行街的座椅，室内座椅，满足大量人流休息和等候的需要；④地下室增设室内公共文化服务功能，从而吸引地上商业人流前往地下，同时也能使得原先地上主要吸引中、高端消费人群为主，而地下则吸引低端人群为主的现象，得到明显好转；⑤各层增加公共文化功能并设置更多的公共空间，并多举办社会活动。

以上优化建议，能够加强国际大巴扎与美美购物中心公共空间扩展为城市公共空间的可能性，通过加强商业综合体中公共空间的投入，既能改善公共空间面貌，又能提升商业综合体的城市品质，同时还能吸引大量的人流，从而使商业综合体达到增效的目的，形成良性发展。

［本文为2018年度新疆维吾尔自治区自然科学基金·青年基金项目"基于协同效应的新疆巴扎综合体文化艺术功能价值创造研究"（批准号：2018D01C080）的中期成果。］

参考文献

［1］邓凡.透视城市综合体［M］.北京：中国经济出版社，2012.
［2］扬·盖尔，杨滨章，赵春丽.适应公共生活变化的公共空间［J］.中国园林，2010(8)：44–48.
［3］迈达尼·普尔.城市空间设计：社会—空间过程的调查研究［M］.欧阳文，梁海燕，宋树旭，译.北京：中国建筑工业出版社，2009.
［4］龚杰.基于"公共性"视角下的城市商业综合体外部空间设计研究：以成都为例［D］.成都：西南交通大学，2018：21.
［5］杨思宇."多首层"式综合体建筑空间城市性设计研究［D］.北京：北京建筑大学，2018.
［6］王桢栋，文凡，胡强.城市建筑综合体的城市性探析［J］.建筑技艺，2014(11)：24–29.
［7］孙彤宇.从城市公共空间与建筑的耦合关系论城市公共空间的动态发展［J］.城市规划学刊，2012(9)：82–90.
［8］王志洪.城市建筑综合体盈利性功能与非盈利性功能组合的协同效应［J］.中外建筑，2018(10)：50–53.
［9］王桢栋，胡强，潘逸瀚，等.城市综合体公共空间的增效策略研究：以沪港两地为例［J］.建筑学报，2018(6)：10–11.
［10］王桢栋.城市综合体的协同效应研究：理论·案例·策略·趋势［M］.北京：中国建筑工业出版社，2018：44–48.
［11］王小东.特定环境及其建筑语言：新疆国际大巴扎设计［J］.建筑学报，2003(11)：28–31.
［12］新疆国际大巴扎步行街每天吸引游客超10万人次［N/OL］.人民网，2018–08–20. http://xj.people.com.cn/n2/2018/0820/c186332-31953451.html.
［13］Zhu Wei . Pedestrians' Decision of shopping duration with the influence of walking direction choice［J］. Journal of Urban Planning & Development, 2011(137)：305–310.
［14］孙澄，寇婧.当代城市综合体的文化功能复合研究［J］.建筑学报，2014(S1)：78–81.

批判的可持续：关于未来建筑教育空间研究与设计的教学思考

■ 傅 祎 韩 涛 韩文强
■ 中央美术学院 建筑学院

摘要 作为中央美术学院建筑学院教学空间改造计划的先行研究项目，2019年建筑学院十工作室围绕毕业设计教学，寻找教育模型与空间模型之间的内在关系，展开关于"未来建筑学院"的研究和设计。2020新冠疫情暴发，网络教学成为常态，"云"成为这个世界的隐喻，这些促使课题组反思，重回校园更意味着什么？物质空间的创新，源于制度变革和新技术发展。智能空间虚实结合，数字创新增强空间干预和场所营造的效能，"远程"尽管有效，但"在场"更为重要，这是人类社会交往的本能。如何创新教育空间的可感范式？对于老师们给出的关于央美建筑学院设计大楼改造的课题，学生们从类型批判、技术反思、空间方法、具身体验、情境叙事等多个角度给出了不同的且精彩的答案。

关键词 教育空间 类型批判 智能技术 可感范式

1 缘起

中央美术学院设计大楼 2006 年建成启用，主要包含建筑学院、设计学院和国际预科三个建制单位。随着设计学院从理念、系统到范式的教学改革的逐步深入，2018年，伴随学科设置、课程体系和教学管理的大幅调整，设计学院完成了空间改造。同年，建筑学院空间改造计划列入学校议事日程，作为中央美术学院自主科研项目，建筑学院十工作室 ❶ 师生团队结合教学，展开关于"未来建筑学院"的研究和设计，意图寻找教育模型与空间模型之间的内在关系，探讨建筑教育空间新旧关系迭代更新的可能，成为央美建筑学院空间改造项目的先行研究课题。

2020 年席卷全球的新冠疫情迫使我们重新审视人类生产、生活和消费的方式，以及公共卫生、生态安全之间的矛盾，特别是大型突发事件带来的例外状态；提醒我们重视安全防灾、健康救治和心灵抚慰的社会机制和应急设施的建设；反思人类聚集环境设计的底线约束，促进未来绿色可持续发展价值观的共识形成。十工作室的毕业设计课题从 2019 年的央美建筑学院改造需要的现实背景，跃迁到由 2020 年疫情带来的另一层思考，当远程教育、网络教学成为常态，当"云"成为这个世界的核心隐喻时，重回校园意味着什么？教师团队引导学生在现实与未来、类型与技术、空间与叙事之间，坐标个人毕业创作的定位。

2 类型的批判

列斐伏尔（Lefbvre）认为"（社会）空间是（社会）生产"，空间"设计"不仅指事物处于一定场景中的经验性设置，更是一种社会秩序的空间化。物理空间的最根本创新，源于教育制度的变革和新技术革命，教育空间作为表达教育理念和贯彻教学方法的场所，包容各种新的教学方法：探究式学习、混合式学习、基于问题的学习、基于项目的学习……，以适应未来的发展。

1970 年，奥地利的社会学家伊万·伊里奇（Ivan Illich, 1926—2002）在其《非学校化社会》（Deschooling Society）一书中提出了"非学校化"这一概念，作为对制度化学校的批判。"与教师有关的、要求特定年龄阶段的人、全日制地学习必修课程的过程"的现代工业化教育制度，客观上起到了弥补教育资源不足和普及基础教育的作用，但对制度化学校的依赖，是将教育等同于学习，将学校等同于学习，将在学校受教育时间的长短等同于个人价值，将学历等同于能力。对此伊里奇结合当时刚刚出现的互联网技术，提出了"学习中心"和"学习网"策略，采取更加灵活多样的学校模式并尊重学习者的差异性，类似于一种新型的学校系统，作为一种教育思想和教育实践，得到了未来学家、教育学家、互联网专家、社会学家及建筑学家等其他领域学者的共鸣，其中包括生于奥地利的美国建筑理论家克里斯托弗·亚历山大（Christopher

---

❶ 工作室教学模式是中央美术学院本科高年级教学的传统，建筑学院十工作室成立于 2008 年，教师团队包括傅祎、韩涛和韩文强，教学工作主要围绕本科最后一年毕业设计教学和室内建筑学方向研究生指导。前者定位于以问题为导向的研究性设计，后者侧重室内建筑学领域的设计研究。围绕以身体叙事、情感记忆、文本批判、手工艺发展、数字建造、交互技术、社区更新、乡村振兴、未来教育机制、未来消费模型、未来居住形态为导向的多个研究主题集群，从究理、叙事、拟境和造物的多个教学维度展开。教学上坚持对"实践带动教学"的室内设计职业化倾向的抵抗性立场；主张用"模型推进设计"来突破传统室内设计"图式教学"的局限；通过空间装置课题，尝试作者、作品和行动合为一，作为对"福特制"教育模式的反思与回应。

Alexander，1936— ）。

1977 年《建筑模式语言》（*A Pattern Language*）出版，其中模式 18-"学习网"直接给出了城镇级别的空间图示，"家庭教师或走街串巷的教师、热心帮助青年的行家、教小孩子的大孩子、博物馆、旅游的青年小组、学术讨论会、工厂、老年人等，设想所有这些情况构成学习过程的主要内容；考察所有这些情况，描述它们，并将它们排成城市的'课程表'而公诸于众"。克里斯托弗·亚历山大又以中世纪的大学为蓝本，进一步在模式 43-"像市场一样开放的大学"中论述道："大学向所有年龄的人开放，他们可以全时上课、半时上课或依次听讲各门课程。讲课——能者为师，听课——来者不拒。从物质环境来说，市场式大学有一个中心十字路口，大学的主要建筑和办公室就位于此，会议室和实验室从该十字路口向外扩散——首先集中于沿步行街两侧的小楼房内，然后逐步分散并和全城镇融成一体。"

智者的预言如今大部分已成现实，特别是在数字技术及其场景应用迅猛发展的今日。ARUP 公司发布的 Campus of The Future 2018 报告中，以数据作为支撑，预计 2050 年，全球人口 1/4 将达到 60 岁或以上，60 岁以上的劳动者比例将从 2000 年的 9% 上升到 2016 年的 15%。如今进入小学的儿童中，有 65% 将从事目前尚不存在的工作，经合组织国家目前 10%~47% 的工作面临高度自动化风险。所以未来的大学定将面对日渐多样化的学生群体和终身学习需求的增长。新冠疫情之下，ARUP 公司在其 *New Arup report imagines the Campus of the Future* 中提出了新的预见，未来的校园将是一个综合社区，生活和学习之间的界限不断模糊，学生关于在哪里以及如何研究或学习的自主性选择提高。为了包容多样化的学习方法，校园建筑的内容将被重新定义：灵活的跨学科工作场所、安静的空间、更多增加的实验室和创新中心，而传统的报告厅已经不那么重要了（图 1~ 图 4）。

3　空间智能化

疫情期间停课不停学，"开学"前老师们手忙脚乱地学习着各种网络教学的方法，调整了教学方案，在家备好了设备，布置好了场景，对于远程教学的效果忐忑不安。一方面大量的各种网络教学资源迅速聚拢，智能移动办公和远程会议系统免费开放，搭建起了云上教学平台；另一方面居家的网络可能不好，电脑配置低，材料找不到，最关键的是没有共同学习的气氛。尽管如此，我们还是一头撞进了这场大规模的社会实验。

智能网络提供了高效便捷、系统性解决方案的可能。疫情期间，电商平台和快递物流更加强劲，灵活用工和远程教育增长迅猛，疫情成为新技术应用场景的测试机遇，加速了数据智能化的迭代升级。远程在场技术引发真实与虚拟空间的无缝联动，网络把封闭的大学的"围墙"真正打开，云上链接世界各地的各种教育场景和优质学习资源的开放前所未有。万物互联，无处不在的网络算法和全面升级的智能管理，正在改变社会组织与日常生活，既成为有效防控疫情的手段，也促使我们思考智能环境的技术伦理。

数字技术在此次疫情中的表现促使我们对"教育空间赛博化"趋势的想象，数字创新将增强空间干预和场所营造的效能。利用人工智能、机器学习和精确算法支持的校园物联网络，能改善空间和设施利用率低的问题，提升精细化管理和个性化服务的能力。依赖数字建造和装配式技术，设计灵活的建筑、可定期改造的空间，适应不断变化的课程以及学生之间、专业之间、行业之间合作创新的要求。5G 网络将推动 VR、AR、MR 等虚拟技术的高速发展，提供更加极致的体验，沉浸式教学通过虚拟技术增强，改善空间使用方式，解决实体空间不足的问题，智能空间虚实结合。机器思维和数字技术将打破传统的流程和壁垒，链接在场与远程，使得组织化的知识生产、共同体的远程协作、数据化的知识和经验、全球性的教学传播成为

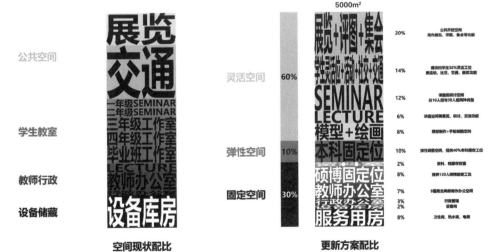

图 1　央美建筑学院空间策划方案比较

（郭晓婧、孙丽程制作）

教学模型:知识多元化　　　　　空间模型:功能多样化　　　　　设计策略:多中心

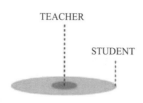

TEACHER

STUDENT

传统教学方式是老师向学生的单一
单向输入，老师是中心，是学生
获取知识的主要渠道

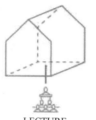

LECTURE

传统教学形式单一，
所需空间功能简单

建筑学院原始结构为中心
集合的人中庭，利用效率
低，展开方式单一

EVENT　TEACHER

SEMINAR
PROVJECT　DOCUMENT

GROUP

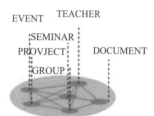

随着信息技术的发展，学生获取知
识的途径出现了爆炸式的发展，可
能是一组随机事件，一次讨论旁听，
一个教学项目，一场专题研讨

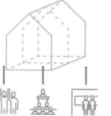

LEISURE　LECTURE　EXHIBITION

现代教学形式多样，且单位面积
容纳学生数量在不断增加，所需
空间随之需要配合其功能多变

多核心的教学空间可容纳多个教
学场景并存，共享式的使用方式
让空间在使用上更灵活多样

图2　Multi-core"从单中心到多中心"图解分析

（郭晓婧制作）

图3　Multi-core 方案剖面图一

（郭晓婧设计制作）

图4　Multi-core 方案剖面图二

（郭晓婧设计制作）

可能。

　　基于以上，学生唐逸伦（2020）想象未来教育的一种可能（图5、图6）："也许未来的教育并非对知识的传递与拓展，而是对人的教化；也许劳作与人的心理健康存在一种互助的关系；也许室内的陈设家具与人的内心世界有某种对应关系；也许我们可以通过设置这样一个系统将前三个也许串联在一起。答案是建立一个以家具为核心的游戏，通过这个游戏来达到对参与这个游戏的人共情能力的培养。经由游戏体验和艺术经验的反复经历，唤起对他者的感知能力，达到共情建构的目的。"

　　建筑曾经的工匠传统包含设计、建造、审视、再设计、继续建造这一反馈过程，现代建筑教学缺少了建造这一节点，而数字建造则可以弥补这一缺失。智能机器可以通过非标准化生产和差异性设计来实现设计与建造之间的高效率反馈，进而以"赛博"协同的方式进行建造，使学生能直接体会到自己的设计作为一种物质的存在，完成建

筑学一种新的历史回归。对此，学生赵宗宇（2019）提出了"建筑教育工厂"的设计概念，并且用可变的自动机械装置，完成教学空间多场景的切换与灵活使用（图7、图8）。

图5　"共情建构 -T 的第二学年"方案概念图示

（唐逸伦制作）

"云"授课、"云"辅导、"云"评图、"云"展览、"云"典礼，2020毕业生不易。例外的状态终将过去，重回校园的意义值得思考：校园的教学项目应该是一次次探险，而非标准与规范的产物，以问题为导向，以学生为中心，向失败学习成功；它是学科交叉、资源共享、协作创新的平台，并回馈社区和社会，成为人们终身学习的场景之一；它是持续更新面对未来的知识生产场景，并成为全球性知识传播结构中的节点枢纽；它是灾后重建的知识社群和有真实情感与能量交互的学术共同体，学习的活动发生在每个角落，学习的目标指向全球各个地方；它是以共享为策略，共享校园的设施、空间、时间和服务，实现从支配到取用，从占有到使用的转变；它是将物像、场所和体验叠加的空间模型，可感知的物质空间、被构想的精神空间和有活力的社会空间共处一室，共同构建面向未来教学场景的想象。

［本文为中央美术学院自主科研项目"全球当代建筑教育空间模型演替研究"（19KYYB017）中期成果。］

参考文献

［1］伊万·伊里奇.非学校化社会台北［M］.吴康宁，译.台北：桂冠图书股份有限公司，1994.
［2］C.亚历山大，S.伊希卡娃，等.建筑模式语言［M］.王昕度，周序鸿，译.北京：知识产权出版社，2002.

清代室内环境中贴落的类型与应用

■ 李瑞君
■ 北京服装学院艺术设计学院

摘要 实贴在墙面、板壁、槅心上面的字画就是"贴落",因此可以把它看作是一种高级手工绘制的壁纸。"贴落"结合了壁画的艺术性与糊墙纸的实用功能,成为具有实用性的室内装饰艺术品。贴落在民间已存留不多,现在所说的贴落通常是指清代宫廷建筑中流传下来的贴落。贴落分为五种类型:槅心字画、屏风字画、墙面字画、通景画和填补画。贴落作为实用性很强的装饰艺术品,它的绘画性服从于它的装饰性。清宫贴落的题材包括了山水、人物、花鸟、场景等;绘制的技法或工笔重彩,或没骨写意,甚至有西洋绘画技法的融入。就装饰功能而言,清宫贴落应用范围广泛,根据各处建筑室内环境氛围的不同需求和具体的装饰部位绘制,充分发挥了因地制宜的特点,成为宫廷建筑内部装饰的重要组成部分。

关键词 清代 贴落 类型 装饰性 因地制宜

引言

晚明时期以来文人居室的设计求雅而避俗,厅堂、书房、卧房、庭台、楼榭,都追求品位,注重舒适、自在和俭朴,实用之外古雅精丽者方为上,方具文人品位。在居室室内环境的营造和陈设中,中国历史上的文人们强调最重要的是"本味"或"真味",他们主张不要过分修饰,否则会丧失"本味"。本味是什么,就是淡、雅、新、奇,他们认为懂得本味的人,才是有品位的人。厅堂、书房、卧房中的床榻、书架、书案、几案、座椅等家具,以及其他物品包括文房四宝等文具,还有古董与书画的摆放陈设等,所有这些都是士大夫与文人基于文人文化所具有的身份的重要象征和符号。因此,在居所的室内空间中悬挂、张贴名人字画是一种比较常见的、表现自己情趣追求的、较为文雅的方式之一。李渔在《闲情偶寄·居室部·厅壁》中说道:"厅壁不宜太素,亦忌太华,名人尺幅自可不少,但须浓淡得宜,错综有致。予谓装裱不如实贴。轴虚风起动摇,损伤名迹,实贴则无是患,且觉大小咸宜也。" ❶

由此可知,名人字画不一定都作"裱轴"悬挂,还可以"实贴"。"实贴"的好处不仅在于避免风吹晃动,更可依据需要灵活变化尺幅,使之"大小咸宜"。实贴在墙面、板壁、槅心等处上面的字画就是"贴落"(也称作贴落画),因此可以把贴落看作是一种手工绘制的高级壁纸。人为的损坏和自然的风吹雨打,再加上纸和绢的脆弱易损,传统民居中的贴落画在民间已不多见了,偶尔可以在一些保护得完好的江南私家园林和人宅子中见到(图1),现在所说的贴落通常是指清代宫廷建筑中流传下来的贴落(图2)。

图1 山西灵石静升镇王家大院高家崖凝瑞居正厅

图2 清代宫廷中交泰殿墙面上皇上手书的贴落

---

❶ [清]李渔.闲情偶寄[M].北京:作家出版社,1995:199.

1 贴落的概念与缘起

中国古代书画从装裱形式来看，大致可以分为立轴、手卷、册页、扇面、镜片（镜心）等，不同的装裱形式服务于不同的功用，或便于展示观赏，或利于把玩收藏。在传世的书画文物中还有一种相对简易的裱件，装裱方式与镜片接近，只是把画心进行简单托裱，画面尺幅大小悬殊，可上贴于墙壁又可下落收藏，称为"贴落"或"贴落画"。❶ 因此，贴落是一种特殊装裱后的中国传统绘画，类似于今天的镜心，但不加镜框，而是直接裱糊于墙壁、壁板或槅扇上，裱糊在墙壁上的贴落四边镶绫边，也有学者把贴落称为"纸质壁画"，是一种手绘的艺术性壁纸。

现今在文献中所见到的"贴落"一词，最早出现于清中期乾隆年间的清宫内务府档案。（乾隆六年）"十二月二十日司库白世秀将朱伦瀚画二张持进，交太监高玉呈进。奉旨：托纸一层，俟张雨森二张得时，一并交瀛台贴落。钦此。"（乾隆三十五年）"二月初四日太监张进喜来说首领董五经交宣纸李秉德大画一张（玉玲珑馆），宣纸杨大章、方琮画二张（清晖阁）。传旨：着各镶一寸蓝绫边托贴。钦此。于本月初六日催长英敏将画三张持赴原处贴落讫。"（乾隆三十五年）"二月十六日太监张进喜来说首领董五经交……宣纸李秉德画一张（瀛台），宣纸袁瑛画一张（思永斋）。传旨：各镶蓝绫边托贴。钦此。于本月十八日催长英敏将字横披、宣纸画持赴各等处贴落讫。"

最初的贴落是动词，表示的是室内装饰一种做法或工艺，是把托裱后的画作裱糊在墙体表面上。随着时代的发展，"贴落"一词在使用的过程中词性和词义发生了一定的变化，"贴落"一词的词性演化出了名词的词义，指的是室内墙面上陈设的某种具体物品。作为动词时，"贴落"字面意思表达的是一种动作，指在墙壁上裱糊张贴图画字幅等；作为名词时，"贴落"则是指所裱贴的物品，进而引申成为这种物品的名称。

贴落可以视为中国传统建筑室内环境营造中一种材料——高级手绘壁纸，它的使用不但涉及中国古代建筑室内环境的装饰，而且当时中国生产的手绘壁纸出口到欧洲，并对欧洲 17—19 世纪的室内环境营造和壁纸的设计生产产生巨大的影响（图 3）。具体到室内墙壁表面的处理，装饰手段有壁画和壁纸两种。壁画早在人类穴居时代就已出现，后成为宫殿、庙宇及陵寝的重要装饰。古代壁纸，是一种手绘的艺术性壁纸。中国壁纸已有千年历史，脱胎于壁画。宋代以前实物少见，故宫博物院明清故宫中，可看到 17—18 世纪的壁纸，多为粉笺，有的印以绿色花鸟图案，有的用银白色云母粉套印花纹（图 4）。"贴落"结合了壁画的艺术性与糊墙纸的实用功能，成为具有实用性的室内装饰艺术品。

图 3 欧洲生产的中国风壁纸

图 4 清代宫廷中三希堂墙面上的印花壁纸和贴落

---

❶ 聂卉. 贴落画及其在清代宫廷建筑中的使用［J］. 文物，2006(11): 86–94.

2 贴落的类型与应用

贴落在清代宫廷中使用非常普遍，需求量很大，紫禁城、避暑山庄、圆明园以及各处行宫，都有贴落装饰。根据现存的贴落文物与档案记载的状况来看，清宫所用贴落根据所装饰的位置大致可以分为五类。

2.1 槅心字画

这类贴落是用于窗牖、槅扇、花罩等构件处的装饰，一般镶嵌在槅心的位置上（图5），有的是可以正反两面观看欣赏的。此类贴落画的题材主要是花鸟、山水、场景等，有些带有画家的落款，宫廷中贴落的作者多为宫廷画家，因此，此类贴落有时也被称为"臣工字画"。这些镶嵌的绘画作品幅面一般不大，有的小不盈尺，接近册页，有的则类似条屏。

图5 故宫里的槅心字画

北京故宫、颐和园和承德避暑山庄等皇家殿堂建筑的室内环境中，槅扇和隔断的形式丰富多样，工艺做法很多。有些槅扇常在精致的夹纱上，镶嵌小幅书画，是一种将诗文绘画融入装修的高雅方式。臣工字画在使用的部位上比较灵活，形式上也有多种变体，有的与鸡腿罩、落地罩等构件结合在一起。

作为一种装修形式，这种做法具有浓郁的文人趣味，民居中也有使用，在文人士大夫和权贵的宅第中比较常见（图6）。

图6 苏州网师园集虚斋中的屏门

2.2 屏风字画

曲屏风是一种可折叠的屏风，也叫软屏风、围屏。它与硬屏风不同的是不用底座，且由双数组成，最少两扇，最多可达数十扇。围屏由屏框和屏芯组成，也有采用无屏框的板状围屏，每扇之间用屏风铰链连接。有的以硬木做框，也有木框包锦的。包锦木框木质都较轻，每扇屏风之间用锦交叉连接，屏芯也和带座屏风不同，通常用帛地或纸地刺绣或彩绘各种山水、花卉、人物、鸟兽等（图7）。

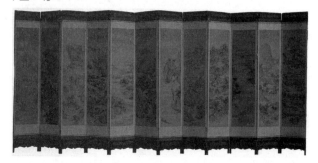

图7 刘墉画山水围屏

故宫博物院所藏的《雍亲王题书堂深居图》，俗称"雍正十二美人图"，共十二幅，是清代初期肖像画中的精品。十二幅画大小一致，均为长184.6 cm、宽97.7cm。从画风看，作者有可能是莽鹄、焦秉贞、冷枚、沈喻等宫廷画师中的高手。"雍正十二美人图"原是装裱于十二扇屏风上的绢画，绘制了或处于屋内或处于室外的十二个美人的日常生活场景（图8）。"雍正九年二月二十八日，内务府总管海望传做深柳读书堂平台内斗尊围屏一架十二扇，记此。此围屏系工程处成造，京内造办处裱糊，于本月三十日糊完，司库常保持进陈设在深柳读书堂讫。其原拆下美人画十二扇交领催马学讫。于十年八月二十四日司库常保将美人画十二张持进交太监刘沧洲讫。"❶

2.3 墙面字画

这类贴落画题材丰富，主题明确，宫廷画师们往往根据皇帝的命题结合所在的室内环境营造进行创作。这些贴落可以根据需要随时取下更换，取下的作品又可另行装裱，成为独立的书画作品（图9）。

清宫居室的墙壁大多裱糊素色或带有浅色纹样的壁纸，大部分用来陈设的贴落直接裱糊在壁纸之上，有些则在画心四周用一圈绫条固定。例如养心殿现存：沈济画的《松鹤灵芝图》贴落，沈全、沈世杰、沈世儒合作的《婴戏图》贴落，沈贞画的《松石牡丹图》贴落；坤宁宫现存的张恺画的《花卉图》和《竹石图》两幅贴落，沈全画的《花卉图》贴落，沈世杰画的《花卉图》两幅贴落，沈振麟画的《松树牡丹图》贴落；倦勤斋现存的袁瑛画的《山水》贴落等。此外，还有大量未落画家名款的贴落分散在故宫各处。❷

❶ 雍正九年二月，表作，《各作成做活计清档》，台北故宫博物院，2003年。
❷ 聂卉. 贴落画及其在清代宫廷建筑中的使用［J］. 文物，2006(11)：86-94.

图8 雍正十二美人图之烘炉观雪

图9 清代宫廷中倦勤斋墙面壁纸和贴落画

2.4 通景画

在这类贴落画中有一些尺幅巨大，甚至与墙壁面积等同，贴满整个墙壁，又称为"通景画"。现在保持原状的通景贴落画已经极少，在现存的通景贴落画中，以倦勤斋的贴落画最具规模也最富特色——绘画几乎覆盖了全部的墙壁和屋顶，画中的竹篱围廊、庭院松树、楼阁宫墙等不仅与室内装修甚至与室外景观都相对应，并且通过精准的"线法画"技法，力图制造一种身在室内而恍若室外的奇幻效果（图10）。现在故宫保存的许多巨幅大画都曾经是宫殿中的通景贴落。通过查阅相关档案可知，表现乾隆十九年皇帝诏见蒙古各部的《万树园赐宴图》《马术图》曾经张贴于避暑山庄"卷阿胜境"大殿之中。清宫档案中有这样的记载："乾隆二十年五月初九日员外郎郎正培奉旨：热河'卷阿胜境'东西墙着郎世宁、王致诚、艾启蒙画《赐宴图》大画二幅。钦此。于本年七月初十日员外郎白世秀送往热河贴讫。""六月二十六日太监胡世杰传旨：郎世宁画《御容宴图》大画二幅，得时交内大臣海望贴在热河'卷阿胜境'殿内东西两山墙。钦此。于本年七月十一日奉王大人谕：《御容宴图》大画二幅，着员外郎白世秀亲赴热河，其贴落之裱匠亦着随去。遵此。于本年七月二十日员外郎白世秀将大画二幅送往热河贴讫。"❶

这样的做法在民间也有，但已经无实物遗存。《闲情偶寄·居室部·厅壁》中这样描述道："实贴又不如实画，'何年顾虎头，满壁画沧州。'自是高人韵事。予斋头偶仿此制，而又变幻其形，良朋至止，无不耳目一新，低回留之不能去者。因予性嗜禽鸟，而又最恶樊笼，二事难全，终年搜索枯肠，一悟遂成良法。乃于厅旁四壁，倩四名手，尽写着色花树，而绕以云烟，即以所爱禽鸟，蓄于虬枝老干之上。画止空迹，鸟有实形，如何可蓄？曰：不难，蓄之须自鹦鹉始。从来蓄鹦鹉者必用铜架，即以铜架去其三面，止存立脚之一条，并饮水啄粟之二管。先于所画松枝之上，穴一小小壁孔，后以架鹦鹉者插入其中，务使极固，庶往来跳跃，不致动摇。松为着色之松，鸟亦有色之鸟，互相映发，有如一笔写成。良朋至止，仰观壁画，忽

图10 故宫倦勤斋墙面上的中贴落画

❶ 聂卉. 贴落画及其在清代宫廷建筑中的使用［J］. 文物，2006(11)：86–94.

见枝头鸟动，叶底翎张，无不色变神飞，诧为仙笔；乃惊疑未定，又复载飞载鸣，似欲翔翔而下矣。谛观熟视，方知个里情形，有不抵掌叫绝，而称巧夺天工乎？若四壁尽蓄鹦鹉，又忌雷同，势必间以他鸟。鸟之善鸣者，推画眉第一。然鹦鹉之笼可去，画眉之笼不可去也，将奈之何？予又有一法：取树枝之拳曲似龙者，截取一段，密者听其自如，疏者网以铁线，不使太疏，亦不使太密，总以不致飞脱为主。蓄画眉于中，插之亦如前法。此声方歇，彼喙复开；翠羽初收，丹晴复转。因禽鸟之善鸣善啄，觉花树之亦动亦摇；流水不鸣而似鸣，高山是寂而非寂。座客别去者，皆作殷浩书空，谓咄咄怪事，无有过此者矣。"❶

2.5 填补画

这类贴落大小不一，形状各异，或成斗方或成狭长，用在墙壁边角之处，作补壁之用。这类贴落画没有明确的主题，或是画一段栏杆，或是画一具多宝格等，只为配合周围墙面或壁板上的装饰与陈设（图11）。❷

外形高大的建筑，内部空间也较一般民居宽阔，为便于居住和使用，宫殿中多建有"暖阁"和"仙楼"。"暖阁"是一种通过隔断或者槅扇等构件，从大的室内空间中分隔出来的小空间，以增加居住的舒适性和实用性；仙楼在李斗的《扬州画舫录》中解释为"大屋中施小屋，小屋上架小楼，谓之仙楼"，是在室内架设小阁楼，使高处的空间也得到有效利用，或作书房或作储纳，布局奇巧精致。暖阁和仙楼的出现使室内多出了许多小块的壁板，这些地方面积有限，不够悬挂裱工俱全的立轴或横披，因此张贴根据面积大小量身定制的贴落更为适宜。《闲情偶寄·居室部·置顶格》："精室不见椽瓦，或以板覆，或用纸糊，以掩屋上之丑态，名为顶格，天下皆然。……予为新制，以顶格为斗笠之形，可方可圆，四面皆下，而独高

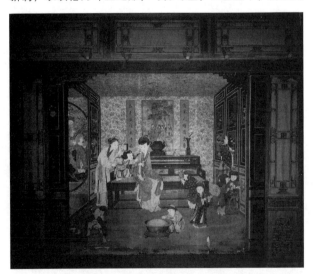

图11　清代宫廷中玉粹轩的贴落画

其中。……造成之后，若糊以纸，又可于竖板之上裱贴字画，圆者类手卷，方者类册页，简而文，新而妥……"❸

结语

民间的贴落实物遗存下来的很少，在江南园林和一些保护得比较好的大宅子中还有见到（图12）。故宫等宫廷建筑里现有的维持原状保护的贴落，分散保存于各个殿堂。这些贴落创作于各个时期，既有乾隆年间、嘉庆年间的，也有同治年间、光绪年间的。贴落与其他室内装饰品，譬如家具、器物等一样，可以根据作品保存状况以及宫殿主人的喜好随时更换。透过这些创作于不同年代的贴落，我们可以感受到清代宫廷绘画时代风格的清晰变化。乾隆皇帝雅好文翰，艺术修养颇深，在他的推动和倡导下，清代宫廷艺术达到鼎盛。这一时期的宫廷绘画也包括贴落的创作，无论是在数量上还是在艺术水准上都达到了一个高峰，山水、花鸟、纪实性绘画是这一时期的艺术特色。

宫廷中的贴落主要由宫廷画家们创作完成，他们绘制的贴落，一方面体现了皇家的审美趣味，具有较高的艺术

图12　苏州园林中的贴落

---

❶ ［清］李渔.闲情偶寄［M］.北京：作家出版社，1995：199–200.

❷ 聂卉.贴落画及其在清代宫廷建筑中的使用［J］.文物，2006(11)：86–94.

❸ ［清］李渔.闲情偶寄［M］.北京：作家出版社，1995：171.

性；另一方面，由于宫廷绘画很大程度上受帝王自身艺术品位与个人爱好的影响，所以在创作上多有局限，不能充分展示画家个人的艺术水平。从清宫的档案记载（见前文）中我们知道，贴落的绘制与布置基本上是皇帝本人直接授意。

贴落作为实用性很强的装饰艺术品，以装饰为创作目的，因此它的绘画性首先要服从于它的装饰性（图13）。从绘画角度而言，清代宫廷贴落的题材内容包括了山水、人物、花鸟、场景等多方面；绘制的技法或工笔重彩，或没骨写意，甚至有西洋技法的融入。贴落虽然面貌多样，风格各异，但是却与清代宫廷绘画的整体气息和谐统一。而就装饰功能而言，清代宫廷贴落应用范围广泛，形式具体，根据各处建筑室内环境氛围的不同需求和具体的装饰部位"度身定制""量体裁衣"，充分发挥了可大可小、可圆可方、因地制宜的特点，成为宫廷建筑室内环境装饰的重要组成部分。

图13　故宫中槅扇上的槅心贴落

（本文为北京市社会科学基金重点项目《清代时期中西室内设计文化的交融与影响》的阶段性成果，项目编号：SZ20171001210。）

参考文献

［1］［清］李渔. 闲情偶寄［M］. 北京：作家出版社，1995.
［2］聂卉. 贴落画及其在清代宫廷建筑中的使用［J］. 文物，2006（11）.
［3］李瑞君. 清代室内环境营造研究［D］. 北京：中央美术学院，2009.

结构主义视角下的北京四合院空间更新探索

■ 李姿默

■ 重庆大学建筑城规学院

摘要 结构主义的当法论诞生于19世纪的欧洲，强调对象内在结构性与整体性，探索要素之间的关系，这种外来的方法论在中国古代传统的建筑和城市建设中也有体现。本文以北京城市和北京四合院民居建筑为例，用结构主义视角来分析北京的传统城市建设和院落空间组织，并分析在各种矛盾突出的现代，如何尝试用结构主义的方法来分析和解决现代北京四合院的历史遗留问题。

关键词 北京四合院 空间更新 结构主义

引言

"结构主义是一种方法论，它强调对象内在的结构，强调整体性，认为抛开要素间的关系研究要素是没有意义的。要素是由其在整体的地位及其与其他要素的关系决定的。" ❶ 结构主义研究的是要素、关系（结构）、要素特征和整体结构特征，其中最重要的是关系（结构）。结构主义（structuralism）是发端于19世纪欧洲的一种方法论，由瑞士语言学家索绪尔提出，后面经历了一系列的发展，在各个不同的学科领域都表现出了极大的普适性，当然对建筑界也产生了深远的影响，众多的结构主义理论的实践者创作出了表现风格的整体秩序和几何形式逻辑性的具有构成上的理性主义的建筑，很多结构主义建筑都表现为一种细胞式的组织模式。

这种强调要素关系和细胞式的空间组织形式虽然理论发源于欧洲，但是在中国古代传统的建筑和城市建造中也有着这种思想的体现，最为经典的案例就是作为中国封建历史最后三个朝代古都的北京的民居建筑——四合院，我们可以借用结构主义理论的方法分析传统的北京城内的居住空间的空间关系，这部分研究依靠的是一些现存比较完整的保存比较完好的院落空间和一些古地图，从中我们可以看出中国传统的建造中超前的对于要素间关系的认识。

当然这个研究也具有一定的现实意义，北京四合院不同于我国其他地方的任何传统聚落空间，在历史复杂的发展中，形成了现在产权混乱、居住拥挤、基本生活条件得不到保障的"皇城脚下的天价贫民窟"，古代的空间关系已经不适合现有的生活方式，在集体搬迁或者拆迁不现实的前提下，我们对于新的要素间的关系的研究对于这些居民生活的改善可能有着重要的作用，这就是我们用结构主义的手法对于这个旧空间新生活进行研究的现实意义。

1 北京传统城市建设的结构

中国古代的城市具有自调节的特性，表现在其结构和单元模块两个层次上的新陈代谢。古代北京的基本单元是建筑单体围合而成的院落，这些不同功能的院落横向纵向组成群组。整个城市的结构是比较规整的方格网，网内填充有不同层次的单元模块，如住宅、市场、寺庙和绿化水体等。

北京的结构在元明清三代有过一些变化，如城市外轮廓逐渐扩大，一直到清末这种变化都还在进行，但是由于战争和革命等导致这种变化终端，所以清末北京城的轮廓不是一个完整的正方形，而是一个南宽北窄的T字形。但是大体格局还是遵循了《周礼·考工记》中记载的"匠人营国，方九里，旁三门，国中九经九纬，经涂九轨，左祖右社，前朝后市"。方格网街道系统严格地控制城市，宫殿、衙署和钟鼓楼等公共建筑形成中心坐落在中轴线上，突出统治阶级的权威。

单元模块是院落组合而成的建筑群，建筑群尺度适宜，建筑群之间的夹道又解决了南北交通和防火问题。总体而言，古代北京城是一个由合理的建筑模块在合理的结构中布局形成的宜人的城市。

2 传统四合院的空间结构

中国建筑并不像西方建筑在历史上的不同时期出现了风格截然不同的建筑类型，中国建筑大的体系还是一脉相承的木结构建筑体系，随着时间和工艺的发展有一些改进，但是没有颠覆性的变化。中国古代建筑最大的特点就是对于建筑单体的创作几乎没有需求，尤其是到了封建社会的末期，甚至还出现了《营造法式》和《清代工程营造则例》这种关于建筑工程技术及规范的书籍，建造技术完全是标准透明化的，对于建筑单体建造的一切都可以找到规范的做法，普通的建筑并不需要设计师，而是由匠人们主持建造。因为上述的原因，建筑单体标准化，剩下最重要的部

❶ 特伦斯·霍克斯.结构主义和符号学［M］.瞿铁抉，译.上海：上海译文出版社，1987.

分就是单体建筑的组合。

结构主义对于建筑的要求是有机的，如同晶体在一定的发展规律下能够自由地组合和生长，根据功能要求、空间限制等灵活变换，具有充分的可变性和灵活性。中国传统的四合院就是以建筑单体为基本单元，围合院落，形成了包含必要的使用建筑空间和调节生活环境的自然空间的基本单元，这个一进院落的基本单元根据使用者的身份和使用需求可以灵活地自由变动，以纵向叠加为主，形成两进三进乃至民居中极高规格的五进院落，比较高等级的院落还会用抄手游廊将建筑相连，不仅方便了雨雪天气的院内行走与活动，还形成了除建筑室内空间和庭院室外空间之外的灰空间，更加灵活地适应人们的需求。另外院落还可以根据地形轮廓和更高的使用需求横向发展，并入两路乃至多路院落，某些纵向的一路院落还可以改为园林等更为高级的使用空间。例如北京帽儿胡同现存的清代大学士文煜的故居可园就是现存的比较大规模的带有园林的多进多路院落（图1）。

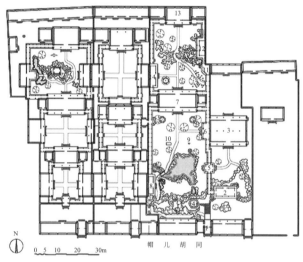

图1　可园平面图

（图片来源：贾珺《悬疑初探——可园的主人到底是谁》）

院落在建成后也可以根据具体的要求灵活地进行变化，例如北京帽儿胡同的末代皇后婉容的故居，就是在婉容成为末代皇后之后根据新的等级进行了扩建，由比较普通的住宅扩建成为西路四进、东路三进的院落，后院还修建了假山、水池等景观，使得这个院落升级为"后邸"的规模（图2）。

图2　婉容故居改造后空间关系

（图片来源：北京古建筑博物馆模型）

3　现代四合院的问题与结构探索

3.1　现代四合院的问题

在经历了抗日战争、唐山大地震等一系列事件后，北京的传统四合院空间已经变得面目全非，产权混乱、抗震棚变永久违章建筑、没有排水系统、日照差、保温差……昔日的贵族宅院已经俨然变成了贫民窟。原本一个家庭居住的院子现在变为十几家甚至几十家共用的空间。家庭居住的基本单元已经从"院"变为了"间"，一间十几平的房间内居住了两个人甚至一家三代多人，在居住空间都不能保障的前提下，更不用说厨房、厕所等我们现代生活所必需的空间了。

在北京多次的风貌改造中，传统的胡同空间得以保留，给人一种"老北京"生活的假象（图3），但是随着北京城市建设中的早期"大拆大建"，保留的传统空间夹杂在新建的现代化城市建设中，整个城市的结构已经变得混乱，古代清晰严明的结构被打乱，保留下来的基本单元也失去了其内部结构的稳定性。搬迁困难导致这个"贫民窟"的状态还需要持续比较长的一段时间（图4），而在此期间，我们要探寻的是适合现代背景的新的四合院的结构。

图3　现代胡同风貌

（图片来源：作者自摄）

图4　杂乱拥挤的现代四合院空间

（图片来源：作者自摄）

3.2　现代四合院的结构探索

现代建筑师对于现代北京四合院的问题投入了许多关注，有从极限空间改造入手在有限的空间组织适合多人生活使用的独立空间，还有将四合院空间改造成为商业空间试图将城市活力引入胡同内部，还有在思考现代四合院复杂情况下的适应性新结构，下面的案例就是从适应性新结构入手对现代四合院进行探索。

这个对于四合院结构探索的案例位于北京南锣鼓巷地区帽儿胡同 15 号的四合院（图5）。以研究传统北京复合性城市结构作为基础，认识并运用其结构可延伸和可加密的特征，通过分形加密，将大杂院转变为有空间层次的"微型合院群"；"宅园"与"公共单元"的设置适应了现代社会结构，将院落转变成"微缩社区"；居所层面极限尺度的技术性设计服务于"宅园合一"的精神性营造。

3.2.1 改造中的问题

北京旧城的"更新""改造"长期存在并聚焦于三道棘手难题：旧城人口结构的适应性调整问题、居民生活空间和环境质量改善问题、旧城风貌保持和传承问题。传统四合院通常容纳一个家族式大家庭，随着现代社会结构的转化，需要寻求新的空间模式以适应不同人口数量和空间需求的小家庭单元。

帽儿胡同 15 号院为文昌宫（现有部分改建为学校）旁的一个一进的小院落，且正房位置建筑产权被划分到了其他院落，所以现有院落为 L 形布局（图6），院内现有住户为 8 户，且有年龄较大的老人和学龄儿童居住。院内存在许多加建建筑，院内公共空间基本只保留供人通过的狭窄走道，走道还兼作晾晒空间，在疏散等安全问题上形成了隐患（图7）。加建建筑由各户分别建设且建于不同的时期，在建筑主体材料以及建筑风貌上有较大的区别，院内显得拥挤且杂乱无章，雨篷材料各异且断断续续，太阳能热水器以及空调外机杂乱地堆放在屋顶，进入四合院内，内部的杂乱空间与四合院外部经过多次整治的风貌统一的胡同形成了鲜明的对比。

另外四合院中还存在的比较严重的问题是生活配套设施的缺失，经过询问调查，由于大多数人家拥有的正式产权仅为一个单间，面积为 10~15m²，仅仅作为一家人的卧室空间都较为狭窄，所以大多数人家都在正房外加建了一间厨房，卫生间在院内基本上是缺失的，院内的居民一般只能选择去胡同里的公共卫生间解决卫生问题，但是胡同内的卫生间首先数量较少，帽儿胡同内只有两个公共卫

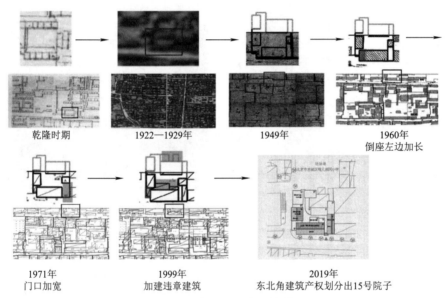

图 5 帽儿胡同 15 号院历史沿革

（图片来源：作者自绘）

乾隆时期　　　1922—1929年　　　1949年　　　1960年 倒座左边加长

1971年 门口加宽　　　1999年 加建违章建筑　　　2019年 东北角建筑产权划分出15号院子

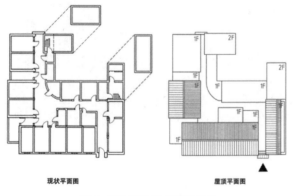

图 6 帽儿胡同 15 号院落现状

（图片来源：作者自绘）

现状平面图　　　屋顶平面图

生间，距离一些院落较远，对于行动不便的老人来说非常不友好（图8）。另外还有一些生活配套设施的问题，原本胡同内有食品店、水果店、酒吧、咖啡馆等商业业态，但在胡同风貌整治后胡同内一般只剩下院门向胡同开放，胡同内商业基本消失，整个南锣鼓巷片区以旅游商业业态为主，只剩下少量为居民提供服务的超市等，但是价格较贵。调研中居民反映了这一问题，现在居民在时间允许的情况下一般会前往北二环菜市场采购，帽儿胡同已经失去了方便居民生活的业态，厨房和冰箱进入每一户已经成为必要。

3.2.2 解决方法探索

南锣鼓巷帽儿胡同 15 号只是这个片区众多拥挤杂乱

四合院的一个缩影,在调研中居民表达出的最大的诉求就是方便的生活和对隐私性的保障,针对院落中的现有问题,我们对于院落改造提出"院外是风貌,院内是生活"的整体策略,具体分为院外、院内和屋内三个层次,具体改造策略如图所示(图 9)。具体在操作上,首先是院内建筑的保留问题,我们对院内建筑的产权以及历史进行分析,迭加后确认院内的四类房间进行保留,分别为有产权的历史建筑、有产权的正式房、边角房间和无产权保存较好的历史建筑,其余的加建房拆除得到一个较为规整的院落空间(图 10)。

其次是对院内建筑和空间进行空间结构的再组织,形成明确的从公共到私人的空间过渡,保留必要的和能保证安全性的公共空间,尽量多的空间划分到可供每一家使用并有一定私密性的过渡空间,保留的正式建筑作为私人的居住起居空间使用(图 11)。

具体的过渡空间是以外置的厨卫模块进行划分,形成每一家较为独立和私密的空间,结合雨篷与铺地等设计增加空间的围合感和私密感(图 12),在院落中形成清晰的空间开放性过渡结构。

帽儿胡同 15 号院利用北京城市分型结构的特点,将原来北京胡同中以院落为基本居住单元的模式细化为以开间作为基本单元,并将院落空间再次划分,形成微型的

图 7　院外与院内风貌对比

(图片来源:作者自摄)

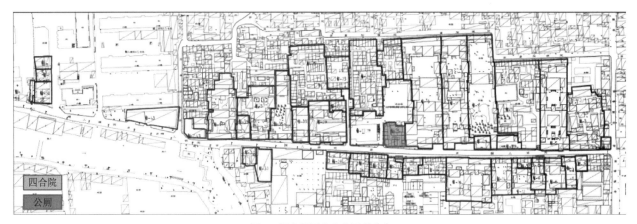

图 8　帽儿胡同内公共厕所分布

(图片来源:根据南锣鼓巷帽儿胡同平面图改绘)

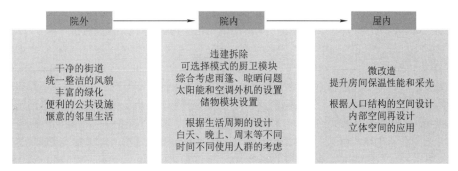

图 9　针对北京四合院不同层级的改造策略

(图片来源:作者自绘)

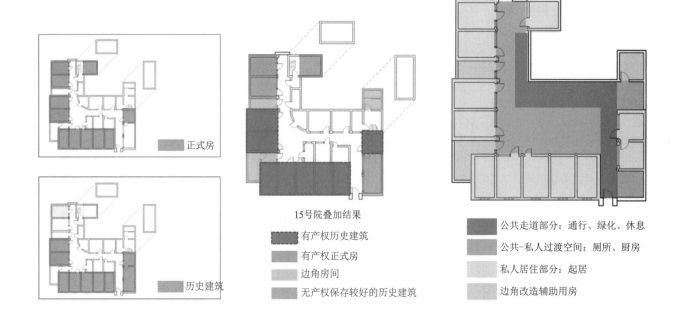

图 10　帽儿胡同 15 号保留建筑

（图片来源：作者自绘）

正式房

历史建筑

15号院叠加结果

有产权历史建筑

有产权正式房

边角房间

无产权保存较好的历史建筑

图 11　四合院空间结构组织

（图片来源：作者自绘）

公共走道部分：通行、绿化、休息

公共-私人过渡空间：厕所、厨房

私人居住部分：起居

边角改造辅助用房

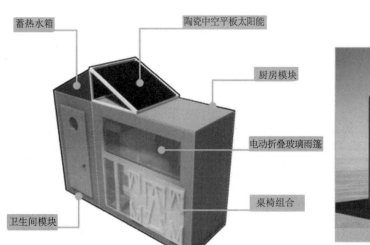

蓄热水箱

陶瓷中空平板太阳能

厨房模块

电动折叠玻璃雨篷

桌椅组合

卫生间模块

可变厨房使用场景

图 12　厨卫模块以及院内空间划分

（图片来源：作者自绘）

"宅 + 院"模式（图 13），并将城市交通系统胡同引入院落，将更小的居住单元串联起来，实现城市空间结构向更小的层级划分与加密。

3.2.3　新型院落结构探索

帽儿胡同 15 号改造包含了从"微缩宅园""微缩社区"到"微缩北京"等三个层次的概念，分别对应个人和家庭的理想居所、新城市小合院群及公共空间、分形加密的城市结构空间三个目标，从微观、中观、宏观三种层次对北京分形复合和"礼乐相成"的城市物质及文化结构特征进行了回归、延伸和当代性的反馈映射，也是对北京旧城更新"三道难题"的局部实验性解答，亦即以空间密度

解决人口密度，以理想居所回应生活质量乃至精神需求，以规制化结构对应旧城风貌。

结语

北京的城市与民居四合院曾经具有有机的结构与灵活的调节性，但是现存的城市与院落结构在历史的影响下变得混乱，在没有能力进行大规模的搬迁与彻底整治的今天，我们很难从城市结构层面去彻底解决这些遗留问题，作为建筑师所能够做的就是从最小的要素结构开始重新探索，寻求适应现状的解决方案，按照自下而上、以点带面的方法思考和解决问题。

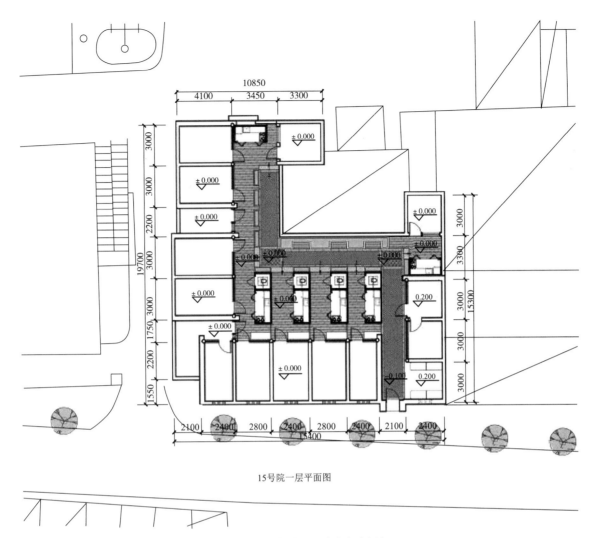

10850
4100 3450 3300
3000
± 0.000
± 0.000
± 0.000
3000
2200
3000
19700
± 0.000
3000
± 0.000 ± 0.000
± 0.000
± 0.000
3000
1750
± 0.000
± 0.000
± 0.000
1550
2200
± 0.000
0.100 0.200

3000
± 0.000
3000
3300
± 0.000
0.200
15300
3000
3000

2100 2400 2800 2400 2800 2400 2100 2400
15400

15号院一层平面图

图13　帽儿胡同15号院改造后布局
（图片来源：作者自绘）

参考文献

［1］马炳坚.北京四合院建筑［M］.天津：天津大学出版社，1999.
［2］刘进红.建筑群化设计初探：从中国传统聚落到结构主义建筑［D］.南京：东南大学，2008.
［3］倪震宇.结构主义视角下中国传统庭院空间的组织结构［J］.建筑与文化，2017(9):101–103.
［4］李兴钢，朱伶俐，侯新觉，等."微缩北京"：大院胡同28号院改造项目［J］.世界建筑，2019(1): 149–154.

基于青年旅游消费者行为需求的乡村国际青年旅舍设计探析
——以浙江霞川国际青年旅舍为例

■ 刘祥鑫　吕勤智
■ 浙江工业大学设计与建筑学院

摘要　本文以青年旅游消费者行为需求为切入点，对当代青年群体旅游消费行为心理方面的需求做出调研分析，从获得的数据中分析出当代青年群体特殊的社交方式及心理特点，青年群体对当代青年旅舍的特殊需求，从而总结出这些行为心理需求的特征对青年旅舍的空间设计有哪些影响。本次调研的方法以问卷调查、现场调研、文献调查、网络调研为主，对青旅住客的行为需求进行分析研究，在对具体空间设计的指导上，从旧建筑的升级转型、主题性及地域性的表达设计、私密性与经济型的住宿空间、年轻化的室内公共交往空间设计、多样化的室外场景体验设计几个方面论述了国际青年旅舍的设计方法及原则。

关键词　青年旅游消费者　行为需求　国际青年旅舍　环境设计

引言

近年来，随着中国社会经济的高速增长和旅游业的逐步兴起，一个熟悉又颇为陌生的名词悄然进入青年群体的视野之中，它以独特的体验方式让无数渴望亲近自然、与人交流的青年人为之向往，这就是"青年旅舍"。从1998年我国第一家青年旅舍——鼎湖山青年旅舍落户时起，我国青年旅舍取得了良好的社会经济效益[1]。但和国外的青年旅舍的影响相比还存在差距，为了扩大国内青年旅舍在青年群体中的影响力，使青年旅舍在增进青年群体之间文化思想交流等方面发挥更大的作用[2]。本文基于青年旅游消费者行为需求对国际青年旅舍在中国发展的优势、劣势、机遇和挑战进行了具体的分析，在此基础上对国际青年旅舍的进一步发展提出了相应的对策和建议，并以自身研究的国际青年旅舍案例为例，提出相应的设计策略。

青年旅舍践行环保自助的旅行住宿模式，对于当下生态环境日益恶化的局面有一定的宣传改善作用，通过对青旅的设计研究，能够改善青旅的空间环境品质，改变往常对于多人床位住宿模式的看法，鼓励更多的游客选择这种环保自助的住宿模式，以及更多的设计研究者加入到这种高效利用、可持续发展的建筑空间模式中，探讨满足青年旅游消费者的不同行为心理需求下的乡村国际青年旅舍设计方法。

1　基于青年消费者需求的国际青年旅舍解析

1.1　国际青年旅舍发展概述及发展趋势

青年旅舍这一概念起源于西方国家，是由英文

"Youth Hostel"翻译而来，"Youth"译为青年、青年群体，"Hostel"译为以价格低廉为基础，为客人提供简单的床位住宿场所。国际青年旅舍联盟（IYHF）在1932年于阿姆斯特丹正式成立，总部设在英国。该组织对青年旅舍有自己的释义，它们的理念是："通过旅舍服务，鼓励世界各国青少年，尤其是那些条件有限的青年人，认识及关心大自然，发掘和欣赏世界各地的城市和乡村的文化价值，并提倡在不分种族、国籍、肤色、宗教、性别、阶级和政见的旅舍活动中促进世界青年间的相互理解，进而促进世界和平。"[3]

通过数据调查显示：国内青年旅舍的年营业额收入、年接待游客人数都呈持续上涨趋势，说明青年旅舍发展表现为较好的增长势态。另外，从六个方面分析有利于国际青年旅舍的发展趋势：①大众旅游业及乡村旅游的兴起，青年背包客外出旅行人数的增加；②互联网的发展，兴起利用互联网做旅游计划及定制，所以旅游的类型及推广面在加大；③青年逐渐成为旅游消费者的主体，需要市场为青年人量身定制有青年特色的专业服务；④青年学生处于"无产"状态，资金不足，所以青年旅舍成为青年出行首选；⑤生活方式及消费观念的转变：青年消费观念体现的是追求个性化、年轻化、自由化；⑥青旅文化受到越来越多人的认同，青年旅舍这种住宿模式符合青年的心理行为与文化需求，并且有一定的市场。

1.2　基于青年消费者需求的国际青年旅舍SWOT分析

1.2.1　有利条件

①独特的经营宗旨——教育、文化交流，它通过向青

❶ 郎国灿, 刘忠京. 中国青年旅舍发展现状解析［J］. 中国青年研究, 2004(1): 137–146.

❷ 张继琼. 对我国发展国际青年旅舍的SWOT分析及对策研究［J］. 商业文化（学术版）, 2008(11): 126–127.

❸ 中国国际青年旅舍官网. http://www.yhachina.com/.

其认知度。应对准青年群体的定位，在他们使用频率较高的网站或平台进行宣传普及，如：微博、知乎、抖音、B站等平台，才能达到精准宣传的效果。

（4）鼓励青少年到乡村学习体验。应该适当组织青少年学生去体验乡村生活，让学生参与进来，感受不同的生活经验。改变乡村在青少年心中的固有印象，吸引更多的学生来乡村旅游住宿。

（5）主题化发展。以所在地依托的自然景区、历史文化、传统习俗为主题背景，展开主题设计。将国际青年旅舍理念结合当地旅游资源进行主题化，可以使入住者的体验区别于其他类型的青年旅舍。

（6）国际青年旅舍应该认真研究客源市场，针对青年人的旅游心理需求变化，提供适合的文化体验活动来吸引青年人的参与❶；与时俱进，研究中国新一代青年的心理特点。

3 满足青年旅游消费者需求的乡村国际青年旅舍设计

本节以青年旅游消费者的行为需求为出发点，分别从青年的私密性、经济性、年轻化、个性化、多样化需求等方面进行分析，阐释了满足青年旅游消费者的行为需求下青年旅舍空间的设计方法及策略。同时以实际案例进行实证，更加深入直观地对基于青年旅游消费者行为需求分析下的国际青年旅舍空间设计进行解析。

3.1 主题性概念及地域性的表达设计

目前，大部分青年旅舍由当地的旧建筑改造而来，因此，旅舍文化主题性要求从体验活动的角度依托于传统人文、自然特征进行主题设计；地域性的体验需求，则要求青年旅舍的外部空间凸显出当地的地域环境特征，室内空间展现出地方特殊的人文习俗，进而创造出具有当地特征和文化内涵的空间。

在本次方案概念的设计中，主题是以"青年危机"的解决为问题导向，首先提出了青年人在城市中面对的各种问题，如焦虑、压力、危机、心理病症等，希望可以通过在国际青年旅舍中大量的交往机会，与土地及大自然接触的机会，暂时逃离都市，缓解压力、放松身心。从自助公用的客房和公共空间，再到共商共建的互动交流及文化体验活动，达到共享空间、共享信息、共享情感、共享文化的目标。

3.2 私密性与经济型的住宿空间

青年旅舍这一旅舍类型在诞生时，住宿模式几乎等同于学生宿舍，只是一个房间内并列摆放上下铺床位，容纳4~6人甚或更多，个人空间的私密性难以得到保障；经济性不单纯是省钱一个原则，而是要求以最少的代价取得最大的收获，包括精神的美学和物质的收获。因此从空间布局、家具设计以及收纳设计等方面分析青年群体的需求特点，有效地整合利用空间，避免造成资源浪费，从而达到经济性和私密性的双重要求。

在本次方案的室内设计中，一共设计了3种户型，分别有2种六人间和1种八人间。六人间Ⅰ户型面积约32m²，配备国际青年旅舍标准设施。此房型一共有8个房间，可容纳48个房客。此房型比较狭长，适宜沿着进深纵向布局，充分利用空间，一侧摆放3张高低铺床位，另一侧摆放储物柜，背包客一般都带有大件行李，有足够的储物空间可供每人使用。此外，入口处还有一处小型公共空间，可供休闲及办公需求。在室内空间的限定中，采用了轻质隔断，增加了空间限定的灵活性。因此，不仅高效经济地利用了空间，也保障了房客的私密性要求。

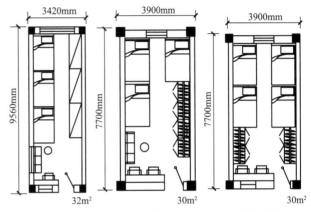

图4　六人间Ⅰ（左）、六人间Ⅱ（中）、八人间户型平面图（右）
（图片来源：作者自绘）

3.3 年轻化的室内公共交往空间设计

青年旅舍公共空间是旅舍经营者以及住客最为关注的场所，在青年旅舍中，人们的交往行为伴随着不确定性与随机性，年轻化的开放性布局设计，能够有效地激发人们交往行为发生的可能性。

在本设计的公共空间系统中，一方面，能够积极地与人产生交流互动；另一方面，需要安静的客人可以最大限度地不被干扰。室内公共空间中的活动中心承载了场地内的大部分室内活动，并且不同时间段可进行功能转化，在白天，休闲区域可以是书吧，在夜晚就是酒吧。这样设计的出发点是，既节省了空间，也丰富了空间承载的功能多样性。活动中心的功能构成还包括了桌游、台球等，主要以年轻化、有活力的现代休闲娱乐功能为主，是集交友、休闲、娱乐、阅读为一体的公共活动空间（图5、图6）。另一个重要的公共空间——开放集中式的共享餐厅，也成为公共活动的重要节点。一楼及二楼有共享的自助厨房，可供多人同时烹饪食物，是年轻人共享交流、增进感情的积极空间，通过做饭增进彼此的了解，每个人都可以参与烹饪的过程，从农田采摘蔬菜，再到加工烹饪，最后一起享受大家的劳动成果体验的全过程（图7）。

---

❶　庄亦红.国际青年旅舍在中国发展的核心竞争力初探［D］.济南：山东大学，2012.

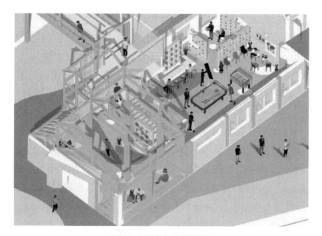

图 5　活动中心轴测图

（图片来源：作者自绘）

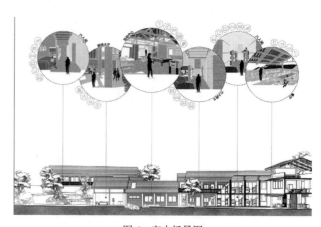

图 6　室内场景图

（图片来源：作者自绘）

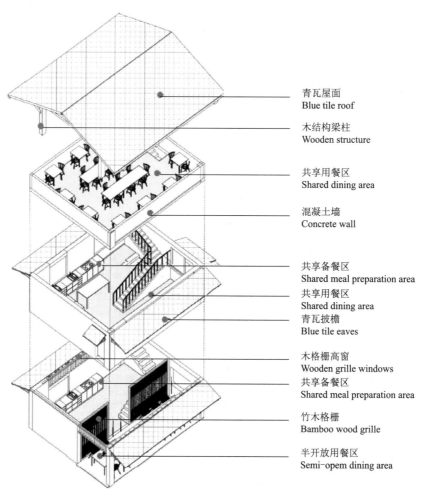

青瓦屋面
Blue tile roof

木结构梁柱
Wooden structure

共享用餐区
Shared dining area

混凝土墙
Concrete wall

共享备餐区
Shared meal preparation area

共享用餐区
Shared dining area

青瓦披檐
Blue tile eaves

木格栅高窗
Wooden grille windows

共享备餐区
Shared meal preparation area

竹木格栅
Bamboo wood grille

半开放用餐区
Semi-opem dining area

图 7　共享餐厅建筑分解轴测图

（图片来源：作者自绘）

3.4　多样化的室外场景体验设计

在青年旅舍的空间设计中，满足青年群体的教育性需求，可以从主动参与性的空间体验设计出发，将空间的设计与青年的求知欲结合，增加体验性的空间，使空间和人产生良好的互动作用，加强场所的体验感和教育意义。

本设计方案中的农耕体验区是室外空间最大的活动区域，采摘后的蔬果可以拿到厨房自行烹饪，参与到室外活动中的游客不仅是一种放松休憩活动，同时也参与到了场地的建设和改造。土地是乡村的根脉，在与土地发生活动关系的同时也是与自然和乡村发生关系，通过自身的劳动获取的成果不仅可以带给人更多的愉悦，而且可以把人带入到沉浸式的体验中去，不再是走马观花的观光旅游，它更体现的是体验经济的价值所在。此外，在乡村这种生产性的景观要比纯观赏性的景观更具有经济社会效益。烧烤篝火区可以供房客进行户外烧烤以及夜晚的篝火晚会，进行交流互动体验。旁边还结合水景设计了古法养鱼区，灵感来源于开化当地有特色的养殖清水鱼，当地村民是以活水来养鱼，在房前屋后，用石块砌成四方形水池，引进溪涧山泉，投放青鱼、草鱼于鱼池中进行养殖。场地中沿用古法养鱼的方式，开挖养鱼池引山泉，可供房客进行投喂、捞捕等体验（图8）。

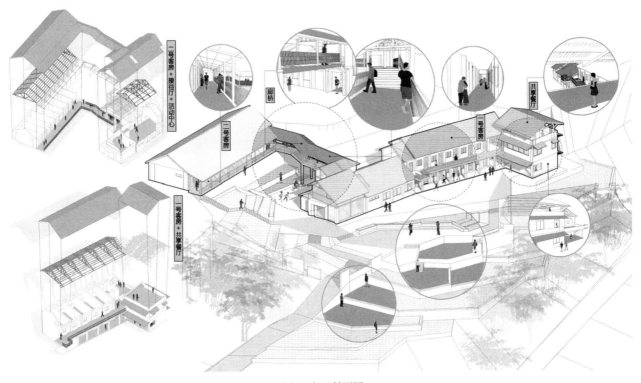

图 8　场地轴测图
（图片来源：作者自绘）

结语

近年来，国际青年旅舍为经济条件有限的青年人提供一个认识自然、自我成长的机会，带有服务社会的性质，提倡的是一种理想主义的旅游消费观，为他们旅游提供了现实的可能，希望对该领域的研究有助于推动国际青年旅舍在中国的发展，营造更多满足青年人需求的国际青年旅舍空间。当下青年人在城市中都面临着巨大的心理压力，所以本文从青年消费者的行为需求为出发点，研究满足青年旅游消费者行为需求的国际青年旅舍设计，打造更加宜人的国际青年旅舍空间环境，让他们暂时地离开城市，在乡村与大自然和土地接触，找到属于他们自己心中的诗和远方。

参考文献

［1］蒯小群.国际青年旅舍品牌本土化的战略思考［J］.管理观察，2008(22).
［2］李亚卿.青年旅舍经营中存在的问题与对策［J］.中国物价，2008(10).
［3］朱怡静.基于使用者需求的城市青年旅舍公共空间设计研究［D］.成都：西南交通大学，2017.
［4］曾斌斌.中国国际青年旅舍发展研究［D］.昆明：云南大学，2010.
［5］苏岩.青年旅舍住客体验研究［D］.上海：复旦大学，2010.
［6］刘明霞.城市青年旅舍交往空间设计研究［D］.成都：西南交通大学，2014.
［7］符国群.消费者行为学［M］.武汉：武汉大学出版社，2004.
［8］薛群慧.现代旅游心理学［M］.北京：科学出版社，2005.
［9］刘纯.旅游心理学［M］.北京：高等教育出版社，1998.
［10］谢彦军.基础旅游学［M］.北京：中国旅游出版社，2004.

社区花园建设与社区失落空间的再生

■ 史璟婍[1]   陈新业[1T]

■ 1   上海师范大学美术学院   1T   通讯作者：上海师范大学美术学院

摘要   本文通过实地调研法研究了上海和太原的社区失落空间现状，分析了社区失落空间产生的原因。通过访谈法对居民参与社区花园建设的意愿进行调查，结合社区失落空间的现状以及原因分析了社区花园为手段，实现社区失落空间更新与再生的可能性。研究得出建设社区花园作为社区失落空间更新的手段，应该维护建设已完成的社区花园并避免社区花园退化为社区失落空间。社区花园的建设和维护可以借助以"共治、共建、共享"为特征的社区公共活动增强社区居民之间、社区居民与环境之间的交流互动，有利于建立和谐稳固的社区邻里关系，重建社区关系网络。

关键词   社区花园   失落空间   社区关系网络   "共治、共建与共享"   空间更新

引言

社区作为人文性较强的概念，由德国社会学家斐迪南·滕尼斯提出："在传统的自然感性一致的基础上，紧密联系起来的社会有机体。通常是指一群任意地区的居民住在一起，成为含有地域、人口、文化制度和生活方式以及地域感的社会群体，体现人与人之间的关系。"[1] 社区的地域范围相对独立且稳定，分为居住空间和社区公共空间。在建设社区公共空间的过程中，欧美地区提出了社区花园的概念。社区花园作为社区重要物质组成部分，其更新与再生也应该符合新时代对社区环境的需求、文化需求和社会发展需求。

罗杰·特兰西在其著作《寻找失落空间——城市设计的理论》中提出了"失落空间"这一概念，将令人不愉快的、需要重新设计的反传统城市空间定义为失落空间[2]。社区失落空间是城市失落空间这一社会性概念的延伸，在诸多社区空间中同样存在一些无明确使用目的、缺乏合理维护、令人不愉快且对社区发展无益处的"社区失落空间"，它们没有明确的边界，可以存在于社区公共空间的任意角落，使原本"具有清晰特征的生活发生空间"变得毫无生气，影响到了社区居民的日常生活。

社区失落空间的更新与再生属于社区公共空间建设中的一个重要部分，"更新"指通过再次设计将社区失落空间转变为可重新利用的社区公共空间；"再生"意味着为社区失落空间重赋活力，开发其可持续发展的潜力。

1   社区失落空间的表现

本文调研了位于上海的康乐小区、康馨家园和盛大花园 3 个社区和太原的彭西二巷新建村社区、起凤街社区和阳光汾河湾 3 个社区（表1）。

表1   本文调研社区概论

建设年代	上海	太原
20 世纪 90 年代前	康乐小区	新建村社区
20 世纪 90 年代至 2000 年	康馨家园	起凤街社区
2000 年后	盛大花园	阳光汾河湾

调研结果显示，社区失落空间存在形式多样，20 世纪90 年代前的社区失落空间的种类较多，有弃置的社区公共设施，没有使用意义的闲置空地和缺乏合理规划的绿地，社区失落空间面积占社区公共空间面积比例较大。20 世纪90 年代至 2000 年的上海社区失落空间主要为缺乏合理设计和规划的绿地，太原的社区失落空间类型主要为使用意义不明确的闲置空地和缺乏维护的交通空间。此阶段建设的社区中，社区失落空间占社区公共空间的面积比小于 20世纪 90 年代前的社区。2000 年后的社区中社区失落空间占社区公共空间的面积比最少，其失落空间类型主要表现为社区中很少有居民经过的闲置空地等。上海社区失落空间的严重程度小于太原。例如，太原起凤街社区的公共空间等同于交通空间和停车场，几乎没有可供居民展开社交性活动的公共空间和绿地，且路面也存在破损的情况；康馨家园中的社区公共空间具有较为明确的规划，且公共空间的面积大于同时期太原市建设的同类社区，社区失落空间的类型主要为缺乏维护和合理利用的绿地。

通过上述调研，本文认为社区失落空间作为城市失落空间的类型之一，在城市化的过程中愈加明显，影响了居民的社区公共生活环境。社区失落空间的成因大致有：①社区公共设施老旧、弃置、缺乏合理利用造成的社区失落空间（图 1）；②缺乏合理设计及后期管理的社区绿地空间（图 2）；③规划不合理的社区公共空间（图 3）。时下，社区绿化建设普遍受重视，但由于各种原因，社区花园有退化为社区失落空间的隐忧，本文就此展开调研。

4 社区花园作为社区失落空间的更新与再生方式

4.1 社区花园作为社区失落空间更新与再生方式的可实现性

社区花园的建设活动主要以社区居民自治为基础，链接不同社会资源实现共治共建，以满足社区居民的功能需求与审美需求，共享社区公共空间的人文性。以"共治、共建、共享"的建设模式更新和再生社区失落空间，将人与人、人与环境联系起来，形成社区居民共同参与的社区营造模式[6]。由于社区花园建设的投入成本和所占面积都较为灵活，已经可以成为社区公共空间建设和社区失落空间更新与再生的参考方向。

当社区失落空间需要进行重建时，应分析失落空间产生的主因。在重建初期需考虑到不同社区失落空间现状的差异和社区主要居民的可参与度与生活方式，在规划中联系空间与自然资源、建筑布局及社区居民，加强社区内"居民、环境、管理者"三个方面的互动，规划并设计符合社区情况的建设活动。根据居民可能产生的社会性行为将社区公共空间区分成不同属性的场所，通过组织交通流线、景观视线，合理安排社区公共空间，引导更多的居民自发地停留在社区公共空间并发生活动，进而衍生出社区文化。

4.2 社区花园建设与维护的手段

以建设社区花园为社区失落空间更新与再生的手段，并达到持续性的美化环境和建设稳定的社区关系的目的，需要明确社区花园以下建设与维护的措施：

（1）选择合适的场地与植物。社区花园的建设初期要考虑社区的地理条件和气候条件，选择适合的植物品种。社区花园可以扩展到建筑物的垂直面和屋面，利用建筑物的屋顶和楼梯间窗口等空间来种植绿化。

（2）获得资金与技术支持。在规划社区花园营造时应明确建设和维护社区花园大致所需的资金，寻求相关政府单位和社区居民的支持和投入。建设过程中应邀请专业人士或机构对社区管理者和社区居民定期展开社区花园建设与维护的专业培训，使居民掌握相关的种植与维护技术，从而展开更高效的社区花园建设活动。

（3）提升居民参与的积极性。为提升居民参与的积极性，社区花园的维护活动应循序渐进。如以住户为单位，由一个或几个住户共同承担一部分社区花园进行建设，发挥居民主动性，共建社区公共空间，共享社区花园建设成果和心得，打破从私人空间建设到公共空间共同建设的不适感，侧面推动社区花园的维护活动。如在目前政府推进"垃圾分类"的情况下，可以将可回收垃圾变废为宝，投入社区花园的植物种植活动或装饰活动中，增加社区花园的建设与维护活动的体验感。

（4）联系更多可以利用的社会资源，共治社区花园。社区花园的建设方式可以更加灵活，以社区花园为场地，引入多方资源，达到更为丰富的建设和维护模式，以达到维护阶段的共治[7]，促进其可持续发展。如位于学校附近的社区可以与学校展开联系，在社区花园的建设中引入学生主体开展实践课程，形成互利的建设模式。

结语

本文研究了社区失落空间形成的原因，提出了以建设社区花园为手段促进社区失落空间更新和再生的新思路，为社区居民提供进行社会性活动所需的公共空间，促进良好社区关系的形成。社区花园以社区公共空间为场地，引导人们自发地产生交往活动，参与建设活动的居民会对不参与活动的居民产生"辐射"效果[8]，公共活动的参与者和目击者，都可以切实感受到人与人、人与环境产生的联系，冰冷的场所被赋予亲近感，居民生活幸福感得到提升。

参考文献

[1] 斐迪南·滕尼斯.共同体与社会[M].林荣远，译.北京：商务印书馆，1999: 74–76.

[2] 罗杰·特兰西.寻找失落空间：城市设计的理论[M].北京：中国建筑工业出版社，2008: 3.

[3] 刘悦来，尹科娈，葛佳佳.公众参与 协同共享 日臻完善：上海社区花园系列空间微更新实验[J].西部人居环境学刊，2018,33(4): 8–12.

[4] 王雪.寻找失落的城市空间：以上海市长宁区沪杭铁路徐虹支线虹梅路核心段空间改造为例[D].上海：上海师范大学，2019.

[5] 陈璐瑶，谭少华，戴妍.社区绿地对人群健康的促进作用及规划策略[J].建筑与文化，2017(2): 184–185.

[6] 刘悦来，尹科娈.从空间营建到社区营造：上海社区花园实践探索[J].城市建筑，2018(25): 43–46.

[7] 刘悦来.社区园艺：城市空间微更新的有效途径[J].公共艺术，2016(4):10–15.

[8] 扬·盖尔.交往与空间[M].何人可，译.北京：中国建筑工业出版社，2002: 25–28.

工业遗产博物馆环境协调性设计研究

■ 谭　赢[1]　魏晓东[2]
■ 1　北京理工大学　2　北京航空航天大学

摘要　工业遗产博物馆设计是结合工业遗产保护与博物馆建设的综合性设计。通过工业遗产博物馆环境协调性设计既可以有效地解决产业升级造成的大量废弃工业遗产的利用问题，又可以解决工业城市环境污染的问题。当前我国的工业遗产博物馆建设更多地停留在工业企业主导、以展示企业文化为目的的低端层面，导致设计的局限性明显，与工业遗产博物馆展示工业文明、服务城市的职能相悖。本文以工业遗产保护理论为基础，以工业遗产的环境构成、保护、展示、再利用为目标，从设计角度出发，提出工业遗产博物馆作为工业城市公共空间体系的重要组成部分有其特有的建构原则，即与自然环境、城市环境、社会环境相协调，最终形成基于工业遗产保护理论的工业遗产博物馆环境协调性设计策略。

关键词　工业遗产　博物馆　环境　协调性

1　工业遗产环境保护

环境是相对于某一事物来说的，是指围绕着某一事物并对该事物会产生某些影响的所有外界事物，即相对并相关于某项中心事物的周围事物。19世纪60年代，欧洲众多国家在城市化进程中，大规模拆旧建新来适应城市发展，也因此破坏了城市历史环境。后期保护城市整体风貌与历史街区逐渐被人们重视，法国曾经提出"历史建筑周边环境"概念与"建筑、城市和景观遗产保护区"概念，都是从环境保护的角度对遗产保护活动进行规范。《威尼斯宪章》第一条也提到："历史古迹的概念不仅包含单个建筑物，而且包括能从中找出一种独特的文明、一种有意义的发展或一个历史事件见证的城市或乡村环境。"

《西安宣言保护历史建筑、古遗址和历史地区的环境》强调了文化遗产环境保护的重要性。文化遗产保护从个体保护向整体保护过渡，从注重物质环境到重视周边环境，甚至扩大到文化背景。离开了环境的工业遗产保护是不完整的、片段的，因此要将工业遗产放到大环境下，从宏观的角度来考虑保护的问题，才是对历史负责。

工业遗产周边环境可分为自然环境、城市环境、社会环境。工业遗产博物馆的建设更是要充分考虑到三个方面的环境因素，更好地履行工业遗产博物馆的职能，如图1所示。

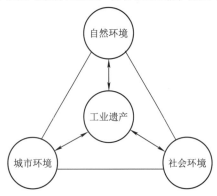

图1　工业遗产环境构成示意图

（图片来源：作者自绘）

首先，自然环境是针对遗产周围的地理环境而言的。工业项目的选址大多要依据矿产资源的分布，工业遗产则往往伴随枯竭的矿山与污染的环境而存在，这种情况就是工业遗产博物馆建造的不利因素，博物馆对自然环境的要求正与之相悖，如何扭转这一不利的因素就成为博物馆建设首先要面对的问题。

其次，城市环境是指伴随工业生产而生的工业城市空间。这些城市因工业而产生、发展或衰退。城市风貌具有较为浓厚的工业印记，有其独特的工业文化属性，工业与城市相互滋养，城市彰显工业的活力，所以在工业遗产博物馆的设计中不能割裂与既有城市空间的联系。

最后，社会环境是指社会结构、价值构成、生活方式等。随着社会不断发展，人们对精神文化的需求更具时代特征。工业遗产博物馆的形态与空间叙事需要与时代保持良好的关联性。例如鞍钢博物馆的环境设计就突出工业元素，既就地取材展示工业之美，又呼应城市特征、塑造城市性格，如图2所示。工业遗产博物馆的设计要满足当代社会人们对精神文化的需求，才能更好地完成工业遗产的保护与工业文化的传播，继而带来社会环境层面的全面提升。

2　工业遗产博物馆空间与城市的融合

博物馆在过去对城市的态度多采取一种俯视的角度，高大的体量、封闭的空间以及冰冷的气氛都表达着一种与外部环境决然分隔的姿态。随着对博物馆理解认知的拓展，工业遗产博物馆从设计之初就开始以各种方式主动与城市结合以吸引更多的公众进入其中。在今天，工业遗产博物馆基本上是面向全社会开放的公共性机构，因此它作为城市公共空间体系的组成部分也许已经为大多数人所认可，一方面，两者结合的方式和领域在不断更新和扩大，从最初的仅仅是两者外部空间环境的接壤，发展到现在涉及内部功能结构和空间格局的复合；另一方面，工业遗产博物馆对城市公共空间具有优化作用，对城市公共空间的数量

图2 鞍钢博物馆环境设计

（图片来源：作者自摄）

和质量做出合理的补充和改善。

基于文化的全球城市竞争以及营造自身良好文化环境的需求，推动了各国各地区针对文化资源和文化需求的规划方法的探索和建立。工业遗产博物馆作为工业美学传播的载体成为文化创意产业孕育的温床，在当代还成为文化产业的价值引导者，以及文化消费服务的提供者。工业遗产博物馆作为城市文化系统中的重要组成元素，已然成为城市及地区文化发展水平的关键推动力。

工业遗产博物馆是以全民为对象，以终身教育为范畴，兼具多种功能的公共艺术文化教育机构。在城市中工业遗产博物馆教育的重点不在于教导而在于引导。观众从工业遗产博物馆中得到的不仅仅是感官上的刺激，也不局限于知识、文化、艺术、信息与经验，更重要的是体会和感知科学精神与价值观念，即博物馆并不给予观众解决具体问题的答案，而是激发他们的好奇心和对工业文明的尊重，使他们在离开博物馆后能继续主动地关注和学习相关领域的科学技术知识。

随着博物馆传授教育的方式以及公众接受的需求的不断发展，工业遗产博物馆作为城市普及工业文明的主体机构，必然会导致博物馆与城市的关系以及博物馆内部功能与空间的变化。时至今日，工业遗产博物馆完全能够成为社区生活的综合服务配套，它们为社区提供丰富的通识教育及文化活动，为社区带来公益性和消费性的服务设施，甚至还有助于增加社区的就业机会，提高社区居民的经济收入。首先工业遗产博物馆可以为社区提供公益设施，博物馆公共空间如免票自由进入，布置休息的座椅和空间，成为开放的城市客厅；其次当下的工业遗产博物馆一般配置餐厅、咖啡厅、纪念品商店等消费性设施；另外为各种社会活动和商业活动提供免费或收费场地已经成为很多博物馆的服务项目之一；最后，博物馆为社区活动提供场地，弥合了工业遗产保护再利用与社区的间隙。

3 环境协调性设计的建构原则

人类的工业活动一方面带给社会巨大的进步，另一方面也给生态环境带来了很大压力。工业遗产的周边环境是工业衰退后遗留下来的荒凉废弃场景，通过多种技术手段可以进行生态环境的修复，运用设计手段将景观与生态同

工业遗产博物馆相融合，改善环境的同时提升区域土地的经济价值。

工业遗产博物馆设计首要任务就是对污染进行评估、对环境予以修复。从生态设计的角度应该遵循以下几点：科学利用植被等自然条件改善生态环境；旧工业建筑材料的重复利用；能源收集再利用，如雨水收集系统等。将工业建筑改建为工业遗产展示空间，将厂区改建为工业景观是设计的目标，如蒙特雷钢铁博物馆公园的设计，室外空间设计运用了大量遗产区域内回收的钢材，凸显了厚重的工业氛围。

在景观设计中可以通过对场地遗留的机械设备、零件进行艺术化加工处理，转变为景观雕塑放置于环境中，来实现可持续设计。工业遗产博物馆的建设一定程度避免了工业建筑遗产的废弃、拆除，降低能源消耗、节约资金，同时保护了工业遗产的文化价值与历史价值，是生态可持续设计所提倡的。工业遗产博物馆的建设在生态修复的层面也起重要作用，修复污染的土地、水源，设计中将新的文化理念构筑于旧的工业设备之上，使其得以保留并展现机械工业之美。工业遗产博物馆的建设有利于节约能源、保护环境，是一个长期的、不断发展与完善的过程，设计可以根据社会反馈，在处理手段与方式上不断更新而达到可持续设计的目的。

传统意义上的博物馆是指一个建筑或一个院落围合的建筑群，不管是哪一种，它们都是以界面来建构内部和外部空间。由于外部是嘈杂的城市空间，内部则需要安静的展览空间。根据工业遗产的自身特点可以尝试打破博物馆的边界，把工业遗产博物馆的文化气息辐射到周边区域，扩大其文化效能。工业城市肌理呈现其独特的工业文脉，但是往往因为传统工业的衰败，城市风貌受到很大的破坏，建筑作为个体元素也影响着城市的发展，处理好博物馆建筑与周边建筑环境的关系，使工业遗产博物馆作为工业城市的精神象征唤起人们美好的回忆。

在保护再利用的过程中合理解决城市发展与工业遗产保护之间的矛盾，为重塑工业风格，传承工业文化提供了可能。工业遗产博物馆室内展示保护工业文物、提供市民教育、交流场所；室外景观设计除必要的道路铺装需要外，以适当的景观绿化为主，与城市风格相统一，创造市民休闲娱乐场所，不仅保护了工业遗产、普及了文化教育，同

时提升城市品位、更新城市生态，获得社会效益和生态效益。如埃姆舍公园国际建筑展中北极星公园（Nordstern Park）曾经是德国西部最重要的煤矿，1993年改建为旅游、生活、办公为一体的综合性公园。设计保留了煤矿原有面貌，进行大量的空间功能置换以满足生活工作需要，

新建建筑采用与原建筑一致的简约风格，还设立了游乐中心供休闲娱乐。采用了多种措施恢复厂区生态，搭建露天舞台，举办公共活动，使工业遗产区重获活力，如图3所示。北极星公园以独具特色的工业景观和成熟的工业园区带动了废弃煤矿遗址区的更新，以此推动力城市生态更新。

图3　北极星公园
（图片来源：《世界建筑》）

在与社会相适宜方面首先要满足多层次体验，在体验经济时代里，人们追求与众不同的感受，人们渴望参与、体验过程并因此获得美的难忘的回忆。博物馆作为美、艺术、文化、知识等感官、情绪、思维体验的输出者，更应该重视观众的感觉，也就是观众的体验。工业遗产博物馆要满足大众的多层次体验的需求。体验就是个体参与其中，并能留下独特记忆的行为，体验虽然是无形的，但是它留下的感受却是真实的。工业遗产博物馆所展示的是特定历史时期的丰富而生动的工业生产，静态的展示已经不足以打动观众，要让展示内容鲜活起来，创造满足体验需求的展示环境，可以将体验分为娱乐、教育、逃避现实、审美四部分，它们相互融合成为不同的个人感受，如图4所示。

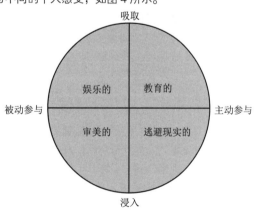

图4　体验结构图示
（图片来源：作者自绘）

笔者认为体验对人的自我实现、情感关怀、人际交流至关重要，娱乐体验是被动参与；教育体验是主动参与接受并互动；逃避现实的体验是主动投入到不同的环境中；审美体验潜移默化的沉浸于某一场所中的感知。不同的体验连带不同的经济效果，而通过有组织的体验可以引导消费者消费，并获得丰富的感受，从而给商品带来附加值。

研究体验首先要厘清的是参观的目的、行为、结果，提出"相互作用的体验模式"：首先是个人条件，每一个个

体的独特性，导致其参观目的的差异和对体验选择的不同；其次是社会条件，观众与博物馆都置身于某一种社会条件中，并时刻受其影响；再次是环境条件，博物馆所营造的环境包括空间和展品。参观者会受到环境的影响导致不同的参观感受；最后是相互作用的体验模式。以上条件相互作用促成了观众的博物馆体验，每一个个体的体验都不相同。博物馆体验是通过参观个体来感知的，参观个体因为其独特性导致体验的多样性。

工业遗产博物馆要满足观众的多样化体验需求。工业建筑的外观、工业景观的效果、流线组织、空间尺度、功能设置、展示方式、互动程度等都与体验结果密切相关。工业遗产博物馆设计要综合多方面要素，创造符合工业文化遗产保护要求的，具有时代与地方工业特点，满足文化传播与休闲娱乐需求的主题性博物馆。设计者要使观众参观的过程在愉悦与舒适的氛围里完成，能够满足观众的多层次体验要求，在传承工业文明的同时使观众获得文化上的自豪感与认同感。

工业遗产博物馆在为观众提供良好体验的同时也为工业文化的展示提供了条件，让人们能够真实全面地了解工业生产的过程，是传播工业文化的基础。工业遗产博物馆为工业文化的交流搭建了平台，加深人们对工业文化的理解，增强人们对工业遗产保护的认识，使大众能够广泛参与到工业遗产保护工作中。

4　工业遗产博物馆环境协调性设计策略

人类文明的更迭，文化是关键，而城市是文化的载体。吴良镛指出："一个城市是千百万人生活和工作的有机的载体，构成城市本身组织的城市细胞总是经常不断地代谢的。"城市发展有其自身规律，在有机更新的基础上，探索城市的发展方向，使博物馆建筑的工业特征与之相融合。在通过体量、比例、材料、色调等对环境表示敬意或谦逊的同时又要以一种独特的方式表达对于相融的理解。遵循这一理念，在工业遗产博物馆的设计中，要将工业遗产保

护与城市发展进行均衡考虑。

工业遗产博物馆是兼顾建筑学、遗产学、生态学、美学、博物馆学的有机结合的结果，在设计中体现多元思想，独创艺术语言，使"共生"概念得以具体表现。在设计中为城市与工业寻找交叉点，如坐落在浦江畔的龙美术馆利用原来工业场地的地形或空间结构，运用简单化形式语言和创作语言表达抽象性特征，实现艺术、生态和文化的有机统一，如图 5 所示。

工业遗产博物馆是工业文脉的传承，是工业文物保护的物质载体。在博物馆的设计中要充分掌握工业遗产的现状与时代背景，加强遗产价值评价和价值呈现，面向历史、同历史对话，完整呈现工业生产的状况。

工业遗产博物馆设计时要具有时代精神，满足当今社会大众需求，履行多重博物馆职能。以环境为基础，运用当代技术与材料，注重工业精神的形式表达，满足观众多层次体验的需求，构建有时代特征的博物馆。

工业遗产博物馆是连接历史、当代、未来的桥梁，是工业文明与现代社会沟通的平台，设计要坚持与历史对话并兼具时代精神，才能达到延续工业文化并提升城市形象的目的。

图 5　龙美术馆
（图片来源：作者自摄）

结语

本文通过对工业遗产环境保护的研究，从工业遗产环境协调性的角度深入分析了工业遗产环境保护的概念与发展、工业遗产环境构成、工业遗产环境保护的意义，进而提出工业遗产博物馆环境设计的三个方面：自然环境、城市环境、社会环境。从生态修复和可持续设计角度分析了工业遗产博物馆设计与自然环境相适应；从融入城市肌理和更新城市生态角度分析了工业遗产博物馆设计与城市环境相适应；从多层次体验、工业文化的传承与交流、经济效益角度分析了工业遗产博物馆与社会环境相适应。提出了工业遗产博物馆环境协调性原则：与城市风貌相统一、与历史对话兼具时代精神。

参考文献

［1］刘伯英.中国工业建筑遗产调查与研究［M］.北京：清华大学出版社，2009.

［2］李婧.中国建筑遗产测绘史研究［D］.天津：天津大学，2015.

［3］张柏春.中国近代机械简史［M］.北京：北京理工大学出版社，1992.

［4］藤田昌久.空间经济学［M］.北京：中国人民大学出版社，2010.

［5］高飞.遗产廊道视野下的中东铁路工业遗产价值评价研究［D］.哈尔滨：哈尔滨工业大学，2018.

［6］舍普.技术帝国［M］.刘构，译.北京：生活·读书·新知三联书店，1999.

［7］梁喜新，赵宪尧，王焕令.辽宁省经济地理［M］.北京：新华出版社，1990.

［8］崔卫华，余盼.近现代化进程中辽宁工业遗产的分布特征［J］.经济地理，2010，30(11)：1921-1925.

［9］Catarina Thormark. A low energy building in a life cycle—its embodied energy, energy need for operation and recycling potential［J］. Building and Environment, 2002(4).

［10］赵中枢.从文物保护到历史文化名城保护：概念的扩大与保护方法的多样化［J］.城市规划，2001(10)：33-36.

［11］弗瑞德·A·斯迪特.生态设计：建造、景观、室内、区域可持续设计与规划［M］.汪芳，等译.北京：中国建筑工业出版社，2008：110.

［12］玛丽·门泽.为转型而设计：欧洲后矿业空间实践［J］.世界建筑，2019(9)：56.

［13］何小欣.当代博物馆空间的复合化模式［J］.新建筑，2011(5)：68-71.

［14］厉建梅.文旅融合下文化遗产与旅游品牌建设研究［D］.济南：山东大学，2016.

［15］周畅，崔恺，邓东，等.建筑师的城市视角：一次关于城市与建筑的对话［J］.建筑学报，2006(8)：46-52.

［16］李春.贝聿铭现代主义建筑美学研究［D］.济南：山东师范大学，2019.

［17］宋江涛.珠三角地区当代博物馆设计的地域性研究［D］.广州：华南理工大学，2012.

工业遗产的分层级价值评价体系浅析
——以辽宁省为例

■ 魏晓东[1] 谭赢[2]
■ 1 北京航空航天大学 2 北京理工大学

摘要 面对经济全球化进程的加快和城市产业结构优化调整的内外部因素影响，辽宁工业遗产保护再利用工作面临较大的挑战。辽宁省工业遗产资源因其独特性和唯一性价值，如何对其价值合理评价的基础上进行良性的保护再利用，使其能够保持城市风貌整体性和历史发展相关性是各个城市关注的焦点议题；从辽宁省工业遗产自身价值特征出发搭建了辽宁省工业遗产价值评价体系，按工业遗产范围及相关性将其分为工业区域—工业城市—工业聚集区—工业企业—工业建筑—设施设备六个层级，前三个层级关注于定性评价，后三个层级采用定量评价。该评价体系的提出有助于完善辽宁工业遗产整体性保护再利用的理论框架。

关键词 工业遗产 遗产价值 分层级 评价体系

1 工业遗产的价值评价

《下塔吉尔宪章》指出工业遗产的价值包括历史价值、技术价值、社会价值、科技价值等。之后的国际会议和各类宪章、建议中对工业遗产的定义将审美价值和社会价值予以重点指出。对工业遗产的价值综合评价，一直是工业遗产保护研究的核心问题。根据现有文献分析归纳可以得出工业遗产的价值评价应加强与遗产相关信息的收集，从遗产的完整性、客观性、代表性进行评价。

1.1 历史价值

工业遗产是工业发展不同阶段的历史遗存物，具有鲜明的历史条件和时代烙印，见证了工业城市的产生和演变进程。通过遗产的历史价值能够突破时间和空间的限制，了解历史时期的社会发展水平、科技水平、生活方式等，可以看到工业遗产在解释遗产历史背景、还原历史事件、传递历史讯息方面具有特定的意义。优秀的工业遗产能够反映工业城市的发展历史，在产业发展史上具有代表性的工厂设施等具有较高历史、艺术、科学技术价值，或者体现城市风貌特色的工业建筑和工业遗产。历史价值多与遗产的年代是否久远，是否有重大历史事件和历史人物相关。

1.2 科技价值

科学技术是工业产业发展的重要推动力，技术价值也是工业遗产区别于其他类型文化遗产的根本区别。行业的开创性，生产工艺的先进性和工程技术的独特性、先进性是在价值评价的过程中必须重视的。技术价值既包括传统的生产工艺，也包含现代的生产工艺流程和科技创新。传统工业当中的工艺传承具有重要的产业价值，现代科技成果转化的里程碑事件和在产业发展中具有历史意义的技术、工艺、设备、材料等都是工业遗产技术价值的重要内容。由于文字记载的片面性和抽象性特点，技术的历史会随着时间的流逝而变得模糊，工业遗产的保护则为找回失去的技术记忆提供了可能。科技价值主要从遗产的行业领先性或者技术的先进性、领先性进行评价。

1.3 社会价值

工业生产作为工业时代人们生产和生活重要组成部分，工业遗产记录着这些活动，蕴含着历史、政治、经济、文化、艺术、哲学对工业生产影响等方面丰富的信息，工业遗产的社会价值被全社会共同认可。《下塔吉尔宪章》对于工业遗产再利用方面也提出社会责任和社会情感问题，工业遗产较为清晰地记载各个历史时期工业企业的社会责任，在工业遗产再利用的使用功能上应注意与功能的相关性，能够给予城市居民良性的心理暗示，形成城市特有的精神气质，因此工业遗产的保护具有稳定职工心理，保护职工情感的作用。尤其是一些工业城市是由企业发展而来，长期工作于此的建设者、技术人员、服务于工业企业的居民对工业的情感是真挚的，工业遗产对当地人民具有特殊的社会情感价值。社会价值评价主要从社会责任、社会情感和遗产是否推动城市发展以及对当地经济、社会的影响方面评价。

1.4 设计审美价值

工业遗产的价值特征充分表达了对机器美学的尊重，工业企业的规划和城市空间的关联性使得工业建筑多由著名建筑师和规划师进行设计，设计功能合理，工业建筑和生产设备体现出鲜明的生产特征，工业遗产符合工业社会对于工业先进性和复杂性的设计理念，如产品领域的机器美学和建筑领域的高技派都是社会对工业有了更高的设计美学意义上的认可。工业遗产的体量从遗产群到单体建筑再到工业产品几乎涵盖了工业的全部内容，城市环境空间的合理性、建筑的实用性、产品设计的功能化在这里集中艺术化体现。它的设计审美价值也是保护利用的集中所在，设计价值是其最直接、最感性、也最生动的载体。

1.5 经济价值

工业遗产的经济价值主要体现在区位价值和再利用价

值两个方面，在区位价值方面，由于工业布局的特性所导致，工业区规划多采用集中式和分散式布局在城市中心区或城市周边，这与城市的定位、交通、资源等因素相关。但随着城市化进程的加快，城市规模迅速扩大，原来意义上的"城市边缘"已然成为城市中心区，文化创意产业和高新技术企业聚集效应明显，工业企业拥有的土地价值得到了大幅提升，从而使工业遗产的经济价值凸显。

工业建筑和设备在建设之初投入了大量的人力物力，保护再利用能够使工业遗产免于被拆除的命运，在可持续发展理念的指导下，将结构坚固、空间大、层高高、内部空间使用灵活的特征加以利用，植入新的功能，结合城市功能转换和优化既能够避免资源的浪费，又可以节省新建建筑和物质环境所需的大量资金投入。经济价值主要从遗产的区位优势、再利用的经济潜力、投资等方面加以评价。

2　工业遗产价值评价原则

工业遗产评价的主要目标在于能够精准的认知和还原遗产本身所包含的完整信息。通过国内外学者比较历史学的相关研究，将工业遗产资源的珍稀性和重要性加以表达，尤以在国家和地区工业发展的地位，这种关于遗产价值量化的研究主要以定性为主。目前很难对工业遗产的价值评价确定严苛的方法和标准，评价的客体不同，评价所在的历史语境的差异性都决定了评价主体应在多学科、多领域融合的基础上建立工业遗产的评价方法。如何从定性和定量两个方面对工业遗产这一目标群体进行相对性、综合性、整体性评价，从而构建辽宁省工业遗产整体保护体系，为辽宁省城市复兴提供科学决策的参考。在充分借鉴相关学者研究的基础上，结合辽宁省工业遗产的现状特征和文化遗产保护的评价体系，笔者认为评价工业遗产应从综合性、相对性、科学性和全面性原则展开。

2.1　综合性原则

影响工业遗产的价值因素较多，经济、社会、历史、科技、设计等单项价值都对整体价值评价产生影响，有些遗产的技术价值突出、有些遗产的社会价值明显，在评价上要考虑评价指标的优先级，作为综合评定客观反映遗产价值。

2.2　相对性原则

遗产的相对性是对文化遗产的客观评价，相对性表现为各个城市工业的发展和不同的历史阶段的差异性。举例来讲，某一类型工业遗产在其他城市可能是不重要的，但它的出现可能是这一城市工业的起源，那么它的价值应该得到应有的尊重。另外，城市之间、行业之间的遗产价值和意义都有所不同，即使一个城市、一个行业也存在不同的发展阶段，还应该把工业遗产放到更大的空间和时间中去研究，既要考虑工业遗产在全国、全世界的作用和地位，又要考虑它在工业发展史当中的位置，只有这样才能够形成客观评价。

2.3　科学性原则

工业遗产的核心价值就是它所反映出的技术价值，科学性要求对工业企业所使用的技术手段包括工业企业的规划建设、建造技艺、工艺流程、设备机械等进行完整的梳理，无论是引进的技术设备还是自主发明应得到理性和科学的判断。

2.4　全面性原则

工业遗产的评价既要考虑良性价值部分还要考虑遗产的负面价值部分，在大力保护工业遗产的同时也应该注意到工业给自然生态所造成的污染问题、给社会带来贫富两极分化问题等。遗产价值的全面性就应该评价工业的全部内容，其中也就包含了城市工业的畸形发展状况和发展工业带来地质灾害、土壤和空气污染问题，这也是工业遗产本身的复杂性所决定的。

3　辽宁省工业遗产总体评价

辽宁省工业遗产不仅是承载辽宁省近现代工业发展进程的物质载体，而且反映了我国东北地区工业遗产价值的总体特征，它是辽宁省大多数工业城市工业文明的重要组成部分，辽宁省的工业遗产，厚重、独特、不可复制。

辽宁省拥有优越的地理位置和丰富的矿产资源，使辽宁省成为中国近代民族工业的发源地之一。19世纪末20世纪初，采矿业、机械制造业和军事工业和其他轻工业等官办、外资企业迅速崛起。新中国成立前初具以钢铁、采煤、发电、炼油为主的工业基地雏形。新中国成立以后，作为"新中国工业的摇篮"，辽宁省诞生了第一炉钢、第一个金属国徽、第一架飞机等1000个新中国工业史上的第一，如图1所示。辽宁省最早建立起全国重工业基地和军事工业基地，如本溪湖工业遗产群一号高炉是中国最早的炼铁高炉之一；建于1923年的沈阳奉天纱厂是当时东北地区规模最大的纺织企业，鞍钢炼出新中国第一炉钢水，生产出新中国第一根钢轨、第一根无缝钢管；始建于1883年的旅顺船坞是近代中国船舶工业"四局两坞"之一，在那个年代被称之为"远东第一大坞"。所有这一切都表明辽宁省工业技术的领先和进步。

图1　新中国建立的沈阳重型机械厂

辽宁省各时期的工业遗产具有很强的历史延续性。洋务运动时期，辽宁省各地官办、官商合营、官督商办的工业企业居多。第一次世界大战期间，官商资本、外资与民族资本兴办的采用机械动力的军事工业、采矿、交通运输、粮食加工的产业发展迅速。奉系统治时期，军工、采矿、造船业等军事特征浓厚的企业处于主导地位。1932年到新中国成立前，辽宁省工业呈现日本殖民经济形态，殖民当局实施经济统制，进入了战时经济体制时期，军工、采矿、金属冶炼畸形发展，农副业和轻工业被无情打压，国民经济失衡。新中国成立后重点工业企业呈现出重工业为基础，计划经济为主导和苏联援助的特点。具有代表性的南满铁路❶由沙俄建设、日本扩展、新中国恢复和提高，反映了辽宁省工业的历史延续性强的一个侧面，很多辽宁省工业遗产都经历了奉系统治、日本殖民时期、一五二五建设时期等不同阶段，历史延续和断代特征突出。

辽宁省是我国最重要、最完备也是最为集中的工业区，由于技术基础雄厚、能源原料便宜、工业项目齐全、交通便利等发展工业的优越条件，工业发展向大型城市集中。由主要交通路网形成串联，工业聚集区或产业带分布在其周边的概念，形成了大型工业区和资源型工业城市的集合，例如鞍钢集团厂区、抚顺西露天矿区、本溪湖钢铁工业区、沈阳铁西工业区等区域范围内拥有极为庞大的工业遗产集群，涵盖着众多行业的工业遗产，如图2所示。

图2　本溪湖工业遗产

工业遗产的物质价值和非物质价值的定量评价具有一定的科学性，基于这一研究成果建立评价标准体系对于辽宁省域整体工业遗产保护较强的指导意义。由于辽宁省工业遗产分布广泛、类型多样、价值特殊的遗产特殊性，其遗产评价应注意采用分层级评价的方法。根据层级评价方法评价辽宁省工业发展的历史特点。辽宁省工业化历史经历了150年，浓缩了中国工业全部发展阶段，而且将各个阶段的发展特征表现得极为充分。在其自身发展过程中，资源优势、交通便利、政治更迭等一系列影响因素形成辽宁省具有较高工业化水平的重化工业基地。由于历史的原因，工业城市沿铁路、港口发展特征明显，产业的相关性导致工业城市聚集区的形成和超大型工业企业集团的区域性工业文化风貌的构成元素复杂性和多样性也是辽宁省工业遗产六个层级评价体系必须面对的。采用从宏观到微观的系统调查评价方法，从"工业区域—工业城市—工业聚集区—工业企业—工业建筑—设施设备"六个层级遴选工业遗产，见表1。

表1　辽宁省工业遗产六个层级评价体系

评价体系层级	评　价　内　容
工业区域	工业城市集群的整体风貌如沈阳经济区和沿海经济带
工业城市	城市工业发展的地位和特点，工业城市的历史脉络
工业聚集区	区域内工业企业数量、规模以及历史建筑、厂房、设施设备
工业企业	能够代表城市工业水平的重点企业
工业建筑	建构筑物、设施设备等遗存经济的、社会的、历史的、技术的、审美价值
设施设备	生产技术方面的价值，明确其先进性、稀缺性

第一层级是整体评价工业区域。如沈阳经济区和沿海经济带的工业遗产价值及特征，以及工业城市集群的整体风貌。通过辽宁省产业的发展模式、产业结构、经济体制、政权和外生变量的研究，发现城市群价值形成的原因和未来发展趋势。辽宁省重工业城市群的发展不光有国家和地方政策的原因，也是得益于其资源和交通的便利，历经从民国时期到日本侵略时期，再到新中国成立重工业基地形成。

第二层级是在区域范围内对工业城市的工业历史过程和工业遗产整体特征加以梳理，寻求城市工业的性格特质和发展动力。工业城市的发展离不开多行业的共同发展，每个城市工业化的水平和开始的阶段也不尽相同，工业城市遗产必须能代表城市工业的历史地位和特色，遴选出的工业遗产要能较好地代表城市工业发展的地位和特点，延续工业城市的历史脉络。

第三层级是工业聚集区。如铁西工业区、大东工业区等工业企业分布密集区域，以沈阳大东工业区为例，包括黎明发动机制造公司（东三省兵工厂）、东基集团公司（奉天南满兵工厂）、新光机械厂、五三工厂等，这些工业企业现存的大量工业历史建筑、厂房、设施设备仍在使用，可以感受到工业聚集区的辉煌。

第四层级是能代表城市工业水平的大型工业企业。鞍山、抚顺、本溪应该着重在鞍钢、抚煤、本钢等大型工业企业当中普查工业遗产：滨水码头区、港区、船厂是依托交通运输业发展的城市，如大连、营口、丹东等工业的典型代表，这些区域的重点企业存在大量遗产分布：冶金型特点突出的工业城市中与冶炼行业相关的工厂如鞍钢、本钢等大型钢铁集团是调查和评选的重点对象。

第五层级是工业建筑遗产评价。辽宁省很多工厂，规模宏大，真实和完整的保留场地环境是最佳的选择，同时对建构筑物、设施设备等遗存在经济、社会、历史、技术和审美等方面进行评价，从建筑设计风格和建造技术方面

❶　旧铁路名。原为沙俄在我国东北境内所筑，后为日本所占，改称南满铁路。抗日战争胜利后，和旧中东铁路合并为中国长春铁路。

对重要历史建筑进行评价,尤其是对新风格、新材料、新技术,新结构、新工艺的发掘,使工业遗产在工程方面具有科学技术价值。

第六层级是设施设备的价值评价。主要借助技术史和产业发展史的研究,梳理出历史上代表性的设施设备,将一些先进性、稀缺性的设备信息予以明确,重点研究其在生产技术方面的价值。

结语

整体六个层级评价体系建立的步骤是先从国家层面对省域内的产业格局、城市定位进行明确,然后对工业城市的工业化历程和工业化水平进行梳理,确定城市工业发展过程中形成的工业区和历史及现存的具有代表性的企业,对现存的工业建筑和工业设备的稀缺性、真实性和完整性进行评价,完善遗产信息,评出具体的工业遗产。前三个层级如工业城市区域、工业城市与工业聚集区在价值评价过程中有一定的主观性,可以采用定性评价,注意工业遗产的完整性、领先性、稀缺性;后三个层级如工业企业、工业建筑和设施设备采用定量评价的办法,针对其历史、经济、社会、科技、艺术价值进行综合比较。时间久远的工业遗产具有稀缺性,赋予工业遗产珍贵的历史价值,由于不同的时代记忆体现在不同时期遗存下来的工业遗产建(构)筑物及企业本身的历史底蕴当中,工业遗产评价既要考虑行业在城市发展中地位与作用,又要考虑遗产的历史长度,代表性和持续性成为价值选择的依据。

参考文献

[1]刘伯英.中国工业建筑遗产调查与研究[M].北京:清华大学出版社,2009.
[2]李婧.中国建筑遗产测绘史研究[D].天津:天津大学,2015.
[3]张柏春.中国近代机械简史[M].北京:北京理工大学出版社,1992.
[4]藤田昌久.空间经济学[M].北京:中国人民大学出版社,2010.
[5]高飞.遗产廊道视野下的中东铁路工业遗产价值评价研究[D].哈尔滨:哈尔滨工业大学,2018.
[6]R·舍普等.技术帝国[M]刘构,译.北京:生活·读书·新知三联书店,1999.
[7]梁喜新,赵宪尧,王焕令.辽宁省经济地理[M].北京:新华出版社,1990.
[8]崔卫华,余盼.近现代化进程中辽宁工业遗产的分布特征[J].经济地理,2010.

艺术、科技、再设计
——以环境设计专业本科"云南民族民居建筑艺术赏析"课程教学改革为例

■ 王　兢
■ 云南大学艺术与设计学院

摘要　"云南民族民居建筑艺术赏析"是我院环境设计专业本科四年级专业选修课程,但面向全院所有专业开放选修。经过两届的教学,在教学过程中如何面对课程内容的复杂性,如何利用现代科技加以支持,如何处理好教与学的效率与效果问题而进行的课程改革和调整是本文主要讨论的内容。

关键词　民居建筑　村落　课程　教学改革

引言

"环境设计(Environment design)是复杂的交叉学科,是指对于某一或某些主体的客观环境,以设计的手法进行整合创造的实用艺术,是一种新兴的设计门类,包含的学科相当广泛,包括建筑学、城市规划学、人类工程学、环境心理学、设计美学、社会学、文学、史学、考古学、宗教学、环境生态学、环境行为学等学科。主要课程由建筑设计、室内设计、公共艺术设计、景观设计等内容组成。"[1] 全国多家高等院校开设了该专业,我院的环境设计专业有室内设计和景观设计两个研究方向。从1994年学院成立至今,室内设计专业教育成果显著,多次参加全国相关专业毕业设计大赛获奖无数,也在2005年获得国家教学成果二等奖。随着设计学科的发展,我们也看到环境设计专业培养机制面临更多的调整与挑战。

近年来国家大力发展乡村振兴战略,提出"乡村振兴,生态宜居是关键。良好生态环境是农村最大优势和宝贵财富。必须尊重自然、顺应自然、保护自然,推动乡村自然资本加快增值,实现百姓富、生态美的统一"。[2] 在环境设计领域的体现主要是关注乡村民居村落环境建设,乡村文化遗产保护与传承。在云南有着众多少数民族分布,被誉为人类研究的活化石、基因库,对承载民族文化遗产的重要载体,民居与村落环境的保护变得更为迫切。基于此我院在2018年开设了"云南民族民居建筑艺术赏析",希望通过课程梳理传统民居聚落中的人与自然和谐发展的观念与智慧,为今天的设计实践提供多维度的参考,实现生态宜居的乡村振兴。

1 "云南民族民居建筑艺术赏析"课程的基本特征

1.1 "云南民族民居建筑艺术赏析"课程发展与研究的内容

"云南民族民居建筑艺术赏析"为环境设计专业的专业选修课程,推荐具备一定的环境设计专业基础知识,并具有一定环境设计能力的人员选修。该课程是环境设计专业的重要分支学科,从学科角度看,云南少数民族民居建筑艺术又是民族学与建筑学的交叉学科。随着民族学与建筑学的理论体系研发展,该课程也成为在发展中继续构建的课程。

"云南民族民居建筑艺术赏析"课程其主要内容是向具有一定环境设计专业基础和设计能力的学生介绍讲解云南主要的民族民居建筑的历史、形成,以及在建筑中所体现出的环境观和人文关怀。通过对傣、白、彝、藏、哈尼、纳西族等民族的居住、生产、宗教建筑的艺术赏析,达到传播优秀民族建筑文化遗产,启发现代设计思维,在环境设计中关注、发扬传统文化的教学目的。

1.2 课程特点

1.2.1 民居建筑研究的多学科的交叉性

"民居建筑研究从建筑本身来说,它有建筑使用、建筑技术、建筑艺术的研究,从居住来说,它涉及生活、气候环境、民族、民俗、习俗,是人类生存持续发展的大事。因此,在研究观念和方法上,除建筑学观念外,还需要与历史、文化、社会、家族伦理、哲学、美学、易学、堪舆学,甚至与气候学、地理学、防护学、防灾学等一起结合来研究,这就是民居建筑研究的重要性、必要

❶ 源自百度百科 https://baike.baidu.com/item/%E7%8E%AF%E5%A2%83%E8%AE%BE%E8%AE%A1/1346042?fromtitle=%E7%8E%AF%E5%A2%83%E8%AE%BE%E8%AE%A1%E4%B8%93%E4%B8%9A&fromid=9747417&fr=aladdin#reference-[2]-777379-wrap.

❷ 中共中央国务院关于实施乡村振兴战略的意见[EB/OL].2018-01-02. 新华网 http://www.xinhuanet.com/politics/2018-02/04/c_1122366449.htm.

性。"❶ 陆元鼎教授是较早关注民居建筑重要性的学者，在他的主持下于 2009 年出版了《中国民居建筑丛书》一共 19 册，各分册的主编都是各地长期从事民居研究的国内专家，集数十年研究成果编撰而成，是目前国内研究民居建筑的重要文献。在这套丛书中，讨论的主题是民居建筑，但要讲清楚民居建筑，更多的是讨论民居所在地的自然环境与人文环境，涉及当地的历史文化、生活生产习俗、宗教信仰等一系列问题，这也使得该门课程在讲授中不能仅完成学生对不同民族地区民居建筑的辨识，还要讲清楚是什么因素影响了民居建筑形态的构成，通过建筑表达怎样的意识形态观念，以及在建造、使用过程中的仪式和观念，以及对当下乡村建设中的经验与教训。所以，民族民居建筑研究不仅与建筑学相关，还与民族学、社会学、人类学、地理学等学科密切相关，是一门交叉性较强的学科。

1.2.2　学习目的指向设计实践

通过选修我院的"云南民族民居建筑赏析"课程，希望向未来的环境设计从业人员，传播凝结在民族民居中的优秀民族文化遗产、建筑建造智慧，与自然和谐相处的方式方法等，能启发设计者开拓设计思维、提供更多纬度设计视角和评价标准。基于此，可以看到学习的目的是对当下以及今后的设计实践产生影响；从民居建筑中吸取智慧应对当代设计实践面临的困难，提供凝结在民居建筑中的传统智慧解决之道。

2　我院环境设计专业本科"云南民族民居建筑艺术赏析"课程教学现状与问题

2.1　开课前对民居建筑没有太多了解

民居建筑赏析选修课程目前在本科四年级上学期开设，在此之前我们的课程体系中仅开设了"中外建筑史""艺术史"课程，建筑史中民居建筑只是很少的章节有介绍，民居相对宫殿、庙宇、宗教建筑、纪念性建筑等只是很少被讨论的范围，所以学生对民居，特别是民族民居了解得更少。

2.2　课程中民居建筑资料多依赖图片和文字

讲授课程的参考书目为《云南民居》《云南建筑史》《云南乡土建筑文化》，这些资料多为图片和文字，出版时间也较早，村落风貌也是当时采集时的样子。另外一些资料来源于数据库的期刊、会议和硕博论文，这类资料也主要以图片文字为主，如图 1 所示。

图 1　教材封面和内页

（图片来源：作者自摄）

2.3　真实的民居建筑和村落在文化和经济冲击下变化迅速

参考教材中的民居和村落，是作者调研时拍照采集的样子，学生会利用假期走访这些村落，回来分享资料，发现教材与现实差别很大，甚至教材上的民居已经全部变了模样，我们的课程是要学习传统的民居智慧反思今天的设计，找到新的适合的设计策略。面对传统村落和民居的改变，传统智慧被丢失，除了图片和文字，是否有更好的方法记录变迁，为将来的研究留下更多资料。

2.4　科学的调查和分析方法掌握不够

课程教学目的指向设计实践，通过这门课程，在设计课程中面对民居村落的设计工作时，就要知道调研方法不仅限制在传统的测绘中，不只是取得尺度，拍照和画图，这样只看到表面的现象，没有看到现象背后的原因和深层次表达。调研时还需要加上对民居和村落相关的物质和非物质的文化资料收集，以及对村落使用者、参观者、管理者多角度的访谈和调研等，利用科学的调研手段和分析方法才可以真正理解传统民居和村落智慧，达到真正启发能接地气的设计实践的目的。

---

❶　陆元鼎.民居建筑学科的形成与今后发展［J］.南方建筑，2011(6): 4.

73

3 "云南民族民居建筑艺术赏析"课程改革策略

3.1 开课前对选课对象发放资料链接，进行小测试

3.1.1 课前发放参考资料，完成读书笔记提交

选课确定后，每个班可以建立QQ群或微信群，当然也可以使用网络平台如"腾讯课堂""zoom空间"等，学生可以看到课程大纲和课程计划，在每次课程前，可以上传论文、视频、图片等资料供大家提前阅读和预习。这也是很多老师喜欢采用的教学手段。这样一来，对要讲授和讨论的话题学生们就有了大致的概念，能产生思考带着问题听课就更好。

3.1.2 完成小检测

提前发放的资料，最怕同学们不好好读，那么最好的方法就是再加上一个小测试，图2展示的是手机端微信中的小程序"小问卷"，相似的还有"问卷星"，在专业的网络教学平台中也有功能更完善的预习答题检测功能。这样的小程序可以编辑问题，可以单选多选的完成答题，最后还能形成统计，利用小程序可以看到学生们感兴趣的话题和需要进一步重点讲解的内容等资料，为教师备课展开课程提供很多方向性。

3.2 整合多渠道资源多种形式教学

3.2.1 参看网络纪录片资源

互联网在现代社会生活密切相关联，学生们可以轻松地通过网络看到很多视频影像资料，在课程教学中，讲授方式应该更灵活与多元，一方面营造更好的教学氛围，另一方面更符合年轻学生的学习接受方式。例如，在以前课程中讲授干栏式建筑起源于原始巢居的时候，仅有科学猜想图给学生们看，但一次偶然机会看到BBC出品的纪录片《人类星球》(图3)，看到摄制组探访了森林中的原始部

图2　微信"小问卷"程序手机截屏

（图片来源：作者自制）

图3　BBC纪录片《人类星球》第7集视频截图

（图片来源：腾讯视频）

落，部落中保留了在树上建造住屋的技术，并通过纪录片展示了建造的整个过程，树屋的建造非常接近文献中记述的方式，课堂上播放纪录片后，学生们对原始巢居有了更生动直观的理解。当然，纪录片视频的引入还产生了小插曲，这部分搭建树屋的记录后来被指出"造假"，是摄制组要求部落居民为了拍摄而专门建造的树屋，并不是部落居民居住的常态，这样涉及记录伦理的问题，让同学们产生了讨论和思考，大家也思考未来在村落实践中如何开展调研，如何作为设计方与原住民进行沟通和协作。

还有一个案例是，当讲到傣族干栏式民居的时候，找到了云南电视台拍摄的《云上的村落》系列纪录片，如图4所示，片中讲述了位于景迈山上的傣族村落的故事，叙述角度是从一户家庭出发，她们如何穿行于村寨和茶山，如何采摘加工食物，如何家里烹饪，如何进餐……这一系列的记录，从空间角度出发，学生可以看到傣族民居建筑与周边环境的关系，看到傣族民居建筑室内生活场景（空间、家具、器物……），如何与居住者关联，看到在傣族民居建筑中的人与人的关系。这是非常生动直接的案例，在这样的分析和讲述中学生对傣族民居有了鲜活的印象。

3.2.2 从音乐资料中获取信息

除了可以引入视频资料外，很多民族地区还有众多的听觉资料，来自民歌、小调。这些也是鲜活的资源。少数民族地区文字不发达，很多民族记录和传承本民族生产生活经验习俗的另外一个重要方式就是口传，通过歌谣的传唱，把这些民族智慧延续。如图5所示，这是傣族的《建房歌》，在歌词中能清晰地获得傣族在建造房屋时，如何组织，如何挑选材料，如何选址，如何答谢朋友等一系列过程步骤。不止在傣族，在很多地区和民族中都有这样的歌谣，小中甸藏族我们也找到了用藏语演唱带有音乐的《建房歌》，在这样的资料中不仅可以研究歌词，还可以感受韵律享受听觉之美，对未来在设计实践中声环境的营造也多少会有启发。

3.2.3 请来自该地区的少数民族同学分享

云南大学的本地生源中，有很大一部分同学是少数民族且来自少数民族地区。记得教授2016级课程时，当我讲到哈尼族的历史和文化的时候，李起同学看到大家对自己民族文化的浓厚兴趣，看到我讲授的主要是金平的哈尼族，没有聊她的家乡另外一个哈尼族聚居地绿春县时，有点小失望，我了解到她的情绪后就建议她，自己编辑一个PPT，我在课程中留出一节课让她跟大家介绍她的家乡，从村落、民居到民族文化由她向同学们介绍。没想到讲课那天，我和同学们不仅看到李起同学自己拍摄的陪伴她成

图4 《云上的村落——景迈山》视频截图

（图片来源：腾讯视频）

图5 傣族建房歌歌词

（图片来源：作者自摄）

长的家人和家屋图片，看到她儿时伙伴在村庄里结婚出嫁的视频，也有她们在高中学校带有地方舞蹈特色的课间操，李起还穿戴了妈妈特别为她制作的哈尼服装，佩戴了特别定制的银饰，抬起手，手袖上一针一线的刺绣，从绣法到图案都饱含母亲那么多祝福与期望，这些活生生的讲述让同学们着了迷，拉着她转着圈看，当然经李起同意也让女同学试穿试戴了她的服饰，拍照上传网络，引得没选修的其他同学一阵羡慕（图6）。

3.2.4 利用学校优势学科资源

云南大学民族学与社会学学院的民族学学科优势明显，除聚集了大量的专家学者具有较强的教学科研能力外，还建立了众多教学资源库，例如"于2006年建成影视人类学实验室（包括2个电影演播及讨论区域、20个视频点播终端、1个资料室和1个电影编辑室），从事影视人类学的影片拍摄制作和人才培养，征集、整理与存储民族学/人类学影视资料。每周组织一次观摩与讨论民族志电影的'纪录影像论坛'。2003年至今，学院学科群建立了10余个田野调查基地，包括红河哈尼族彝族自治州元阳县新街镇箐口村（哈尼族）、怒江傈僳族自治州福贡县鹿马登乡赤恒底村（傈僳族）、西双版纳傣族自治州勐海县西定乡章朗村（布朗族）等，学院建有1个特色鲜明的民族学、人类学、社会学专业图书资料室，中文藏书达14543册，期刊182种；外文图书增至1010册，外文期刊11种，建有本专业博士后，博士，硕士论文档案。资料室已经完成与云南大学图书馆联网。"❶ 再如图7所示，在校本部设有人类学博物馆，馆藏大量民族服饰、器物、微缩民居村落模型，课程中，曾安排课时就在博物馆上课，让学生自由参观后集中讨论。充分利用校内资源，适当调整教学场地，让学生多感官接触了解民族文化，也是很有益的教学方式。

3.3 构建虚拟场景教学平台

数字漫游技术的引入，打破了时空的限制，构建了虚拟数字化的教学平台，学生们可以通过简单的掌上设备漫游时空。如图7所示，通过互联网登录的"贵州传统村落数字博物馆"❷在该平台上不仅可以云游贵州的村落，看到村落环境景观节点，实现720°视野的观看，也可以进入民居建筑室内，看到不同房间格局的效果。这样的平台技术如果用来运作云南的民族民居村落和建筑，对于民居建筑赏析课程，可以弥补学生没法去到当地的限制，可以以新的比较有真实的方式参观村落和民居。另外，数字全景技术可以保留住现在村落的风貌。因为我们文化和经济的快速发展，民族地区的传统村落也发生了巨大的变化，对于想要研究传统村落，认识传统村落的人们，已经失去了不少重要宝贵资料。数字村落技术，从数字遗产保护角度，解决了视觉领域对村落风貌的保存，而且这样的记录可以是阶段性的跟踪记录，对今后研究民居和村落变迁都非常有价值。当然，随着技术和设备的运用发展，将更具进入感，沉浸式，互动性更强的VR技术引入平台，虚拟教学空间的增加与丰富会大大提升学生对村落民居的感官体验。

3.4 引入科学的调查和分析方法

传统的对民居建筑和村落的调研方法，多是关注在建筑体和构筑物上，学习和借鉴人类学和民族学的田野调查方法，提供更多维度观察和认识乡村，也提供更多方式和方法与村民、组织者多有效访谈沟通，提供科学的记录方法使得设计工作团队可以更好地运作……这样在设计实践中，使设计出的方案更接地气，能尝试解决民居和村落

图6　2016级李起同学分享中

（图片来源：作者自摄）

❶ 资料来源：云南大学民族学与社会学学院官网 http://www.msxy.ynu.edu.cn/gywm/xygs.htm。

❷ 资料来源：http://webapp.xiaoheitech.cn/vizen-village-gz/index.html。

图 7　贵州传统村落数字博物馆

（图片来源：http://webapp.xiaoheitech.cn/vizen-village-gz/index.html）

的现实问题，能体现村民的诉求，也能提出可行的解决方法和策略。

如图 8 所示，在对村落调研的时候，虽然最终是对民居建筑进行改造，但学生们通过梳理村落传统文化发现保护价值和意义，在设计的时候也找到民居改造后的功能诉求，通过体验坊展览馆，建立了村民与外来游客的交集（图 9）。科学的田野调查方法，不仅适用于"田野"，在最近关注度较热的城市社区微改造上一样适用，我们甚至还尝试对城市中的农村、城中村也进行设计实践，科学的调研方法，让师生都受益匪浅。

4　《云南民族民居建筑艺术赏析》课程改革后学生反馈教学成果

景观 2016 级王秀云反馈情况：民族建筑赏析课让我们见到了更多民族的建筑特色，更加的真实，看了很多图片后非常有代入感，能让我们更深入地了解到他们的生活习惯、生活方式。老师会把自己亲身去过的地方还有拍的照片给我们看，代入感更强，很多经历都特别的有趣，让我们听过都非常的想去当地看一看。老师讲课听起来非常的有趣，让人非常的轻松，其中讲过的一些地方不需要刻意的记，听完课基本就已经记住了。老师请其他少数民族的同学讲他们的家乡让我们了解到更多地方他们的建筑和生活习惯，课堂的氛围更活跃。我觉得老师的上课手段和讲授的方式都特别的棒，既轻松又能学到东西。在之后的建筑设计里面可以加入很多少数民族地区多年累积下来智慧，使作品更有特色又实用。

室内 2016 级宗雪梅反馈情况：在上民居建筑课时，老师的讲解方式通俗易懂，通过一些实地调查的实景照片让我清晰地了解到各个地区的民族建筑形式，从居民的生活方式到地理环境再到风俗习惯上来解读这些建筑，还特别邀请班里的少数民族的同学展示她们的服饰和风俗，让人对当地的民族环境更加深刻的了解，整个课程轻松愉悦又能感受到各个地区的建筑文化，是不可错过的一个课程。建议可以再多一些民族纪录片。让我们通过视频去感受那

6.1.2方案所在地历史与文化（保留价值）

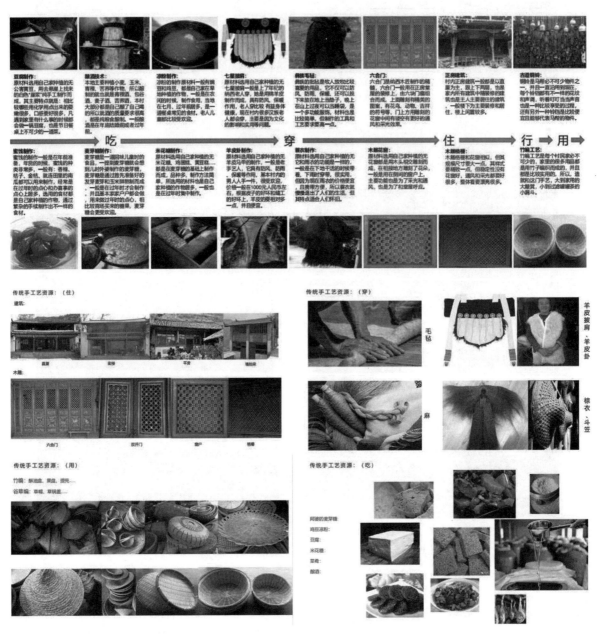

图8　2016级和丽刚毕业设计作品报告书章节

（图片来源：作者自摄）

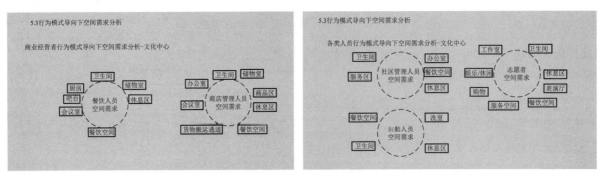

图9　2016级谭再梅毕业设计作品报告《使用者行为模式分析》部分章节

（图片来源：作者自摄）

种氛围。

2015 级学生张建业选修了本门课程后在毕业设计《蒲门长屋精品民宿概念设计》中运用传统干栏式民居中的"长屋"形式作为民宿主体构架形式，打破民宿中不同功能空间的清晰划分，吸取长屋中共享大部分空间的家族氛围组合室内功能，形成独特的地域性住宿体验。如图 10~ 图 12 所示。2019 年底该方案参加第 17 届亚洲设计学年奖获"商业建筑与空间奖项"优秀奖，参加第 8 届红土奖室内设计大赛"学生类"金奖。王兢也荣获"最佳指导教师"称号。

5 结语

通过"云南民族民居建筑艺术赏析"课程教学改革，可以看到在充分利用现代科技手段辅助教学，多渠道多形式整合教学资源，尝试搭建虚拟教学平台以及引入科学的调研和分析方法上做出了改进，也看到一定的教学成果，但是也还存在不足，需要进一步的总结和下一步计划的调整。

5.1 加强与相关学科合作

民族民居建筑和民族村落遗产保护是值得关注值得长期研究的课题，因为学科的交叉性，使得我们的讲授和教学视野必须开阔，除了与民族学社会学科学术交流借鉴，还可以通过联合毕业设计的方法，从村落调研到数据采集分析，到设计方案落地，增加设计实践的合作。当然，我们也看到关于民居村落的保护，有了更多研究切入点，从地理学、测绘学入手，可以对村落与村落周边更大范围的物理性和文化性影响作出评估；从旅游管理与开发角度，可以看到对村落的开发策略；从政治学视角，可以解读村落在保护与发展中的机遇与挑战。

十四:概念及概念草图

概念:"长屋"

凤庆，古为蒲蛮之地，故亦称蒲门。

凤庆地处滇西南边地，是澜沧江文化带重要组成部分，具有独特的多民族文化融合的特征。凤庆县早期居住的民族有布朗族、傣族、彝族和拉祜族，继后有汉族、回族、白族、傈僳族等迁入，现在共有 23 种民族居住在这里。各民族既分散又混合杂居，形成民族文化互通有无、相互交融，造就了凤庆中原文化、南诏文化、澜沧江文化与各民族文化交融荟萃、共放异彩的多元化格局，表现出凤庆在文化上广泛的包容性特征。古老的史前文明与现代文明在凤庆集中融合，使凤庆具有较为独特的文化区位优势。

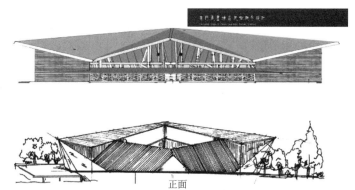

正面

方案场地的性质和当地的文化相互影响下构筑了长屋这个独特的建筑。

图 10　2015 级张建业毕业设计作品《蒲门长屋精品民宿概念设计》报告书章节 1

（图片来源：作者自摄）

公共区平面及效果图

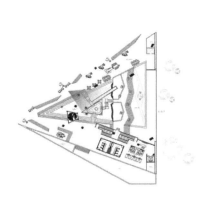

一楼平面布置图

图 11　2015 级张建业毕业设计作品《蒲门长屋精品民宿概念设计》报告书章节 2

（图片来源：作者自摄）

公共区平面及效果图

楼层介绍：
一楼为下沉式的庭院，可以更好的顺应地势的起伏。
其间有泳池和一个大的火塘，整个景观
犹如嵌入在山里一样
二楼为公共区，主要的功能是休息和餐饮，
这里提供整个民宿的餐饮问题，同时向独栋民宿区
提供送餐服务。同时也可对外开放。
三楼为住宿区，有多个房型提供住宿。

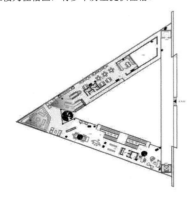

二楼平面布置图

图12　2015级张建业毕业设计作品《蒲门长屋精品民宿概念设计》报告书章节3

（图片来源：作者自摄）

5.2　加强学习对民居村落遗产的数字化保护技术

民族民居村落的变迁在今天的全球经济发展文化交流中，地域性特色和特征越来越趋同，当我们在聊文化复兴，文化竞争力的时候，是否也真正意识到对具有基因库之称的少数民族地区文化遗产保护的迫切性。数字化保护能保存和记录民居和村落的现状视觉资料，和部分听觉资料，为以后的修复与修缮提供依据，为研究文化变迁提供历史性样本。数字化保护也为教学提供非常便捷的学习平台，师生用户可以便捷地分享数字资源；普通用户，可以增强兴趣加大传播受众；低龄用户，甚至可以通过数字文件配3D打印设备，把民居建筑构建当积木，学习传统搭建方法，寓教于乐。一方面提升对数字化技术的掌握，另一方面也积极与掌握技术的单位合作，尽快建立民族建筑和村落遗产的数字化保护。

5.3　加强设计实践，在实践中服务村落

目前的教学中，我们注重对教学手段和条件的改进，但是，设计思维、设计认知、思辨的能力，才是让设计生涯富有创新和创意的动力，如何开阔对不同设计领域的欣赏，对学生个人天性的挖掘和尊重，提升对学生综合设计能力的培养，设计实践是最为重要的环节。民居建筑村落遗产的研究目的也指向设计的践行，只有通过实践，才能让我们喜爱的民居和村落保持活力和吸引了，在变迁中保留自己独特个性和文化价值，也只有实践，才能把课堂中的所学所思，理论成果转化为实践，真正服务到乡村。

参考文献

［1］陆元鼎，陆琦.中国民居建筑艺术［M］.北京：中国建筑工业出版社，2010.
［2］陆元鼎，杨新平.乡土建筑遗产的研究与保护［M］.上海：同济大学出版社，2008.
［3］杨大禹，朱良文.云南民居［M］.北京：中国建筑工业出版社，2009.
［4］石高峰.云南少数民族传统村落保护与发展研究［M］.昆明：云南人民出版社，2018.
［5］黄淑娉，龚佩华.文化人类学理论方法研究［M］.广州：广东高等教育出版社，2013.
［6］汪宁生.文化人类学调查：正确认识社会的方法［M］.北京：文物出版社，2002.
［7］罗平，向杰.云南民居建筑文化的数字化保护研究［M］.昆明：云南大学出版社，2015.
［8］常青.建筑遗产的生存策略［M］.上海：同济大学出版社，2003.
［9］常青.对建筑遗产基本问题的认识［J］.建筑遗产，2016(1).

避世隐逸与审美救赎
——关于我国民宿空间营造思考

■ 王 琪
■ 天津美术学院

摘要 随着国民文化自信的不断提升，民宿空间环境也在不断探索着具有中国特色的设计方向。文章以避世隐逸文化与意象审美救赎作为切入点，论述避世隐逸文化思想及意象审美救赎观念与民宿之间的关系。民宿空间营造以文化内涵为指导，将避世隐逸文化与意象审美救赎融入其中，营造出旅行者的避世隐逸与审美救赎之所。

关键词 避世隐逸文化 意象审美 自我救赎 民宿空间营造

1 我国民宿产业的内在推动力：避世隐逸文化及意象审美救赎

何为民宿？民宿，是当地居民利用当地闲置资源，为游客提供体验当地自然、文化与生产方式的住宿设施[1]，是时下旅行中十分流行的住宿方式。民宿彰显出更趋于地域化、生活化及艺术性的效果，以一种特殊形式成为旅行过程的重要部分。

在中国传统艺术的发展过程之中，对自然之物的审美是其重要的组成部分。人对自然山水与闲适生活的追求成就了寄情山野的避世隐逸文化和借景抒情、托物言志的意象审美的自我救赎方式。时至今日，这种对"物"的欣赏影响深刻，也映射在"民宿热"的潮流之中。可以说，民宿行业在我国的兴起与发展离不开避世隐逸文化及意象审美救赎方式的长期影响。民宿依托于在我国历史长河中沉淀下来的文化遗产——传统民居，展现出与世无争的生活环境及悠然自得的生活状态，并与自然及人文有着密不可分的互动性。在大众的心中民宿是避世隐逸文化与意象审美救赎的有机结合体，成为了一种对"情怀"的消费产品。

1.1 避世隐逸文化

当社会成员的自由精神与社会压力之间的矛盾持续存在时，旅行成为满足旅行者向往"出世"逃避心理的方式。所谓逃避心理，即在实际的生活中，当社会成员与社会及他人发生矛盾与冲突时，而进行躲避矛盾与冲突的心理现象。逃避是一种趋利避害的表现。在《奏记大将军梁商》中记载"至于趋利避害，畏死乐生，亦复均也"。趋利避害、畏死乐生是生物存在的两种条件并保证生物不断向高级进化，这是人性的本能，是一种集体无意识的行为。在面对社会生活与工作中的各种不如意时，人们往往选择远离目前的生活环境，通过"寄情山水"忘记烦恼并释放压力。

这种"避与隐"的现象在中国的悠久历史之中屡见不鲜，甚至形成了独特的文化现象，即避世隐逸。避世隐逸文化成为传统文化中重要的一部分。无论是朝代更替还是封建覆灭，文人志士与仕途及山水之间的联系始终存在。

隐者选择归隐以求得自身的独立，不为外界环境所困扰，从而达到身心的愉悦。自先秦时期，儒家及道家就提出了避世隐逸的言论。儒家思想中关于避世隐逸的言论具有强烈的道德主义，可谓"笃信好学，守死善道，危邦不入，乱邦不居。天下有道则见，无道则隐"[2]。《论语·述而十一》中记载："用之则行，舍之则藏"。这种"用行舍藏"的观念展现出孔子对出世与入世的态度。孟子指出"穷则独善其身，达则兼济天下。"儒家的观念使避世隐逸形成了一种道德秩序和道德约束。相较于儒士避世隐逸观点，道家则显得更为脱俗。老子提出道法自然的思想，所谓"自然"是指自然而然，是万物都有其本身的"道"，应当顺应自身规律，遵循万物的自然。这种学说为道家避世隐逸的思想奠定了基础。在对待物质与精神上，庄子认为人所需要的物质基础仅满足自我内需即可，不能拖累人的自由本性，指出"浮游乎万物之祖，物物而不物于物，则胡可而得累邪？"老庄之道将个体的自由精神放在首位，以自我意识为重，不以外物所牵绊。晋魏时期避世隐逸文化达到高峰，推动了中国田园诗歌、山水画作及园林造景等艺术的发展。东晋诗人陶渊明成为代表人物之一。但这种与仕途彻底割裂的行为是极端消极的避世行为。相对于这种极端现象，很多文人的内心是纠结与矛盾的，他们虽不得志但无法做到与仕途决裂，想要施展抱负同时还心向山野。在唐代这种现象逐渐形成了以白居易为代表的"中隐"思想。从此之后避世隐逸逐渐走向世俗化。

如今，在信息化与工业化的新时代，个体自由精神与物化的生活节奏之间的矛盾取代了封建时期志士自由意志与统治阶级压迫之间的矛盾。然而，由于社会压力与自由精神的矛盾及个人主体的逃避心理始终存在，故而人们避世隐逸及向往自然的倾向依旧如此。

民宿之所以如此火热，是因为其环境迎合了消费者"久在樊笼里，复得反自然"的心理需求。加之更为生活化及个性化的艺术形象，便如雨后春笋般在旅行行业中掀起了热潮。它不仅为旅行者提供娴静的居住空间而且与当地自然人文的联系十分紧密，为当地文化的宣传及经济的发展做出了贡献。

1.2 意象审美救赎

旅行是旅者进行审美救赎的过程。通过感受自然风光与风土人情，消费者可以体验到不同的生活状态，拥有独立的思考的空间以释放内心的压力。传统生活的居住形式与现代生活方式存在巨大差异，这也是民宿备受旅行者青睐的原因之一。消费与信息时代的来临，加快了社会生活的节奏，使人与人的关系逐渐被物与物的关系所取代。随着商品经济的发展，人们通过物化即创造及生产物品实现自身价值的过程出现异化。产品变为商品并成为一种异己的存在，作为不依赖且不属于主体，与劳动者对立[3]。物化与异化的社会问题严峻，在长时间的机械式工作过程之中，人无法在工作之中表达情感，抒发情绪。新的环境可以带来新的审美客体及审美意象，同时帮助旅行者抒发自身情感，实现自我救赎。

以"天人合一"为代表的东方独特哲学不仅体现了"礼赞自然"的人与自然及环境之间的相处之道，而且在中华文化的发展过程之中，成就了"托物言志"及"意境表达"的中国古典文学及美学思想，形成了对景物的独立审美。各类中国传统作品中，先人们通过观察山水美景、花鸟鱼虫及人文风貌形成了丰富的审美意象并赋予了不同的情感表达。如鸿鹄高飞的志向高远，如千里共婵娟的思念之情，如梅兰竹菊四君子象征傲、幽、坚、泊的品质，亦如"山主人丁，水主财"反映出了丁财两旺的美好祈愿等。这种审美意象不仅被赋予了人的情感表达，而且帮助观者通过所看所感实现自我救赎。杜甫少年优游泰山巍峨抒发出"会当凌绝顶，一览众山小"的豪情壮志；柳宗元被贬永州后才体验到"来往不逢人，长歌楚天碧"的娴静生活；风流名士竹林雅集才成就了"竹林七贤"的自由不羁；文人墨客诗酒唱酬才形成了"曲水流觞"的生活雅趣。无论是文人游历，还是官吏贬职；无论是借景抒情，还是排解忧虑；无论是入乡随俗，还是随遇而安，古人在对自然人文之美的审美与体验的过程之中实现了自我的救赎与升华，并对后世影响颇深。

正是由于地域的差异性使得各地的自然风景、建筑特色、人文风貌及文化内涵皆各有千秋。因此，旅行者可以通过旅行目的地的不同欣赏到不同的审美意象，获得不同的审美体验。民宿作为旅行过程的居住部分，依托于自然环境、人文环境而存在。它在展示当地自然及文化方面具有重要作用，同时也是居住者慢慢思考抒发情感的场所。

2 民宿空间营造：旅行者的避世隐逸与审美救赎之所

近些年，随着国人文化自信的不断提升，我国空间设计逐渐被赋予了丰富的文化内涵。呈前所述，在我国传统文化中的避世隐逸文化和意象审美救赎对后世的长期影响下，大众对传统生方式及自然环境为主的"物"十分向往。这促进了我国民宿行业的发展。我国民宿空间环境营造可以以此为理论指导，为居住者提供短期避世的空间场所及实现自我救赎的审美体验。民宿空间环境体现避世隐逸文化及意象审美救赎的三个原则有"尊重自然""不物与物"

与"卧以游之"。

2.1 尊重自然

在"天人合一"的传统哲学思想观念的影响之下，"天"与"人"即人与自然的和谐统一贯穿于中国传统文化的方方面面。并对上述的避世隐逸文化与审美趣味的形成影响深重。尊重自然是中国传统美学中重要的一部分。《道德经》中记载："大音希声，大象无形。"这是老子提出的美学观念，意在推崇自然之美。我国民宿空间营造旅行者的避世隐逸及审美救赎之所，其首要原则是尊重自然。如庄子所说"承物以游心"，只有最大限度地尊重自然顺应自然，才能够实现精神的自由和解放。那么何为自然？一指我们正所处的物质世界。二为自然而然形成的规律与章法。因此，民宿空间尊重自然既要与自然环境和谐相处又要顺应自然规律。

2.1.1 和谐自然

避世隐逸文化与意象审美救赎中人对自由精神的追求以及对外物的欣赏与共情是其重要内容。旅行者想要在民宿空间中感受到"天地与我共生，万物与我为一"。民宿空间的营造就要与所处地域的自然环境相和谐，才能隐于自然、融于自然。

我国国土辽阔，不同地域的自然环境各异。民宿空间想要做到与自然环境相和谐，需要注重两个方面。一方面要做到因地制宜。民宿应当根据当地具体情况营造出最适宜的空间结构与空间效果。不仅要顺应地势地貌，还要符合地域特征（图 1）。另一方面则为就地取材。取之于自然才能隐于自然。就地取材不仅是当下绿色设计所提倡的重要内容，而且可以拉近空间使用者与当地自然之间的距离，营造出追求本真的空间效果（图 2）。不同的地理环境使民宿空间呈现出不同的表现形式，同时带来了不同的审美意象，给予旅行者不同的视觉及心理感受。

图 1 松阳原舍民宿

图 2 松阳原舍民宿走廊

2.1.2 顺其自然

老子提出"道法自然"的学说，便是指顺应"自然而然"形成的规律。各地的民居建筑、文化背景及生活方式是经过长期以来人与自然环境磨合所形成的。民宿的存在同时依托于这三个方面。民宿空间将这些融入其中，使旅行者通过民宿空间感受当地人文风俗，体验出世的隐逸生活，实现自我救赎。

首先，民宿空间营造应当结合当地传统民居建筑特征。最为重要的方式便是："修旧如旧"或"建新如旧"。即，无论是旧建筑改造民宿还是新建民宿，其建筑空间及室内空间都应当保留或体现当地建筑特征，使民宿建筑空间与当地传统建筑相互统一。并且合理地将当地建筑元素运用到民宿的各个空间营造之中（图3、图4）。

图3　留耕堂修复与改造民宿项目阅读区

图4　留耕堂修复与改造民宿项目天井

其次，民宿空间营造应当映射出当地文化背景。我国五千年的历史孕育出深厚的文化底蕴。例如以历史闻名的"世界四大古都"之一西安，以成语著称的"成语之乡"邯郸、以陶瓷见长的"瓷都"景德镇等。每一个城市都存在自身独特的文化背景，在民宿空间营造之中应将表现手法或表现元素赋予地域文化的内涵（图5）。

图5　留耕堂修复与改造民宿项目徽墨文化元素《墨神图》

最后，民宿空间营造应当展现出当地居民生活方式。俗话说"靠山吃山，靠水吃水"不同的生存环境、气候环境及自然资源等导致当地居民的生活方式也不尽相同。可谓是"一方水土养一方人"。旅行者只有在民宿中真正体验到当地的生活方式及风俗习惯，才能真切地感受到避世隐逸的传统生活状态。

2.2 不物于物

民宿空间营造旅行者的避世隐逸与审美救赎之所，这便要求在设计上要让使用者摆脱物化状态并且营造出满足其思考与抒情的空间体验。庄子曾指出"物物而不物于物。"的观点。而这里的"不物于物"，是在利用物而不受制于物的基础上，做到"形有尽而意无穷"。一方面要在物之外的虚实相生间追求情感与思想表达，即意境表达；另一方面要从物本身意象隐喻品德及祈愿的寓意，即意象隐喻。因此，不物于物的民宿空间营造要将我国传统美学中对"意"与"境"的追求以及意象的审美观念融入民宿空间的营造之中，在空间环境及物品装饰等方面赋予物以意境的美感及品德的体现。从而使使用者在空间使用中得到精神满足，以实现审美救赎。

2.2.1 意境表达

"意境"是中国古典美学的一个重要内容，它是通过特定的艺术形象（符号）和它所表现的艺术情趣、艺术气氛以及它们可能触发的丰富的艺术联想与幻想的总和[4]。意境的表现是需要受众在意象中体悟出的情感共鸣。由此可见，意境表达包括客观的艺术形象以及主观的精神情感。

在空间的意境营造中，客观艺术形象是空间形态、空间序列与空间氛围的统一；主观精神情感是营造者与使用者在空间营造与使用的过程之中的情感表达与情感感受。我国古代建筑营造及园林造景将"意境"这一美学概念成功引入其中。所以民宿空间的意境表达可以借鉴我国古代建筑及园林中的意境营造方式。民宿空间形态可以增加对比使空间层次丰富，多利用借景的手法达到"虚中有实，实中有虚"的空间效果。空间序列做到起承转合，步移景换，情随境迁。虚实相生的空间形态及移步换景的空间序列结合"此时此刻"的外在环境所形成的空间氛围使旅行者从视觉、听觉、触觉、感觉等多个感官激发情感共鸣，抒发情感（图6）。

图6　青暇山居民宿天井落雨图片

2.2.2 意象隐喻

在避世隐逸文化中儒家的避世隐逸观点存在对隐士道德品质的要求。并且儒家思想将人的品格与对自然环境的观察结合，如："知者乐水，仁者乐山"。《陋室铭》则将这种"君子比德"观点运用到了居住空间之中。"陋室"之所以"不陋"，皆是因为"惟吾德馨"。这种对高尚人格的坚守和高远志向得尝的期待，使其归隐居住的简陋环境都因高尚的德行而完整[5]。

个人道德的完整性可以提升居室环境。如果逆向思考，好的空间环境也应当隐喻出营造者或居住者的美好品质及期许。从物的审美意象隐喻美好品质及期望，抒发情感，实现自我救赎。这正是上文所述的意象审美救赎的范畴。我国古代建筑及园林空间中的意象审美的比比皆是：山石寓意，山居岩栖，高逸遁世，石峰象征名山巨岳，以征雅逸；荷塘月色，睡莲滋香，以显"出污泥而不染"之高洁；翠竹临窗，以亮风节；青松参天，乃喻高脱尘俗；假山洞壑，显仙道之妙；树木花草，追自然之趣；曲径通幽，似太极妙境[6]。我国民宿空间环境的营造不应当只局限于视觉上的美感，更应该在中国传统文化及当地历史文化的基础之上，从空间的种种意象中隐喻出设计者的精神及生活品质，向居住者传达出其崇高及美好的道德要求及生活态度。

2.3 卧以游之

避世隐逸文化及意象审美的最终目的是通过回归自然以及对生活与自然的体验，实现情感上的豁达。营造避世隐逸及审美救赎的民宿空间，空间环境应当讲究"卧以游之"，这源自于南宋宋宗炳的观点"澄怀观道，卧以游之。"意指虚静澄明的心胸可以体道，坐卧于室内亦可以心游万里。有助于释放压力、抒发情感的民宿空间可以让使用者不再被外界压力所烦扰，达到心胸澄明。营造这种空间可以通过增强空间与自然环境的渗透性与互动性，减少其距离感。

民宿空间环境与自然环境之间的互动可以针对各空间形态做出不同的处理。民宿的室外环境可以借鉴我国园林造景的手法，做到"虽为人作，宛自天开"。对于封闭性较强的室内空间。空间效果与室外自然风貌要保持联系，比如可以增加玻璃这种通透性高的界面材质的使用，以消除室内空间与自然环境的界限（图7）。使居住者在内心放松、安全舒适的室内环境中欣赏自然景观，与自然环境进行情感对话，抒发情绪。民宿空间与自然环境的互动还可以巧妙利用"灰空间"。这类空间是室外空间与室内空间的过渡，与外部环境之间的联系较为密切。它既有建筑及室内空间给予使用者的安全感与归属感，又可以真切的感受自然美景，使人身

临其境（图8）。不同空间的组合、多种处理方式的运用让人真切地感受到"不下堂筵，坐穷泉壑"。

图7 松阳原舍民宿室内

图8 青暇山居民宿灰空间

结语

在"寄情山水"的避世隐逸文化与"托物言志"意象审美救赎的长期影响之下，我国国民对自由舒适的生活方式以及自然景物的向往根深蒂固。民宿产业之所以能够在我国迅速兴起的原因之一是民宿空间满足了大众的这些需求。当个体精神与社会压力产生矛盾及冲突，它可以提供旅行者短期避世隐逸的空间环境；当社会物化异化问题严峻，它能够为使用者提供新的审美意象，帮助其抒发情感实现自我救赎。通过了解避世隐逸文化与意象审美救赎的文化内容，民宿空间环境营造以文化内涵为指导，以尊重自然、不物于物及卧以游之为原则，展现出避世隐逸的空间场所与审美救赎的空间体验，力图将其营造为旅行者避世隐逸与审美救赎之所。

参考文献

[1] 杨晓蕾. 论民宿酒店的发展 [J]. 现代商业, 2018(12).

[2] 陈连山. 隐居在中国文化经典中的理论依据 [J]. 中原文化研究, 2017(1).

[3] 艾福成. 马克思主义哲学著作研究 [M]. 长春：吉林大学出版社, 2004.

[4] 浦震元. 中国艺术意境论 [M]. 北京：北京大学出版社, 1999.

[5] 张娴. 论现代室内环境设计中隐逸思想的表达 [D]. 北京：北京林业大学, 2015.

[6] 戴孝军. 形态与意境：中西传统建筑艺术审美特征性比较研究 [J]. 美与时代（上旬刊）, 2013(1).

基于结构主义的相关理论解读比希尔中心大楼的空间特性

■ 卫　冕
■ 重庆大学建筑城规学院

摘要　结构主义建筑通过单元重复形式回应了平等的社会主义思潮，通过一套通用的语法结构，自由灵活地组合出无限的语句，形成一套建筑内在的秩序结构形成丰富的功能和精神空间，恢复人与其生活环境之间的互动和认同。本文基于结构主义的相关理论解读比希尔中心大楼的空间特性，从而分析赫兹伯格在建筑设计中的观念与看法。

关键词　结构主义　比希尔中心大楼　空间特性

1　结构主义建筑理论的形成与意义

20世纪中叶，随着CIAM《雅典宪章》功能主义居住、娱乐、工作、交通四大功能教条化的推广与应用，人们开始反思现代主义建筑理论中理性但没有生气的功能划分和非人性的尺度，开始强调平等、人文关怀、人性回归以及生活本身。在这样的背景下，结构主义建筑应运而生，它具有"整体性"和"共时性"两大特征，通过单元重复形式回应了平等的社会主义思潮，通过一套通用的语法结构，自由灵活地组合出无限的语句，形成一套建筑内在的秩序结构。"事物的真正本质不在于事物本身，而在于我们在各种事物之间的构造，然后又在它们之间感觉到的那种关系[1]"，结构主义并不是一种运动，它是一种了解世界、事物体式的思维方式，它认为主体的本质并非实体，而是事物之间的关系。"结构是一个由种种转换规律组成的体系"，它的意义来自于它们与系统的关系，而并非其作为孤立个体的意义，而结构，则是具有整体性的众多转换规则形成的可以自调节的体系关系。

2　结构主义建筑的设计方法

结构主义建筑反对现代主义建筑的教条与苍白，通过单元类型的组合和重构，形成丰富的功能和精神空间，恢复人与其生活环境之间的互动和认同。在20世纪的荷兰结构主义先锋中，阿尔多·凡·艾克作为结构主义代表提出了"数量美学"的概念，"人们迄今为止成功地用以将和谐赋予个别和特定事物形式的词汇已经无助于去平衡那些多数的和一般的事物。我们必须意识到一种数量美学，就是我称之为'动态和谐'的法则"。他认为能反映"数量美学"的特征有建造规格的标准化、重复单元以及转换和突变，单元之间有联结关系作为"中介"来平衡和调和各种矛盾。除此之外，他还提出领域感是建立人与环境认同的关键，建筑不可能脱离社会而存在，由此产生了"门槛"的理论：一座房子是一个小城市，一个城市是一个大房子，门槛意味着从一个领域进入另一个领域，过渡空间则是建筑设计中的重要点，中介的过渡可以促成整

体的同一以及调和异质，建筑的价值正存在于"之间"的领域，它转换内外、动静、公共和私密空间。在理论层面上，他还提出了"场所和场合"的概念，表达抽象空间的关系的含义。凡·艾克的这一套理论被总结为"迷宫式的清晰"，表达了建筑关系中的辩证对立，多样和秩序的平衡。

20世纪50年代末随着哲学、语言和其他领域结构主义思潮的蔓延，建筑学领域也逐渐受到影响，其主要流派包括荷兰结构主义、Peter Eisenman的转换生成语法和建筑类型学。其中代表建筑师有凡·艾克以及赫曼·赫兹伯格等人，以阿姆斯特丹市立孤儿院作为结构主义建筑的典型代表，它反映出单元和元素构型方面的特征以及个体与整体之间关系和意义的生成。由于结合结构主义理论对此案例的相关分析已经存在，本文挑选了赫曼·赫兹伯格的比希尔中心办公大楼作为案例。赫兹伯格对于结构主义的理解和思想继承于凡·艾克的中介理论，在此案例中也可以看出他对于结构主义方法论精神的深刻理解。以下我们从结构主义思想的不同角度来分析一下比希尔中心办公大楼。

3　结合案例分析结构主义思想的特征

3.1　单元组合重复与网格构图

结构主义一个很显性的特质就是单元的重复和叠加，这种单元并不仅仅指预制单元，还包括空间的形式、材料、构建、庭院等多种元素。比希尔中心办公大楼是明显的簇式形态，从总平面图中可以看出9m×9m单元之间的有机组合建立于叠加的正交的格子网架系统之内，以斜向45°布置了58个重复单元，再以3m的交通空间划分出4个领域，个体与整体之间通过数量和形态的转变形成有亲近感的组合聚落肌理，并且各个小尺度的空间单元在整体网格中有机组成和联系，通过空间单元的灵活组织使空间具有模糊感和多义性（图1）。正交网格式的构图具有强大的秩序感和适应性，它可以配合单元的模数化增强对建筑整体的把控，在形式上产生韵律的美感，在一定的体系原则下激发空间灵活性和可能性，表现出均质肌理的迷宫式的清晰。

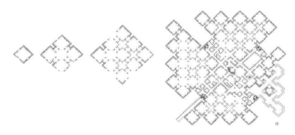

图1 比希尔办公中心单元组合与平面肌理自相似性

（图片来源：王同《结构主义建筑形式中的分形现象研究》，
内蒙古工业大学）

赫兹伯格认为这种重复和网格构图是一种找到可以建成可变形东西的形式，结构可以解读为 competence，而内容物则可以被认为是 performance，在网格构图的基础上，内部单元可以视为可以被拿走或者加入的不同的功能和事物，从而满足建筑的灵活性。

3.2 城市层面的尺度与建筑的生长性

这种由单体组成丰富整体，使不同空间相互交织的手法被称为"喀什巴主义"又译为"火柴盒理论"，赫曼·赫兹伯格认为建筑不应当被看作是一个独立的存在，而是应当解除固定的边界，保持单元的无限延展性和自我更新的能力，建筑与城市层面同时发展，从城市范围的尺度让建筑开放地成为城市整体的一部分。这种通过单一元素的组合和转变形成多样的空间并覆盖城市的理念，在灵活构成整体建筑的同时可以为之后的建筑扩展和以后的使用需求做准备，体现了结构主义建筑的生长特性，并呼应了建筑的复杂性并打破了机械苍白的功能主义模式。

从赫兹伯格所理解的喀什巴主义来看，比希尔中心大楼在之后的发展中应当是继续在方形网格秩序下于城市中生长和蔓延，但是在实际的使用中，结构主义建筑所提倡的可生长性可能只是一种纸上谈兵，它在现实中并不能与城市的生长状态良好的衔接，并且由于外部形态的单调，加强了其过于内向性的特质，难以真正实现其城市层面上的转变和生长。

3.3 保持建筑的参与性与再转化性

在结构主义理论中，参与性是建筑师们研究的又一重要主题，它由 TeamX 中的荷兰建筑师约翰·哈布瑞肯提出，他认为建筑不应当只是由建筑师来设计操作，还应当把建筑归还一部分给使用者本身，让他们根据自身的使用需要来自行决定和改造。假使市民们都可以根据自己的想法和需求参与进城市的建设，则会使城市层面和建筑层面的设计都具有很强的场所干和认同感。不仅如此，建筑具有可变性从而可以由彼时彼地使用者的诠释来改变，这种不同于以往结果式的解读反映了结构主义的共时观念，让建筑对再解读保持开放。

赫兹伯格认为建筑应当具有动态性。他在《建筑学教程》中说道："变化的过程在我们看来必然持续地表现为一个永久的状态。"他提到建筑内部的空间属性不应当是固定的，空间单元应当具有不同的使用价值，在适度的秩序中形成开放性的变化，在未来不同的需求下都可以灵活地满足和适应，这表现出一种应对建筑复杂性的积极态度。在

比希尔中心大楼的内部有很多预留空间，它们的留出表现出可转化的性质，作为一种未完成空间，它们具有混沌感和不可预测性，这种空间也被定义为多价空间。

在比希尔中心大楼的材料使用上也可以清晰地看出，赫兹伯格对于固定确定的空间使用了坚固的钢筋混凝土材料，而他认为将来可能移动改变的空间则用了填充墙或玻璃砖等来划分空间，从而可以在将来的使用中做到可变性改动。

赫兹伯格曾在普林斯顿的演讲中说道建筑不能只限定于一种目的，它并不能像漂亮的鞋子一样成为设计漂亮但是功能定死、精确切合某个特定功能的东西。而现实中，比希尔中心大楼也实现了结构主义建筑理论中所提出的再转化可能，在设计之初，这栋房子属于办公室建筑，而现今它已经被改造为一个住宅建筑，由于其本身设计时的保留以及可变性的考虑，它很顺利地改造为一个具有住宅气质的城市聚落，住宅只作为结构中的填充物。赫兹伯格提到之后可能还会改变一些建筑材料，在屋顶加太阳能板、屋顶花园、新建一些顶层公寓以及拆除一些塔楼来新建一些庭院。

图2 比希尔办公中心的原设计与现状态

（图片来源：赫曼·赫兹伯格于普林斯顿大学的会议图片）

3.4 结构主义建筑的中介空间与多层级性

在解构主义建筑均质肌理的形式下，建筑内部的空间和特性其实是多层级且复杂的。在比希尔办公大楼中，我们可以看出在组合单元之间设计师所考虑的人的感受和需求，赫兹伯格通过中心预留的填充空间保证人们的交流和视线沟通，打破了原有僵硬的界限，使建筑内部的各个使用部分相互关联与渗透，调节空间与空间之间的矛盾，加强了建筑的空间层级。这些预留空间可以达到建筑内部的协调和过渡，在可变性的基础上提高了未来的再解读可能。这些中介空间也在人的场所感和归属感的层面上丰富了人的空间体验。

这些不同单元空间之间的连接空间被认为是中介空间，赫兹伯格曾在某次访谈中提到过好的建筑不应该有太多狭长的走廊，因为空间之间通过空间来连接会带来更好的体验，内、外以及各个空间之间可以达到更多的交流和渗透，模糊内部的边界。多重属性的过渡空间更值得建筑师去思考如何赋予它们精神属性和价值，它们的意义远远不止中介的作用。

在比希尔中心大楼的设计中体现了丰富的层级，四个角部作为办公主要空间，与中心预留的十字空间形成模糊

的边界关系，单元之间通过庭院、走廊和中介空间使建筑内部空间单元与室外空间的接触面积大大增加，走廊也被营造成尺度适宜的开放型街道，这种中间空间的设计为开敞的模式提高了建筑内部的舒适性，走廊作为建筑内部的"街道"成为了使用空间的"延续"，具有开放和封闭的双重属性，人在空间内部行走会产生不同的体验。同时内部办公空间的大小和使用也可以根据使用者的需求改变，增强了整体的多层级性。

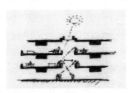

图3 比希尔办公中心的中心空间与多层级性

（图片来源：赫曼·赫兹伯格于普林斯顿大学的会议图片）

3.5 场所感与归属感的营造

建筑内部的场所感指人在建筑空间中的感受和交流等需求的实现，在前文中提到的中介空间和有机联系的意义就在于实现私密—集体、内—外、动—静、室内—自然的平衡和交流。赫兹伯格一直强调建筑中人动态的、多变的感受、尺度和体验，赫兹伯格的建筑总是有着温暖的人本气质，对于尺度、感受和空间他有着细致的敏感和观察，保持着作为建筑师的同理心，他相信建筑有汇聚人群的力量，为人而建造，并尝试让建筑中的每一个地方都能被人使用和驯化，触摸和感受。正如赫兹伯格曾经在演讲中提到过："不管建筑在未来呈现什么样的面貌，它必须是为了提供物理上和心理上的居所。无论发生了什么，无论我们在做什么，只要事关改善条件和提升人类的尊严，就有其意义。"

赫兹伯格对于建筑归属感的理解在于他认为建筑应当是一整个的空间，从建筑内部的某一处可以了解到这个空间的各处的现状，人作为人群的一员，应感受到自身是建筑和城市内部的一部分，这也是他强调过的"同一个空间里"的感觉和日常生活的亲近感。

在比希尔中心大楼这个他初期的设计作品中我们也能看出场所和归属感的实现，通过中心预留空间和中介空间将所有东西联系起来，所有人都会感觉到他们在同一空间内，事物也在这个大空间里汇聚。同时比希尔中心大楼也满足空间组合"既大又小"的原则，空间足够大以满足人与人之间的视线和情感交流；它也足够小可以满足独立和私密，这就是空间内部封闭和开放之间的平衡，既保有了建筑的场所感也满足了归属感的营造。而建筑空间内部一些细节的考虑增加了建筑的人文关怀和趣味，反映了赫兹伯格对于人本建筑的思考。

图4 比希尔办公中心内部空间的场所感

（图片来源：赫曼·赫兹伯格于普林斯顿大学的会议图片）

4 对于结构主义建筑的思考与总结

结构主义建筑创作中含有大量对城市、人文以及元素关系的研究，它强调了共时与历时，秩序与转变，单元与整体，尺度与生长，内在性与自主性。建筑成为了与人与城市共生的永远处在过程中的具有可变性的生长体。在建筑过分沉迷于形式和表面风格的现今，很多对于尺度和人性的考虑慢慢被忽视，造成了建筑与城市脱离缺乏协调、缺少秩序感的情况，人在建筑中感受不到自己被"容纳"。建筑师设计了漂亮、性感的建筑，却对人的使用感缺乏同理心。在这样的情况下，重新思考结构主义所强调的空间体系框架下的秩序感，它伴随城市建设可以呼应的生长性，与人的需求使用可以产生交流的灵活性以及建筑内部多层级的亲近感和人本建筑的思想，则显得尤为重要。

参考文献

［1］特伦斯·霍克斯.结构主义与符号学［M］.瞿铁鹏，译.上海：上海译文出版社，1987.

［2］Aldo van Eyck. Steps toward a Configurative Discipline［J］. Forum, 1962, 3: 81–93.

［3］赫曼·赫兹伯格.建筑学教程1：建筑设计原理［M］.仲德崑，译.天津：天津大学出版社，2008.

［4］朱振骅.阿尔多·凡·艾克设计思想与方法研究［D］.天津：天津大学，2012.

［5］查尔斯·詹克斯,卡尔·克罗普夫.当代建筑的理论和宣言［M］.周玉鹏，等译.北京：中国建筑工业出版社，2005.

岭南祠堂建筑室内雕刻及其图形文化地域性特征初探

■ 俞紫玥

■ 华中科技大学建筑与城市规划学院设计学系　湖北省城镇化工程技术研究中心

摘要　本文以岭南祠堂建筑装饰为研究对象，以最具代表性的陈氏书院室内雕刻为例，通过大量实地走访调研与资料梳理，分析了该地区祠堂建筑装饰的雕刻工艺和部位特征，并从其装饰题材与图形分类中深入探讨了图形文化的地域性特征与影响因素。研究成果充分展示了岭南祠堂建筑装饰的艺术价值和图形文化魅力，精湛的雕刻工艺承袭民族传统凸显地域文化特色，大大地促进对传统建筑保护与"图形遗产"研究的进程。

关键词　岭南祠堂建筑装饰　室内雕刻　图形文化　地域性特征

引言

追溯岭南祠堂文化的起源，与古代传统祭礼相关联。周代通过等级阶层来确定宗庙的数量："天子七庙，三昭三穆，与太祖之庙而七。"[1]据《礼记·祭法》记载，对于宗庙制度的规定复杂而等级森严，历代祭祀场所经历由帝王供奉祖先的"宗庙"到下一阶级宗族祭拜的"祠堂"[2]，正式演变而来。受到浓厚的宗族、群族意识的影响，从明代中晚期起，广府人竞相修建祠堂来光耀门楣，岭南祠堂建筑自此开始蓬勃发展。

岭南祠堂建筑继承了中国传统文化的精髓，融合了岭南文化的地域性元素，尤其在室内装饰上形成了鲜明的特色。明清至民国期间，珠三角多地纷纷建立民系祠堂建筑，而陈氏书院作为岭南文化的瑰宝，是迄今为止建造规模最大、保存最为完整的代表性民系祠堂建筑。陈氏书院又俗称陈家祠，位于广州市荔湾区中山七路，始建于1888年，最初为陈氏子弟预备科考、交纳赋税、上官候任等事物置办的临时居所，后被族人用作春秋祭祀，供奉神灵与聚会议事的地方。现为广东省重点文物保护单位，又被辟为广东民间工艺博物馆，布局严谨，坐拥"三进三路九堂两抄厢"的对称式院落布局，如图1所示，具有典型岭南传统建筑特色。陈家祠的建筑装饰具有精湛的民间技艺与较高的鉴赏价值，汇集了俗称"七绝"的木雕、石雕、砖雕、灰塑、陶塑、彩绘、铜铁铸等

装饰艺术，其内容、形式与材料之丰富，是岭南建筑装饰艺术的集大成者。因此，本文通过对陈氏书院祠堂建筑装饰进行实地调研，探讨室内装饰中的雕刻艺术，进行总结与分析，从而通过装饰题材与图形的归类划分来归纳岭南祠堂建筑装饰中图形文化的地域性特征及影响因素。以加强研究者对传统建筑装饰与"图形遗产"的保护意识，并为室内雕刻艺术与的图形文化研究提供借鉴。

1　岭南祠堂建筑装饰的丰富性

1.1　自成一体的广府三雕工艺

广府三雕工艺在建筑构件上广泛运用，以陈氏书院为例，主要工艺手法可分为木雕、砖雕、石雕（表1）。

1.2　室内雕刻的部位特征

"没有装饰的建筑理想只是一种妄想。装饰就是细部，能够受到欣赏，并且独立于任何主宰的美学全局"[3]，罗杰斯克鲁顿在《建筑美学》中对建筑装饰给予了最大的肯定。在传统祠堂建筑中，陈氏书院的室内雕刻很好地诠释了装饰精雕细琢的部位特征，成为岭南雕刻装饰的代表作。概括地来讲，其装饰部位被划分为三大部分。

一是结构构件上的装饰，包括了柱子、墙体、梁架等。纵观整个书院，综合了多种雕刻技法装饰室内结构，如厅堂上方的檐柱与横梁都采用石砌方形柱式，柱础石雕凿为形式各样的石礅组合（图2）；梁架上的木梁因承重的需

图1　陈氏书院的内部环境与外部环境，具有典型岭南传统建筑特色

表 1　陈氏书院传统雕刻工艺

类别	图例	装饰特征	装饰部位	装饰材料
木雕		以浮雕和镂雕两种雕刻手法为主，内容包罗万象，图案繁缛富丽	多出现在屏风、梁架、装饰、神龛等地方	纹理清晰易于雕刻的坤甸木
砖雕		以浮雕为主，局部以透雕、圆雕镂空雕为辅，远看层次分明，近看人物须眉毕现，动静神的如生	主要位于檐墙、廊门、山墙墀头等	上等青砖
石雕		装饰题材丰富，如花卉瓜果、祥禽瑞兽、神话传说，民间故事，吉祥图样等	台基、台阶、垂带、墙裙、柱础、檐柱、券门以及柱子上方的月梁和雀替上	上等花岗岩

要，多以浮雕的轻巧来表现动物、植物花卉和文字图案，又雀替、立柱间嵌入的花罩（图3）饰以木镂雕，为室内增添立体感。而墙体采用垂直雕凿手法，正面以浮雕与诗书画形式结合，效果介于绘画与浮雕技法之间，排列齐整，素有"挂线砖雕"之称（图4）。

二是空间隔断上的装饰，主要有门、窗等。在古代，门窗又称为"户牖"，《道德经》中阐述了"凿户牖"方能"入室"的道理[4]，认为门窗是建筑空间界定的重要元素，更凸显出门窗的重要性。出于强化空间意识，中进

图2　"太白退番书"石墩组合　　图3　花罩

图4　砖雕"梁山聚义"

大厅聚贤堂作为书院迎宾送客、家族议事的场所，其门窗、壁堵都布满雕刻纹饰，如图5所示的四樘硬木雕花隔扇门，以浮雕、透雕为主，其构图分为上中下三段，巧妙地将绦环板、隔心与裙板衔接依附，以示家族宗祠的满堂富贵与户主门第的社会地位。而广府木雕在传统建筑中的窗的应用要数花窗。雕花窗工艺拥有典型的广府韵味，如图6所示，窗格采取"卐"字纹雕刻，中间镶嵌圆形彩色玻璃，其雕刻手法、图形纹样都与隔扇门大致相同。

图5　四樘硬木雕花隔扇门

三是室内摆件陈设上的装饰，即屏风、龛罩、楹联、栏杆、硬木家具等。这些大多数以木雕为主，如祖堂的木雕神龛（图7）、厅堂中间放置的木质神主牌位（图8），其中以聚贤堂后座的十二扇双面木镂雕屏风最为著名，由十二组古代史记组合而成，包含了"韩信点兵""岳飞破金兵""六国大封相"等故事。此外，石雕多分布在院内周边和中堂的公共场所，像聚贤堂前的月台栏杆（图9），望柱上雕有石狮子，栏杆四周依附枝叶与花卉瓜果图案，体现了寄寓子孙新旺的岭南家族文化特色。

图 6　岭南雕花窗

图 9　月台栏杆

2　装饰题材与图形分类

装饰类艺术图形是种类最多、形式风格最为丰富的一类[5]。岭南传统建筑装饰的题材广泛，采用了大量的比喻、借代、象征、联想等手法，把各种具有美好寓意的符号、文字、事物组合在一起，融汇成别具匠心与智慧的岭南传统装饰图样，是人们对幸福生活的向往和对社会更高价值取向的追求。此次，我将陈氏书院室内装饰的题材内容主要分为以下几种图形类别。

2.1　人物类图形

此类图形以人物为核心。通常以人与场景相结合的形式存在，多采用当地的民间传说、戏曲剧目、历史传记、神话传说等作为装饰题材，象征着封建传统意识忠孝仁义的道德标准。如聚贤堂以历史故事和神话传说作为主线的十二扇木雕屏风（图10），西厅的《三国演义》《水浒传》主题的木雕屏风，还有雀替上的"刘海戏金蟾"（图11）、梁架上的"曹操大宴铜雀台"（图12）等。

2.2　象征类图形

象征类图形由于受到生态环境、社会条件等因素的影响，形成了不同的生态属性。人们通过附会象征将具象的事物通过抽象的概念表达出来，作为一种象征性的约定俗成的意义。陈氏书院有各式的祥禽瑞兽图形，如鳌鱼、蝙蝠、龙凤、鸡、羊、狮子等，像"三羊开泰""龙凤呈祥"等题材雕刻，寓意多种吉祥祝福；花卉植被与瓜果蔬菜也是人们常用来作象征寓意的事物，如梅兰竹菊"四君子"，象征富贵荣华的牡丹，象征长寿的仙桃，还有"石雕宝鸭穿莲"中象征清净的莲花；受到儿孙满堂、子嗣绵延的生殖崇拜影响，在陈氏书院的砖雕中，饰以葡萄、石榴、桂圆、红枣等组合瓜果图案来表现多子多福、连绵不绝的内容。

2.3　寓意类图形

寓意类图形主要由汉字谐音图形与吉祥文字图形组成。在中国，每逢吉事，人们都偏好讨"口彩"。汉语谐音应用在传统建筑装饰中，最多的要数蝙蝠。"蝠"与"福"谐音，有健康福寿的寓意，如陈氏书院的"钟旭引福"和"五福捧寿"木雕屏风。而吉祥文字图形常用的有福、禄、寿、喜等。

图 7　早期陈氏书院的木雕神龛

图 8　曾供奉在书院内的神主牌位

图10 聚贤堂十二扇双面木雕屏风

图11 雀替上的木雕装饰"刘海戏金蟾"

图12 梁架上的木雕装饰"曹操大宴铜雀台"

3 岭南祠堂建筑装饰中图形文化的地域性特征及影响因素

3.1 鲜明的地域性

"地域主义建筑是一种关系到当地人民种族、地域与当地方言的建筑语言。"[6]岭南祠堂建筑装饰的语言魅力就来源于图形文化。

人们都说靠山吃山，靠水吃水。岭南地区比邻滨海，人们的物质生活与文化需要都来不开江河湖海的馈赠，人们追随水神崇拜，以海经商，为艺术审美打下了夯实的物质基础，并给予了文化熏陶。相比之下，在徽州这块"东南邹鲁""程朱阙里"的大地上，视觉传达的图形艺术的发生发展与宗族文化的发展和商品经济的发达可以说几乎是同步的，[7]"徽州三雕"的民间艺术同样离不开人文与自然的影响。总的来说，岭南建筑装饰中的图形文化审美是充满地域特性的，是与人们的生活习性与群居环境密不可分的。其视觉美学由得天独厚的地貌形式、气候条件、人文风土、历史记忆、宗教信仰构成，全方位地展示出了广府人的民俗风情。

3.2 影响因素

岭南祠堂建筑装饰与其图形文化的地域性特征的形成受很多因素的影响，归纳为如下几项因素：一是地理因素。"十里不同风，百里不同俗"，地区与气候条件的不同，造成了人文环境与自然环境的差异性，呈现出各异的地域民居文化。其中，岭南传统民居建筑与其图形文化也受到了一定的影响。因常年处于炎热多雨的亚热带沿海地区，受台风天气与充沛降雨量影响，岭南地区的传统建筑很好地解决了由于天气状况对建筑本身的制约，拥有防雨防晒、防热防潮的因地制宜的实用功能。同时，其室内传统雕刻纹样也受到当地季节性植被种植的影响，多以本土花卉果蔬作为题材内容，如芭蕉树、石榴、杨桃、荔枝等岭南佳果（图13）。又如陈氏书院中的挡中屏风"渔舟唱晚"，其雕刻纹饰表现了岭南水乡渔民劳动后的生活场景；同属岭南地区的番禺邬氏大宗祠，其最具代表性的镬耳山墙上的灰塑装饰"扫乌烟画草尾"，正是与水网纵横、滨临江海的岭南生活息息相关[8]。

二是宗教因素。古往今来，少不了宗教文化的传播。宗教作为中国传统文化的精髓所在，时刻渗透在我们的思维学识、生活习性与美学情趣当中。在岭南地区，关于宗教的装饰图形各式各样，宗教色彩浓重。由于世俗化的影响，更形成了具有地方特色的禅宗文化。例如，窗户装饰中常见的"八仙""暗八仙"等题材出自道教[9]；在陈氏书院中有出自佛教的金莲、法轮、金鱼（图14）等，多象征功德圆满、吉祥如意。

三是历史因素。在古代，地属南越王国的岭南地区，拥有土生土长的土著文化。自秦汉以来，中原文化的流入融合了岭南本土文化的特点，使得儒家思想成为岭南文化的主流，这一点在陈家祠的木雕中也有所呈现。例如儒家文化中主张"忠孝"——三英战吕布、岳飞破金兵、韩信点兵、三国群英会、郭子仪拜寿等题材都体现了

（a）杨桃石雕柱头　　　　　　　　　（b）番石榴石雕柱头　　　　　　　　（c）葡萄木雕装饰

图13　以本土植物作为装饰图形

忠君报国、忠孝两全的人文思想。像闽南建筑福兴堂用石头雕刻的"叶形额"牌匾，刻画"国顺"和"齐家"，反映修身治国的儒家文化[10]，在陈氏书院楹联的雕刻中也有所体现。如后殿大堂楹联："光先绪于东都，立德立功""裕后昆于南国，俾昌俾炽"。承袭了祖辈立功立德开拓祖国南疆的美好愿想，展现了优秀的儒家风尚。除了儒家文化，与道家相关的"天人合一、道法自然"的哲学意蕴，把自然、人、艺术道德看成了一个有机的统一体[11]，认为顺应自然的"顺"能让世俗生活得到祝福，连绵福祉，多在装饰图形中有"顺风顺水"的寓意。而"天人合一"意蕴又在陈氏书院的石雕中能找到。如抱鼓石（图15），刻有以日、月神为主题的雕刻图案，基座上还附有祥禽瑞兽、鲜花与果蔬的图形，寄寓了人们对神灵祖先的虔诚尊敬、对人与自然和谐共处的繁荣景象的向往。

图14　出自佛教的金鱼图案，有吉祥如意的寓意

　　四是文化因素。明清以来，随着贸易通商口岸的打开，大量的岭南商人对外经商，海上丝绸之路的贸易繁荣使得该地区的社会经济全面进步，更体现了多元文化的交融。因此，殷实的贸易财富奠定了"广府三雕"的坚实发展基础。史料曾记载，由于十三行的商人热衷于庭院设计，进口了来自南亚的坤甸木与檀木作为材料，最终影响了各大祠堂建筑的选材及修缮。如今，陈氏书院的木雕神龛罩上仍刻有"联兴街许三友""瑞昌造"（图16）等商号标识作为佐证。中西方文化的合璧，亦能从陈氏书院的木雕中找到。檐廊上的罗马数字钟，其图形糅合了西方的钟表图案与传统的木雕金鸡图案，寓意"金鸡报晓"。除了外来文化的影响，本土的西关文化也同样兴盛，尤其受到粤剧文化的影响。匠人通过雕刻，将众多粤剧剧目中经典片段带入到历史典籍与神话故事当中，娓娓道来。岭南地区将自身拥有的本土情怀，结合了西方的文化特色，造就了中西结合、包容互利的岭南文化。形成了别具一格的岭南韵味。

图15　门两侧的抱鼓石

图16　木雕神龛罩上的商号标记

结语

　　自 2003 年起，联合国教科文组织正式发布了《保护非物质文化遗产公约》一文书，强调"非物质遗产研究与保护"的现状与保护等热点话题，各国各界纷纷通过自身力量呼吁，能够对非物质文化遗产给予更多关注。陈氏书院作为岭南祠堂建筑的优秀案例，尽显了该地区的地域文化风韵，还弥留了大量优秀的"图形遗产"。通过对这些图形文化与陈氏书院室内雕刻的分析，我们可以发现岭南祠堂建筑在地域上的一些共同特征及表现。如今，"图形遗产"作为城市文化遗产的研究分支，巧妙地将这些城市的图形文化深入研究到岭南传统建筑的雕刻艺术当中，既承袭了传统文化，又融入进新的研究元素，对现代室内环境设计有着重要的参考价值和借鉴意义。

参考文献

［1］王文锦.礼记译解［M］.北京：中华书局，2005.
［2］赖瑛.珠江三角洲广府民系祠堂建筑研究［D］.广州：华南理工大学，2010.
［3］罗杰斯·克鲁顿.建筑美学［M］.刘先觉，译.北京：中国建筑工业出版社，2003.
［4］薛拥军.广式木雕艺术及其在建筑和室内装饰中的应用研究［D］.南京：南京林业大学，2012.
［5］胡国瑞.关于"图形文化"［J］.南京艺术学院学报：美术与设计版，2003.
［6］潘玥.保罗·奥利弗《世界风土建筑百科全书》评述［J］.时代建筑，2019(2).
［7］高山.徽州古民居建筑雕刻艺术的研究与应用［D］.苏州：苏州大学，2008.
［8］王铬，沈康.从晚清宗祠建筑看岭南建筑的地域性特征：以番禺邹氏大宗祠为例［J］.美术学报，2010(2).
［9］鲁群霞，刘平凡，黄涛岭.岭南传统窗户及其地域特征影响因素解析［J］.设计，2018(3).
［10］郑慧铭.从福兴堂石雕装饰看闽南传统民居的装饰审美文化内涵［J］.南方建筑，2017(1).
［11］王娟.陈家祠建筑装饰艺术的岭南文化意蕴［J］.艺术百家，2008(2).

滨海民宿空间中场所精神的体现
——以日照"一木一宿"民宿为例

■ 张　波

■ 广西艺术学院

摘要　对于一片区域，一个空间，一类环境产生某种特殊情感，或是对于地域自然的认同，或是对于人文历史的归属，或是对于风土人情的记忆，对于所在场景产生一种特殊的归属感与认同感，这即是一种"场所精神"。设计项目"一木一宿"民宿位于日照市春风十里乡村文化区，极具北方滨海与乡村特色，本文以此为例展开论述，立足自然地理和人文历史特点，就精神氛围、人、环境的关联性进行研究，分析民宿空间场所精神的具体营造手段，进而探讨在空间设计中场所精神的具体体现。

关键词　场所精神　滨海民宿　具体表现

1　关于场所精神的概述

舒尔茨对于"场所"的概念的理解是"环境最具体的说法是场所，一般的说法是行为和时间的发生"[1]。场所精神一方面需在空间上营造，另一方面需在氛围上营造，一个建筑空间首先要满足的是实用性的功能，在此基础上再进行精神、氛围方面的营造。建筑创造了场所，使人们生活的形式意义在场所中展现出来，场所中凝聚的特性构成了场所精神[2]。场所精神营造离不开具体的物质载体：场地空间。人为场所存在于一个具体的环境中，它凝聚了归属于这个群体的人们所共同了解的意义[3]。场所精神产生于环境，同样也会作用于环境，这体现了二者的关联性。特定的环境产生一种特殊的氛围，这就相当于一个环境的"灵魂"；其次是对于人影响。人、生活及空间秩序的建立往往是综合的结果[4]。当我们进入一个特殊空间的时候，我们会对这一空间产生特殊的感觉，或是认同感、归属感等，其实这就是场所精神所起到的作用。

综上所述，我们由"场所"一词展开，通过"场所"逐步深场所精神，在此基础上，以民宿为例通过环境、人、氛围三个概念对场所精神进行具体探讨。

2　日照春风十里文化区"一木一宿"民宿概述

民宿是指结合当地生态环境、人文习俗、自然景观和农林牧渔生产活动等资源，利用农民自有住宅闲置用房，配备必要的住宿及餐饮设备设施，并注入主题内容和文化内涵，为向往乡村生活的游客提供食宿处所[5]。"一木一宿"民宿位于山东省日照市东港区河山镇申家坡村的春风十里文化区，属于市区乡村文化建设项目（图1）。文化区的建筑以北方传统砖瓦房为主，呈规则矩形布置，文化区东侧有河流，主建筑区位于道路南北两侧，空间类型多样，如民宿、茶室、展馆、酒吧、手工艺坊、画院等，文化艺术气息浓厚。各种建筑类型的多样性为这一区域注入了发展动力，文化区以"一主两轴双核多组团"作为战略来发展自己的文化区。从地理环境上来看，独特的海洋地理优势赋予了这个区域与众不同的意义；从人文历史方面来看，申家坡村作为当地原有的村落，当地渔民文化和黑陶文化也是自己的特色之一。春风十里文化区近年来在旅游休闲，文化发掘，宣传教育，城市形象塑造方面发挥了重要作用。"一木一宿"民宿位于文化区最北部，临近河流与树林，民居采用合院形式，由于院落具有围合性和凝聚力，寓意着团结、亲和。建筑形式采用瓦房，坐北朝南，利于夏季通风，冬季保暖。项目以堂屋作为主要对象来进行设计，民宿空间以休闲娱乐功能为主，集会客、餐饮、酒吧、观影、会议于一体。

图1　"一木一宿"民族所在文化区位置

3　"一木一宿"民宿场所精神的体现与营造

3.1　"北方+乡村+海滨+渔民文化"的综合体现

民宿空间要想体现自己的场所精神要与地方自然资源和文化历史结合起来，才能达到与众不同的效果。综合来看，"北方地区+海滨+乡村+渔民文化"就是其最大的特色。

就"北方"而言，以北方合院形式为主，具有鲜明的代表性，建筑坐北朝南也体现这一点；当地松木、枣木与花岗岩、红砖的综合利用也是其中一点，无论是在室内还是室外都有着明显的"北方"民居的特征。

另外，就"乡村"而言，日照民居通常采用花岗岩作为地基，因此在空间设计中就运用花岗岩镶嵌在北侧窗户，展现质朴浑厚。东西两侧采用红砖砌筑，未加修饰，而南北两侧的墙饰以白色石灰，并混合小麦皮，来制造肌理感，体现乡村，另外在视觉上红白形成对比，展现地区文化的寓意，白色代表海洋浪花，红色砖石代表乡村，淡黄色的麦皮代表劳动与丰收。房屋的坡面内侧采用竹席覆面，将当地竹子运用其中体现自然感；酒柜采用当地枣木，吧台采用木墩做装饰，原木给人宾至如归之感（图2）。以上在材质的运用，空间的布置方面和"乡村"主题相呼应，由"材质"所营造出的场所精神，起到了必不可少的作用。

"滨海"为"一木一宿"民宿空间的独特所在，对于海洋文化进行吸收与利用，采用白色墙面装饰，白色代表浪花，北墙装饰蓝色的鱼类挂件，以此寓意海洋，北侧踢脚线旁运用白色鹅卵石与海草搭配，亦与海洋文化相呼应（图3）。西侧酒柜与吧台也采用蓝色的冷光灯带，也是为了强调这一点。无论是室内装饰运用，还是颜色的搭配处

理，都与海洋相互呼应，从环境氛围体现场所精神，在此之上再与其他元素相互结合搭配，形成强烈归属感。

"渔民文化"方面，采用了简单直接比较具象的方式：①渔民捕鱼以渔船为工具，因此将渔船的造型引入，将其与天花吊顶结合，木船，船桨作为装饰，这同样形成了一个视觉中心，趣味中心，更好地展现场所精神。②在小型装饰品方面，将船锚和游泳圈以及帆船模型作为室内装饰品置于南侧墙面之上。③采用了竹木编制的鱼形吊灯，配以暖色的光，夜晚在黑暗中犹如深海中游动的海鱼，极具情调。渔民文化在这一空间中得到了很好的运用，有大有小，有主有次，既有视觉中心，又有装饰陪衬，使得场所精神得到了很高的展现。

3.2 场所精神对人与空间的影响

场所精神能给人以归属感与认同感。一方面，场所精神给人以归属感。当进入某一空间时，通过视觉、听觉、触觉、嗅觉等对这一空间进行初步了解。例如当我们进入"一木一宿"民宿空间时，视觉上的色彩、材质，联想起乡村与大海；听觉上聆听房间内钢琴、留声机的声音来感受乡村民风（图4）；触摸混麦皮的墙、花岗岩体验自然感；民宿中鲜花、蜜桃苹果的果香，可以感受到丰收的喜悦与欢快；在初步认识的基础上，通过进一步深层的了解之后，会对这一空间产生一种特殊的熟悉感，而这种感觉是在其他空间中所无法具有的，这种感觉就是场所精神归属感的体现，因此场所需要以空间为载体；这种精神也将通过建筑得以保存和重新诠释，并由此延伸到未来[8]。另一方面，场所精神给人以认同感。"一木一宿"对于海洋、乡村、渔民文化、北方地域的结合，使人进入民宿空间中有着宾至如归的感觉，即便离开时也会在人的记忆中留下深刻的印象，即便离开也会回想起曾经居于此民宿空间中的感觉，这本身就是场所精神认同感所起的作用。

场所精神对于环境的影响体现在凸显地理环境特征与历史文化特征。一方面，空间中所营造出的自然地理因素越是完善，对于地理环境的表现越是凸显。例如"一木一宿"民宿空间中，对于竹木、花岗岩、鹅卵石等细节的处理，可以很好地表现地理文化特征，一些当地细节化的东

图2　民宿吧台区

图3　民宿中部区域

图4　民宿休闲娱乐区

西已被人为的手段所吸收利用，融入空间设计当中去（图5）。另一方面，即是场所精神对于地理历史文化具有凸显作用[9]。在本次民宿空间的设计运用中，采用了当地的渔船、各类材质等进行表现，身处其中，可以使人直接感受到日照地区的渔民文化和乡村文化。这就间接地展示了地区文化的作用。

3.3 "一木一宿"民宿场所精神营造手段分析

场所并不是抽象的地点区域，而是有具体事务构成的整体，一个具有清晰特征的真实存在空间环境[6]。营造手段从两个方面来进行探讨：从实用功能与审美功能方面进行营造；从地理环境与历史文化方面进行突出强调。

3.3.1 实用功能与审美功能。

实用功能方面：①对于空间类型明确定位，之后对于功能进行突出强调，使人刚进入某一环境就可以明确知道其功能空间类型；②功能做到全面而且合理，空间环境未造成浪费或过于的拥堵；③功能设计可以吸收当地自然人文等，体现出设计原则，功能原则，设计来源，在功能上面进行间接地体现，使人无意识的引导和联想。

审美功能方面：①要满足基本的审美需求，而对于场所精神的营造，"美"的原则表现得更加得重要，空间要有美的规律，带给人美的感受；②对于"美"的营造可以通过室内的陈设、装饰等来进行，在形式组成，节奏韵律，比例大小方面调整把握，通过色彩、形式、氛围、光影、材质等来表现；③美感的营造不单单只是停留在表面，还应当进入更深的精神层次，给人留下深刻印象，使人产生联想。

3.3.2 地理环境与历史文化

地理环境方面：①空间要能够体现地域文化，不同的地理环境对于建筑的影响尤其的深远，例如气候、植被、水文等都可以作为设计手段。场所是具有清晰特性的空间，是由具体现象组成的生活世界；②通过提取自然要素，进行具象或抽象的处理，用自然元素来作为装饰，使空间与环境融为一体；③巧妙运用当地材料来凸显地域特色，对于环境的认同感，归属感同样也会变得更加强烈。

图5 民宿会议及餐饮区

历史文化方面：①善于挖掘历史文化。一个地区的文化主要是受到时间历史的因素影响较大的，浓厚的历史文化对于当地环境，建筑等影响深远。②善于提取文化元素。文化历史毕竟是过去曾经出现的，或者对现在仍旧会有很深的影响，应该运用抽象或具象的方式进行文化元素提取。③对于地方风俗民俗等加以利用。地理特色加风土人情，会生动地展现一个地方的魅力，带给人独一无二的感受。

结语

文章以具体的民宿空间"一木一宿"为例，通过结合地域自然、人文特色，分析环境、人、氛围三者的关联性（图6），探讨场所精神具体的营造手段，分析空间设计中场所精神的具体体现（图7）。

首先，体现在时间与空间之中。无论是环境、历史、风俗、人群等，都脱离不了时间与空间的条件限制。场所精神营造的越强，其产生的影响随之也就越大，范围也就越广，时间也就越长，展现在永久恒定的空间与时间之中。其次，体现在自然地理环境之中，场所精神的营造以地理环境作为依托，在此基础之上进行具体的设计，山川、水文、植被、气候等都是重要的影响要素。再次，体现在地区文脉历史当中，地区由于自然环境的不同会造成自然的差异，但是没有人文历史血液的输入同样难以体现深厚的特色，历史可以营造浓厚的文化氛围，有了文化作为依托，环境才会更具灵魂。最后，体现在环境与人的关联性之中。

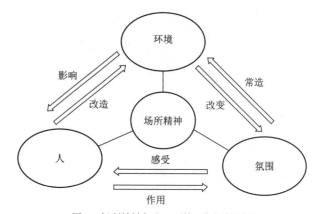

图6 场所精神与人、环境、氛围的联系

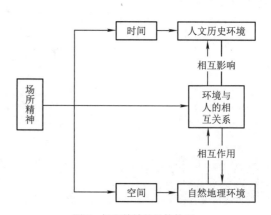

图7 场所精神的具体体现

96

场所精神无论是对人文环境还是自然环境都具有突出强调作用，除对环境外，对于人的影响也是如此，特定的环境带给人特定的感受；对于场所精神而言，环境是其物质载体，人则是感受对象，场所精神是为了营造出一种特殊的氛围，而氛围也是必须要通过人才能感知，环境、人、精神氛围三者不可分割。

参考文献

［1］诺伯格 . 舒尔茨 . 场所精神：迈向建筑现象学［M］. 台北：台北尚林出版社 , 1984.

［2］罗珂 . 场所精神：理论与实践［D］. 重庆：重庆大学 . 2006.

［3］陈建军 , 耿敬淦 , 邹源 . 建筑现象学与场所的塑造［J］. 四川建材 , 2012(8).

［4］李婉君 . 基于场所精神下的校园景观设计研究［D］. 西安：西安建筑科技大学 , 2015(6).

［5］王明泰 . 试谈对民宿设计的几点思考［J］. 大众文艺 , 2015(10).

［6］沈克宁 . 建筑现象学［M］. 北京：中国建筑工业出版社 , 2007.

［7］杨宁 . 诺伯格·舒尔茨的建筑现象学［D］. 西安：西安建筑科技大学 , 2006.

［8］王辉 . 现象的意义：现象学与当代建筑设计思维［J］. 建筑学报 , 2018(1).

［9］张伟 . 艺术设计教育的创造性本质及其美育价值取向［D］. 济南：鲁东大学 , 2008.

叠涩
——传统建造术的自然建构初探

■ 朱慈超　陈巧红
■ 超形设计研究室

摘要 叠涩是一种非常古老的传统建造技术，实际上在目前的建筑和室内空间设计中仍然可以发挥生命力，它有着自己独特的建构语言，这种建构语言可以引发设计的多面思考。它可以是一种设计组织方法让空间语言变得丰富而生趣；也可以是一种自然建造技术——结构逻辑简单清晰或借助数字化生成复杂逻辑；还可以借用象征或暗喻艺术手法，以小见大使其建造逻辑发生无限链变等。本文从叠涩这一概念为起点，从分析其中各类特性及传统建造法入手，本文并非把讨论范围仅停留在技术层面，而是引入到建筑空间建构层面；也并非在形式上的模仿与探讨，而是从叠涩基本特征模块化、集成化的砌筑思路出发，极力吻合当下主推的建造装配式设计理念。作者试图探讨叠涩古法建造术在当下空间设计中新的可能，运用实例实证分析法以求明晰其中一些当代设计空间中直接或间接运用叠涩古法的建构思路。希望能为当下建筑或室内设计上做一个初探的尝试。

关键词 叠涩　传统建造　自然建构　当代性　垒砌

引言

随着当下建造技术的提升或革命，大多数人所追求的是新兴高科技、新奇革命性的各类技术，对于一些古老而曾经盛行的低技术容易视而不见；尤其是年轻一代的设计师目标往往是高大上的设计品类，对于一些平民的建筑，简单清晰的建造术少为关注，冯纪中先生提出与古为新，前提就是尊古，能存真，古今自然融合[1]。我们致力于探究中国传统技艺能否运用于当代设计。史料记载叠涩的出现大约在公元前4000多年前，伊拉克乌尔城（Ur）遗址王陵的入口使用砖叠涩；大约在公元前3000年的纽格莱奇史前坟墓也发现了叠涩拱[2]（图1、图2）。距今7000多年的叠涩技艺具有辉煌的历史，如今却被我们的设计建造者渐渐淡忘。假如深入探究或许还是一门令大多数人叹为观止的建造艺术。本文试图以系统性的回顾和深入了解叠涩这一传统建造技术，并在探讨中，梳理当代设计中叠涩技艺新的思路。不从理论视角来谈论而从实用方法上探讨。

1 概念确立

1.1 基本概念

1.1.1 叠涩

这一古老的建筑砌法主要用砖、石、木等材料，通过层层向外挑或向内收垒砌而成的建造法，常见于叠涩拱、

图1　公元前4000年乌尔城（Ur）遗址王陵入口

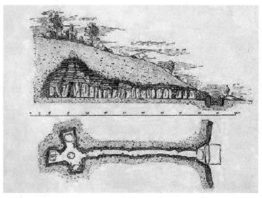

图2　公元前3000年的纽格莱奇史前坟墓

砖塔的檐部、室内天花藻井、须弥座台基束腰、墀头墙的拔檐、无梁殿的穹隆顶、承托装修构建等位置。在我国叠涩最早见于东汉墓顶，地面建筑最早采用为北魏砖石塔檐口，到五代砖塔门窗洞口开始砌成叠涩尖拱形至明代应用更广。从某种建造层面上看，叠涩在当代最有价值的就是模块化、装配式的建造思路。

1.1.2 自然建构

自然建构是指沿用叠涩基本造法：砌体垒砌构成原则，以模块化、装配式的建造手法；反对形式上的刻意堆砌模仿，而是基于"道法自然"的建构思想，在设计、结构、建造三个层面上全方位的体现自然建构原则。

1.2 叠涩的特点

1.2.1 外挑

叠涩的外挑是拓展空间也是造型需要，但最重要的是带有结构属性的特征，也是人类建造史上一次大进步，可以通过层层外挑放大空间尺度，外挑还可以解决材料尺度、结构安全的限制，层叠垒砌增加建筑的跨度，这也是向大跨度空间发展的一种途径，如图3所示悬臂梁桥亚东桥。

1.2.2 内收

内收是外挑相反意义上的一种建造方式，埃及金字塔、玛雅遗址台基都是一种典型而古老的叠涩石砌内收（图4）。内收的意义是在独立式台基建筑里是形成稳固的基座，并以高势向上发展求得高台基或独特的形制；在塔式建筑里形成散水檐口，与底下外挑形成阴阳进退的正反关系如须弥座的束腰。

1.2.3 垒砌层叠

垒砌层叠是叠涩中最基本的特征，也是任何一种叠涩类型的必要特征（图5）。一言以蔽之：不层叠无叠涩，叠在中国传统山水画和中国传统造园艺术中也是惯用的手法。

图3　悬臂梁桥亚东桥

叠也是砌的特征，层是结果，砌或叠是手段，只要大小、尺度、疏密、进退稍加改变就会形成独特的建造效果，层叠是当代设计中非常重要的设计方法，也是避免符号化或形式化的有力手段。自然的层叠通过大小、尺度、方向的改变可以产生自然、有机、变化的建构效果。

1.2.4 结构承重

叠涩里面还有一个重要特征就是承重，这是它的结构属性，叠涩出挑一般会分担上部重量，如图6所示。乌尔城遗址王陵入口砖叠涩，吴哥城的叠涩拱兼具有结构属性。结构承重是建造的核心问题涉及坚固性、安全性、稳定性；在

图4　埃及金字塔

图5　砖塔建筑

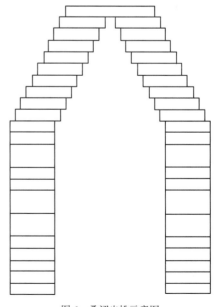

图6　叠涩出挑示意图

（图片来源：作者自绘）

99

建造上也可以把出挑形成的叠涩拱理解为日常结构学中的一个"类简支梁"，它用层叠堆砌的方式成型，其材料强度和胶粘剂程度越强，叠涩拱所能承受的重量也就越大。狮子门上的叠涩券，是世界上最早的券式结构遗迹之一，它的过梁是块巨石，重达20吨，中间比两头厚，在巨石的门楣上有一个三角形的叠涩券，可减少门楣承重（图7）。

图7　迈锡尼卫城的狮子门拱墓

2　叠涩工法

2.1　叠涩券

叠涩券其形式是平面二维结构，它是演变成叠涩拱结构的一个最基本单元；横向稳定性良好，但纵向稳定性差，需要纵向发展成叠涩拱建造性能更稳定，应用更广泛。由于叠涩券属简支梁的结构，外挑有限，它的垒砌层级很受外挑尺寸与材料力学性能局限。

2.2　叠涩拱

叠涩拱是由叠涩券做平行位移而得到的三维空间结构，叠涩拱是一种两侧砌砖一层层向中间跨出而形成的堆砌方式，这种手法常用在砖石的门洞或长廊上，层层堆叠向内收最终在合拢成的拱，出挑尺度和单体高度决定可层叠的

层数和高度，建造得当可获得较高的通过空间。叠涩拱技术起源甚早，它的雏形在公元前埃及、美索不达米亚、玛雅、古希腊等多处遗址中均有所发现。叠涩拱跨度有限，是一种很原始的拱结构，纽格莱奇史前坟墓与吴哥城均有完整的叠涩拱墓（图8）。

图8　吴哥城的叠涩拱墓

2.3　叠涩拱的假拱与楔形真拱

拱在古代西方建筑的地位如同斗拱在中国古代建筑的地位，两者都是其建造体系中最重要的部分，即能结构承重又有结构美感。叠涩拱又称假拱，砌体块矩形方正未经特殊加工，可以无需模板直接砌筑，尽管形式像拱但仍然是一个受弯构件，其上同时存在压应力与拉应力，因此为了叠涩拱不会因为自重而坍塌，必须在两侧修建很厚实很稳固的支撑结构。真拱是因砌体块经特殊加工，由楔形砌块夹在一起形成的拱形，在施工时需由模板支撑，定型后拆除，这个楔形改变大大提高了建造跨度，比前者有更广泛的运用，真拱从筒形拱发展到十字交叉的十字拱、帆拱等，大大丰富了建筑空间的型制；伊斯兰建筑的拱券则有尖形、马蹄形、弓形、三叶形、复叶形和钟乳形等多种（图9）。

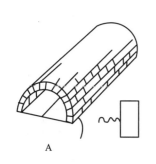

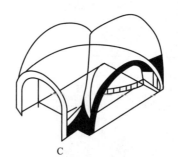

A　　　　　　　　　B　　　　　　　　　C　　　　　　　　　D

图9　由筒拱向十字拱的演变墓

2.4 叠涩穹隆

叠涩拱以券顶为顶点垂直水平轴心旋转运动得到的三维空间结构称为叠涩穹隆（图10），是穹隆构造的一种。穹隆分为拱壳穹隆和叠涩穹隆两类。叠涩穹隆顶形式有很多种，有对角脊（图11）、多角形和圆形穹隆等❹。在中国古建中木构藻井做法更为一绝，如图宁海岙村古戏台藻井（图12）。

2.5 砖塔出檐

在中国古代塔式建筑里，出檐是非常常用的一种建造方式，檐口外形样式丰富，出挑的砖或方或三角形或间隔或多种复合错落有致，檐口平面，折形，曲线多变，不同的檐口形成不同的美感。这种规律中的统一又多变手法在当代设计中非常实用（图13~图15）。

2.6 束腰

束腰常见于古代建筑学和传统家具设计中，建筑上束腰即指建筑中的收束部位。李诫在《营造法式》有言："造殿阶基之制……其叠涩每层露棱五寸，束腰露身一尺，用隔身版柱，柱内平面作起突壸门造。"[2] 束腰做法有精致而仔细的规范。在高级别的中国古建筑台基须弥座常见有这种束腰叠涩做法，形成凹凸别致，层级丰富而变化的厚重台基（图16）。

2.7 拔檐

墀头的拔檐，是中国古代传统建筑构建之一，墀头俗称"腿子"，或"马头"，见于房屋的山墙，伸出至檐柱之外的部分，突出在两边山墙边檐，有叠级形，曲线收分，有承担屋顶排水和边墙挡水防火的多重功能，在江南建筑中比较常见。尤其在联排木构古建筑中承担着防火山墙的重要作用，在视觉又可形成序列美感，墀头往往也是装饰雕琢的关键部分，如图17所示。

3 叠涩建造法在当代立面设计中的运用

本章通过梳理叠涩建造法在当代立面设计中的运用，以实例实证分析并简单归类。

3.1 叠涩的均质立面变化

均质化源于数学理论，原指工业上的质量均衡均匀。此处是指设计单元在砌体布局或使用规律上的均质化；叠涩的均质化也是根据内收，外挑，层叠其特征衍生的，或内收，或外挑，或层叠或三者并置。从使用上看，均质立面变化可分为两类：一类是完全均质立面变化（图18）；另一类是某一组类特征下的更送式均质立面变化（图19）。

图10 叠涩穹隆

图11 Gallarus Oratory 爱尔兰 – 加拉鲁斯礼拜堂

图12 宁海岙村"南一台"的古戏台藻井

图13 浙江武义县万石院毓英塔 三角砖檐（1573）

图14 古塔复合出檐

图15 古塔弧形出檐

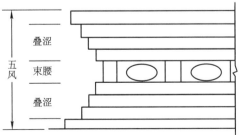

图16 须弥座构造示意图

图17 古砖墀头

图18 完全均质立面变化

图19 组类特征下的均质立面变化

3.2 叠涩的非均质异形立面变化

非均质异形立面变化，主要指基于各类立面多层级的变化，有时会因内收外挑层叠不均产生非均质的立面效果。均质化的过度发展会造成设计的雷同无趣，从而削减设计的特色。设计的非均质化比较自由，具有个性，在创新性上具有更多的发展空间，如图20所示。

3.3 叠涩的自然参数化

参数化是数字化时代一个新的设计方法，参数化也可以是"道法自然"，其本质是在因遵循自然规律的前提下以数字化的方式诠释设计目的，构建设计逻辑，并最终解决设计问题，参数化设计不仅可以作用于形式，然而更高境界是将参数化原理作用于功能，做到"功能生态"[2]。自然参数化的叠涩法是一个新的建造逻辑，是一个不受人为控制，脱离设计者主观意义的表达，按照某种建造逻辑设置一个变量，生成一个自然叠涩的建造秩序（图21、图22）。

4 叠涩自然建造法的常规建构

当代设计中常规建构是指沿用古老叠涩建造法，没有突破原有常规砌体材质的限制，以砖、石、木为主的传统

砌筑方式，只是在使用手法上有一些新的建构突破。

4.1 塔檐式建构

如图23所示案例中墙体塔檐式变化是基于砖塔出檐或束腰的形式，它突破立面造型的二维限制，通过较大幅度垒砌，达到三维立体效果。这种收挑自如，密集纵深，向上发展的叠涩垒砌是建筑空间化的演变，是从立面铺装变化放大发展到建筑化。

4.2 内外一体化的空间建构

古老叠涩空间形制比较几何或方或圆，当代叠涩的自然建构是基于空间建构逻辑打破原有形制的限制，遵循建筑设计内外合一，形式与功能的统一，遵循建筑、景观、室内设计一体化的发展策略。比古老建造法更自由、更轻松，更轻盈，通过支模科学技术的发展，可以创立各类自由有机空间（图24）。

4.3 室内空间中的建构

室内空间的叠涩建构，可以打破常规认识，砖砌体内外的自如运用，通过自然朴素的自然砌体建构法——离、漏、通、透四原则，形成若影若现，多级层叠的变化（图25、图26）。

图20 草场地三影堂摄影艺术中心

图21 叠涩自然参数化

图22 兰溪庭水墙（Archi-Union Architects）

图24 TrueTalker 新的展馆

图23 墙体塔檐式变化
（Kantana Institute）

图25 LOAF餐厅，成都（气象建筑）

图26 作者设计的三亚凤凰梦幻城金棕榈餐厅

4.4 小品自然建构

叠涩小品自然建构是指在公共艺术、景观空间中的运用，以砖石木为砌体，通过组织各类丰富样式，通过内收、外挑、层叠特征堆砌出各式自然建构小品，如景观花坛围边以砖塔出檐内收手法形成基座内收的小品花坛；又如简易搭建的户外取暖火炉等（图27、图28）。

5 叠涩自然建造法的非常规建构

非常规建构是叠涩自然建造法的拓展，是突破原有常规砌体体块与材质的限制，或在使用手法上完全突破熟知的建造法，以新的方式呈现。

5.1 砌体材质上的替换

传统的建造材料在当代设计具有一定的局限性，利用当代材料的易加工、可延展、易弯曲等特性与叠涩法的结合可以产生创新性的建构方案（图29、图30）。

5.2 砌体建造手法上的突破

砌体是叠涩里完成垒砌的一个基本型，传统叠涩建造法其叠涩变化尺度或幅度基本一致的；在当代设计中其建造法变化幅度可以可延展多变，如图31、图32所示利用木构的材质横向韧性好、自重轻、易加工等特性结合现代空间建构理论，形成具有现代、自由、轻盈、灵动、通透的建构方式，方形原木搭建进退自如外挑有秩，留下一些虚空间可置物或展示。犹如计成在《园冶·掇山》中言："岩、峦、洞、穴之莫穷，涧、壑、坡、矶之俨是。"[3]

5.3 自然建造的全新手法

自然建造的全新手法突破原有传统材料和构建限制，如图33所示砌筑体块基本型是根据设计需要加工砌体原型，连接材料结合现代科学技术采用更为灵巧坚固的方式，砌筑手法是兼以新的方式出现，外挑、内收、层叠兼是根据内外空间的变化，融入当代设计元素和时代精神。以非常新颖的叠瑟自然建造手法建构设计意图。

图27 作者设计的田歌集团农产品体验中心景观花坛

图28 作者设计的潋禾山雨民宿户外火炉

图29 曲面加工后的瓦楞纸板

图30 艺术展架瓦楞纸板家具体验装置

图31 木构叠涩装置

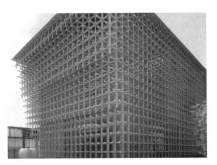
图32 木构叠涩重生

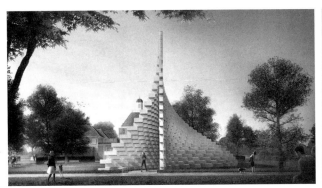

图33 Serpentine Pavilion（BIG）

结语

叠涩是一种非常古老的传统建造技术即可以承重又具有优美的结构美感，应该向古老的传统智慧学习，学古而不拘古，以古为新，推陈出新。叠涩传统建筑术可以是一种建造技术，也可以看成是一种自然建造设计手法。设计与建造方法、技术与材质的巧妙结合就可产生一种独特的设计。本文正是开启了笔者向传统自然建造术粗浅的研究和学习之路。

参考文献

[1] 冯纪忠. 与古为新：方塔园的规划 [M]. 北京：东方出版社，2010.
[2] 李诚. 营造法式 [M]. 北京：中国建筑工业出版社，2006.
[3] 千茜，袁俊峰，蒋华平，等. 参数化数字化时代的"道法自然" [J]. 风景园林，2013(1).
[4] 计成. 园冶 [M]. 北京：中国建筑工业出版社，2009.

关于早期现代中国民族形式建筑研究的再思考
——基于20世纪建筑遗产保护的视角

■ 陈 晨 王 柯

■ 金陵科技学院

摘要 基于20世纪建筑遗产保护的现状问题，以及近代民族形式建筑背后民族主义与殖民主义的博弈关系，文章认为：①有必要分区片、划时段研究早期现代中国民族形式建筑（1900—1937年）的"中西体用"关系变迁及其动力机制；②拓展阅读、批判陈述这阶段建筑师创作民族形式建筑的经验，及其中的共性取向、个体差异与现代启示。初步得出结论：①早期现代中国的民族形式建筑在"现代建筑设计思维、形式秩序转型同中国建筑的文化身份建构"之间，呈现出比20世纪50年代、80年代更加矛盾、复杂的关系。②早期现代中国将民族形式建筑牵拉进世界建筑的全球化进程，但也牵制了当今建筑界在"超越有用性，合于本土建构与文人审美"层面的"中国性"探索。研究旨在：为呈现中国建筑古今演变过程与中外关联域，提供历史叙事与范式解读的典型；为普查、保存20世纪建筑人的记忆遗产提供基础资料。

关键词 早期现代（1900—1937年） 中国民族形式建筑 研究构思 综述

1 研究现状述评

1.1 20世纪中国建筑遗产保护

1999年6月，国际建筑师协会第20届大会在北京召开。会上，吴良镛院士提到："20世纪人类在建筑方面的成就是空前的，是建筑学大发展的时代。"意味着中国已经关注到20世纪建筑的历史价值与活化运用的可行性。直至2019年12月3日第四批中国20世纪建筑遗产项目在北京公布为止，全国已拥有20世纪建筑遗产396项，遍及28个省、自治区、直辖市，几乎囊括了观演、纪念、住宅、工厂等所有建筑类型。

北京市人民政府专家顾问、中国文物学会20世纪建筑遗产委员会副会长金磊在《20世纪遗产乃中国百年建筑学脉》一文中认为中国20世纪建筑遗产体现了事件、作品、人物、思想的时代风貌。他说："守住20世纪建筑遗产就是对历史建筑保护最好且最需要的行为，尤其要树立20世纪中国优秀建筑师的群体像。20世纪建筑是中国遗产应特别予以关注的范本，它不仅展现近现代建筑的整体成就，还是建筑创作的基础和起点，提升了中国在世界建筑界的学术话语权。"❶基于联合国教科文组织国际古迹遗址理事会（ICOMOS）20世纪遗产科学委员会以及住建部、国家文物局出台的保护法规与条例，均适用于20世纪中国建筑遗产保护，金磊认为这是一种面向国际的文化遗产保护新类型与新视野。❷

针对近三年如火如荼的建筑遗产普查与保护工程，美国路易维尔大学赖德霖教授在肯定工作成就的同时，认为：①当前已公布的遗产名录尚未兼顾到承载地方历史文化的地方重点，普查的工作范围需要扩大；②在内容上没有地区、时代、类型之分，欠缺相关意义与价值评语，后续的搜集、整理与研究档案资料的工作不够系统、欠缺深度；③对于百年工匠、建筑师的普查工作以及抢救性记忆、实物整理与研究工作已经到了刻不容缓的关头。❸

本文正是基于赖德霖教授所提出的完善遗产保护工作的这三方面，而设定研究对象并尝试探究的。

1.2 早期现代中国的民族形式建筑研究

同文化传承、国族命运紧密相系的近现代建筑类型——民族形式建筑，其相关研究几乎与中国近现代建筑研究同步开展。梳理20世纪80年代以后的研究成果，如：侯幼斌《文化碰撞与中西建筑交融》，21世纪以后第三、四代中国建筑史学者与文化学者研究成果，如：赖德霖《近代中国建筑与新民族国家的形成》、刘亦师《从近代民族主义思潮解读民族形式建筑》、杨秉德《早期西方建筑对中国近代建筑产生影响的三条渠道》、王颖《探求一种"中国式样"：早期现代中国建筑中的风格观念》、陈蕴茜《日常生活中殖民主义与民族主义的冲突》等论著，可以认为：民族形式建筑背后民族国家同建筑学之间，发生了寻求文化认同、加强国家管理、传递民族与政治形象的现代转型关系。

---

❶ 引自：金磊.20世纪遗产乃中国百年建筑学脉［J］.城市住宅，2018(9): 46–49.

❷ 文章在列举了国际上有关20世纪遗产保护的法规与标准，我国住房和城乡建设部和文物局关于20世纪建筑遗产保护的要求与导则后，认为"中国20世纪建筑遗产的推动是有国际基础且合乎世界遗产类型的"。［参考：金磊.中国20世纪建筑遗产与百年建筑巨匠［J］.中国文物科学研究，2018(4): 7–11.］

❸ 参考：赖德霖.观第三批中国20世纪建筑遗产名录公布随想［J］.时代建筑，2019(3): 5.

民族形式建筑背后始终贯穿着一条民族主义的思想主线，而中国民族主义的发生、发展又是同欧洲殖民扩张以及晚清以后民族国家意识的出现相伴而生的。1925年北伐之后，要求国家统一的国家主义呼声与民族自强的思潮达到中国近现代史上的高峰。"九一八"事变以后，欲建立"东亚共荣圈"的日本，在东北开始了以南京《首都计划》为参照的"新京"规划与"兴亚式"建筑营建工作，可以说，这是一种民族主义怀柔策略，意图建立了以大和民族为核心的民族国家。无论是清末民初美国教会建筑师引入中国传统要素的民族形式建筑创作，还是北伐胜利后国民政府迁都南京所实施的采用中国固有形式的民族形式建筑政策，抑或鼓吹维护东亚民族利益的日本在东北建筑形式上表现"东亚的民族性"，凡此种种，其实都是出于国家认同与改造国民的需要，是国家意志、民族主义思想以及对华文化输出政策在建筑上的投射。

在此，将民族形式建筑研究的时限置于早期现代中国这一殖民扩张同民族国家意识、民族主义思潮对抗、征服、汇合、涵化的关系最激烈、复杂的时代。关于早期现代中国的时间界定，参考《探求一种"中国式样"：早期现代中国建筑中的风格观念》一书所述：从1900年"义和团事件"激发传教士的教会建筑中国化，到国民政府迁都南京后探索"中国固有形式"直至抗日战争爆发为止，即1900—1937年 ❶ 这期间呈现了中国民族形式建筑的开端、发展与近现代民族形式探索的最高峰。

2 研究意义

2.1 提供基于风格类型的历史叙事与范式典型

作为20世纪建筑遗产的重要组成部分，民族形式建筑是近代殖民主义与民族主义，地方主义与国家主义，中国中心与外来影响等多重关系相互博弈的结果，可以说，一部民族形式建筑史以其涵盖多面向的关系，写就了中国建筑现代转型的发展逻辑与多种作用力机制。它为我们立足于国际化视野，从中国内部出发研究中国建筑古今演变与中外关联域，提供了历史叙事与范式解读的典型。值得一提的是，这也是针对上述20世纪建筑遗产保护工作的待完善之处——"在内容上没有地区、时代、类型之分"的一次从风格类型上进行系统研究的尝试。

美国学者孔飞力在《中华帝国晚期的叛乱及其敌人——1796—1864年的军事化与社会结构》一书中认为：中国历史并非循环演变的。无论是沿海开埠城市还是内陆乡村，传统或多或少地衍生出新的内容。表现在建筑上，主要有三大方面：其一，延续形式与内核，但是变化的生活方式将影响建筑的空间呈现；其二，保留形式、改变内容，这是文化遗产保护的变更范畴；其三，部分传承传统形式或本土符号，表现建筑在近现代的文化身份转型与特定时代的文化意义。可以说，这里所述的三种传统演绎，也是在传统中寻求现代转型的近代民族形式建筑的几种呈现。基于此，在20世纪建筑遗产保护的视域下，研究1900—1937年中国的民族形式建筑，便有利于形成对中国建筑演进的史地维度的认知力，以及对建筑原型与转化的分析力。同时，也是对"需区分建筑遗产保护内容的时代"之建议的尝试践行。

2.2 为普查、保存记忆遗产提供基础资料

在研究早期现代中国的民族形式建筑本体时，不可忽视营造主体——留学归国建筑师、本土培养建筑师与外籍建筑师。其中，活跃于1937年之前并积极从事民族形式建筑创作的，以留学归国建筑师居多。他们中的绝大多数接收了当时欧美建筑教育界的主流——布扎教育。可以说，这批建筑师能够在这样一个教育背景下，开展大屋顶式中华古典复兴式、简约仿古式与本土现代式等多元化的民族形式建筑探索，固然与早期现代中国来自教会建筑师与外籍专业建筑师几乎模式化的宫殿式建筑的示范效应有关，也与国民政府迁都南京后实施民族文化复兴政策的政治、社会环境相关，但是，更积极的推动因素，应该是盛行于社会精英阶层的民族主义思潮，激发了这批中国建筑师汇通中外、兼容本土与现代的民族形式建筑创作。赖德霖在《观第三批中国20世纪建筑遗产名录公布随想》中迫切呼吁：20世纪建筑普查在抢救了大量实物材料的同时，却忽视了对老工匠、老建筑师等人物普查，这是巨大的遗憾。随着早期现代中国建筑师及其家人、知情人的部分离世，普查人物记忆的工作将更难开展。金磊认为："从建筑作品身后的设计师，我们可触摸到生生不息的中华文脉与精神。" ❷ 早期现代中国的本土建筑师与今日建筑师一样，始终走在中国建筑文化的跨域与文化创新之路上。基于此，本文可以为普查、保存记忆遗产，以

---

❶ "近现代以来百余年的'中国固有形式'、民族形式、中国精神对建筑师的促进和困扰、理论与实践，都与建筑外观－民族性的思维定势密切相关。……本书的讨论核心范围主要确定在1900—1937年之间'中国式样'建筑的开端，从1900年'义和团事件'激发了西方传教士的教会中国化运动以及由此引起的'中式'教会建筑的迅速发展，到'中国固有式'建筑的探索被1937年的抗日战争爆发所终止。"（引自：王颖.探求一种"中国式样"：早期现代中国建筑中的风格观念[M].北京：中国建筑工业出版社，2015：4.）其中的1927—1937年，各项现代化制度初具雏形，整个国民经济呈快速上升的趋势。国民政府迁都南京后，新都民族形式建筑的建设需要；接收布扎建筑教育的首批留学建筑师纷纷回国，以南京为据点在民族形式建筑项目中施展才华；官方出资助力中国建筑典籍的整理、考订以及古建筑实测、调查工作；官方通过左右建筑设计方案的评选，推崇"翻译、点缀手法设计的中国风格建筑"，传达国家与民族、政治与权威的象征含义；以及国民政府以国立中央大学建筑课表为模板，加大中国建筑史课程的覆盖面等，就使得这十年间的民族形式建筑研究与创作达到中国近代建筑史的最高峰。（参考：杨秉德.关于中国近代建筑史时期民族形式建筑探索历程的整体研究[J].新建筑，2005(1)：48-51.）

❷ 引自：金磊.中国建筑师要从20世纪遗产中获得自信[J].建筑设计管理，2018(6)：44-48.

及垂范今日建筑师，为当今建筑师树立文化自信提供基础资料与历史典范。

3 研究的主要内容

基于 20 世纪建筑遗产普查与保护工作的可完善之处，本文拟定的主要研究内容涉及以下两方面。

（1）基于殖民主义与民族主义的作用关系，分区片、划时段研究建筑的"中西体用"关系变迁及其动力机制。中国建筑发展至今，始终伴随着传统的传承与再诠释问题。但是，早期现代中国之前的中外关系主要是以建立帝国威信、巩固帝国统治为目的的朝贡体系，中国与世界贸易市场几乎是隔离的关系。这就确保了中国在一个相对稳定、自足的礼制秩序以及主宰、被主宰的建筑与国家关系中，推进建筑的文化传承与新旧交替。但是，1900 年以后，西方殖民者通过军事行为"将中国从以中国为中心的朝贡外交拉向西方殖民主义为中心的殖民外交"❶。从此以后，中国的建筑便裹挟在殖民主义与民族主义的背景中，开始文化传承与向西方现代文明靠拢的多样、复杂发展。徐苏斌在《X+Y+Z——关于中国近代建筑史框架的思考并纪念"中国近代建筑史"出版》一文中，认为：从中国近代建筑的外来影响作用力角度来看，在殖民主义与民族主义动力机制之下建筑的发展呈现出 4 种可能：①殖民主义与民族主义的建设性作用，推动近代建筑的发展；②民族主义的建设性使命与殖民主义的破坏性使命相抵触，反向刺激了民族国家这一想象的共同体的形成、发展；③民族主义的破坏性使命同殖民主义的建设性使命相叠加，延缓了中国建筑的现代转型与文化再诠释；④民族主义同殖民主义的破坏性使命相叠加，严重阻碍近代建筑的发展。❷徐苏斌此番言论是藉巨著《中国近代建筑史》出版之机，提出有关外来影响层面的近代建筑史研究框架。

基于此，对于民族主义与殖民主义作用过程中的直接产物——早期现代中国的民族形式建筑，就更应从这两者的作用力关系以及呈现的四种可能性中，进行分区片、划时段研究：

其一，从分区片来看，拟大体将早期现代中国的民族形式建筑划归为如下几大块：①日本控制的东北"满洲国"兴亚式建筑；②华界中为抵抗殖民主义而产生的民族形式建筑；③工矿、交通要道沿线的开埠城市中，工匠自发文化传承与猎奇西方文化的民族形式建筑；④西方教会用以怀柔华人的集中于内地的民族形式教堂建筑；⑤政治中心城市用以宣扬民族文化复兴政策，彰表党国意志，推进民族主义与殖民主义博弈的民族形式建筑。❸

其二，从民族形式近代化演变的历时性角度，拟将早期现代中国民族形式建筑划归为以下两大阶段：

1）1900—1927 年。1900 年殖民者打破北京城门，冲进紫禁城，暴力改变对皇帝的叩首礼仪，开始殖民者对中国地界、城市、制度等"去疆界化"的过程，意图消灭旧的亚洲社会。同年，也是义和团事件激发传教士教会建筑中国化的开始。殖民主义的破坏性使命与民族主义的建设性使命首次交锋，直至 1927 年国民政府制定"中国固有形式"的城建政策。

2）1927—1937 年。1927 年南京国民政府成立以后，国民政府党派色彩及其民族国家叙事连构而成的意义网络，同中国本土建筑师亟须自立，进而形成专业化、现代化、学理化的建筑师制度的时代需求相契合。造就了以南京为首都，上海为经济中心，各项现代化制度初具雏形，整个国民经济呈快速上升趋势的近代中国黄金十年，复兴"中国固有形式"的民族形式建筑运动，成为最贴合政治伦理型文化内涵、传承历史文脉与地域特色的时代浪潮，进而催生了持续十年的民族形式建筑创作热潮。1937 年南京沦陷，战时物资紧缺，殖民主义的破坏性使命严重阻碍了中国近代建筑的民族形式表达，导致 1937 年以后的民族形式建筑创作陷入低谷。

在此基础上，力求形成民族形式建筑"中西体用"关系变迁，以及折衷、现代多种表现形式及其动力机制的系统研究。

（2）基于建筑史研究需"人、事、业、物互现"，拓展性阅读与批判性陈述建筑师的创作经验及其中的共性取向、个体差异与现代启示。如果将民族形式建筑折射出的民族主义与殖民主义博弈视为客体的话，那么，在清末民初初步形成的民族国家意识、国民政府的民族国家叙事，同形成专业化、现代化、学理化建筑师制度的需求相契合的时代背景下，逐渐成长起来的早期现代中国建筑师即可被视为主体。基于赖德霖在《"中国近代建筑史"编写工作自省》一文中所说："建筑史研究须做到'人、事、业、物互见'。"❹因此，本文将建筑师主体作为研究对象中的"暗

---

❶ 何伟亚在《怀柔远人》中以马嘎尔尼使团的例子建立了另一种言说，即两个帝国的较量。这样的较量开始英国的"教程"，也让中国从朝贡体系的外交关系转换为以殖民主义为背景的"从属受容"的外交关系。这个转折点也让我们思考在建筑方面的古代和近代的结合点问题。（引自：徐苏斌. X+Y+Z——关于中国近代建筑框架的思考并纪念"中国近代建筑史"出版［J］. 建筑师，2017(5): 20–28.）

❷ 参考：徐苏斌. X+Y+Z——关于中国近代建筑史框架的思考并纪念"中国近代建筑史"出版［J］. 建筑师，2017(5): 20–28.

❸ 这里的几大区片是基于侯幼彬教授"近代城市化与城市近代化"理论划分的。侯幼彬从城市转型的推动力角度，认为城市的现代转型存在三个因素：通商开埠、工矿业发展和铁路交通建设。在此基础上，结合民族形式建筑形成、发展与高峰的推动因素，拟提出文中的五大主要研究区片。（参考：侯幼彬. 缘分——我与中国近代建筑［J］. 建筑师，2017(5): 8–15.）

❹ 赖德霖认为中国近代建筑史研究要紧密结合中国近代社会政治与文化变革的大背景，并揭示各地现代化的具体历史动因和特殊性，尤其重视各时期、各地城市与建筑发展的主导政治与社会势力，主导者和推动者（赞助人），重要建筑家、工程师、城市与市政学家所作的贡献。本文从建筑创作主体以及收集创作经验遗产的立场，重点关注从事民族形式建筑创作的建筑师这一主导力量。（参考：赖德霖. "中国近代建筑史"编写工作自省［J］. 建筑师，2017(5): 16–19.）

线"，主要研究内容如下：

1）研究早期现代中国建筑师关于民族形式建筑的多条创作路径，以及创作主体的家庭背景、受教育因素、从业经历与建筑观念成因。一方面，借此观照民族形式建筑客体中"中西体用"的复杂关系，展现中国建筑师群体平衡中西方建筑文化资源，以及应对政治文化环境与市场、社会需求时的策略选择。另一方面，透过这种多元民族形式表达途径，揭示：拥有共同民族主义情结的中国建筑师，在回应中国建筑的文化身份建构、布扎教育理念中的形式原则，以及流播国内的现代建筑设计思维、形式秩序转型等矛盾、复杂关系时的个体差异。

2）早期现代中国建筑师的民族形式建筑创作经验及其优秀作品，并非一种近代文化"遗体"。其一，早期现代中国建筑师在建筑创作中积累的宝贵经验，不仅对于当时中国建筑现代转型中的民族文化再造具有示范意义，就是放眼整个世界现代建筑史，这批建筑师造就的建筑文化遗产，也堪称世界现代建筑发展流变中的一种东方视角，或多或少为当时后发型工业国家的民族主义建构提供了范本。其二，延续至今，在新时代传承、复兴优秀传统文化以及树立文化自信的纲领下，回归传统样式与复兴民族精神依然是今天建筑市场的主旋律。当我们对这批建筑师的创作经验进行批判性回溯与拓展性阅读时，发现：

①他们所受到的布扎建筑教育对于今天培育审美素养与权衡构图关系来说，依然具有积极意义；②建筑师即使在现代建筑创作中仍旧存在历史主义与形式主导的倾向，例如：卢永毅关于奚福泉的虹桥疗养院的解读；③一些建筑师具有世界主义视域，摒弃文化象征主义手法，转而关注、追索材料表现与结构理性，但又重归营造传统，将突破西化思维的营造诗学同纯粹结构媾和出最佳平衡状态，力求探索出具有生态、文化可持续性的中国现代建筑出路，例如童寯先生。按照王澍的说法，童先生不仅是他的创作导师，更是其精神领袖。当然，在早期现代中国引入的"现代性的秩序、规范"，同文化象征主义的政治环境矛盾地交织在一起时，这批建筑师的民族形式建筑创作，也不可避免地呈现出集仿形式与折衷风格的历史局限性。基于此，这批建筑师的建筑成就对于今天的建筑师来说，就不是简单的形式模仿与追踪历史细节的对象，而是一种可以被重新诠释的经典，可以为今天的中国本土建筑创作开启新思维提供基础文本。那么，早期现代中国建筑师关于民族形式建筑的创作经验，还影响了今日文化复兴背景下建筑创作的哪些方面？又给予了当今中国建筑创作哪些启示？又该如何在批判地研究这些建筑思想遗产与实物遗产的基础上，推进设计创新？凡此种种，皆为本文有关民族形式建筑创作主体的研究内容（图1）。

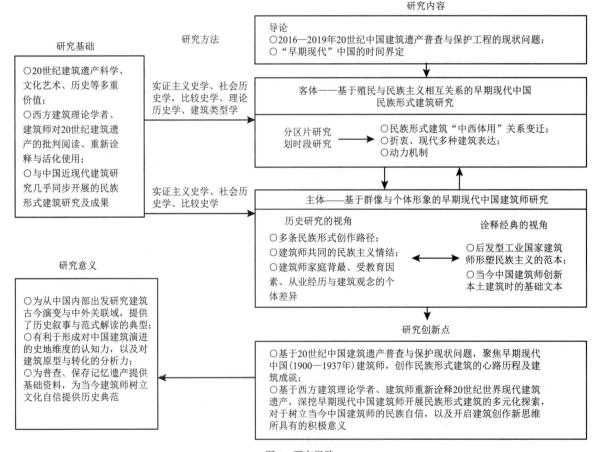

图 1 研究思路

结语

在中国近现代建筑发展中，曾经分别于早期现代（1900—1937 年）、20 世纪 50 年代以及 20 世纪 80 年代以后，集中出现过建筑中的"中国性"论题及其大量实践。与 50 年代和 80 年代相比，早期现代中国的民族形式探索，借鉴徐苏斌的说法，是殖民主义、民族主义建设性与破坏性使命相互作用的结果。与此同时，当"本质上是批判性转化传统的，超越民族国家界限的与'世界主义'" ❶的西方现代主义，以及当时大多数留学归国建筑师带来的布扎形式原则，同殖民权力、民族主义运动、世界主义意识交织在一起时，就使得民族形式建筑活动，游移在了形式折衷的布扎建筑手法，现代性的秩序、规范以及文化、政治的象征主义之间，因此，在"现代建筑设计思维、形式秩序转型同中国建筑的文化身份建构"之间，呈现出比 50 年代、80 年代更加矛盾、复杂的关系。透过这层层交织、错杂的关系网，我们可以抽丝剥茧地解读：早期现代中国在多重作用力以及诸多关系的变迁中，将民族形式建筑牵拉进了世界建筑的全球化进程；而诸多关系变迁所引发的风格探索、形式选择以及以"式样"表达民族性的建筑观念，又借由美学原则与启蒙的现代性话语，影响了当今建筑中的"中国性"探索，但也牵制了这一探索在"超越有用性，合于本土建构与文人审美"层面的更大突破。

本文的创新之处在于：①将早期现代中国的民族形式建筑研究，纳入 20 世纪建筑遗产保护与活化利用的视角。基于 20 世纪中国建筑遗产保护在"内容上没有地区、时代、类型之分"，以及建筑普查忽视了对老工匠、老建筑师等人物普查的现状问题，聚焦：在民族存亡与现代转型，殖民主义的"去疆界化"与本土文化传承等多重复杂关系中，堪称"涅槃式成长"的早期现代中国建筑师，创作民族形式建筑的心路历程及建筑成就。②鉴于西方建筑理论学者、建筑师反复阅读、重新诠释 20 世纪世界现代建筑遗产，并因此开启了 21 世纪建筑创作新思维与新路径，本论题也将早期现代中国的民族形式建筑研究，纳入重新诠释建筑经典并进行现代转化的视角。尝试深挖早期现代中国建筑师在复杂、错落的关系网中，坚持开展民族形式建筑的多元化探索，对于树立当今中国建筑师的民族自信所具有的积极意义。从 20 世纪建筑遗产的经典价值来看，这批民族形式建筑不啻为世界现代建筑思潮中的东方视角，如果今天的建筑师对它们加以重新诠释，也将有助于丰富当今国内设计的"中国性"表达。

参考文献

［1］金磊. 20 世纪遗产乃中国百年建筑学脉［J］. 城市住宅，2018(9): 46–49.

［2］金磊. 中国 20 世纪建筑遗产与百年建筑巨匠［J］. 中国文物科学研究，2018(4): 7–11.

［3］赖德霖. 观第三批中国 20 世纪建筑遗产名录公布随想［J］. 时代建筑，2019(3): 5.

［4］王颖. 探求一种"中国式样"：早期现代中国建筑中的风格观念［M］. 北京：中国建筑工业出版社，2015.

［5］杨秉德. 关于中国近代建筑史时期民族形式建筑探索历程的整体研究［J］. 新建筑，2005(1): 48–51.

［6］金磊. 中国建筑师要从 20 世纪遗产中获得自信［J］. 建筑设计管理，2018(6): 44–48.

［7］徐苏斌. X+Y+Z：关于中国近代建筑史框架的思考并纪念"中国近代建筑史"出版［J］. 建筑师，2017(5): 20–28.

［8］侯幼彬. 缘分：我与中国近代建筑［J］. 建筑师，2017(5): 8–15.

［9］赖德霖. "中国近代建筑史"编写工作自省［J］. 建筑师，2017(5): 16–19.

［10］常青. 回眸一瞥：中国 20 世纪建筑遗产的范型及其脉络［J］. 建筑遗产，2019(3): 1–10.

❶ 引自：常青. 回眸一瞥：中国 20 世纪建筑遗产的范型及其脉络［J］. 建筑遗产，2019(3): 1–10.

工业遗产空间微更新中的"营"与"建"
——以重庆鹅岭印制二厂文创园为例

■ 陈启光
■ 重庆大学建筑城规学院

摘要 随着我国城市化水平不断提高，城市的产业结构也处于转型时期，大量的工业生产已经不再适应先进生产力的要求，伴随着这些工业生产衰退而闲置的工业厂房，却仍然具有经济与历史文化的价值。重庆作为中国西部老工业基地，工业遗产种类丰富，本文以重庆鹅岭印制二厂文创园这一工业遗产改造项目为例，试图探究在工业遗产的更新中旧建筑再利用的方式，以及在旧建筑更新中建筑室内空间与管理运营系统化设计的方法，在保留工业遗产原真性的基础上织补城市功能，保留城市珍贵的工业记忆，对城市的社会、文化、经济、生态等多个领域产生积极的影响。

关键词 工业遗产 微更新 室内设计 设计方法

1 更新缘起

重庆作为中国最具有代表性的工业城市之一，为整个国家的工业发展做出了巨大的贡献。如今，产业结构变迁致使重庆的战略转型迫在眉睫，重庆工业大多是自上而下的布局模式，在城区形成许多"大院"式大型企业[1]，而现代许多工业功能逐渐迁址城郊，原有的老工业基地被迫成为城市中的消极空间。重庆积极践行"城市双修"的理念的同时，希望通过对城市消极空间的织补来改善人居环境、适应现代城市发展需要。本文在以重庆鹅岭印制二厂文创园这一工业遗产改造项目为例，探究在工业遗产空间微更新中旧建筑再利用的方式，总结如何使激活后的工业遗产既满足城市使用者新时代的需求，又能够见证城市发展演变路径，对城市未来的发展产生积极的影响，提供城市空间发展新动能。

2 更新依据

2.1 工业遗产的有机重建构

从城市到建筑，从整体到局部，是一个有机的生命体，吴良镛院士提出有机更新理论，强调城市中的各个要素之间的相互关联，工业遗产本身的风貌特色具有一定的历史价值，见证着城市的一段历史，在改造过程中应当尊重工业建筑其自身的空间建构规律，保护并积极展示其已有的空间结构，综合考量各方面的因素进行设计，对历史风貌价值较高的，充分尊重其原真性，使用适当的设计手法展现其特色，甚至对部分破损进行保留与展现，遵循有机更新的原理，尊重原有场地、建筑、室内的面貌，在深入考察，理性分析的基础上进行有机更新改造。

2.2 可持续的微更新

可持续理论是指既满足当代人的需要，又不对后代人满足其需要的能力构成危害的发展，以公平性、持续性、共同性为三大基本原则。在如今的城市更新中，大拆大建的现象十分普遍，工业遗产的更新也不例外，过于武断的大面积拆除往往导致原有风貌价值的破坏；与此同时，部分工业园改造手法粗糙，对工业遗产产生了过多不可逆的伤害。工业遗产是非常珍贵的城市风貌资源，应当寻找其独特价值与稀缺属性，有针对性地进行开发利用，为城市的现在与将来持续性地做出贡献。

2.3 触媒置入激活城市空间

已有的工业遗产改造业态较为单一，在北京798、上海田子坊等成功案例的影响下往往以特色文创景区为蓝本，在工业遗产保护风潮之中诸多城市争相建立自己城市的工业文创园，不免趋同。城市触媒的概念是美国学者韦恩·奥图和唐·洛干在1989年发表的《美国都市建筑——城市设计的触媒》一书中率先提出的[2]，"触媒"顾名思义即为激发城市中各个要素向着积极的方向反应的活力元素。城市工业遗产作为城市历史文化的缩影，与常规尺度和应用场景不同的工业空间，具有激活城市空间的重要潜力，将城市触媒原理运用到工业遗产改造中，在其自身重新产生价值的同时，更能够织补城市空间，填充缺失功能，激发城市活力，产生更加积极的连锁反应，为城市带来新的发展动能。

3 重庆鹅岭印制二厂项目概况

3.1 改造背景

鹅岭二厂即1953年在重庆鹅岭正街1号成立的"重庆印制二厂"。在民国时代这里作为"中央银行印钞厂"运行，当时的钞券、税票、邮票等都由这里发出。它是重庆市宝贵的工业遗产和城市记忆。随着时代的发展，工厂逐渐衰落。2014年，由英国建筑师威廉·艾尔索普与他的团队All Design联合重庆当地建筑行业专家对其进行改造。

3.2 项目概念与定位

鹅岭二厂的改造从设计到施工都遵循粗野（rough）的奢华（luxury）这一概念。设计师认为，旧建筑中剥落的墙面、锈蚀的门窗、粗糙的地面等老旧粗野的元素，它们看似破败肮脏应当被淘汰，但实则正是老旧建筑中珍贵的历史印记。它们往往能够唤醒人们对历史的感怀，是整个建筑从外部空间到内部细节都更加感人。

而奢华则是体现在理性的保留旧建筑的基础上置入适合当代的需求，满足当代人群更高的追求。它可以是新功能、新材料，也可以是新形式、新概念。它的置入使整个旧建筑得到升华。从粗野到奢华，并不意味着简单的新旧对比，而是尽力的保留、谨慎的拆除、巧妙的更新，拒绝过度设计，在保留原真性的基础上寻找属于建筑本身在城市更新中独有的价值。

3.3 项目概况

工业景观的在城市空间和景观形态上具有无法替代的特色[3]，鹅岭二厂坐落于重庆鹅岭正街1号，其山地特征是在工业遗产类型中较为突出的特点，较高的地势带来丰富的景观资源，最高处能够鸟瞰长江与菜园坝长江大桥的风景。厂区内有大小厂房与办公楼20余座，总建筑面积达25000m²以上。这些厂房原本用于工业生产，空间都相对简单封闭。同时，厂区内的外部空间设计也以高效率为目的，有三条直通各个厂房的东西向道路。开敞的空间也主要设置在厂区节点处。而建筑的室内也因生产的要求，简洁开敞，没有过多的装饰与分隔（图1、图2），为后期的改造提供了充足的余地。

4 "营·建"策略

4.1 有机＋触媒——外部空间重建构

4.1.1 有机链接的植入

为了保持改造后人们游览园区的路线的完整性与便捷性，园区的路径改造将位于7号楼和10号楼的尽端路连接起来，形成网状的步行空间。改造过程中，设计师在5号楼与6、7号楼之间设置了3座天桥，同时打开两座建筑的一面，形成外部走廊。设计师将各个厂房的屋顶全部由天桥连接，在原有接地层上方形成空间走廊体系，丰富了流线的同时也充分开发了园区内的空间价值，为园区上层的空间带来了更多的商业运营可能（图3、图4）。

4.1.2 城市空间触媒置入

第一个节点空间的营造是位于园区入口的广场，设计师将2号楼的底层打开，使23号楼与4号楼之间的小广场与入口空间的大广场之间形成视线通廊，在小广场上一览山城风景。充分引导城市游客进入园区带来充足的客源，通过视线的串联充分激发游览点活力，同时配合2号楼下部可游可购的创意市集，形成丰富的视觉景观体验与购物氛围。

第二个节点空间置入位于7号楼与9号楼的尽端，在游览了前半部分创意街区后，在流线中后段集中布置餐饮类业态，同时配合在此处设置的工业风格城市家具，满足了游客拍照休息与补充体力的需要，使游客一览长江与菜园坝长江大桥风景的同时，进一步增加景区营收（图5）。

4.2 功能到构件——建筑单元再赋能

4.2.1 建筑功能改造

建筑单体在功能分区上引入了"三明治"的概念，第一层和屋顶层设置为对公众开放的商业性空间，如创意市集、餐饮、展览等等。中间层则为办公空间，创意工作室，旅馆等相对私人的功能（图6）。设计师这样设置看似违背了动静分离、公私区分的基本功能原理，但其中其实隐藏着设计师对于新一代人群生活模式的深刻的见解。

顶层的绝佳视野为餐饮类业态提供了优质的景观资源，展览和创意产品商店获得了更充沛的人流，而中层适宜的租金降低了创业者的投入资金，同时提供了更丰富的社交

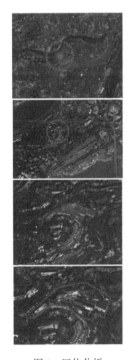

图1 区位分析
（图片来源：作者自绘，底图来自谷歌地图）

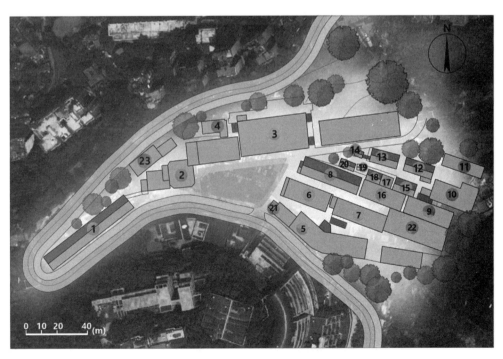

图2 鹅岭二厂总平面示意图
（图片来源：作者自绘，底图来自谷歌地图）

体验，为创业者提供社交机会的同时，也保证了周边餐饮型业态的基础收入。同时，对文创工作室的展示也成为了一条特色风景线，为旅行者提供了沉浸式的艺术氛围体验。

4.2.2 建筑空间改造

建筑空间整体改造拆除了5号、6号、7号建筑二层的部分外墙，形成室外廊道并利用天桥连接，使建筑的二层作为公共空间使用，激发了二层空间的活力。将2号楼的底层部分进行架空处理，不仅使原来的入口广场更加开阔，也使广场与23号楼与4号楼之间的小广场之间形成视线通廊。另外，在改造过程中，设计师也注重更多趣味空间的营造，如利用围护结构的拆除营造灰空间，设置室外休闲阳台等。

例如ALL DESIGN工作室所在的5号楼印钞车间，是一个400m²左右的开敞空间，建筑室内的屋顶原本由于漏水而使屋顶的白漆脱落，斑驳破败。设计团队重新粉刷了屋顶，并将梁和柱表面的白漆顺势敲掉，露出原来质朴的混凝土。白色的抹灰与充满历史感的斑驳混凝土对比，充满力量（图7）。

工作室的改造尊重原有空间的形式，并没有增加新的隔墙，仅用窗帘、画作等进行软隔断。这样，既展现了印钞车间的历史痕迹，又使空间的划分变得更加灵活，易于调整。

吊顶部分采用黑色钢管网系统，细长的钢管形成网状在屋顶铺开，不会过分遮挡原有车间屋顶，使空间保持原

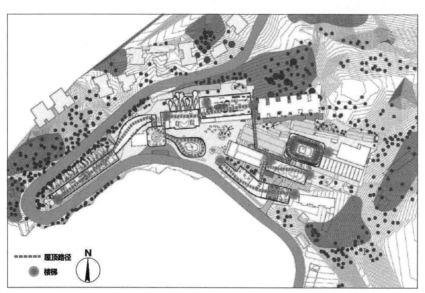

图3 屋顶流线示意图

（图片来源：作者自绘，底图来自谷歌地图）

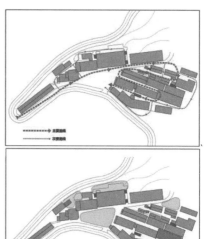

图4 地面流线与节点

（图片来源：底图出自《重庆印制二厂·文创园既有建筑改造与城市更新工程专刊》.重庆建筑，2017,16(6)，流线为作者重新绘制）

图5 节点空间示意与实景照片

（图片来源：作者自绘）

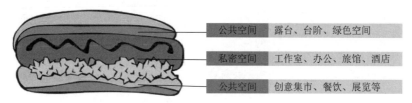

图6 三明治功能概念

（图片来源：作者自绘）

有的简洁干净。钢管网的设置不仅使电线隐藏其中，也为灯具等的悬挂提供了便利。

在色彩的运用上，虽然原有的空间主要为黑、白、灰三色，但家具的选择却大胆地采用了鲜艳的色彩。同时，柔软的家具与硬朗的结构也在材质的层次上形成了对比。整个空间跳跃灵动，在这里，历史与当下仿佛在进行着对话。而入口极具工业感的推拉门也保留了下来，被工作室的人们涂上了浅橘色，极具年代感的推拉门瞬间焕发新的色彩。

车间原有的储藏室被拓宽了，被布置成了洗手台，同时墙上加建了必不可少的卫生间，卫生间与洗手台都用简单的水泥抹面，质朴简洁，与整个空间的风格交相呼应。

原有消防楼梯的木质门被替换为符合防火规范需要的钢板门，一推开钢板门便是阳台，重庆的山城景色与波光粼粼的江面美景便尽收眼底。

而室内的家具都是工作室按照空间的尺度重新设计，以颇具工业风格的钢管为支撑，里面可以隐藏电线等。所有人办公都在大尺度的办公桌上，同事之间的交流变得更加平等亲切。

4.2.3 建筑立面的改造

建筑立面的改造也遵循了有机更新的原则与从粗野到奢华的概念。以3号楼立面改造为例，3号建筑的外立面原为20世纪80年代非常普及的蓝白相配的瓷砖，部分瓷砖已经

相当老旧甚至简陋。设计师依照原真性原则，对外立面的瓷砖们进行了全方位的安全检测，只清除了部分具有安全隐患的瓷砖，在暴露出原本墙面的位置填以彩色的涂料，形成了独特的充满生命力的图案（图8）。针对建筑外立面的门窗，设计师也尽可能地进行了保留，将已经破损的玻璃替换成了颇具张力的彩色玻璃（图9）。同时，为了增加老建筑的立面的丰富性，加强建筑的安全性。设计师将部分挑阳台包以镂空喷漆钢板。从材质和色彩两个方面对立面进行重构。

4.2.4 建筑构件改造

鹅岭二厂的许多构件乃至结构都有一定程度的老化甚至损坏，设计师采用了复合式的手法，使这些构件既保留了下来，又恢复了使用功能。

柱的处理：为了满足重新开放使用的需要，设计团队决定将原有厂房的立柱进行加固，在原有立柱外增加一层耐候钢板，锈红色的钢板肌理凸显着二厂历史的痕迹，同时为了解决原真性与改造更新需要的矛盾，设计团队将钢板进行了特殊的镂空处理，镂空的图案来自鹅岭二厂地形关系的抽象，这样使立柱在原有风格风貌不被破坏的基础上更有艺术特色（图10）。

楼梯与扶手的处理：设计师将原有楼梯加固，使用银色金属网代替原有楼梯栏杆，并将扶手涂成红色，通过强烈的色彩反差，装点原有建筑的工业风格，同时，楼梯结

图7　屋顶整修前后对比

[图片来源：《重庆印制二厂·文创园既有建筑改造与城市更新工程专刊》.重庆建筑, 2017, 16(6)]

图8　瓷砖改造后效果图

[图片来源：《重庆印制二厂·文创园既有建筑改造与城市更新工程专刊》.重庆建筑, 2017, 16(6)]

图9　窗户的新旧对比

（图片来源：作者自摄）

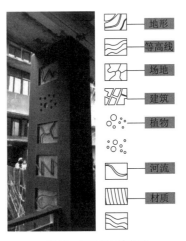

图10　钢包柱元素提取

[图片来源：《重庆印制二厂·文创园既有建筑改造与城市更新工程专刊》.重庆建筑, 2017, 16(6)]

合艺术装置，使简单的交通构件变成了吸引人流的拍照地点（图11）。

图11　安全楼梯改造前后对比图

（图片来源：作者自摄）

在5号、6号楼之间的天桥改造部分，设计师将天桥设计成船的形状，不仅使5号、6号楼之间的街巷空间充满浪漫主义色彩，也寓意着鹅岭二厂犹如一艘老船一般，穿越风雨，历经数载，停靠在嘉陵江畔，回忆着过去，展望着未来。

4.3　"营·建"一体——设计周期全介入

在鹅岭二厂微更新项目中，运营方在设计过程中高度配合是该项目成功的重要因素：首先在设计过程中，运营方有意识地要求店铺在室内设计中放弃部分营业空间，打造"网红打卡拍照点"，在网络上形成传播效应，在成功宣传了店铺本身的同时，也有助于鹅岭二厂曝光度的提高；而后在商铺运营方面，二厂策划方积极参与商业活动策划，保证了鹅岭二厂整体品牌的顺利塑造和质量的提升；二厂资方在签订租期时大胆使用短租期的合约，快速淘汰落后的店铺类型，加快了业态的迭代过程，始终保证鹅岭二厂品牌的先锋性；定期举办优秀艺术家装置展出，吸引以上一系列举措均保证了鹅岭二厂作为文创产业园的成功开发。

5　微更新手法探索

在工业遗产的更新中，旧建筑及其室内的改造必当遵循一定的设计方法，通过上述对鹅岭二厂的案例分析，总结了对于工业遗产改造的一些设计方法与原则。

明确改造基本原则：在进行旧建筑及其室内改造之前，设计师应当明确在改造工作中应当遵循的基本原则，如文章开头提到的有机更新的原则、可持续发展的原则、以人的

需求为中心提出的马洛斯需求层次理论以及倡导为城市带来活力的城市触媒理论。这些原则彰显了设计对工业遗产以及对人群真正的尊重，好原则能指导好设计，同时也是设计应当坚守的底线。

提出设计概念：与设计原则不同，设计概念往往更多指的是设计师自己的想法与见解，如鹅岭二厂改造中设计师提出的"粗野的奢华"的概念一样。好概念的提出往往代表着设计师在遵循改造原则的基础上，对项目本身的历史、故事、面貌等等更加深刻的理解。当设计有了概念的支撑，并在实施过程中贯彻概念的精神，项目才能具有属于其本身的特色与感召力。

建立科学的筛选体系：对于工业遗产，从场地到室内，都要面临科学的筛选，建立科学的筛选体系，明确什么是必须舍弃的（如已完全丧失其安全性的），什么是加以修缮能够继续利用的，什么是可以完全保留的，这对于提高设计施工效率、合理进行遗产更新等都有重要的意义。

理性置入新功能新模式：在进行新功能置入时，应考虑多方面的因素，如鹅岭二厂更新时采用的"三明治"功能置入方式，是在考虑使用人群真正需求的基础上提出的。同时，在置入过程中，与周边建筑的关系、与旧空间的融合等等都应当进行考虑。

深入推敲细节：无论是建筑还是室内，在细节的处理上都应当仔细推敲，思考新旧关系如何恰当的衔接。

注重整体性：在改造进行到尾声时，整个工业遗产应当环环相扣，统一和谐，成为一个新的有机体。比如它的道路系统、景观系统、建筑功能、业态的布置等，都是相互衔接、相互渗透的。它既存留历史的信息，又以新的功能与结构重新运作起来，形成系统。

结语

旧建筑及其室内的改造是工业遗产更新中必不可少且至关重要的环节。工业遗产改造因为其主题的特殊性，在改造过程中需要明确旧建筑再利用及室内设计的基本原则、设计概念、筛选体系、功能模式、细节探讨以及整体性与系统性，其同时也应当注重经营模式，上述要点相互构成一个有机整体，彼此影响，需要以系统的设计观进行统筹设计。针对工业遗产保护再利用而言，不能仅强调如何重新创造价值，更应该积极影响城市空间，实现城市空间的综合协调发展。

参考文献

[1] 刘斯阳. 株洲市石峰区工业建筑遗产保护与再利用研究 [D]. 长沙：湖南工业大学，2019.

[2] 赵万民，李和平，张毅. 重庆市工业遗产的构成与特征 [J]. 建筑学报，2010(12)：7-12.

[3] 张志强，孙成权，程国栋，等. 可持续发展研究：进展与趋向 [J]. 地球科学进展，1999(6)：3-5.

[4] 韩凝玉. 媒体时代城市景观的"触媒效应" [N]. 中国社会科学报，2013-06-19(A08).

[5] 刘伯英，李匡. 北京工业建筑遗产保护与再利用体系研究 [J]. 建筑学报，2010(12)：1-6.

[6] 李未韬，陈玥在. 在旧的记忆土壤里种一棵新生的树 [J]. 重庆建筑，2017,16(6)：18-24.

[7] 陈希. 城市公共空间化的工业遗产改造研究 [D]. 苏州：苏州科技大学，2017.

[8] 李彦瑾. 共生视角下的工业遗产改造再利用研究 [D]. 成都：西南交通大学，2018.

[9] 莫超宇，王林，薛鸣华. 上海宝钢不锈钢厂保护更新与城市设计实践 [J]. 时代建筑，2018(6)：162-167.

葡萄牙瓷砖艺术在中国室内环境的应用初探

■ 程 曦
■ 华中科技大学建筑与城市规划学院设计学系 湖北省城镇化工程技术研究中心

摘要 葡萄牙瓷砖是葡萄牙文化遗产中的重要组成部分，这种传统的装饰艺术形式被广泛地应用于葡萄牙的城市景观以及室内公共空间中，是葡萄牙最具代表的艺术文化分支。本文通过对葡萄牙瓷砖艺术的历史源流、基本特征以及文化内涵进行归纳分析，提炼葡萄牙瓷砖艺术在城市空间中合理的应用方法，为设计师提供可供参考的理论依据。

关键词 葡萄牙瓷砖艺术 室内装饰 文化内涵

引言

葡萄牙瓷砖艺术作为一种典型的传统装饰文化艺术形式，其形成一定是当地环境和风土人情的高度凝练，更是其民族精神的体现。当地所呈现的城市人文景观，无一不展现着瓷砖艺术作为葡萄牙文化艺术典范的地位。葡萄牙作为大西洋沿岸最古老的国度之一，以其深厚的海洋文化及其英勇的先驱精神而闻名，葡萄牙军队通过航海贸易成为欧洲的经济、政治和文化发展的中心。其航海事业的发展突破了该国小领土和人口少的局限性，并将其视野扩展到更广阔的海洋，使其牢固地立足在一个新时代——航海时代，并成为这个时代的领导者。在此过程中经历着千锤百炼的洗礼，同时也将葡萄牙的文化习俗、宗教信仰、先进制度传播到许多地方，并与当地文化融合，成长为独特的文化景观。而葡萄牙瓷砖艺术，就在这个摇篮之中，慢慢地萌芽、生根并形成其独特的风格。

1 葡萄牙瓷砖艺术形成的原因

1.1 自然条件

葡萄牙的东部与西班牙接壤，西南部与大西洋接壤。北部地势高，南部地势低，地形主要是山区和丘陵。此外，里斯本的罗卡角是整个欧洲的最西端。独特地理优势以及非洲文化、美国文化和亚洲文化的长期交织和影响在此地形成了独特的文化氛围，留下了许多文化遗产。

葡萄牙北部属海洋性温带阔叶林气候，南部属亚热带地中海式气候。而瓷砖却恰恰适合这种温暖潮湿的气候。瓷砖的耐磨性强，防渗水性佳。表面较为光滑，具有极强的抗震、防裂特性。而葡萄牙所在的大西洋畔，海风强劲，常年气候温暖，空气湿度较大。用一般材料建造的墙面比较容易发霉，不易清洗保洁，也易受损毁坏。据说，这些瓷砖不仅具有装饰性，还有调节温度的功能，可以改善因为热带气候带来的炎热感。因此，根据使用价值，瓷砖逐渐成为葡萄牙墙面装饰材料的首选。

并且，随着时代的更迭和文化的频繁交流，葡萄牙的瓷砖渐渐地从单一的建筑材料逐渐转变为一种艺术绘画——"瓷砖画"。他们在瓷砖的表面创造出一个全新的艺术世界：通过绘画装点墙面，增添各种主题，最终形成一种独特的艺术风格。

1.2 社会条件

葡萄牙曾经历了罗马人的入侵，并被其统治了 5 个世纪。也曾被北非穆斯林摩尔人占据了南部的领土，而后被信奉天主教的哥特贵族重新统治。最终，阿方索一世从穆斯林的手中重新取得这块领土，成立了葡萄牙王国。因此，穆斯林的摩尔文化、工艺技术、审美取向等都深深的渗透进葡萄牙的文化根基中，而天主教则成为葡萄牙的第一大教。王国成立后，葡萄牙并没有就此停下脚步，依靠海洋的地理优势发展航海业，通过海上贸易将自己的产品推向海外市场，并吸取其他国家的文化精华。在世界艺术和文化交流中贡献了积极的影响。其航海事业在 16 世纪达到鼎盛，也是葡萄牙最辉煌的时刻，它建立了殖民霸权，独占了东方航线，并获取了大量的财富，葡式瓷砖也在这一时期应运而生。而久居本地的当地人，则是以农林渔业为生，具有充裕的劳动力，人们的闲暇时光也很充足。经历过被侵略、频繁战争的人们更加渴望生活的稳定，渴望自由和安定的生活。这座海边的古老小镇造就了葡萄牙人们较为乐观的精神品质。所以以丰富的热带色彩、小巧而精致的工艺品，成为了这种自由闲适生活方式的体现。

1.3 文化源流

葡萄牙创造性地使用了瓷砖艺术装饰手法，将其使用在建筑及景观的设计中，也使其发展成为世界上独树一帜的艺术形式。

中国遥遥领先欧洲的制瓷技术一千多年，是瓷器产生的源头。而瓷砖，则是瓷器的衍生产物。可以说，葡萄牙的瓷砖文化深受大航海时代中其他国家的文化传播影响。率先开启海上航线的葡萄牙，是第一个前往"东方"与中国达成瓷器贸易的国家。葡萄牙人为了方便贸易，买通了明朝的官员，租下了中国澳门，在那里建立了贸易站。从此通过澳门这个口岸，运到葡萄牙的中国瓷器大幅度激增。

葡萄牙学者瑞·卢里多（Rui Lourido）在《16 至18 世纪的澳门贸易与社会》一书中描述了中葡贸易的繁荣，他在其中提到了澳门—葡萄牙网络（Macau-Goa-Lisbon）。"这是一条巨大的葡萄牙路线。它通过著名的好望角路线向欧洲提供东方产品。"

中国的瓷器到达葡萄牙后，受到当地人民的广大欢迎，很快，瓷器就开始成为葡萄牙人的日常生活用品之一。甚至是王公贵族，都以拥有远方的中国的精美瓷器作为身份和地位的象征。他们在举行重要宴会时，放弃使用银器，改用瓷器。在将青花瓷引入葡萄牙之后，并没有被瓷砖艺术家们学习利用。相反，聪明的荷兰人使用自己的商业敏锐度来学习如何用蓝色和白色进行绘画，其颜色和亮度类似于中国的瓷器。这些瓷器既便宜又能满足葡萄牙人的需求，因此大量出口到葡萄牙。葡萄牙人又将青花瓷配色方法用于瓷砖绘画创作，使这种艺术形式更加成熟。根据历史记载，在 1552 年，在他们的首都有 60 个烧釉瓷器的窑厂，但直到 16 世纪后期，葡萄牙人才完全掌握了制瓷技术，从而形成了完善的中国仿瓷业。

到了 17 世纪末，由图案和花纹组成的瓷砖绘画开始出现，并逐渐覆盖了整个建筑物的墙壁。随着巴洛克和洛可可艺术的盛行，各种丰富的人物也开始大量出现在瓷砖壁画的画面上。

因此，我们可以这样认为：中国的青花瓷首先影响荷兰瓷砖的创作，随后影响葡萄牙。葡萄牙的瓷砖画不仅在 17 世纪末和 18 世纪初发挥着重要的作用，而且一直持续到近代。时至今日，蓝白瓷砖画仍是当地建筑装饰的主流，并在葡萄牙的各大城市，尤其是在波尔图和阿威罗都可以找到。这种源自中国的青花瓷器表现手法已完全融入了葡萄牙的血统。

1.4 技术发展

中世纪时期，基督教实力和穆斯林势力频繁因为争夺领土的问题不断战争。穆斯林摩尔人长期统治着葡萄牙人所在的伊比利亚半岛。文化的交融让葡萄牙早期的瓷砖生产技术和欧洲大陆的普遍不同，受摩尔人影响，他们更偏好一种叫格拉纳达的技术，这项技术起源于同处伊比利亚半岛的西班牙的 Levante 和 Andalusia。主要生产的是正方形和六角形的瓷砖，墙面几乎只使用一种图案，并装饰上边框（图 1）。而葡萄牙人则喜欢使用丰富的图案和边框。这种复杂的效果也已成为葡萄牙瓷砖的突出特征。

图 1　西班牙格拉纳达

图 2　embrechados 工艺

除了西班牙的格拉纳达技术外，一种传自北非摩尔人的装饰艺术同样风行（图 2）。葡萄牙人还喜欢在建筑的墙壁内外、拱门上下，用海螺、贝壳、石头、玻璃碎片、瓷片镶嵌拼接作为装饰（图 3）。

图 3　组合镶嵌的瓷砖画

（来源：网络）

总的来说，在 15 世纪末到 16 世纪初，葡萄牙的瓷砖画处于摩尔艺术的复兴时期，具有很强的穆斯林装饰特色。

16 世纪末期，葡萄牙的瓷砖装饰从意大利彩陶中汲取了灵感，釉上彩陶技术在原有的 His-pano Moresque 彩陶技术上进行了优化，提升了葡萄牙瓷砖的制作工艺，具有了文艺复兴时期装饰艺术的特点。但大量的模具瓷砖仍然出自摩尔工匠之手，主要用于墙面装饰。

到了 17 世纪，随着与中国贸易的逐步增长，中国的青花瓷已大量引入欧洲。在此期间，大量高品质的蓝白色荷兰瓷砖绘画陆续进入葡萄牙。终于，葡萄牙瓷砖画确定了以蓝白色调为主色调，并在当时的艺术作品中占领了主导地位。

2 葡萄牙瓷砖画的艺术特征

2.1 造型特征

虽然瓷砖并不是由葡萄牙发明的，但他们却开创先河的将其运用在建筑以及景观中，并逐步形成了一门装饰艺术。他们受到巴西装饰艺术风格的影响，在建筑的墙面上大规模、大面积的使用瓷砖进行壁画式的覆盖。可以说，葡萄牙独创地将瓷砖作为一种装饰性的艺术手法，为全世界创造了一种全新的独特艺术形式。

而瓷砖艺术的形成史比我们想象的更加悠久，葡萄牙人早在 13 世纪就已经在地面的装饰上运用单色抽象的几何形图案，而那个时候的中国正处于元朝，对于地面装饰的感知还未萌芽。而到 15 世纪后期至 16 世纪，葡萄牙人不满足于仅仅只在地面的装饰，他们开始将美丽的瓷砖图案运用于室内墙面，甚至大量的公共建筑外立面和室外环境。开始时他们将单块瓷砖作为一片画布进行作画，但这些强烈装饰性的单面瓷砖的面积远远不够满足葡萄牙人爱美的心，于是更大面积的瓷砖画应运而生，成片的瓷砖组合镶嵌形成一幅巨幅的瓷砖壁画，最终成为"葡萄牙城市舞台的幕布"。

葡萄牙瓷砖壁画更倾向一种平面的展示，造型上更强调画面的整体性、装饰性和故事性。整体造型平整，利用瓷砖的光滑度、折射度、多彩的颜色对城市空间进行装饰。巨幅的瓷砖画自带体量大和比例夸张的震撼效果，这种独特风格展现出一种绚丽灿烂的图景，深深地烙印进葡萄牙的城市血脉中。

2.2 色彩搭配特征

由于技术的限制，早期的瓷砖画多为黑色与白色，随着葡萄牙航海事业的发展，中国的瓷器传入了欧洲，光润柔美的瓷器成为了当时王公贵族的珍爱和财富与地位的象征。葡萄牙的能工巧匠们对中国的瓷器进行了加工与再创造，他们没有遵循中国的装饰传统，在蓝白色的设计基础上，选择了适应西班牙和意大利喜好的印花图案和带有穆斯林装饰风格的复杂集合设计。从而形成了自己独有的色彩风格——"葡萄牙蓝"。这是一种古朴谦逊宁静的蓝色，当它们汇集在一起出现在教堂民居和餐厅等墙壁和地面的时候，就会散发出令人沉醉的强大气场（图 4）。当意大利的花饰制陶技术引进后，瓷砖画的色彩变得更加丰富起来。这种来自意大利的新技术可以直接将各种色彩绘在瓷砖表面。在当时王宫贵族甚至直接使用金箔绘制于瓷砖表面，这项技术的进步同时也带来了更大的艺术表现空间，瓷砖画的画面也表现得更加生动，更富有装饰性质。17世纪以后，随着瓷砖画在西班牙和荷兰等地的辗转交融，瓷砖画最终以蓝白色调为主色调成为一种时尚风靡整个欧洲。

图 4 以蓝白色调为主的瓷砖画

2.3 主题多元特征

葡萄牙瓷砖画仿佛一本立体的葡萄牙史记，记载着这个国家的历史文化、宗教信仰、政治经济状况、重大历史事件、著名历史人物、秀丽的自然风格、民间的故事与传说，甚至是牲畜、植物与水果等都会成为画面的主题（图 5）。

图 5 宫殿外的陶瓷装饰，描绘着昔日狩猎、庆典和战争的景象

由于葡萄牙是天主教国家，因此宗教题材里理所当然地成为了葡萄牙瓷砖画的一大主题，经常可以在如火车站、教堂、皇宫等一些建筑物的内外墙面上看到关于耶稣、上帝、圣母等主题的瓷砖画（图 6）。

图 6 宗教故事瓷砖画

也有作为史料记载在瓷砖画上的现实题材如:《里斯本全景图》。全长约 23m，是葡萄牙 18 世纪最独特的瓷板画代表作，描绘着里斯本从阿尔及斯到沙布雷加什长 14km 的海岸线，由于里斯本在 1755 年经历了一场大地震，所

以这副记录着地震前景象的全景图就显得尤其珍贵。这套饰板从鸟瞰角度俯视整座城市，清晰地描绘着城市中的宫殿、教堂与房屋，堪称葡萄牙版的"清明上河图"（图7）。

图7　里斯本全景图

（来源：新民晚报）

以寓言故事及传说为题材的瓷砖画画面诙谐生动，甚至具有教育意义（图8）。

图8　部分瓷砖画还描绘着当地与猫、猴子相关的寓言故事

总之，葡萄牙瓷砖画的主题包罗万象，呈现出典型的多元化特征，具有极强的艺术表现力，可供后世研究与借鉴。

2.4　风格多元特征

同中国工匠们将木材作为载体进行雕刻、拼合、设计一样，葡萄牙的瓷砖艺术将瓷砖作为物质载体，承载着广大瓷砖艺术家和工匠们的创作灵感。可以说，瓷砖上的"画"才是主要内容。受葡萄牙多民族交融频繁、航海事业发展迅猛的国情影响，瓷砖画的风格也是多种多样。主要可以分为两大类：①绘画类。主要由画家、设计师以及工

匠们手绘完成。瓷砖质量的好坏也取决于画作的质量好坏。手绘类的瓷砖画所呈现的效果完全依据创作者的手绘风格，有浪漫主义的、有写实主义的、有西方油画风的、有东方水墨风的、有线描风的。主要以写实的油画风格居多，讲求画面的透视感和光感（图9）。②装饰风格的图案类。瓷砖多为抽象造型的几何图案，以单块瓷砖为单位，进行成组和排列组合，现代多为喷枪技术和现代印制技术来制作。这种瓷砖多为流水线作业，开启了瓷砖画的工业生产阶段（图10）。

图9　手绘类（展于里斯本瓷砖博物馆）

图10　装饰图案类（展于里斯本瓷砖博物馆）

3　在中国室内设计中的合理运用

3.1　借鉴其形

葡萄牙瓷砖艺术之所以能经历了五个世纪的发展之后，仍能呈现如此多元的艺术形态，一定有其不可否认的可取性，并且能为周边功能带来切实的改善，对于留存城市记忆有着不可替代的作用。并且葡萄牙瓷砖艺术有其独特的风格特征和强烈的视觉表现力。因此在当代室内设计的工作中对于这种艺术的借鉴和学习是非常必要的。

3.1.1　大体量造型的沿用

瓷砖艺术布满着葡萄牙各个城市的大街小巷，可以说瓷砖象征着葡萄牙建筑的灵魂，每一幢建筑、每一亩花园，都像是一个真实、鲜活的瓷砖博物馆。建筑的四面墙体往往全部被瓷砖画所覆盖，将葡萄牙的历史场景以这样的形式生动形象地展现在人们面前。如圣本托（Sao Bento）

火车站墙面上装饰着超过两万块瓷砖，由艺术家乔治·拉索所绘，大部分反映的是葡萄牙交通史和王室生活的主题，其从绘制到安装完毕共计历时 11 年。精美绝伦、栩栩如生的青花壁画，也使得该站被评为"世界上最美十大火车站"之一（图 11）。

图 11　波尔图中央火车站圣本托（Sao Bento）

这样大面积的铺贴方法用于整个建筑的墙面时，并不是一味地往墙面上堆叠，同样要注意比例和配套装饰的和谐与统一。在圣本托火车站的内部空间中，运用了地中海风格的拱门形式，同时用其他材质和颜色的大理石瓷砖对门进行包边的处理。这种处理办法同样也被应用在了腰线的部位，使用的是大理石瓷砖的材料。这样的做法既限定了不同瓷砖画之间的范围，又不破坏其整体感。也可运用不同风格的瓷砖画来分隔，例如用伊斯兰风格的装饰纹样画排列成一排，用间隔手绘风格的大篇幅瓷砖画，做到疏密有致、节奏和谐。

当这种大体量的瓷砖画出现在建筑内部空间的墙面上时，必然可以带来一定的视觉冲击力。不但有丰富的装饰效果、极强的叙事性，甚至可以达到调节室内温度和湿度的效果。

3.1.2　经典色彩的沿用

葡萄牙建筑内外应用的瓷砖色彩颇为斑斓绚丽，不拘一格。不过在一些重要的历史建筑物中，蓝白色瓷砖的应用最为普遍。在葡萄牙各地的教堂和一些重要场所内外的装饰中都可以看到它的影子，尤其是以波尔图的教堂（图 12）和辛特拉皇宫里的壁画最具代表性。

图 12　波尔图教堂瓷砖画

作为第一个依靠海洋发家的强国，葡萄牙同海洋有着千丝万缕不可分割的联系，因此瓷砖画这种艺术形式中必然体现出海洋文化的精髓，海洋对应着蓝色和白色，一直以来都是人们辨认葡萄牙瓷砖艺术风格的最明显特征，并且蓝色能给人带来一定的减压作用。英国的一项新研究表明，蓝色可以使人们快速思考，增强人们的自信心，使人们感到快乐，从而达到减轻压力的效果。所以，绘画应用形式的瓷砖画主要使用蓝白配色必然具有其优点。

在一些普通居民的墙面和地面装饰中，我们则可以更多地看到色彩绚丽，不拘一格的瓷砖色彩。这种瓷砖画多为规则的几何形或者是具有典型伊斯兰或洛可可风格的纹样元素（图 13）。

图 13　色彩绚丽的瓷砖

3.1.3　图案符号的沿用

由于我国的大部分城市都不是濒临海洋的，很多人渴望充满热带风情的室内空间，对葡萄牙瓷砖的图案与符号的沿用能很快将人带回海边的环境并置身其中，在风格上能很好地烘托整个空间的轻松、愉快的热带氛围，满足人们的心理需求（表 1）。

在室内空间中，通常可以在地面铺贴带有海洋装饰元素的花纹型瓷砖画，或是选择单纯的几何形纹样。而在墙面的装饰上，则使用由绘画和装饰纹样相结合的组合型瓷砖画。

将浪漫的波浪形、卷草形的装饰图案与极具叙事性的绘画瓷砖画相结合，这样各式风格统一的图案符号聚集在一起，点缀空间的同时呼应海洋主题，给渴望去海边生活的人一个充满海洋气息的氛围空间。

3.2　重塑其意

鉴于葡萄牙瓷砖艺术是在中国瓷器艺术的发展，在我们研究其历史传承、设计手法之余，应把握该艺术核心的基础元素特征，运用设计的思维，进行提炼到再生的创作。运用现代材料、新手法表现葡萄牙瓷砖艺术，结合中国室内空间的具体情况，探索葡萄牙瓷砖艺术风格在当代中国室内设计中的应用手法。

3.2.1　题材的自我补充

葡萄牙瓷砖画的主题丰富多样，但运用到本国的室内设计时，其题材不一定适用。例如天主教宗教故事题材，或是当地本土的寓言神话故事题材等。我们在创作的过程

表 1 不同纹样的瓷砖画

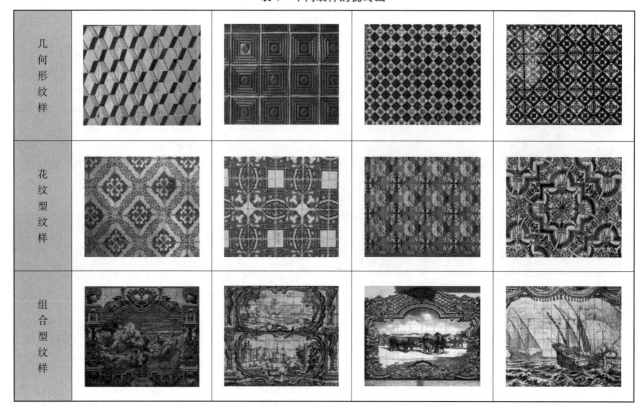

几何形纹样				
花纹型纹样				
组合型纹样				

中，应当结合本国国情，对瓷砖画的主题进行选择和补充。

瓷砖画其实只是一个载体，它们承载着人们对现实世界与往生世界美好的祈愿与期待。是当代劳动人民的思想意识的折射。而对于瓷砖画的思想补充方法可以从中国人的思想观念中查找，即对天人合一的世界很笃信。

如：从古至今人们孜孜以求的健康长寿，其中一种意向为动植物。龟、鹿、鹤等都是象征长寿的动物，它们被广泛地应用于中国传统装饰纹样中。"常青树"只是普通的树木，因其终年常青的特点，被人们描摹到各种物品上。但常青树的象征寓意并不是单一的，它往往伴随鹤、龙、鱼等意象而生，具有吉祥、长寿、福禄等多重寓意。

富贵显达是人类追求的永恒命题，也是中国传统纹样中经常涉及的主题。富贵具有两层含义，财富上的充足和地位上的尊贵，表现在纹样装饰中，便是象征官宦的朱雀、祥鸟、瑞兽等。朱雀元素常常出现在日常建筑物中，"朱雀门"就是我国建筑物中的典型例证，它象征着官运亨通。

祈求平安。中国人将祈愿"平安"作为生活愿景中重要的一部分，祥鸟和瑞兽就具有庇佑家族的寓意，汉代大门上常见的装饰与驱邪之物，它们承担着为汉代人驱邪避灾的责任。

用象征着健康长寿、富贵显达和祈求平安的图案元素等来丰富瓷砖画的主题，可以增加瓷砖画对于我国国民的亲切感和归属感，使之更容易被大众所接受。

3.2.2 色彩的再扩展

葡萄牙瓷砖色彩以其纯美自然的色彩而著名，因为海边光照充足，颜色的饱和度高，所以色彩多为热带的草木与水果的颜色。但不是所有的国家都可以对这种风格的色彩方案信手拈来，直接套用。在我们进行设计时还需考虑本土文化、民俗等特点，协调地域间的差异。同时，考虑到室内的色彩由多个造型表面的色彩形成，色彩与色彩间相互影响、相互制约，为了形成和谐有序的室内设计关系，在色彩设计时应遵循一定的色彩配置原则，在这样的基础上对色彩做进一步的扩展。

因此，遵循葡萄牙瓷砖色彩取之于自然这一恒定规律及"同中求变"的色彩特点，以这种风格几种主要的色彩为蓝本，结合本土文化特色和室内色彩的配置原则，对中国传统的国画、瓷器、刺绣等的色彩进行提取和再创造。

（1）提取国画色彩。中国国画的色彩颜料主要是从天然矿物质或是从树木花卉中提取出来的，例如石青、石绿或是朱砂等。对于用墨也十分讲究，干、湿、浓、淡合理调配，以塑造形体，烘染气氛。提取运用国画的色彩风格，能够形成色彩柔和、画面唯美、风格淡雅的艺术效果，具有丰富的情感表现力，让室内更显稳重又不失优雅。

（2）提取中国彩瓷色彩。瓷器的釉彩开始比较单一，以青色为主。随着瓷业的发展与科技进步，素瓷发展为彩瓷，由多种釉彩构成。根据葡萄牙瓷砖艺术色彩丰富的特点，在彩瓷中提取色彩更为贴切。将唐三彩、素三彩、五彩、古铜彩等瓷器彩绘的色彩进行精简提炼，能够营造柔和、统一、舒服的室内氛围。让我们闻到海洋与天空的味道，又增添几份大地泥土的气息。

（3）提取刺绣色彩。刺绣是一项中国的民间传统手工艺，在中国至少有两三千年历史。是将设计的花纹用绣针引彩线，在纺织品上构成花纹图案的一种工艺。苏绣、粤绣、蜀绣、湘绣这四大明绣各成一派、各有千秋，不仅题材丰富构图严谨，而且图案纹饰的装饰性较强、针法传神。有的用色鲜亮，纯度和明度都相对较高，结合金银等中等明度的短调对比呈现出明快艳丽、华丽富贵的效果，有的色彩清新古朴，以灰调为主。较少运用鲜艳的颜色，所以呈现出沉稳安静的气质（图14）。

图14　提取苏绣、蜀绣、湘绣、粤绣的色彩进行再创造

（来源：作者自绘）

对中国传统织物刺绣等的色彩提取与运用，能够形成明快、纯真、别有情趣的美感，具有强烈的色彩表现力，又带有一定的时尚感。

3.2.3　图案符号的变形

众所周知，葡萄牙瓷砖画上的图案纹样来源于多民族对其的影响。我们在应用的过程中不应全盘收入，而是结合本国的国情和设计需求，将图案符号进行加工与变形。中国古代的传统纹样同样适用于瓷砖画花纹的装饰效果，我们的纹样甚至可以说是葡萄牙瓷砖纹样的"表叔"。所以，在将葡萄牙瓷砖艺术应用于我国室内的墙壁和地面时，结合中国的传统纹样进行变形，并不会使受众觉得突兀，反而给人一种陌生的熟悉感。

如图14所示，结合中国传统纹样，进行简单的修改和组合。同样有几何形纹样和装饰性纹样，仿佛将青花瓷瓶压成平面，铺贴在墙面和地面上，营造出强烈的视觉冲击效果和一种奇妙的亲切感。

综上所述，对地中海室内设计风格的"重塑其意"是立足于中国本土的基础上，找出西方文化与中国文化的相似点，并协调地域间差异性，从对其空间形态的再思量、对材料的再诊释、对色彩的再扩展这3个方面着手，提炼出具有时代价值的应用方法，也是在"借鉴其形"的基础上，结合当代人们的审美需求与中国室内设计文化的特色来"重塑其意"，实现这种古典风格的当代演绎。

结语

本文通过对葡萄牙瓷砖艺术的文化源流和基本特征进行归纳，研究了葡萄牙瓷砖艺术在当代中国室内设计中应用的可行性。纵观当代中国室内设计装饰风格的变化，结合西方古典装饰元素是突破风格局限的一种方式。希望通过本次研究中关于葡萄牙瓷砖艺术特征的沿用与变形思路能为设计者提供新的参考，为这种艺术风格在我国室内设计中的运用与发展提供更多创新的思路。

参考文献

［1］黄娟 . 现代建筑装饰设计中陶瓷的使用［J］. 陶瓷研究，2019, 34(3): 104–106.

［2］黄超然 . 中国青花瓷与葡萄牙瓷砖艺术的关联性研究［J］. 文化学刊，2018(1): 206–210.

［3］王雅莉 . 地中海室内设计风格在中国室内设计中的应用研究［D］. 长沙：中南林业科技大学，2014.

［4］孟舒 . 葡萄牙公共空间中的瓷砖艺术［J］. 艺术百家，2011, 27(4): 212–218.

［5］徐凌志 . 葡萄牙瓷砖画设计的多元文化本质论析［C］.// 中国美术学院 . 第三届设计教育高层论坛论文集，2014: 237–241.

设计的复杂性
——复杂性科学观下的环境设计教育

■ 董治年

■ 清华大学美术学院

摘要 全球化的浪潮下，设计教育所面临的是一个复杂、多元化、全球化、领域交融，在新的体系下探索共生并将在设计的各个方面产生新范式的时代。传统意义上的设计概念将发生的转变其本质是每一次产业革命带来的升级对"设计"这个概念的重新定义及其所涵盖范围乃至研究方法的一次反思。兴起于20世纪80年代的复杂性科学揭示了自然界和人类社会的产生、发展和运作的非线性特征，环境艺术设计学科作为一门在上世纪早就被定义边缘又综合的学科，其必将建立在系统性的科学与艺术设计学领域学科交融的联系框架下，从一种"机械时代"基于"物"的设计观念转化为"生命时代"基于"科学研究"的设计观念。

关键词 复杂性 研究 设计观 设计教育 生命时代

1 作为被研究的设计教育

设计教育在当今所处的时代背景是富有挑战与尴尬并存的状态。可以说在全球化的浪潮下，我们面临的是一个全新的时代，同时也是一个消解地域、消解专业化领域、消解本本主义后即将或正在产生剧变的时代。一切以"后"为标榜的文化转型与文化批评——从工业社会到后工业社会，从结构主义到后结构主义，从现代思潮到后现代思潮，从机器时代到后机器时代，从物质社会到后（非）物质社会等，无非都是想说明一个问题：即当今的世界从科学到技术，从社会到观念，从建筑到城市，形成的远远不是以往那种线性的一维视域，而是不断在推动中区域自我完善的网状发展结构。

传统意义上的"设计"概念被认为是把一种计划、规划、设想通过视觉的形式传达出来的活动过程。纵观人类历史，人类通过劳动改造世界，创造文明，其最基础、最主要的创造活动就是造物。所以从这一点而言，在早期的中国设计教育中，很大程度把设计与工艺美术曾经尝试作为合并或混淆。即设计是对造物活动进行预先的计划，可以把任何造物活动的计划技术和计划过程理解为设计，这是一种典型的基于"物"的设计观念。然而，我们正处于全球化带来如此复杂的变化之中，其本质是每一次产业革命带来的升级对"设计"这个概念的重新定义及其所涵盖范围乃至研究方法的一次反思或批判。20世纪50年代以来计算机技术飞速发展，特别是现代通信技术的迅猛发展，为人类创造了一个全新的时空概念。时空尺度彻底颠覆了工业社会时代设计哲学思想下指导的设计范围、设计内容、设计意义，设计正在或已经成为影响人类社会及其城市发展的主要因素。而现代主义的简洁、纯净、纪念式的美学风格，以及那些为超大规模的建筑需求而准备的英雄式的现代主义手法，面临的却是欣赏趣味和现实需求已经发生变化的大众。

作为中国设计教育对"后现代主义"的误读，简单粗暴地把它认为仅仅是一种对"设计"本身无关痛痒的思潮、其仅仅是建筑形式或立面的语言符码化而言，或许我们需要重新阅读一下文丘里1950年普林斯顿大学的硕士论文——《论建筑构图中的情境》。这篇论文提出：在建筑当中应该将"情境(context)"（而非国内常译为的"文脉"）视为一个考量的方面，而这种做法完全是和20世纪50年代盛行的包豪斯思想指导下的现代主义信条背道而驰的，因此我们完全可以把它视作那个时代最富有革命性的提法。而其本质是以格式塔心理学(Gestalt psychology)中的"知觉背景(perceptual context)"为研究切入点，以接纳多元性和多元文化主义作为建筑设计方法，展示"背景环境"对于建筑的重要性及影响。它考虑"情境的艺术"和肉眼所感知到的环境要素，并将"设计"作为一种研究的对象，来进行批判与探讨，这正是对当时作为"风格"的现代主义设计美学的深刻反思。这篇论文被视为《建筑的复杂性与矛盾性》的基石。这种从"研究"的角度来对设计本身的内在规律与结构进行探讨而非一味地对"物"本身进行形式上的模拟。"从功能主义的满足需求到商业主义的刺激需求，进而到非物质主义的生态需求"[❶]，我们这个时代设计教育所面临的正是这样一个复杂、多元化、全球化、领域交融、在新的体系下探索共生并将在设计的各个方面产生新范式的时代。作为一种趋势，基于"研究"的设计教育正是让我们在探讨对传统物质设计为对象的基础上，去探究设计价值观层面更为深入的内涵，而这种设计的成果不是静态的，而很可能是一种动态的状态。

---

❶ 李砚祖．设计：在科学与艺术之间［J］．装饰，2001(3).

2 复杂性科学概念下的复杂性设计观

当代设计理论关注的焦点正从 20 世纪八九十年代对哲学理论的借鉴进入到新世纪关注点所集中的科学领域，一方面新的科学理论正逐步为设计界所借鉴，另一方面全新的科学思维方式与方法也正在通过交叉领域的研究渗透到设计的各个门类以及设计的全过程中去。过去的十几年中，由于全球化、数字传媒、非线性科学的影响，设计从研究的内容到研究的方法在很大程度上都发生了决定性的变化，在科学、技术、个人与公共生活的许多领域，复杂性设计已经成为一个日益受到认真关注的问题。

兴起于 20 世纪 80 年代的复杂性科学 (complexity sciences)，是系统科学发展的新阶段，也是当代科学发展的前沿领域之一。复杂性科学的发展，不仅引发了自然科学界的变革，而且也日益渗透到哲学、人文社会科学领域。复杂性科学作为一种在研究方法论上的突破和创新，其首先是一场方法论或者思维方式的变革。任何系统或过程，即任何完全由相互作用的部分构成的构造，在某种程度上都是复杂的，比如：自然客体（植物或河流系统）、物理的人工制品（手表或帆船）、精神生产过程（语言或传授）、知识的形态等 ❶，所以复杂性科学首先和最重要的研究问题是关乎系统组成要素的数量和种类多样性的问题，以及相互关联的组织机构和运作结构的精巧性问题。就设计而言，自 20 世纪 60 年代以来，以混沌理论、耗散结构理论、涌现理论、突变论、协同论、超循环论等为代表的复杂性科学理论突破了以往传统科学范式对人们的逻辑束缚。作为一门发轫于 1750 年工业文明催生的现代设计，其正是与机器化大生产相适应后制作与设计的分工，才最终蜕茧化蝶的一门独立的学科 ❷，设计已经越来越不能满足于"赋予形式以简单意义"这个早期定位了。复杂性科学揭示了自然界和人类社会的产生、发展和运作的非线性特征，同时动摇了人们通常看待事物时以往那种传统、机械、线性、决定论的思维方式，设计师已经不能仅仅作为产业生产的"绘图板"或者"装饰艺术家"的角色而存在于这个混沌和有序深度结合、非线性与线性逻辑系统混合组成的复杂性综合体世界。

受复杂性科学的影响，作为每次设计思潮的先锋——建筑学领域，也较早出现了以非线性思维为特征的"复杂性"设计理念。从 1999 年北京世界建筑师大会的"建筑学的未来"，2002 年威尼斯双年展的"未来"，2004 年的"变异"，2006 年的"超城市"，2008 年的"超越房屋的建筑""传播建筑"。世界建筑的讨论主题时刻无不关注的都是当今时代设计的变化、发展和未来，包括运用新科学进行建筑探索的理论性主题展览也层出不穷，如 2003 年巴黎蓬皮杜中心的"非标准建筑展"，2006 北京的"涌现"国际青年建筑师作品展等。可以说，随着现状科学的新趋势与建筑的新发展，现阶段的设计研究已经从早期现代主义时期的空间、形态、构造方法的研究进而成为一种从科学获得启发，借鉴相关的科学理论、成果和方法，对信息时代受复杂性科学的影响而产生的，以非线性哲学为思想依据、以计算机作为辅助设计工具的，试图通过建筑复杂多元与变幻莫测的直观形态和丰富空间体验来模拟与还原现实世界的复杂性设计研究。彼得·埃森曼以建筑学形式语言敏锐地回应时代的巨变，弗兰克盖里走向了建立在数字化生产和个人风格的构造美学，格雷格·林用计算机工具作为方法生成新型的空间，库哈斯则试图将建筑学部分地定位于更广泛的城市社会系统，扎哈·哈迪德则执著于如流体般动态塑形的形态，赫尔佐格和德梅隆将媒体消费的概念引入建筑表皮产生非物质化的信息建筑等。这些都让我们看到了这样的一种趋势，即：信息时代背景下，设计师正在开始探索当代复杂性科学概念下的复杂性设计、数字化设计以及未来设计发展的可能性。而这种可能性，则是以非线性思维为特征，以数字化技术运用为物质基础，以向我们展现现实世界的复杂性为设计目的复杂性设计观。

3 机械时代迈向生命时代的环境艺术设计学科

环境艺术设计作为一个独立的专业在 20 世纪 80 年代后期正式列入了中国高等教育学科专业目录之中，后来发展为艺术设计二级学科下的一个方向，从一开始就备受社会各界的关注。从学科建设的本质而言，这很大程度上是因为随着科技的高速发展，高度的物质文明与恶劣的生态环境并存，人们对环境的反思日益激烈，从而思考如何以新技术和自然材质创造出优良的人工生态环境，最终取得与自然的和谐为目的的。然而，这个专业在中国的发展，经过 80 年代作为室内设计专业到 90 年代的更名为环境艺术设计专业，到现今课程内容逐步融入景观设计、室内设计、建筑设计，乃至城市设计的很大一部分，最终却因为其定位的模糊性而无法清晰地理顺其理论基础和研究对象，并直接导致教学中无法明确与相关学科的关系，从而进一步加深了本就存在的专业与现有社会职业设置的矛盾性。一切的这些，正在饱受学生、用人单位、社会，乃至学院教师本身的不断诟病。

一个专业的兴起与发展，有着其必然的原因，而当时代的文化背景乃至整个社会形态结构都是导致其必然性的最深层次的动因和驱力。在西方社会的整个发展过程中，"科学"和"技术"这两个概念是建立在古希腊以来的"理性"和"逻辑"思想上的，近代社会以来，以培根为代表的经验主义和以笛卡儿为代表的逻辑哲学是现代西方社会启蒙运动的两块基石，也是西方现代文明的基石。从 19 世纪末到 20 世纪 60 年代，西方社会在上述思想基础上完成了工业革命和城市化过程。胡塞尔在《欧洲诸学

❶ 尼古拉斯．雷舍尔．复杂性——一种哲学概观［M］．上海：上海世纪出版集团，2007, 8(1), 9.

❶ 王受之．世界现代设计史［M］．北京：新世纪出版社，1995.

派的危机和超越论的现象学》中讲道：所谓20世纪的机械时代，是客观主义的合理主义时代。并由唯一的规则，将整个世界均质化、等质化进而对世间万物进行说明。所以，黑川纪章认为20世纪机械时代的建筑与艺术的表现手法与机械是由零部件构成而发挥性能的过程酷似，机械中是不允许暧昧性、异质物质、偶发性、多义性存在的❶。作为环境艺术设计80年代早期的教学体系与教学逻辑恰恰正是建立在这种以现代主义包豪斯设计教育为楷模与典范的基础上的，可以看到根据分析(analysis)、结构化(structuring)、组织化(organization)，并经过"普遍性的综合"（synthesis）而产生的设计教学模块要求，始终贯穿着从"后工艺美术"的年代到在近十几年的"现代主义补课"阶段来进行实践与探索的。

相对"机械时代"，黑川纪章认为：21世纪的新时代将成为"生命时代"。所谓生命时代，就是正视生命物种的多样性所具备的高质量丰富价值的时代。机械因其本身不能生长、变化和新陈代谢，而生命却拥有惊人的"多样性"。从詹克斯的"宇源建筑学"开始，包括联合网络工作室的"流动力场"，格雷格·林的"动态形式"，NOX的"软建筑"，FOA的"系统发生论"，伊东丰雄的"液态建筑"，卡尔·朱的"形态基因学"等，无不体现着世纪之交的当代建筑现象的变幻纷频。从分形几何学、非线性数学、复杂性科学、宇宙学、系统理论、计算机理论、协同学、遗传算法等科学理论中探讨当代设计的理论、方法、形态和空间，从而产生出各种形式的层出不穷：连续、流动、光滑、塑性，复杂、混沌、跃迁、突变，动态、扭转、冲突、漂浮，消解、含混、不定，各种探索如涓涓细流，逐渐汇集成一条潺潺前行的溪流，让我们能探寻生命时代设计发展的轨迹。全新的形式变换、前所未见的空间形态以及多元化的审美观和价值观，在新世纪初出现了多元化的探索，设计不再有统一的标准和固定的原则，成为一个开放的、各种风格并存的、各种学科交汇融合的学科。如果，环境艺术设计作为一门在20世纪早就被定义为像李砚祖教授在《环境艺术设计的新视界》中认为的"环境艺术设计是一门既边缘又综合的学科，它涉及的学科范围很广泛，主要有：建筑学、城市设计、景观设计学、城市规划、人类工程学、环境行为学、环境心理学、设计美学、环境美学、社会学、文化学等方面"的交叉学科，那其必然在新世纪将在研究目的与研究框架上针对当代设计现象和发展趋势，从当代多样可能性的科学观念角度探讨当代环境设计的理论和方法，从而建立从学科的环境设计哲学观、空间观、审美观直到价值观的整体视野。

每一门学科都应当有一套属于本学科的方法论，而就当前复杂性设计观指引下的新的环境艺术设计教学体系而言，其必将建立在系统性的科学与艺术设计学领域学科交融的联系框架下。从一种"机械时代"基于"物"的设计观念转化为"生命时代"基于"科学研究"的设计观念，生活方式、互动体验引发的物质与非物质设计的高度综合将成为环境设计的核心研究对象，环境设计的教学研究也将完成由当代科学观到环境设计观念、方法的转换。环境设计学科领域的教学研究有必要在哲学、美学之外更加注重信息时代背景下第三次产业革命带来的新科学观念与成果，以真正加强学科体系的自明性。

参考文献

[1] 安德里娅·格莱尼哲，等.复杂性——设计战略和设计观[M].武汉：华中科技大学出版社，2011.
[2] 何炯德.新仿生建筑—人造生命时代的新建筑领域[M].北京：中国建筑工业出版社，2009.
[3] 任军.当代建筑的科学之维[M].南京：东南大学出版社，2000.
[4] 黑川纪章.新共生思想[M].北京：中国建筑工业出版社，2009.
[5] 董治年.复杂性城市混杂区公共环境可持续设计研究——以2012asla获奖作品为例[J].艺术设计研究，2012(3).
[6] 董治年.共生与跨界—全球化背景下的环境设计[M].北京：人民大学出版社，2014.

❶ 黑川纪章.新共生思想[M].北京：中国建筑工业出版社，2009.

艺术介入商业空间的形式
——以北京侨福芳草地为例

■ 窦　逗

■ 华中科技大学建筑与城市规划学院

摘要　经济发展飞速的今天，我国商业综合体模式直至现在已经经历了发展的黄金十年。本文是在这样的时代背景下，对艺术介入商业空间的方式与手法进行了分析与现状调研。

　　本文通过现阶段商业综合体的现状分析，对研究的背景进行概述说明。通过相关概念的定义与释义，明确研究对象与研究范围。针对现阶段商业综合体的特点，进行优势与现存问题的分析与讨论。再通过大量文献与著作的阅读，了解艺术介入对商业空间的发展带来的好处与影响。最后通过某一具体案例，总结该商业空间内艺术介入的形式与类型。通过本文的研究，希望对我国商业综合体在文化、艺术、商业的融合与发展这条路上起到积极的影响。

关键词　艺术介入　商业空间　体验式消费

1　绪论

1.1　研究背景

回顾我国商业综合体的发展，从百货商场到如今的商业综合体，信息与科技的飞速发展牵动着商业转变。新颖的购物形式带来的经济效益，是房地产开发与创新的动力，同时也是城市快速发展的动力。商业综合体既要适应科技的发展，也要追随人们对生活与消费质量的追求，否则将被市场淘汰。所以商业综合体模式的更新，是现阶段商业空间发展迫在眉睫需要解决的问题。

人们对于购物的需求越发频繁随机。由于网络电商的发展，人们购物的场景也变得越发碎片化。商业综合体因为拥有高端或独家的品牌零售的优势逐渐减弱，反而人们更加注重线下购物的体验性，因此商业综合体应该衍生更多购物模式，提供独有的消费体验，方能满足现代消费者们的需求。

与此同时，"体验式消费"与"IP"热的相关概念相继提出。体验式商业，是区别于传统商业的以零售为主的业态组合形式，其更注重消费者的参与、体验和感受，并对空间和环境的要求也更注重体验性。[1]体验式消费主要是人体三方面感官的参与：视觉（听觉）、触觉、味觉。与此同时，打造以IP(知识产权)为第一性的购物中心，实则上是标明每一个购物中心属于自己的特色与个性。高质量、高人气的IP主题展能为商业体带来波峰式的进场人群，最大程度地提升品牌及购物中心的收益。尤其亲子类IP不仅能提升商场人气，还能带动家长等主力群体的消费。

在这样的发展背景之下，艺术介入商业空间的重要性不言而喻。而艺术介入商业空间的方式方法，是现阶段设计者们需要去探讨的问题。通过案例分析，进行总结与归纳，为我国商业空间未来的发展奠定良好的基础。

1.2　研究内容

本文研究内容为公共艺术如何介入商业空间，以及公共艺术在介入推动商业模式转型发展和商业空间形态更新中发挥的作用。主要从艺术介入商业空间的优势与影响的切入点来阐述当代商业空间如何运用艺术介入的方式来达到商业空间体验、商业形象塑造、商业文化传播和推广的效果，从而分析公共艺术在商业空间中的潜在作用，针对不同的商业空间形态应用与之相适应的艺术形式和艺术表达。本文的研究范围为国内较早运用艺术手段介入经营模式的一批商业综合体。商业空间范围主要涵盖商业综合体经营性面积以外的所有公共空间，包括中庭空间、公共交通、休息及停留空间等，以及与其直接相关的附属空间，包括室外休闲空间及商业广场、商业街道、屋顶平台，和相关联的公共绿地空间。

2　现阶段商业空间状况分析

2.1　商业综合体的概念

商业综合体，在《辞海》中的定义是"源自'城市综合体'的概念，是将城市中商业、办公、居住、旅店、展览、餐饮、会议、文娱等城市生活空间的三项以上功能进行组合，并在各部分间建立一种相互依存、相互裨益的能动关系，从而形成一个多功能、高效率、复杂而统一的综合体。"[2]商业综合体是复合型的现代商业设施，是现代城市必不可少的组成部分。

❶ 陈向蕾.体验式商业模式设计研究［J］.城市建筑,2016,(14): 50. DOI:10.3969/j.issn.1673-0232.2016.14.045.

❷ 江合春.商业综合体景观空间改造——以大华虎城商业综合体景观改造为例［J］.园林,2017,(3): 38-42. DOI:10.3969/j.issn.1000-0283.2017.03.008.

2.2 商业综合体的发展

商业综合体的概念产生于巴黎拉德芳斯，后续在纽约曼哈顿进一步发展，逐渐推广到其他国家。随着我国经济实力的提高，商业综合体的概念首先在我国东南沿海地区得到了迅猛的发展。在我国 20 世纪 30 年代，我国以传统百货商场为中心的商业中心形成。至 20 世纪七八十年代，百货商场延续其垄断地位。而当时的百货具备了餐厅、酒楼等多种体验业态。到了 20 世纪 90 年代，中国进入购物中心时期，随着地铁等新型交通方式的出现，购物中心步入启蒙布局时期。购物中心齐聚购物、娱乐、餐饮、文化展示等多功能的经营模式大受欢迎。

2.3 现阶段商业综合体的特点

2.3.1 功能的复合

综合性是现代建筑空间发展的大方向。商业综合体的内部，通多各种功能之间的相互配合与协调，从而增加了综合体的经济效益，也促进了商业综合体在城市中的积极功效。现阶段的商业综合体不再是单一的购物消费场所，而是一个综合性的"生活广场"，在这里，商业、零售、娱乐、住宿、办公与艺术都占据了一席之地。通过动能上的综合，使得商业综合体更加全面的满足消费者们的需求，并且促进形成更加完善的城市商业空间，成为多元化的消费中心地带。

2.3.2 规模的集中

这一特点来源于"空间经济学"的规模经济。商业综合体规模的扩大，可能带来生产集中的经济效应，生产效率的提高与生产成本的降低都导致了商业的聚集。所以现阶段的商业综合体更多是呈现一种集中、大规模的状态。这一特点不仅给消费者们提供了灵活多样的消费选择，也最大程度地发挥出商业大规模聚集带来的经济效应。

2.3.3 城市化的空间

传统的百货公司是针对不同种类的货品进行分门别类的销售，而商业综合体则是更大程度上的将商业空间与建筑空间、城市空间相结合。现阶段商业综合体偏好将城市的街道、广场等元素融入商业空间内部，或是更加重视自然与环保，将植物、自然光线与自然空气引入室内。这样的优势是消费者们在购物、娱乐、办公与观展时，不仅激活了商业综合体内的空间，更加使得城市空间充满活力。

2.4 现阶段商业综合体存在问题

2.4.1 空间活力低

纵观我国现有的商业综合体，呈现复制化、机械化的状况，形成了流水线的生产模式。综合体空间缺乏活力，硕大的室外广场并没有为商业综合体带来有效的利益，反倒利用率低，成为了跳广场舞的好去处。对于商场内部而言，大多商业综合体追求宏伟、奢华的气势，一味地扩大综合体内的步行道宽度、层高，以及在室内装修上，运用大量直射灯光与硬质材料。使室内空间给消费者们距离感，消费者们自然没有什么参与度，更无消费活力。

2.4.2 受线上购物模式的冲击

在网络购物模式冲击的情况下，实体商业应该怎样综合线上购物与线下娱乐。年轻人们更加倾向网络购物，"淘宝""京东""苏宁易购"等线上购物平台也层出不穷。线下实体消费怎样利用可以现场试穿、体验、购买等优势，并且与线上预订、送货上门、促销活动相结合，带动线下实体消费，形成线上与线下消费的综合模式，可能是商业综合体下一步为了迎合市场需求而做出的改革。

2.4.3 主题单一

商业综合体作为大型综合的消费场所，消费者们追求的不再是简单的功能、业态上的综合。在物质达到满足的同时，开始追求精神生活的丰富。所以，商业综合体应该探究新的定位与主旨，来满足现阶段消费者们的追求。湖北武汉的荟聚，是以家庭购物为定位的大型商业综合体，其配置宜家家居、商业、餐饮、家庭娱乐等，让各个年龄段的消费者都可以在这里找到适合自己的消费空间。除了家庭、艺术、高端时尚、儿童等定位以外，商业综合体应该更多地去探究体验式商业空间"情境营造"，来满足现代人的精神追求。

3 艺术介入商业空间的目的与影响

3.1 目的

3.1.1 增加空间趣味性

商业综合体中设置艺术品或艺术装置，以一种新的方式与消费者们互动。较为常见的艺术品展示、艺术表演、多媒体屏幕、喷泉等艺术形式，不仅仅带动了空间的活力，更加彰显了品牌的审美与城市艺术建设的追求。例如湖北武汉 K11 商业综合体，就运用动态投影艺术装置，将原本功能单调的中庭广场的气氛带动起来，打造具有亲和力和包容性的商业空间。为一些临时展览提供了展示的设备，也吸引了很多带着儿童前来娱乐消费的群体。他们参与到艺术装置营造的活动场所之中，使得整个空间有了更多的可能性，调动了市民的参与度，增加市民们的临场感。同时也展现了 K11 商场的定位与审美主旨，让消费者们感受到公共艺术形式的丰富与饱满的情感。

3.1.2 差异化竞争，促进消费

现阶段的商业综合体内的艺术展示有的不局限于展示艺术品，更多的是品牌主题的产品展柜，通过艺术化的方式推广主打产品。所以这样的艺术装置不仅达到了将艺术融入商业空间的目的，也做到了商业的推广。这些商品的展柜并非传统意义上的摆放展示，而是运用一些艺术的手法将展柜打造成具有参与性、互动性、审美性的艺术装置。

如图 1 所示，是将自然元素与展示平台相结合，打造出可以模拟森林的空气、气流、声音、光线的空间。通过空间的模拟，从而展示出香氛产品的纯天然。这样的产品装置不局限于展示产品，通过艺术装置的介入，可以达到强调产品核心技术与体现产品特色的要求。这样艺术的推广，不会给消费者们过多的商业感，反而让消费者们在参与艺术装置的同时，可以对产品印象深刻。

图1 集展示与销售为一体的艺术装置

3.1.3 打造"体验感"

体验式业态的初级体验模式就是"购物 + 餐饮 + 娱乐",如今发展较好的商场、购物中心已基本上采取了这一模式。中级体验模式则在满足业态丰富性的根本上,使商场的设计更具特点,供给多样的消费模式,刺激消费力度。高级体验模式则将多维感官融入其中,打造主题性的体验与展示空间,让顾客不自觉地参与到购物消费中。

单纯以购物为目的的消费已是明日黄花,实业商业更多地演变成具有社交功能、生活功能、消费功能、业务功能与展示功能等的空间,"体验式商业"是商业空间发展的趋势。"体验"也已不是简简单单加大餐饮、休闲娱乐的比例,而是要更多融入文化和新意等要素,延长顾客逗留时间,真正成为工作和家庭以外的"第三空间"。

3.2 影响

艺术介入的商业空间可以快速提升空间的品质。商业空间的趣味性被艺术品调动起来,形成活跃、高参与度的商业空间,并在一定程度上提升了城市的品质。在快速发展的现代社会,面对面的交流在不断减少,这种现象带来的问题是很多人恐惧真实世界的沟通,甚至社交恐惧症。所以通过引入艺术装置,也是促进了人与人之间的交流,增加了人与人、人与艺术之间的互动。利用艺术品的情调作用,再融入一些文化历史元素,这样的艺术装饰可以达到很好的增强城市历史文化记忆的效果。将原本单调的历史、文化、生活意象通过现代科技、艺术手法、多感官融合等艺术手法,更加生动、直接地展现给参与者们,从而达到宣传的最佳效果。

4 艺术介入商业空间的形式——以北京侨福 Parkview Green芳草地为例

4.1 项目介绍

北京侨福 Parkview Green 芳草地位于北京朝阳区东大桥路西侧,紧邻北京 CBD 核心地带。总面积达 20 万 m²,是一座集顶级写字楼、时尚购物中心、艺术中心和精品酒店为一体的创新综合性建筑。也是中国第一个获得绿色建筑评估体系 LEED 铂金级认证的综合性商业项目。芳草地

致力打造多元化的商业及文化休闲综合体,被称为北京时尚与高品质的新复合生活板块。其领先的环保设计、永续发展的理念和丰富多元的艺术氛围构成了 Parkview Green 芳草地的独有特色,为每一位到访者带来充满新意的独特体验。❶

北京侨福芳草地用地面积约,总建筑面积达到 20 万 m²。整体建筑 21 楼,由两座 18 层及两座 9 层共四栋独立的塔楼建筑组合而成。由其中地下 5 层,地上 18 层,建筑高度达 87m。商业面积约 50000m²,办公面积 82000m²,110 间酒店套房,大约可停 925 辆车。

4.2 介入方式分析
4.2.1 整体环境塑造

商业空间的艺术感打造,也是艺术介入商业空间的一种形式。开发商通过艺术手法,在视觉上提高商业空间的体验感,这直接影响消费者们在此处消费的购买欲。影响商业空间视觉效果的集中处理方式,比较直接的有空间的划分、色彩的搭配、材质的选择、灯光的处理等。通过这些空间上的设计,就可以打造一个舒适且亲近的消费空间。

芳草地在建筑设计理念上秉承"城中之城"的概念,旨在打造内外相通的开放式商业空间。建筑立面大面积的玻璃,室内空间廊桥相连,犹如城市中的桥梁,不仅是交通路线,也是观察空间的另一视角。在建筑空间的划分上就与普遍的商业综合体拉开差距,并且塑造出了自我的独特性。在室内的细节上,芳草地的设计运用大量的灯光与公共艺术装置。室内空间的可变性较强,消费者每每来到这里都是不一样的体验。室内空间的装饰性元素不光指铺装、灯光或者吊顶等修饰空间流线的元素,还有灵活的室内空间装饰元素,例如活动期间配合氛围的装饰物如图2所示。

图2 芳草地圣诞节艺术装饰

4.2.2 引入艺术活动

芳草地内部还设立画廊与展览馆,并且以主题性展示和艺术家个人展的方式定期对外开放。收藏了来自世界各地的珍贵艺术名品,给消费者们带来愉悦的艺术体验。芳草地重新界定顶级消费与休闲体验,为消费者们提供充斥艺术氛围的理想购物之所。

---

❶ 资料来源: http://www.parkviewgreen.com/cn/.

侨福当代美术馆·北京，属非营利性私立美术馆，拥有两个大型展厅和可容纳百余人的演讲厅等设施。在当下"IP"热的大环境下，于商业空间中融入带话题热度的艺术IP活动空间，无一例外是高效益的商业投资，同时还可以塑造商品牌的品质。引入超级IP，从外部对整个商业项目进行重塑打造，通过内容不断吸引和带领消费者，如图3所示。

芳草地画廊成立于2013年，主要经营国内及国际当代艺术，并依托自身发展平台发掘具有潜力的青年艺术家。画廊自开设以来，力求通过不同地域，不同文化特点的空间优势为合作的艺术家提供不一样展示及推广平台，如图4所示。❶

图3　侨福当代美术馆展览概况

图4　芳草地画廊展览概况

4.2.3　物质性展示

芳草地的空间更像是一个艺术展厅或者艺术博物馆，这样艺术化的商业氛围，使得人们可以与这些原本自带距离感的艺术品近距离接触，感受艺术的氛围。芳草地内固定的艺术品大约有500件，大部分为芳草地执行董事的私人收藏。他们不是独立的放置在室内的某一个空间，而是与建筑空间融合在一起，并且通过装置进行建筑空间功能的暗示。物质性的展示方式主要为普通摆放、悬挂、组合等形式。按展示时间分可以分为长期展示、临时展示。按互动类型可以分为可参与型、不可参与型。

例如图5所示，在芳草地室内的人行廊桥上的艺术装饰，通过颜色的强烈碰撞，将视线集中到这个人行廊桥，疏导了客流。并且通过艺术装置的造型与颜色的指引，消

费者们可以通过廊桥看到芳草地的全貌。随着场景空间的变化，这组艺术装置是可以以不用的组合来放置的。与之类似的还有很多艺术打造空间的案例，这种以环境改造为目的的艺术介入方式，是对空间影响巨大的。

4.2.4　标识系统

芳草地在标识系统上也是别出心裁。视觉传达与艺术相结合，既满足了功能需求也从细节上展现了芳草地的商业定位。从大型的商店门面标识到卫生间指引与垃圾桶设计都是经过专业化的设计而成，如图6所示。从进入商业空间就可以让消费者们明确、充分地体验到空间的定位，并且获取趣味感。

图5　芳草地艺术装置

图6　芳草地标识系统

❶　资料来源：http://www.parkviewgreen.com/cn/art/parkview-green-art-gallery/.

结语

艺术介入商业空间，一方面是顺应市场发展的潮流，另一方面是传播品牌文化与理念。所以在商业空间之中引入有品牌特质的艺术项目是商业空间个性化发展的重要方向。艺术介入商业空间既可以反映未来城市商业空间的精神趋向，也使得原本自带距离感的艺术产品与大众的距离进一步缩短，融入大众生活中，从而带动整体消费。要使得商业空间具有个性化的特征，融入自带IP的艺术产品是不二之选。但是，仍然要针对不同定位、不同环境以及面对不同人群的商业空间，进行分类与汇总，找到适合的发展模式，并适当的融入艺术产品。这样，才能使艺术成为生活的常态，并对商业空间产生积极的影响。下面将对以上的观点与研究进行总结论述。

（1）商业空间现阶段存在空间利用率低、受线上购物的冲击、主题单一等问题。针对这些问题，通过艺术的手法去改善商业空间的环境是很重要的方法。从而达到增加空间趣味性、差异化竞争、促进消费、促进体验式商业成熟度等目的，激活商业空间的活力。

（2）通过对市场上较为超前的有艺术介入空间的商业综合体——北京侨福 Parkview Green 芳草地进行实地调研与分析，总结了适合这一类的商业综合体的艺术介入的模式与方法。物质性展示为主、艺术活动为主、整体环境塑造是较为适合面对高端时尚消费人群的艺术型商业综合体的艺术介入商业空间的方式方法。

公共艺术介入商业空间在时间和空间中都存在着一定的必然，在这个过程中，需要着力发掘公共艺术在商业空间中的衍生意义和拓展价值，从而判断和分析公共艺术与商业形态之间的双向需求和认同关系，并进一步完善于相关理论和丰富实践。

参考文献

［1］杨光.格式塔理论指导下艺术介入商业空间研究［D］.北京：中央美术学院，2018.
［2］赵峰.现代商业综合体中艺术展示空间设计研究［D］.北京：北京理工大学，2016.
［3］孙卢辑，朱永莉.未来购物中心的展示趋势探讨——以上海K11购物艺术中心为例［J］.上海商学院学报，2016, 17(1): 48–52.
［4］苏光子.新媒体艺术介入下的商业建筑公共空间使用调查分析——以北京世贸天阶为例［J］.建筑学报，2015(12): 98–102.
［5］张洁，柳澎.行走于艺术与技术之间——北京侨福芳草地［J］.建筑技艺，2014(11): 72–79.
［6］谢甜琼.论新媒体公共艺术介入城市公共空间的意义［J］.美术教育研究，2014(21): 81–82.
［7］何阳.体验式商业空间"情境营造"策略研究［D］.长沙：中南大学，2014.
［8］武扬.购物者心理与行为在商业建筑设计中的体现［J］.建筑学报，2007(1): 72–76.
［9］翁剑青.当代艺术与城市公共空间的建构——《艺术介入空间》的解读及启示［J］.美术研究，2005(4): 105–111.

基于使用者行为模式分析的基本居住单元室内空间策划研究

■ 付冰昂
■ 重庆大学建筑城规学院

摘要 基本居住单元作为人们使用最频繁的室内空间，在设计过程中进行全面、科学的策划是研究建筑环境人性化的要求。本文分析了普通住宅中基本居住单元室内空间设计程序的不足，认为应该加强室内空间"策划"这个阶段。并以使用者行为模式分析为基础，坚持以人为本的原则，从科学性的角度出发，对如何满足使用者的生理、心理需求，提高居住的舒适度等方面进行探索，以期对提高人民的居住舒适度，满足人民日美好生活需求方面起到促进作用。

关键词 基本居住单元 建筑策划 使用者行为模式 室内空间 住宅

1 我国基本居住单元室内空间策划存在的问题

习近平同志在党的十九大报告中指出："中国特色社会主义进入新时代，我国社会主要矛盾已经转化为人民日益增长的美好生活需要和不平衡不充分的发展之间的矛盾。"我国现代居住单元室内空间设计以市场为核心，从消费者的心理、市场需求和消费文化出发，多以开发商模式化的精装修住宅辅以装修公司室内二次设计为主，并以市场主流的视觉风格为设计导向，室内空间的生成缺乏对使用者行为模式进行分析后的针对性策划。由于不同个体具有不同的行为模式，长期生活在模式化的室内空间中，难以满足人们的美好生活需求。

现在建筑策划多用于社会环境复杂、功能复合、使用人群组成多样、自然物质环境限定条件严格的大型公共建筑的建设过程，建筑室内空间策划作为建筑策划的一部分存在。不同于大型公共建筑，普通住宅的使用人群类型简单，用途多为居住，由开发商主导的商品房开发占据主流市场，建筑策划在住宅建设过程中并没有得到重视。但普通住宅中基本居住单元作为人们使用最为频繁，对舒适度要求最高的室内空间，其空间策划的重要性应该得到重视。

2 坚持以人为本的基本居住单元室内空间策划原则

2.1 针对性

基本居住单元室内空间人性化设计的核心在于满足适用于不同居住单元使用者的针对性原则。不同的使用主体对基本居住单元的空间需求显示出不同的特点。针对当前住宅使用主体进行精细化设计是在坚持"以人为本"发展理念下实现室内空间策划人性化发展的基础。基本居住单元室内空间的策划需要从使用者人体尺寸、活动尺度、性格特点、生活需求、精神需求等充满个体关怀的使用需求出发，针对不同使用者、使用群体间存在的差异性和不同使用人群的独特性作出相应的设计策略应对以及具体的设计实施方案。

2.2 功能性

基本居住单元室内空间人性化设计的重点在于最大化满足适用于不同使用主体日常生活习惯的功能性原则。基本居住单元往往承担其使用主体复合化、精细化功能的使用需求。针对基本居住单元使用主体复合化的使用需求，要求室内策划人员在满足使用者对于基本居住单元基础生活需求的基础上，最大化满足其使用主体对不同功能空间更加复合化和精细化的使用需求。

2.3 舒适性

基本居住单元室内空间人性化设计的关键在于满足适用于不同使用主体生理、心理需求的舒适性原则。在基本居住单元的空间和功能策划设计中满足使用主体基础的使用需求后，通过适宜的技术手段满足使用主体对于室内空间、生活场所在生理与心理层面舒适性的使用需求，将各种科技发展的服务优势融入与基本居住单元的人性化策划中。

3 基于使用者行为模式分析的空间策划

3.1 以解决问题为导向的"全生命周期"策划模式

基本居住单元室内空间策划应分为前期调研、中期策划和后期反馈三个部分（图1）。前期调研旨在发现问题，基于人体尺度对使用者的生理特征进行分析，并通过与使用者进行需求访谈进行问题收集，从而获得使用者典型日生活作息，以此为基础针对使用者行为模式进行特定需求分析。中期策划旨在提出解决方案，通过对使用者的需求进行整合，分别进行具有共同需求的功能性空间策划和具有单独需求的功能性空间策划，并以量化的方式结合使用者人体尺度提出具体设计方案。后期反馈旨在长期满足使用者的居住舒适度需求，从短期的现场施工与设计反馈，到使用者人数和年龄产生变化后带来对室内空间需求的变化，室内空间策划的全生命周期性应满足其不同时间、状态下的空间需求。

3.2 策划前期——基于使用者行为模式的多方面需求调研

以普通住宅基本居住单元的使用者为研究对象为例，进行基本居住单元室内空间策划。现以一双职工家庭为例，从具有普适性的例子为切入点，对使用者进行需求访谈与基本人体尺度分析，并进行室内空间策划，以期通过实际策划方案推演出具有普适性的策划模式。

3.2.1 使用者行为模式分析

使用者信息：男主人净身高为162cm，惯用左手（图2）；女主人净身高为156cm，惯用右手，高度近视（图3）。

使用情况：对住宅的使用主要以工作日和周末休息日两种模式为主，节假日等有客人来访的特殊时期很少。因此针对这两种时间对男女主人共同进行采访，列出工作日和休息日两条典型的生活时间轴，以此为使用者行为模式分析及功能策划的依据。

行为模式分析：根据典型工作日使用者作息表（图4）和典型休息日使用者作息表（图5）进行分析，男女主人因为工作性质的关系，每天的生活轨迹相对简单且固定，共同使用最多的地点为门厅、卫生间、衣柜。使用功能分析如下，门厅：换鞋、储鞋、整理出门的物品、搁放回家时携带的物品；卫生间：如厕、洗漱、储物；衣柜：更换衣物、收纳衣物；厨房：做饭、储物。女主人使用频繁的地方为客厅和阳台，使用功能分析如下，客厅：健身、储放健身器材；阳台：熨衣服、储放电器；男主人使用频繁的地方为阳台，使用功能主要为晾晒衣物、储放衣架。针对以上使用情况进一步对男女主人在此空间进行的行为、

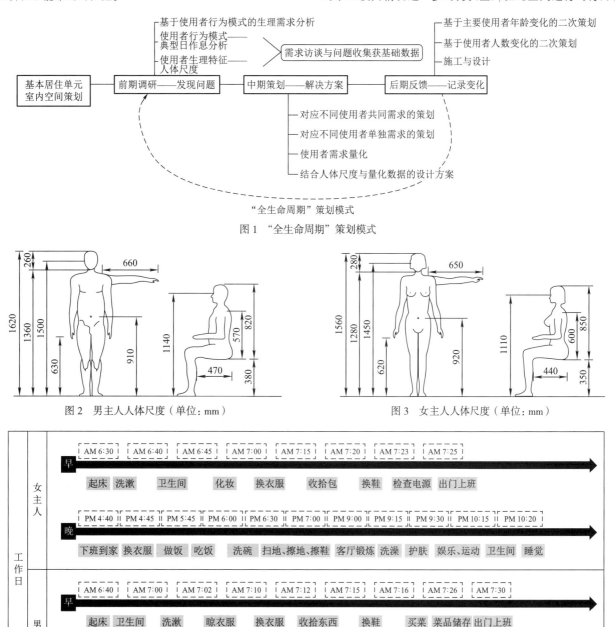

图1 "全生命周期"策划模式

图2 男主人人体尺度（单位：mm）

图3 女主人人体尺度（单位：mm）

图4 典型工作日使用者作息表

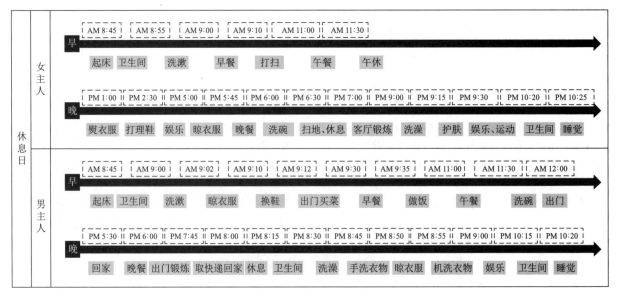

图5 典型休息日使用者作息表

所需要其提供的功能分别进行采访，并对需求进行量化，以此得出家具的尺度、位置。

3.2.2 基于使用者行为模式的生理需求分析

根据使用者的典型日作息表及行为模式分析得出其经常使用的空间及在其中进行的行为，整理得出其各类需求，以下根据两位使用者的个人情况，分别分析具有两位使用者在门厅、卫生间、衣柜、厨房、客厅、阳台的个人使用特点，应对其进行需求策划，以此为后期应对设计的重点。

基于女主人行为模式进行常使用空间中的生理需求分析。门厅：①储物，鞋子数量超过30双，鞋高变化多样，最高达45cm，需要不同层高且容量大的储鞋柜；②换鞋凳，有足够宽的座椅，方便其每天打理鞋子时的肢体伸展范围；③置物台，放置每天出门携带的包、伞等物品。卫生间：置物架，便于手洗小件衣物。衣柜：①储存，根据两位使用者人体尺度分析，高处物品其取用不便，有掉落砸伤人的危险，因此高度不宜超过1.8m；②挂杆，要求所有衣服都能挂立储存，方便穿搭。厨房：①连续长台面，每日使用的锅共5个，涵盖直径15cm的单人份煮粥锅到3层高的蒸锅；②无吊柜，取物不便，避免受伤。客厅：①空旷场地，能铺展开瑜伽垫及各种健身器材；②落地镜，运动时要能观察自己的运动姿势是否正确；③储物，需要储存哑铃、瑜伽砖、瑜伽垫等各种器材。阳台：①储物，能方便取用、储存挂烫机；②熨衣服，需要连续的空旷的场地。

基于男主人行为模式进行常使用空间中的生理需求分析。门厅：①储物，共5双鞋，高度统一；②换鞋凳，与女主人共同出门时同时换鞋；③置物台，放置每天出门携带的包等物品；④抽屉，放置各种小物品，便于取出带出门。卫生间：置物架，便于手洗小件衣物。衣柜：①储存，各类床单棉絮；②挂杆，所有衣服都在衣柜里面挂起来，便于女主人打理。厨房：①长台面，便于制作饺子等面食；②无吊柜，取物不便，避免受伤。阳台：储物柜，存放衣架、洗衣液等物品，应紧邻洗衣机，且在洗衣机左侧，便于左手取用。

3.3 策划中期——基于使用者行为模式的不同功能性空间精细化设计

3.3.1 对应共同需求的策划——鞋柜、卫生间、衣柜、厨房

鞋柜的策划：敲除墙体，扩大门厅空间，形成整面墙的鞋柜，对鞋柜进行隔断高度的设计，不同的高度放置不同高度区间的鞋子。设置每日要使用的拖鞋、外出用鞋搁置区，不设置柜门，便于取用。设置1.2m宽座椅区，能容纳两个人同时坐下换鞋。设置置物台，方便放置菜、快递、斜挎包钥匙等物品，且与换鞋区有一定的距离（图6）。

图6 鞋柜空间策划

卫生间的策划：蹲便、洗脸盆、淋浴间三分离，避免干扰。淋浴间使用磨砂玻璃，不具有视线通透性，但是光线可达。将洗衣功能区移至阳台，简化卫生间的功能（图7）。

衣柜的策划：①冬夏衣柜分离，主卧位于住宅西侧，夏天西晒严重，空调长时间开启，耗电且不环保。将次卧作为夏季长期使用房间，衣柜主要搁置夏季衣物，主卧作为其余长期使用房间，衣柜主要搁置冬季衣物。②衣柜分

132

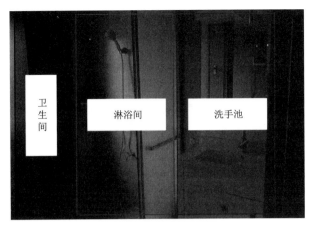

图 7　卫生间空间策划

隔，3 个衣柜均宽为 1.8m，根据男女主人的衣物数量比约为 2：1 的比例进行分隔，采取三段式的设计。设置 3 道滑轨，可以同时开启两道门扇，男女主人可同时取所需的衣物。以挂衣区为主，适应女主人的行为习惯（图 8）。

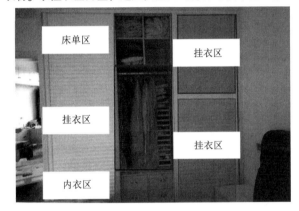

图 8　衣柜空间策划

厨房的策划：①U 形台面，增加的一个长边为空台面，间隔配置多个电器插孔，放置女主人不同种类、高度的锅。洗、切、炒流线的设计。②无吊柜设计，在保证台面上空操作空间的高度前提下，设置吊柜会让女主人难以够到放置在吊柜内部的东西，随着年龄增长有摔倒的危险，计算 U 形台面下方的储物空间后，能够满足所有的储物需求，则取消全部吊柜（图 9）。

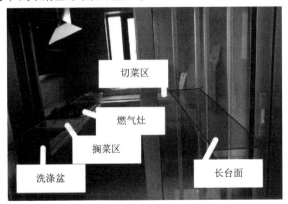

图 9　厨房空间策划

3.3.2　对应单独需求的策划——客厅、阳台

客厅的策划：①取消电视背景墙，改为储物柜墙。根据女主人客厅读书、瑜伽运动等习惯，将书柜、小型健身器材储物柜等功能融入客厅空间中，便于女主人每天健身时取用哑铃、瑜伽砖等物品。同时下方柜子的柜顶形成长台面，可放置小型运动使用器材。②面向客厅的全身镜，供女主人健身时使用，也兼具出门前查看衣物是否穿戴整齐的功能（图 10）。

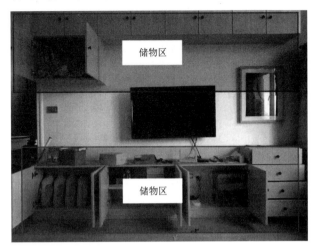

图 10　客厅空间策划

阳台的策划：①洗衣机上方配置衣架柜，左方设置晾衣竿挂杆，便于男主人从洗衣机拿出衣服后取用晾衣竿进行晾晒；②大型电器储物柜，靠近楼梯一侧设置一面墙柜，测量大型电器尺度后，设计储物柜分隔将其收纳（图 11）。

图 11　阳台空间策划

3.3.3　使用者需求量化——以门厅鞋柜为例

在这次策划中，对不同房间的家具所需要储存的物品均进行了进一步的量化统计，再针对使用者的使用习惯进行了进一步的策划及设计，每个功能房间的量化处理方法共通性，现选取两位使用者共同使用最多的门厅空间中的鞋柜作为进一步策划的对象（图 12）。根据量为使用者的鞋子尺寸进行记录，并对其在门厅中频繁出现的换鞋、置物、放置快递等临时物品等需求进行量化处理，并对相近尺寸进行组合，得出以下精细化设计表格（表 1）。

133

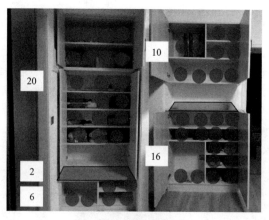

图 12　门厅鞋柜量化设计

表 1　门厅鞋柜储物需求量化表

功能	高度 /cm	宽度 /m	深度 /cm	容量
储鞋柜	20	1.2	35	8 双
	15~20	1.2	25	12 双
	15~45	1	35	26 双
开敞鞋柜	15~30	1.2	35	6 双
置物台	35	1	35	6 个快递
换鞋凳	40	1.2	35	2 人

3.4　策划后期——基于使用舒适度的反馈与记录

（1）后期施工。入口门厅座椅处，因施工忽略了坐垫的高度，将鞋柜柜门下边沿与座椅面的高度差从 10cm 减少成了 1cm，在搁置软垫之后，柜门无法打开，所以在每次打开上方柜门前都需要拿起软垫，造成不便。

（2）厨房台面设计。根据洗、切、炒流线的设计，且因为 U 形台面的中间段为开窗段，不便放置抽油烟机，因洗涤槽下水道位置已经固定，位于 U 形台的一端，提出两种不同方案：①燃气灶放置在洗涤槽的旁边，其缺点为洗菜切菜区过小；②燃气灶放置在 U 形台的另一端，其缺点为洗菜切菜区与炒菜盛菜区分离，打断洗切炒行为流程。在策划时以洗切炒流程为重点，选择①方案，同时燃气灶尺寸选择过大，占用了洗菜切菜区的面积，导致洗菜切菜区过小，使用不便。

（3）基于使用者人数与年龄变化的二次策划。以双职工家庭为例的基本居住单元室内空间策划应重点考虑其随着年龄增长面临的无障碍设计和视线、声音通达性设计，无障碍设计以在卫生间、门厅、阳台等需要进行俯身行为的空间中增加扶手和呼叫装置为主，视线通达性以增加视线沟通窗，减少视觉盲区等空间设计为主，以提高居住空间的可持续性。

结语

随着我国发展逐渐平衡与充分，人们对具有针对性的基本居住单元策划的需求也在提高。居住单元室内空间与人的活动密切相关，不同的使用者之间具有明显的差异。为了满足不同使用者的生理、心理需求，提高我国住宅建筑的居住舒适性，基本居住单元室内空间策划应该充分观察使用者的行为模式及需求，再针对其进行设计方案的策划。同时还要考虑到使用者随着年龄变化产生的需求变化，对此进行适应性的建筑策划，建立基本居住单元"全生命周期"的策划模式，坚持以人为本的基本原则，全面提升人们的居住舒适度与生活幸福感。

参考文献

［1］庄惟敏,李道增.建筑策划论:设计方法学的探讨［J］.建筑学报,1992(7): 4–9.
［2］刘智.建筑策划阶段的设计任务书研究［J］.住区,2015, (4): 75–79.
［3］尹朝晖.珠三角地区基本居住单元使用后评价及空间设计模式研究［D］.广州:华南理工大学,2006.
［4］张文森.单元式住宅居住空间设计过程分析与研究［D］.天津:天津大学,2008.
［5］丁福高.浅谈住宅建筑项目策划及设计的新趋势［J］.建筑工程技术与设计,2017(23): 1328–1328.

神秘的空间
——结合黑格尔美学探析哥特式艺术中的建筑美学符号

■ 高　扬
■ 华中科技大学

摘要　黑格尔的《美学》被称为一部杰出的"艺术史大纲",是"西方历史上关于艺术之本质的最全面的沉思",本文通过相关论文的收集与整理,运用黑格尔的一些美学观点,对哥特式建筑的风格、构架、元素符号等进行了建筑美学赏析,认为哥特式建筑的美是可以被欣赏并可以转译运用到现代建筑中去的。

关键词　哥特式　黑格尔　艺术哲学　建筑美学

1　哥特式艺术

"哥特式"是指中世纪艺术与建筑风格最后的一个伟大阶段,主要盛行于 12 世纪中叶至 15 世纪之间。"哥特"是英文 Goth 的音译,其词源 Gott 译为"上帝",因此哥特式也可以理解为"接近上帝的"意思,平时所说的"哥特式"都可以理解为"形式上或感觉上给人一种接近上帝的感觉"。哥特式被普遍应用在建筑、雕塑、绘画、文学、音乐、服装、字体等各个艺术领域(图 1~图 5),其风格特征是夸张的、不对称的、奇异的、轻盈的、复杂的和多装饰的并且频繁运用纵向延长的线条,其主要代表元素符号包含蝙蝠、玫瑰、古堡、乌鸦、十字架、鲜血、黑猫、教堂墓园等[1]。

图 3　哥特式绘画

图 1　哥特式建筑

图 4　哥特式服装

图 2　哥特式雕塑

图 5　哥特式字体

2 黑格尔美学思想

2.1 黑格尔简介

黑格尔是德国古典哲学的巨匠，他在历史哲学、法哲学、宗教哲学、哲学史和美学各个领域都起到了划时代的作用。黑格尔的哲学是一个包罗万象的庞大的客观唯心主义体系，在他的整个哲学思想体系中，通过客观唯心主义的立场，将理念主宰一切并推动艺术的各个环节，并提出"美是理念的感性显现"[2]。

2.2 黑格尔美学思想

黑格尔认为美学即艺术哲学。"艺术哲学"这一名称，则把黑格尔美学和其他的美学、艺术学区别开了。它的研究对象是艺术或者是艺术的美，并不是一般的美；它是艺术哲学，并不是一般的艺术学。美是形式的，但这种形式并不是孤立的，在建筑美中，它的作用并不仅仅是对建筑的装饰和附加成分，而是建筑自身不可缺少的一部分。建筑的美是建筑的全部意义的感性表述[3]。

2.2.1 符号理论

黑格尔在《美学》中继续了他在《哲学入门》《逻辑学》和《精神哲学》中对符号的研究。在某种意义上，符号是主体的任意行为的结果。符号所产生的任意性逐渐向稳定性过渡，也就成为了某种稳定的感性存在。黑格尔在符号中区分出感性对象性和内在的意义两个方面。符号始终是某种感性的能指，它表示、代表或代替完全不同于它的某种东西，而这种替代是由使用符号的主题任意地或约定的实现的。

2.2.2 "美是理念的感性显现"

黑格尔对美有一个宏观的定义："美是理念的感性显现"，他所说的理念就是最高精神和最高的实在。黑格尔认为，美是普遍与特殊、一般与个别、客观与主观、理性与感性等的统一。这种统一是通过艺术的感性的形式表现出来的。黑格尔指出："艺术美的职责就在于必须把生命的；特别是把心灵的生气灌注显象按照它们的自由性，表现于外在的事物，同时使这外在事物符合概念。只有受到生气灌注的东西，即心灵的生命，才有自由的无限性。"因此，黑格尔说："正是概念在它的客观存在里与它本身的这种协调一致才形成美的本质。"[4]

2.2.3 逻辑阶段—精神阶段—概念与自然统一

黑格尔认为，理念的发展有几个阶段。在逻辑阶段，理念仅作为抽象的、纯逻辑的概念而存在，不具备任何物质的或经验的内容，通过纯粹抽象的概念、范畴之间的转化和过渡，由简单到复杂、由抽象到具体。在此阶段，理念采取了自然的物质形式，决定着自然从机械性经物理性的有机性的发展。有机体的最高阶段是人，随着人的出现，绝对理念又要进入自我否定，从自然进入精神，从而进入精神阶段。在精神阶段，理念战胜物质，回复到与其本身相适应的精神的形式。由于经过了前两个阶段的自我否定，也即否定之否定，所以它既不是逻辑阶段的纯粹抽象的思维和概念，也不是自然阶段那种受物质束缚的被动的东西，而是概念与自然的统一，具有丰富的内容[4]。

2.2.4 黑格尔建筑美学体系

黑格尔对建筑的定义："建筑的任务在于对外在无机自然加工，使它与心灵结成血肉姻缘，成为符合艺术的外在世界。"[4]建筑艺术的特点是它的形式是些外在自然的形体结构，有规律地和平衡对称结合在一起，来形成精神的一种纯然外在的反映和一件艺术作品的整体[5]"。在黑格尔的《美学》里，对各个艺术门类有专门的讨论并按他的体系，把建筑艺术划分为"象征""古典""浪漫"3个发展阶段。黑格尔认为：象征型建筑"主要依靠建筑去表达它们的宗教观念和最深刻的需要"[4]（东方古巴比伦、埃及、印度等民族的建筑）；古典型建筑"它的美在于其合目的性本身，这种合目的性，已经摆脱了有机的、精神的和象征的三种因素的直接混合"[4]（希腊建筑）；浪漫型建筑就是"独立的建筑和应用的建筑结合起来"[4]（中世纪高惕式教堂建筑）。

3 黑格尔美学在哥特式建筑的体现

任何一种建筑文化的产生都必定受其背景文化所影响，基督教作为一种占据统治地位的意识形态，将哲学、政治、法学等一一合并到自己的宗教文化中。[6]黑格尔以哥特式建筑为例，具体说明了美是一种精神的外化即理念的感性显现。[7]将黑格尔美学观点与哥特式建筑相关理论进行分析可以发现两者有诸多的相似性。特定历史时期诸多的相似性使我们更加明晰宗教文化对于建筑艺术的相互影响、相互推进[6]。

3.1 "浪漫"的哥特式建筑

哥特式建筑风格又称"高直式"，所谓"高直式"，即在建筑外形上具有垂直向上的动势，仿佛试图刺破那不可知的云层高空，象征着一切朝向上帝的宗教精神，传达出神至高无上的地位，表现出该时代背景下教会势力的强大。与以往教堂建筑不同，哥特式教堂建筑运用"拱门""苍穹顶""尖塔"等独特的建筑构件（图6、图7），突破了模仿罗马式沉重的外型、稳定感和半圆形拱门[1]。

在室内装饰上十分讲究，建筑立面上长长的窗洞，镶嵌了灵感来源于拜占庭教堂琉璃嵌画的蓝、红、紫色的彩色玻璃窗（图8），单纯的造型与色彩相结合，在阳光下透露出一种神秘的气息。黑格尔认为，"浪漫型建筑在形体结构、内部尺度和精神需求方面都符合基督教信仰和解

图6　哥特式建筑中的拱门与苍穹顶

图 7　哥特式建筑中的尖塔

图 8　哥特式建筑中的彩色玻璃窗

脱的目的性，同时还满足人类的实用性要求。其中在浪漫型建筑中最突出的是宗教建筑"[4]。哥特式教堂既符合基督教崇拜的目的，而建筑形体结构又与基督教的内在精神协调一致。其中，哥特式教堂建筑风格虽来源于宗教功能要求，但实际上又远远超越了使用功能，主导设计思想为体现上帝的光辉。哥特式建筑又充分发挥了象征作用，使得理念向前飞跃，成为更高层次的象征——浪漫型建筑[8]。

3.2　感性存在的哥特式符号

如黑格尔认为内容和形象之间的不同关系决定了不同的艺术类型。在众多不同艺术风格中，每一种风格都有不同的艺术表现手法与美感。而这些不同的手法、结构、材料、元素等都可以称之为一种特定的艺术符号。黑格尔说："摆脱了意象内容的普遍表象在一种任它任意选择的材料中使自己成为不再需要意象的内容；这样它就产生出了那个我们必须称之为符号的东西，以确定地区别于象征。"在充满创新与特色的哥特式建筑中，存在一些哥特式的艺术符号以区别于其他风格，使得哥特式建筑风格化，如彩绘玻璃窗、拱券、尖塔等。

3.2.1　彩绘玻璃窗

哥特式彩绘玻璃窗的产生与中世纪基督教思想的传播有着密不可分的关系。彩绘玻璃窗巧妙地结合了基督教的传承内容和艺术形式，在玻璃镶嵌画的题材中生动地展现了《圣经》中的故事。哥特式彩绘玻璃窗的样式可以分为：细长的"柳叶窗"、圆形的"玫瑰窗"（图9）。哥特式教堂内神秘而又绚丽的彩绘玻璃艺术是世界艺术史上一朵艳丽的奇葩，透过迷离的阳光，构成神秘的图像和游离的光线，形成了极具超现实幻想的宗教艺术，它是伴随着哥特式教堂建筑艺术的兴起及基督教思想的兴盛而产生的[9]。彩色玻璃窗营造出神圣的空间环境氛围，使信徒感到沐浴在"圣光"下，消解精神上的磨难与痛苦。这种超

脱之感在一定意义上来自彩绘镶嵌玻璃窗的艺术力量[10]。将至高无上的"神"的地位融入建筑中去，同时又与建筑本身相协调，形成一种超脱的美感，这正是与黑格尔所说的"美是理念的感性显现"相契合并成为哥特式艺术风格的艺术符号。

3.2.2　尖拱

哥特式建筑的基本构件是尖拱（图10），虽然尖拱不是哥特式建筑师的发明，只是为了取得物质化的效果，哥特式建筑师对尖拱这种既有的结构技术进行了前所未有的大胆尝试。尖拱的拱肋构成了哥特式教堂的基本承重骨架，在拱肋之间填以轻薄的石片，便大大减轻了拱顶的重量。轻盈的拱顶不再需要厚重的墙壁来支撑而是可以由细而高的支柱来支撑，这就为大片玻璃窗的出现提供了可能[11]。以往教堂建筑中石材的向下垂重感消失，建筑高高升起。建筑室内外的所有水平线都被尖尖的、垂直的建筑构件打破，所有空间都以向上升起的视觉效果得到统一。正是因为尖拱这一独特的艺术符号，才使得哥特式建筑拥有自己的艺术风格以区别于之前教堂建筑风格。

图 9　哥特式建筑中的"柳叶窗"与"玫瑰窗"

图 10　哥特式建筑中的尖拱

4　对于哥特式艺术的思考

　　虽然哥特式建筑是在特定宗教文化背景下产生的一种建筑风格，但它在建筑形式上有着质的飞跃，它从厚重的罗马式建筑风格中跳脱出来，将建筑变得轻盈通透，最大限度的运用到自然光线来为室内空间服务。在现代设计中，我们也可以对哥特式建筑进行视觉参考，与现代审美、手法、技术相结合，如通过变形、简化、符号提取等手法，在当代背景下对传统哥特式建筑风格进行转译运用到现代建筑设计中，形成一种具有神秘的、轻盈的、奇特的现代哥特风格。

参考文献

［1］尹定邦，邵宏.设计学概论［M］.3版.北京：人民美术出版社，2016.
［2］杨扬.西方建筑空间美学观的变迁：从黑格尔到现代主义［J］.艺术科技，2016，29(10)：316.
［3］徐艺文.黑格尔美学对建筑美学的释义［J］.艺术教育，2012(12)：46.
［4］黑格尔.美学［M］.朱光潜，译.北京：商务印书馆，1979.
［5］朱光潜.西方美术史［M］.北京：人民文学出版社，2002.
［6］洪清婧，温静.浅谈哥特式建筑的浪漫与理性［J］.智能城市，2017，3(10)：64-66.
［7］刘黛.谈黑格尔《美学》［J］.艺术教育，2016(11)：49-50.
［8］陈牧川.神圣的空间：教堂建筑中"光、暗空间"的建筑美学解析［J］.高等建筑教育，2011，20(2)：5-8.
［9］汪茜.哥特式教堂建筑美学鉴赏［J］.美与时代(城市版)，2018(10)：34-36.
［10］郑超引，李泽林.浅谈哥特式室内空间装饰艺术：彩绘玻璃窗［J］.美术教育研究，2018(13)：77.

基于建筑现象学理论下新农村建设中的交往空间设计
——以河南信阳郝堂村为例

■ 郭晓阳[1]　李慧敏[2]
■ 1　苏州科技大学建筑与城市规划学院　2　苏州科技大学建筑与城市规划学院

摘要　乡村振兴背景下，新农村建设正在大力推进。本文就以河南信阳郝堂村为实例进行分析与研究，在建筑现象学视角下回归事物本质去探究新农村建设中农村的场所精神的重塑中交往设计空间更新设计策略的研究，并总结出农村中交往空间对农村规划设计的指导以及应用意义，进而对新农村建设进行引导。

关键词　建筑现象学　新农村　交往空间

引言

改革开放以来，我国经济高速发展，城镇化进程逐步加速。随着经济发展和国家政策，建筑在城市大规模发展，受现代主义影响，城市建筑的现代化的审美模式使得新农村的建设在现代化的功能主义及形式主义等的影响下，逐步丧失了其本真性。我国是农业大国，农村是中国人的根本，是承载着人们对家的期望和家乡记忆的空间。

乡村振兴是近年来我们国家大力推行的政策，习近平总书记在党的十九大报告中❶提出，实施乡村振兴战略必须坚持以人与自然和谐共生，走乡村绿色发展之路，必须传承发展提升农耕文明，走乡村文化兴盛之路。乡村振兴的主体是农民，主战场在农村。新农村建设势在必行，探讨适应新农村建设的空间环境设计及场所精神设计是重中之重，本文就建筑现象学下，结合河南郝堂村为实例，探讨传统自然村落交往空间的更新设计的指引意义。

1　河南信阳郝堂村建设案例

1.1　河南信阳郝堂村的背景

河南信阳郝堂村，位于河南信阳平桥区五里店镇东南部，面积约 16km²，地处偏僻。虽然依山傍水，山水相映，自然环境优越。但并无特色产业，第一、第二产业不够发达兴旺，村落衰败破落。2009 年前呈现衰败凋敝景象。村落房屋凋敝，田地以及果园的荒废，荷塘没有治理，污水臭气熏人，垃圾遍地，基础教育医疗设施缺乏，只有老人与孩童留守。

1.2　河南信阳郝堂村的现状

自国家颁布乡村振兴政策，乡建院以郝堂村进行设计改造，建立村社共同体重建实验，后又邀请了以孙君❷为主导的设计师团队，对乡村进行设计改造。团队本着以"把农村建设的更像农村"的设计理念，深入农村生活与感受，撇开城市化，现代化，功能主义等现代主义影响，在郝堂村创造属于郝堂村的新农村改造。目前的郝堂村，村落干净卫生，邻里互助友爱，村口的大树上总停着几只咕咕叫的鸟儿（图 1）；荷塘的水池中开着美丽的荷花（图 2），清澈的水中鱼儿欢腾，路边的前亭中老人们叽叽喳喳地讲着笑话，家家户户有坚实优美的房屋（图 3）。像极了我们乡愁中那家乡的样子。

图 1　村口标志
（图片来源：作者自摄）

图 2　村中心荷花池塘
（图片来源：作者自摄）

图 3　村中民宿楼
（图片来源：作者自摄）

❶　中共中央 国务院关于实施乡村振兴战略的意见［J］. 中华人民共和国国务院公报，2018(5).
❷　孙君，安徽人，毕业于安徽师范大学美术系，北京绿十字生态文化传播中心主任，长期致力于新农村环境建设。

2 郝堂村交往空间设计更新

2.1 建筑现象学简析

建筑现象学基于现象学的哲学理论，结合建筑学的思考是在对现代主义建筑的再思考中诞生的。现象学基于生活科学的探讨，即生活世界的理论。海德格尔❶研究在拓展为"回归事物本事"的思考。即回归到我们日常的生活中来。结合到建筑领域的研究上，结合为建筑现象学。

本文就建筑现象学中的场所为小支点进行解析。场所在建筑中理解为自然环境和建筑空间所组成的环境空间里供人们使用和活动的有意义的空间。生活的故事，对发生于人们之间的活动，而作为提供特定的活动下的特定场所，往往就会留存于人特定的记忆空间，这种记忆空间下，赋予不同的场所不同的意义，从而给人留下认同感及归属感，使得人在相似的场所下产生同样的认同感及归属感，产生场所精神。"场所"不能以具体或固定的形态去诠释，它可以大到是一整座城市，也可以小到街边小店的木板凳上。重要的是，在不同意义的空间中我们切身实际能够感受到的精神和心理上能够建设的虚拟的情感得到认同。"场所精神"则是人对场所的使用之后产生的场所氛围，是人对场所赋予的价值和意义，追求场所精神，即是人们在使用场所的时候，追求的一种对场所氛围形成的精神上的情感共鸣以及认同感受。

2.2 郝堂村场所精神的塑造

郝堂村，前文叙述到它符合乡愁形象中家乡的样子。而符合乡愁形象则是建筑现象学最终所形成的场所形象的最终情感状态。简言之乡，愁情感和场所是密不可分的，乡愁这种状态的形成，源于我们生活世界中对于农村场所的理解。"具体的现象"表现为郝堂村村庄的肌理很好地被规整而没有被破坏，记忆场所中的形象元素没有被破坏使得人在记忆中提取出很好的认同感。这种认同感在具象在身处各个场所的景象当中所产生的具象的情感记忆。但

村庄肌理被很好地规整之后，重新塑造了场所精神，不是简单地继承而是创新。

2.2.1 环境

郝堂村，地处偏僻，离城市中心较远，环山围绕，水路贯穿，景观生态资源突出且保有大片的农村田地。悠闲自得的自然环境创造，恬静闲淡的生活样貌，单纯古朴的村民笑脸的人文环境。良好的延续了村庄的肌理，这都是场所精神我们乡愁记忆中的乡村样子。重新改造的房屋，在不破坏的前提下，也进行了最大程度的规整。

2.2.2 空间

有了建筑、环境和主体人，场所自然就形成了，而场所的形成造就了各式各样的空间，主要是建筑的室内空间、建筑的外部空间，以及建筑部分打开的地方与周围环境形成的交融空间。在交融空间中，人们用来进行生活交往的空间界定为交往空间。建筑现象学，回归事物本身。交往空间的需求，来源于人必须进行的生活交流方式，一是，生活本身必须进行的类似采买，所以存在有集市（图4），街边小店铺（图5）；二是，农作及养殖，所以存在有农耕的空间农田，果林之类及养殖的鱼塘（图6），荷塘等。但更多的交往空间的需求来源于精神的需求，街边，农田边，水池边，池塘边，村中心大树下，以及村中挨家挨户中的院子里的藤下小棚，都是我们精神下，人与人交流及休憩的场所以及村中小溪流中嬉笑玩乐的娱乐场所。而这些场所正是我们所探讨的交往空间中的最重要的部分，也正是形成场所精神中的主体场所。

2.3 郝堂村的交往空间塑造

郝堂村的交往空间的塑造，在建筑现象学中场所精神的指引下无疑是成功的。

这种成功源于建筑现象学中场所以及场所精神的指引之下，主要是在两种种模式诠释"乡愁记忆"。一种是宅邻田+市，也就形成了前文中我们看见的室外的田间以及集市上的交往场所。这种场所充满着生活的气息，从早到

图4 村中集市
（图片来源：作者自摄）

图5 村中早餐集市
（图片来源：作者自摄）

图6 村中水塘嬉戏
（图片来源：作者自摄）

---

❶ 马丁·海德格尔德国哲学家，20世纪存在主义哲学的创始人和主要代表之一。

晚贯穿于村民的生活中。在建筑现象学中，回归事物的本质，在农村建设中，农民是农村的主体，而集市就是农民生活的主体，这是每天必需的场所。在设计中，要区别于城市区域功能规整的设计思想，而是尊重村落肌理自然形成邻街长边两边分散状态。宅院、农田与集市，这种布局很好地加强了建筑与自然的共生、人与自然的和谐。街道是集市的场所，设计师要做的就是溶解出规则的街巷界面，更好地创造自然空间场所，这样的交往空间场所既很好地保留了场所精神记忆中的乡愁情感，也很好地完整了乡村的界面，街道与宅院相接的界面融合，使得界面变得更加灵动却也不失规整。乡愁中赶集的故事，依旧在乡村上演着。

另一种是亭邻街的模式，有了集市，有了主体农民，我们的村民完备了生活户口的基础需要，情感需求上的场所精神就更是完备。我们总说农村留不住年轻人，经济基础决定上层建筑，贫穷及落后确实是主要原因之一，但我们常常发现纵然是经济还算不错的农村中也少见年轻

人。这种现象的产生源于，情感需求的场所精神在破旧的传统村落中得不到实现。老旧的村庄在环境的营造上，以功能为主，忽视了精神空间的释放。孙君老师在建设新农村中宣扬要让鸟回村，让年轻人回村，让民俗回村。追求环境的整治，就是对场所精神的重塑。民俗回村的重要条件之一，就是完整民宿场景的重塑。心理学研究表明，轻松愉悦的场所，总是会比平淡压抑的场景更加的深刻的存在在人的记忆当中，也使得人更加向往这样的场所。这就决定了交往空间设计往往偏向更加轻松的场景，街边的交往空间的场景重塑的主要手法有①通过改造方式，比如中国乡建院和莲湖艺术中心（图7）等；②新建，比如街边岸芷轩（图8）的植入。除了继承了传统的当地建筑形式，主要是使用农村常用的"青瓦黄墙坡屋顶，院落门楼合院居"，也是进而衍生的使用新的材质和样式对村庄的环境进行规划和整治。传统的材质唤醒触发乡愁记忆，彰显地域精神，新材质的运用彰显时代精神适应时代发展。

图7　银杏大树旁的莲花艺术中心
（图片来源：作者自摄）

图8　村中溪水旁岸芷轩
（图片来源：作者自摄）

3 交往空间设计对新农村建设的意义

3.1 交往空间设计的重要性

新农村建设不应该是城镇化的缩影，村庄的发展是一个自然生长的过程，是不同于原本就规划设计好的城市的。村落的交往空间承载着各种形式的社会关联同时也是人际关系交往的结构方式。这种村落的交往空间深深植根在村落的自然肌理当中，是农村建设与城市建设上最本质的区别。按照马斯洛的心理需求理论结合建筑现象学的回归事物本事的思考，交往是人生活本质的需求，正是交往空间的存在，才聚集和发展了村落和城市。

3.2 交往空间设计对新农村建设的指引意义

传统村落的交往空间其实并不缺乏，自然村落的形成，往往规模并不巨大，交往空间多是环绕水系布置形成村中心，而后村居宅院在围绕其布置。这是自然形成的完整社会形态衍生到和建筑具象的形态，是具有深刻的社会性的，

这样的交往空间富含着村落的凝聚力和巨大的影响力。蕴含这样意义的交往空间是与城市社区的交往空间的最本质区别，这也就是为什么在新农村建设中，我们无法去走城市化模式的原因。所以在进行新农村建设时候，最先需要重视的就是交往空间的延续和创新，设计师最先需要做的就是整理村落自然肌理，沿着村落原本的肌理，最先从交往空间的梳理入手。随着新时代的来临，我们能做的绝不是完全的重建，而应该理解村落原有的交往空间，去梳理去改造，保留原有的村落居民的生活观念，理想和价值观。同时也必须意识到，农村已经更新，梳理出新的功能需求的交往空间，进行改造和创新。

结语

新农村建设中，交往空间设计影响着村民精神诉求和现实需要。这里的"新"不是简单形式上的全新，在建筑现象学中的回归事物本质的理论需求下要求"新"是一种内容和形式上的创新。我们在继承和创新，要时刻把握回

归事物本质的初心，巧妙融合场所精神，回归农村这独特的本质去建设。每一个农村，都是不可复制的，但是每一个农村的建设原则都应只有这一个，就是回到农村的本质上。

（本文为 2019—2020 国家艺术基金人才培养项目"历史文化名村、名镇设计创意设计人才培养"中期成果，本文已于苏州工艺美术职业技术学院学报发表。）

参考文献

［1］黄河.建筑现象学视角下的场所设计研究［D］.郑州：郑州大学，2014.
［2］诺伯特·舒尔茨.场所精神：迈向建筑现象学［M］.施植明.译.台北：台湾田园城市文化事业有限公司，1995：6–22
［3］陈青雷.张舒.李长奇.新农村建设中的场所精神探析［J］.城市地理，2015(2)：14–15.
［4］陈觐恺.乡愁视角下闽中村庄"记忆场所"特征研究.［D］.西安：长安大学，2012.
［5］朱静辉.秩序与整合：村落多元公共空间的型构［J］.中共杭州市委党.校报，2010(1)：69–73.
［6］刘先觉.现代建筑理论［M］.北京：中国建筑工业出版社，2008，110.

基于疗愈环境理念的后疫情时代门诊空间室内艺术设计

■ 胡珺璇　王　锟
■ 华中科技大学建筑与城市规划学院

摘要　在后疫情时代的大背景下，环境是人口健康的重要基础，对医疗建筑的关注点已逐步由功能和效率向就医者感受和疗愈的物理环境方面转变，疗愈环境理念成为一个重要的设计因素。本文聚焦当代健康环境的现实语境，结合案例从光环境、色彩环境及艺术陈设设计3个维度阐述了室内艺术设计在门诊空间中的疗愈属性，旨在对当代创新门诊空间进行重新解读，积极探索将门诊空间塑造成具有艺术性的空间场所，为环境使用者提供身体、心灵和精神三位一体的疗愈康复环境。

关键词　后疫情时代　疗愈环境　门诊空间　室内艺术

1　引言

2020年初新冠肺炎疫情暴发，极大地考验了全国各城市的医疗资源在应对突发公共卫生事件的能力。武汉作为疫情中心地带，面临了总体医疗资源紧张、基层医疗设施缺乏有效利用等问题，尤其疫情中的门诊空间更是存在许多压力和问题，其中发热门诊等候时间长、床位安排不及时等问题加剧了疫情蔓延带来的恐慌。

后疫情时代如何在按照严格防护筛查、有序开放门诊的措施下，改善门诊空间室内艺术设计及布局，缓解医护人员与就医者生理与心理上的压力是必须解决的问题[1]。通过艺术的设计手法，分析艺术对患者的心理作用及在医院公共空间的表现形式，将室内艺术通过光环境、色彩环境及艺术陈设等方向结合后疫情门诊空间合理的分级诊疗体系可以疏解爆发式增长的医疗需求，基于疗愈环境理念进行室内艺术设计是完善后疫情时代门诊空间的根基所在，减少就医者恐慌和减轻医疗系统压力。

笔者建议，在规划构建合理的门诊分区，梳理医疗设施配置模式在门诊分区内设置传染病或发热门诊初级分诊点的前提下，通过光环境、色彩环境以及艺术陈设对空间进行功能划分与心理疗愈，引导就医者快速分诊就医，提升医护人员工作环境并激发诊疗的积极性。

2　门诊空间室内艺术设计

2.1　门诊空间室内艺术设计的内涵

门诊空间是医院的重要组成部分，在进行医院门诊间的室内设计时一般采用三级分流模式进行划分：①广场分流。对于需单独设置出入口的传染、急诊科室进行分流，然后分别进入各专用出入口。儿科、保健等科室应在门诊广场与普通就诊者分流。②大厅分流。各科普通就诊者经门诊综合大厅分流，进入各科候诊厅。在门诊大厅将不同科室的就诊者分开。③候诊厅分流。同一科室的就诊者经候诊厅分流，把将要就诊的部分患者依次引入二次候诊和诊室就诊，以保证就医诊治的流程秩序。通过明确门诊空间的分区，协助缩减候诊时间，利于就医者缓解焦虑情绪。

门诊空间的室内设计不仅要满足医院的功能分流需求，还要在"人性化"的原则上，使流线清晰、便捷，使各科室的联系有序、合理，尽量缩短患者行走的距离[7]，并且通过艺术设计的手法，即对于光环境、色彩环境、艺术陈设的具体深入设计，为使用人群提供温馨舒适的环境，以满足使用者的生理心理需求。在功能分区三级分流明确的基础上，以艺术化的角度对光环境、色彩环境的进一步设计，增添符合区域主题的艺术陈设，加强区域划分与艺术化体验，同时增加门诊空间室内环境的生动性与共情性。

2.2　后疫情时代下的门诊空间室内艺术设计

疫情期间，门诊空间在高压运作下造成床位缺失、等候时间长，进而导致就医者以及医护人员的焦虑情绪高涨[1]。而在后疫情时代下，无论是就医者还是医护人员，对于安全和舒适的医疗空间环境提出了更高的要求，从生理到心理对于门诊空间的布局与设计都有了更明确的需求。笔者认为室内艺术设计的运用范围近年不断扩大，而医疗空间更是当今社会不容忽视、人群参与密集的空间环境。在后疫情时代的大背景下，可以通过室内设计结合艺术形式与表达的手法，顺应就医者及医护人员的心理变化及就医环境的实用需求，帮助改善疫情中暴露出的门诊空间布局不合理及无法自如应对突发医疗状况而造成的环境压力。

3　基于疗愈环境理念的门诊空间室内艺术设计

3.1　疗愈环境理念

疗愈环境（Healing Environment）是从环境心理学角度演变而来的，从患者"身、心、精神"三方面促进生理、心理、情感和精神的痊愈，力求营造适合的自然环境、建筑环境、社会环境[2]。疗愈环境理念通过创造健康和宜人的环境来引导人们积极的生活态度和良好的生活方式，将艺术作为战略性的实施工具是提高健康环境最为直接，也最为持久的可行方案。疗愈环境理念是根本性的对健康环境的认知理念，其内容包含环境、建筑、公共卫生、心理学、文化、艺术、景观等方面[2]。

目前，医疗环境始终集中在区分"治病因素"和"致病因素"环境上，而后疫情时代，从医护人员到就医者的心理疗愈都需要得到重视。疗愈环境的理念最初源自护理学和心理学的案例[5]。在医院建筑的室内设计中，需要更强调寻找医疗中的"健康因素"，让就医者通过感受更有艺术表现力的室内环境调节心理压力，并结合患者的治疗和护理工作，将感染控制与通风系统、日照和良好的视野相结合，从而达到更好的治疗效果，这是一个新的设计思维模式。

3.2 光环境

光的特性主要包含三个方面：色温、照度、显色性。色温及照度会传达不同的情绪感受，也会影响人的身体机能。暖色调（不大于3000K）结合低照度，有温馨舒缓的感觉，易于放松精神，适合病房区（图1）；冷色调（不小于5000K）结合高照度，有干净、卫生、信任的感觉，使人清醒，适合门诊及治疗区（图2）；中性色调（4000K）介于冷、暖之间，有增强信心的作用，适合病患活动的复健区和过渡区（图3）。

在等待就诊的时间里，光环境的舒适度直接影响到人的情绪。因此在设计门诊空间时，只有合理平衡不同人群在视觉、心理和生理三个维度：①第一维度：视觉（照明的可视性）；②第二维度：生理（照明的生物效应影响）；③第三维度：心理（照明的情绪影响）的不同需求，才能在稳定就医者与医护人员情绪的前提下进行更高效的治疗。

医护人员和患者等不同人群对照明需求的侧重点也不同，照明的可视问题直接影响在照明环境的工才能提供合适的医院照明方案[3]。医疗建筑的光环境可分为自然光环境和人工光环境两类。门诊空间的门诊与病房走道对于照明的要求各有不同。诊室的照度一般要在300lx以上，适合采用较高色温，有助于医生工作，而门诊空间公共走道则宜选用中间色温，有利于安定病患情绪，为避免出入诊室时亮度差异过大造成不适，走道照明的照度应在100lx左右，并选用中间或低色温，与诊疗区安宁静谧的氛围相协调（图4）[3]。走道主要依靠人工照明，当采用下照式灯

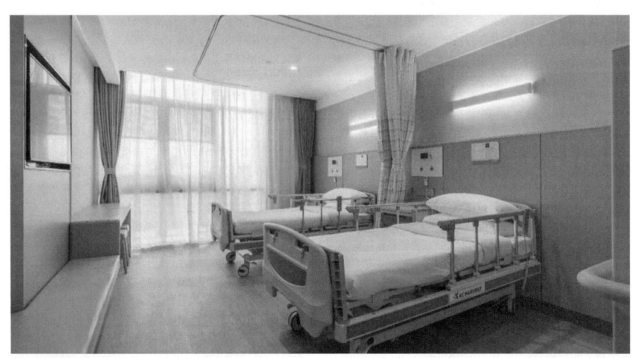

图1　暖色调病房区示例图

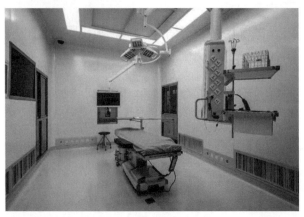

图2　冷色调治疗区示例图

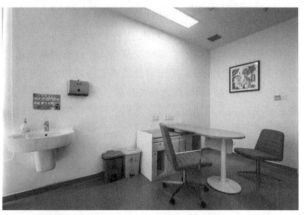

图3　中性色调会谈区示例图

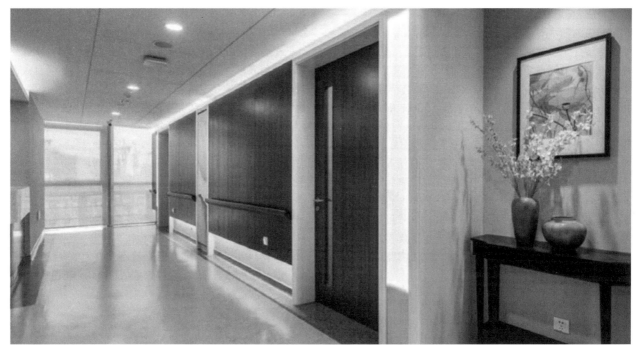

图4　门诊空间公共走道照明示例图

具时，应选择防眩型灯具，并尽量安排在走道一侧，以免躺在移动病车上的病患直视光源而感到刺目。考虑到尽可能地减少能源消耗量，深夜一般照明可关闭，在走道设置地脚灯供护士夜间巡视用。

3.3　色彩环境

色彩具有情感效应，不同的色彩变化在室内空间中对人的情绪起伏能产生一定程度的影响。特定的色彩搭配还可以使人对空间尺度的认知产生一定程度的错觉。美国色彩学家吉伯尔认为色彩是一种复杂的艺术手段，可用于治病，因为每种色彩都有其电磁波长，并由视觉传递给大脑，从而影响人的生理与心理，达到促进健康的目的[4]。固定的环境与单调的色彩容易激发患者的消极情绪，使人感觉烦躁，不利于身体的康复。

基于疗愈环境理念的门诊空间的室内艺术设计中，需要优先考虑色彩与人之间的关系，可以多应用最容易被人们所接受的蓝色、绿色和橙色（图5），这三种颜色可以增加空间的体积感与舒适感，营造放松的空间氛围。还有一些设计师的想法比较大胆，将两个不同色系色调的颜色用在一起，比如法国沃苏勒医院的候诊空间，黄色的地板、绿色的墙面，呈现出非常温暖的空间感受[4]。通过同色系的家具配置来进行门诊空间的整体艺术表达，搭配不同的材质和色系，可以产生很多不同的视觉效果，为疗愈环境的营造提供手段，协助推进诊疗进程，帮助就医者以一个舒适的状态面对医护人员，同时也通过色彩对大脑的视觉感受减轻了医护人员的精神压力。

3.4　艺术陈设

艺术具有强大的表现力与感染力，能有效地缓解疲劳，愉悦身心[2]。疫情期间，就医者在医院的门诊空间普遍候诊时间长，通过艺术化的陈设设计可以使门诊区域更为生动、多样，例如摆设一些艺术画作及小工艺品，降低就医者的沉闷与急躁情绪[5]，也为将门诊空间作为主要工作环境的医护人员提供一个可多变、调节状态的

图5　蓝色、绿色、橙色搭配示例图

室内场所。

室内的艺术陈设一般分为功能性陈设和装饰性陈设。根据环境特点、功能需求、审美要求、工艺特点等因素，结合功能及装饰两个特点设计出高舒适度、高艺术境界、高品位的理想门诊空间环境[4]。功能性陈设指具有一定实用价值并兼有观赏性的陈设，如家具、灯具、织物、器皿等；而装饰性陈设指以装饰观赏为主的陈设。如雕塑、字画、纪念品、工艺品、植物等。欧美国家正在发展环境与艺术相结合的运动，如瑞典率先将投资预算的 1% 用于在环境中布置艺术作品[5]。在英国的埃克塞特医院，很多当地的艺术家和雕塑家被委托提供艺术作品摆放在医院内的庭院空间和室内空间中[5]。后疫情时代应关注到艺术陈设作品对于提升门诊空间的环境氛围具有显著的效果，通过增添艺术陈设的方式提供疗愈环境理念的实践平台。

结语

在后疫情时代的大背景下，除了从功能上改变门诊空间出现的应对突发传染性疾病的布局设计，为了满足人们对就医环境不断提升的需求，在疗愈环境理念的指导下，通过对光环境、色彩环境、艺术陈设等方面因素的设计优化，有助于门诊空间疗愈环境的营造，在一定程度上满足门诊空间内就医者、就医者家属及医护人员的心理需求。当前社会对于医疗建筑的关注度日益增高，重新进行门诊空间的解读，积极探索将其塑造成兼具功能性与艺术性的空间场所，为环境使用者提供身体、心灵和精神三位一体的疗愈康复环境是未来需要继续深入探讨的话题。此外，门诊空间室内艺术设计还需结合室内声音、空气、温度、湿度、材料等环境媒介，创造一个真正舒适的医院疗愈空间，帮助从生理到心理层面的疗愈从而协助完善诊疗过程。

参考文献

[1] 余媛, 汪晖, 曾铁英, 等. 新型冠状病毒肺炎疫情防控期间武汉大型综合医院内科普通门诊预检分诊及管理 [J]. 护理研究, 2020, 34(4): 569-570.
[2] 付列武. 疗愈环境理念下的医院公共空间艺术化设计解析——以英国帝国理工大学医疗集团为例 [J]. 工程建设, 2019(7): 1-6.
[3] 马琪. 医院照明设计的特点 [J]. 中国医院建筑与装备, 2011(4): 66-68.
[4] 杨真静. 浅析医院环境的艺术化设计 [J]. 室内设计, 2010, 25(3): 20-24.
[5] 牛审. 基于疗愈环境理念的候诊空间环境设计 [J]. 中国医院建筑与装备, 2020, 21(6): 75-76.
[6] 张赟. 基于现代医疗模式老年护理单元疗愈环境优化设计 [J]. 设计, 2020, 33(6): 64.
[7] 夏婉菲. 医疗环境中的植物景观疗愈因子及其规划 [J]. 中华建设, 2020(1): 70.
[8] 郑海砾. 新时期大型综合医院门诊部公共空间环境设计 [J]. 建材与装饰 (下旬刊), 2008(6): 61-63.

商业陈设空间中"张力体验"的系统设计

■ 范　伟[1]　彭曲云[2]
■ 1　湖南师范大学美术学院　2　湖南科技职业学院

摘要　当代商业活动中，陈设设计可用空间张力来营造主题情境，影响人的感官体验，获得消费者的认同。由于张力借"形"之态与"意"之向能将空间变成各类感知信息的碰撞场所，设计时运用整体时空观把握陈设空间的张力语汇，形成理性与感性的视觉思维合力，让消费者在路径流线的时间秩序中不断感知与评价，从而为商品找到新的表现方式与内在价值。

关键词　商业陈设空间　形意场　时态　张力体验

引言

商业陈设空间是商家精心设计，并从人们生活与情境出发来为消费者营造的线下体验环境。线下实体店销售不同于利用互联网等虚拟媒介来实现购物活动的情景，而是用"体验"吸引用户，塑造其感官体验、强化其思维认同、改变其消费行为。这正成为当前商业活动模式的重要组成部分。

零售业商业购物环境中，包括百货店、超级市场、大型综合超市、便利店、仓储式商场、专业市场、专卖店、购物中心等，其陈设空间的体验离不开人与物之间的多维度互动设计。这种让顾客全面参与和感受的经济，即体验经济，是从初级产品经济、产品经济、服务经济逐步升级的一种延续发展[1]。作为市场竞争的结果，从宏观上看，这种空间"体验"是社会高度富裕、文明、发达而产生的必然现象；从微观上看，这是企业站在用户角度以更高层次的"特色和利益"完成的设计方式，实现消费者理性与感性的平衡追求。设计者有意识地制造商业陈设空间环境要素间的张力关系，就可以调动消费者相应感官全面地融入空间体验中，产生即时回忆与过去比较，在不同的"时态"下获得差异化的回味满足感。

1　商业空间中多维张力的体验

1.1　张力体验中的"形"与"意"

基于视觉的张力感知，格式塔心理学认为：人的体验是由物理场与心理场构成的"心物场"来完成图形整体的"力场"互动关系判断，即"人会在物理力的诱导下对应产生不同的心理体验"[2]。这种对物理空间力场的感知对应着人身心体验中的心理力场，遵循了视知觉思维上的省力原则。张力可外在表现为一种显性的视觉"形"，透过张力表象进入到因人而异的思维判断层面时，却是隐性的"意"进行着内在的制约。商业场所空间陈设物象往往作为空间流线上停顿的焦点呈现，不仅以造型、色彩、材质、纹饰等外显"形"的张力作用于视知觉，还借助设计者所赋予的空间主旨与表达取向来影响消费者的判断，从

而让人体验出内在张力中"意"味的品质。这种"意"通常从时代、经济、美观、技艺、功用、情趣、伦理、民俗8个方向制约人们对场所的思考与判断[3]。某商场曾安放一件武松杀嫂雕塑，其隐喻所传递的张力意向远大于物质实体外形的张力表现。该物象作为商场空间的一部分，已不是孤立地以艺术品呈现张力效果，而是成为影响空间主旨的陈设品。其大尺度的表现虽有吸引眼球的营销作用，但这种伦理争议下的体验对商场的品牌及销售却无任何实质帮助。因此，以可视的量化方式探寻空间中各物象张力强弱及倾向，成为评判空间价值优劣取向的关键。

1.2　多维空间的张力感知

人对商业空间陈设体验的强弱、喜恶等情绪往往是基于空间"张力"在"形"与"意"上综合表现出的优劣程度来确定的。空间中顶、地、墙呈现出二维界面样式，并与柱、隔断、陈设物件共同围合出三维样式。多维度的刺激都会作用于人的各种感官，尤其是占80%~90%信息获取量的视觉感官对张力感知最为敏锐，这也成为张力研究的重要内容。人的眼球运动除了会对商场媒体的版面、插图、视频、网页、广告和照片等平面视觉元素做出反应刺激外，还会结合其他感官来体验立体空间要素[4]。许多商业现场展示空间在"线下"展陈的基础上，也吸收"线上"的销售方式，并通过人工智能等技术与顾客互动交流以强化体验感。这种模拟技术也已日渐成熟，如世界杯期间的"QQ-AR穿越赛场"就是用手机让人在三维运动中进入二维的虚拟世界，以跨越时空的方式，体验比赛的乐趣（图1）。所以实与虚的多模式组合创新为人们多样的张力感知创造了更为丰富的多维空间环境体验。

2　差异化"时态"体验

室内陈设空间体验的独特之处，在于它是可激发人的回忆。商业空间中人流动线上不仅每个人的体验不同，同一个人的不同时段也有回忆差异。商业陈设从多个层面触发人们的全面体验。在这一过程中，体验通常被分为：消费者在身心上的独自体验，即个人体验（感官、情感、思

图1 多项技术组合创新的"QQ-AR穿越赛场"

考），以及与相关群体互动才会产生的体验，即共享体验（行动、关联）。相互交错的这两类体验在不同时段下又可分为三个区间：即时状态下的体验为"进行时态体验"；随时间流逝的体验为"过去时态体验"；眼睛依流线所向即将发生的体验为"未来时态体验"。正如古希腊哲学家赫拉克利特所说"人不能两次踏进同一条河流"，人在单向时空流动中不断呈现"现在即是过去的未来"的体验状态。商业环境内能激发人张力刺激感的多是空间流线上有意设置的各个陈设。时空中差异化时态体验像网状般交织在一起，沿着单向时空轴线不断前行，体验着期待与回忆的不断循环。可以说，建筑原始内部空间构建出张力气场，顶、地、墙等界面及梁、柱装修使空间有了张力表皮，室内陈设则作为空间的张力刺激点，让空间有了性格，能够眉目传情，表述了特定场所的语言内容（图2）。

3 陈设空间张力中的"时态"体验设计

3.1 陈设空间张力中"形"场与"意"场的分析

商业陈设空间设计中体验营造的目的不是要娱乐顾客，而是要吸引顾客参与其中，并在互动中对商业交易活动场所产生正向认同与传播。空间环境中各物象通过形与意展现的外张力越强，其吸引人感知的收缩力越大，使人的关注力越集中。当然，张力是基于人们对物象"常态"认知而产生正张力与负张力的变化[5]。正张力形成积极乐观的情绪，负张力推动了消极悲观的情绪出现。

通常商业空间中的橱窗、吊顶、地面铺设、柱子、商业设施、海报媒体、陈列物等可见物质形态从造型、色彩、材质、纹饰上决定了人身心感知的张力效果，对此，用可量化的操作方式在细节上调控可见形的张力变化（图3）。其中，造型上的张力表现要素有9个变量参数，即方位的朝向变化、尺度的长短变化、比例的大小变化、结构的繁简变化、组合的难易变化、数量的多少变化、面积的宽窄变化、距离的远近变化、势态的动静变化；色彩上的张力表现要素有4个变量参数，即色彩对比的强弱变化、色彩纯度与否的鲜浊变化、色彩明度上的明暗变化、色彩色相上的冷暖变化；材质上的张力表现要素有6个，即粗细变化、涩滑变化、软硬变化、透阻变化、疏密变化、曲直变化；纹饰（人造视觉模块）上的张力表现要素有4类，即具象形、意向形、抽象形、综合形（上述三类的组合）。每个变量以正负各5级作为数值评价依据，当陈设物象不能打动顾客时，张力值呈现为零。当产生积极或消极情绪时，借助"形"场的分析图可逐一考察每个数值的高低，探究设计的成功与失败。当数值点越向外表明陈设正张力越强，消费者受到的空间积极氛围越浓烈；数值越向内则是消极氛围严重。当图表呈现交错的刺球状时，说明优劣参半，引导设计者找出陈设物件及空间布局不足的地方加以改进。

此外，不可见的8个"意向"思考也左右着张力感知，在实体对应的空间内形成"意"场，与"形"场共同构成"形意场"的张力变化（图4），"意"场分析图中外圈深灰色为5级正值区域，中心白色为5级负值区域，黄色为某一时段内空间陈设的意向判断状况。当用户对判断出现负值时，就会露出白色区域，成为提示设计者应该注意某一方向上需要调整的信号。

人在流线运动时，会对商场各个空间区域的张力体验产生时序上的叠加，并形成了消费者的整体商业氛围感知评价。设计者可以在消费者经过的区域设置张力刺激点来塑造空间张力的变化，以调节人张力感受的节奏，不至于紧张不安或平淡乏味。针对具体有形物的空间张力可围绕室内空间的轴线，通过仿、换、调、化、饰、合的6种动

图2 差异化的时态体验

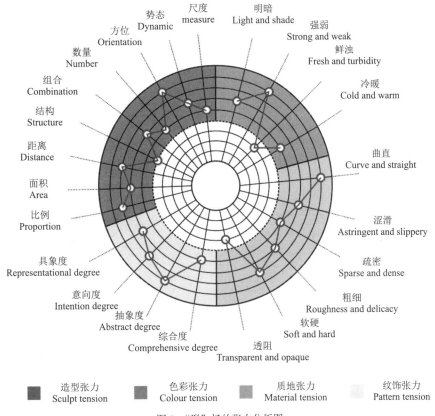

图 3 "形"场的张力分析图

图例：
- 造型张力 Sculpt tension
- 色彩张力 Colour tension
- 质地张力 Material tension
- 纹饰张力 Pattern tension

态思维，比较各自形的张力大小、方向、作用点，运用倾斜、扭曲、旋转、缩放、凸凹、交错等空间组织手法将人在运动感知中的碎片化体验链接起来。如商场内以超常比例的巨型沙发形成空间焦点，与人流线上其他陈设空间相比，其张力体验最为强烈，并统摄了各局部空间张力刺激的体验感（图5）。

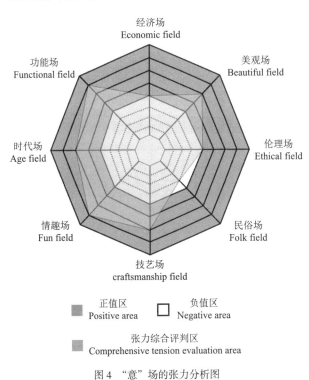

图 4 "意"场的张力分析图

图例：
- 正值区 Positive area
- 负值区 Negative area
- 张力综合评判区 Comprehensive tension evaluation area

3.2 陈设空间时序下的体验设计

人在有序时间下会依次体验到商业不同空间的刺激点，并用回忆与对比来关联各个空间的感受。在空间的关联性方面，空间句法以几何法则方式客观地关注空间整体与局部间的通达性，"形意场"则关注客观空间张力下人感知的主观特性。设计者用"形意场"从宏观到微观地考察空间时，可在不同时段的局部陈设"形"与"意"的分析中，将不同时态段进行叠加就能观察出商业空间氛围的整体效果。如将上述不同流线段上的陈设张力体验数值按时间的

图 5 商场的巨型陈设

秩序导入电脑模型，就可以进一步推演出局部与整体的张力关系。当然，张力性作用还会受到"形意场"另外三个特性：包容性、多义性、层次性的影响，表现就更为复杂。可以说，这种可视化的局部时段数据分析为设计最初的商业空间策划与最后的设计评价反馈定下基调，为设计者、甲方，以及消费者找到共同对话的交流平台。

商业场所线上与线下的活动中消费者与网络或物质世界互动产生了共鸣的"体验"，"形意场"将判断"形"的可定量四要素放入可定性的8个"意"场中进行量化比较，使得商业空间陈设设计不仅能有序关注客观物质的表象，还能为设计过程注入了人的主观意识因子的编码环节。利用这种基于本能（visceral）、促动行为（behavior）、激发反思（reflective）的张力体验分析图表，能够有效地找到满足需求、愉悦审美、展现快乐的设计途径。可以说，在陈设空间中，围绕"物－人"之间的时空关系，以"形"与"意"之间"虚实"对立统一的特性，建立时空体系化、五行属性化的设计思维，就能准确服务于集体与个体的空间需求（图6）。因此，围绕各"时态"体验下的陈设艺术，其空间张力构思与布局时还应注意以下设计要点：

（1）陈设消费体验的周期性。商业空间的陈设是在特定时间段，为了既定的消费活动而产生的空间产品与服务。由于商品的不同，以及四季变换的差异，陈设不可能一成不变地维持原状，而是不断应时而变。推陈出新才能不断吸引顾客。因此体验设计时要从陈设特定生命周期的角度来策划空间的张力。

（2）陈设主题体验的感染力。设计者可依据空间中差异化的文化主题展现聚焦、应景感人的氛围。主题的优劣直接决定了空间张力呈现的方向性，司空见惯的主题难以调动人们的游玩欲望，低俗无趣的主题降低了顾客的消费期许。通常商业活动设置较多的主题方向有四季特卖活动、各月份的节日庆祝、流行时尚人物、卡通、自然风情、国家宣传活动、民俗民艺等。例如，过年迎春节，除了发散构想出剪纸、鞭炮、饺子、舞龙等相关节庆元素外，也可以用春季到来的"百花开、百鸟鸣"为创想方向，在商业大堂中心垂吊各类迎春而来的鸟形装置，地面设置鲜花编制的围合花房，吸引人们参与其中嬉戏（图7）。这种上下拉通的空间布局虽具震撼力，但要注意人在各个楼层的观赏效果，处理不当，容易导致杂乱无章。当然，也可直接围绕产品品牌展开设置，如杭州"远洋乐堤港"商业场所借"兔斯基十周年全球巡展"主题展开联合庆典活动，陈设空间中多处设置了"兔斯基"形象，构成持续张力映像，强化了商业宣传效果。

（3）陈设节奏体验的连贯性。在空间流线的组织中，对各物象张力的设置要有分寸，既能有效地刺激消费者，达到生理尺度与心理尺度的平衡，又能让顾客间歇放松，调整状态以便继续"观游"（图8）。如图中游戏娱乐空间内的各类陈设物件（游戏设备、墙面纹样、信息字体、展示台、装饰构件等）均以明亮的黄色为主调，在明度与纯度感知上对视觉产生了强烈冲击，并区别于其他位置的色彩，形成空间张力起伏的对比。

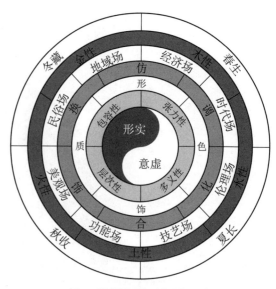

图6 形意场思维下的空间设计

图7 商场中庭陈设营造春节的氛围

图8 同一色调形成强烈的视觉张力空间

（4）陈设互动体验的科技性。运用各类科技融入空间，如电子屏幕、语音对话、互动拍照等，让各类具象或抽象的陈设物件，能以动与静结合方式营造活泼、热烈展销环境。这里也可策划听觉、触觉、味觉等的综合张力感知方式，有效推动购买消费行为。甚至其中可以有虚拟空间、智能机器、人机大赛等潮流趣味的活动吸引顾客，提升商场人气，带动美誉传播。而各商家的橱窗陈列应该被想象成一个有趣、活泼的导购员，以品牌吸人眼球。例如，巴黎老佛爷百货的万花筒橱窗设计把超现实主义元素引入到陈列中，展现动态影像或者互动时装秀，其中爱马仕的可转换装置让人们走向屏幕时，预设的声音和图像就开始扭曲。重复的图案加上不规则的运动，营造出了一种超现实主义的抽象感觉。

结语

空间张力往往与设计者表达内涵的隐喻深浅相联系。

设计师为室内陈设注入的精神内容和意义越多，其张力感受值越大。中国古代禅宗有"风动，旗动，还是心在动"的争论，这从另一个角度说明张力在"形"与"意"上的比较。旗本身就是为了展示，无风不展旗，张力因风而起。所以风如同特定时空的"场"各不相同，使得旗作为客观"形"张舞得各异，让心也有了判断张力的差异"意"向。"动"就成为了综合性的时空体验。陈设艺术设计是一种体验的艺术活动，在既定时空服务于特定人群产生预想的空间活动效果[6]。探究陈设张力的时空体验不仅是为了更好地组织空间，更是为了从"人的体验"视角融入更多学科知识，创造浑然一体的"空间气场营造"艺术，在行为优雅，心情祥和愉悦的过程中增加产品的"体验"含量，能为企业带来可观的经济效益。

［本文为 2018 年湖南省社科基金项目"新时代基于湖南传统技艺的文化产品创新理论研究"（批准号：18YBA299）的中期成果。］

参考文献

［1］B 约瑟夫·派恩詹姆斯，H 吉尔摩 . 体验经济［M］. 毕崇毅，译 . 北京：机械工业出版社，2012.
［2］鲁道夫·阿恩海姆 . 建筑形式的视觉动力 . 宁海林，译 . 北京：中国建筑工业出版社，2006.
［3］范伟 . 空间文化语境下的室内形态诠释［C］// 中国建筑学会 . 2012 中国建筑学会年会论文集 . 北京：中国建筑工业出版社，2012.
［4］许向东 . 数据可视化传播效果的眼动实验研究［J］. 国际新闻界，2018(4).
［5］范伟，彭曲云 . 家具形态设计的"动态"表达［J］. 装饰，2013(1).
［6］杜威 . 艺术即体验［M］. 程颖，译 . 北京：金城出版社，2011.

老旧工业厂房室内空间活化再利用设计策略

■ 李 晓 张 娇
■ 江苏大学艺术学院

摘要 伴随着国内城市的快速发展与升级，大量老旧工业厂房被闲置，促使其科学活化再利用，成为当前社会发展的一项重要课题。老旧工业建筑遗产是城市重要的文化资源，承载着城市演进的历史记忆和文化脉络，蕴含着巨大的投资价值。本文在城市急速扩张和更新的时代背景下，针对城市建设迫切需要传承、节约、可持续发展等建设理念，提出了针对老旧工业厂房室内空间活化再利用的具体设计策略。

关键词 工业厂房 室内空间 再利用

引言

中央城市工作会议指出要用历史的、辩证的眼光看待城市的发展与演变。城市是一个快速发展变化的多元体，城市更新既需要新建和修缮，同时也需要传承、保护、活化和再利用。提升城市综合环境水平，不仅需要新的建筑来表现时代特征，也需要一些老旧建筑来延续城市文脉和历史记忆。

我国各地老旧工业厂房大多兴建于20世纪七八十年代，折射出那个时期城市发展的历史印迹，蕴含着丰富的文化价值、利用价值、艺术价值、历史价值和情感记忆。早在20世纪中期，西方学者已经提出老旧建筑遗产存在巨大的社会价值，并积极开展工业建筑遗产再生设计的相关研究。我国对于老旧工业建筑遗产改造再利用启动偏迟，并且我国工业建筑遗产时间跨度大，数量多，保存现状复杂，类似许多老厂矿停产搬迁，一批重要工业建筑遗产也面临着灭失风险。如何使老旧工业厂房为当前城市发展提供新的历史担当，是我们应该努力研究和探索的问题。

1 老旧工业厂房活化再利用基本观念

在强调以传承延续工业历史文化为主的设计理念下，从活化再利用这一概念出发，以老旧工业厂房建筑室内空间改造为讨论对象，探究其适应性再利用的科学方法和策略，提升其功能价值与文化活力，使老工业厂房建筑焕发新的生命。

活化再利用是美国景观设计大师哈普林提出的建筑再循环理论，是基于老旧建筑遗产原本空间的改造来适应新的使用需求，而不是单纯地对建筑外观进行修缮。因此，对于老旧工业厂房的活化再利用是在对其进行功能从置的基础上，为实现建筑内部空间再次使用的目的，针对既有建筑进行二次设计改造更新，通过对原有建筑的功能和空间再次设定，同时在一定程度上保留原本的建筑表象和历史特征，从而实现城市更新发展的客观需要。

2 老旧工业厂房室内空间类型及特征

老旧工业厂房建筑空间形式可分为单层大跨型和常规多层型。单层大跨型工业厂房多为巨型钢桁架、拱架或排架结构，多数曾用作工业生产厂房或仓库。常规多层型工业厂房多以框架结构为主。

不同生产类型的老旧工业厂房因其历史功能不同，所以也具有不同的内部空间结构特征。一般老旧工业厂房建筑空间跨度比较大，内部的空间高度通常达到7m以上。空间形态方正，墙面多高窗，跨度大且无梁柱，内部使用结构具有多元性和可变性。因此，开敞通透的厂房室内空间使设计界限模糊，没有固定的空间划分，在更新设计改造实践中可以相互转化利用，室内空间灵活可变，在其生产功能丧失后，仍然能够为空间改造设计提供较大的想象空间。

3 老旧工业厂房室内空间再利用设计策略

当前国内老旧工业厂房改造利用呈现出多样化的发展趋势，其内部空间多被改造为展示、文化、商业、办公、休闲、创意等功能。对于老旧工业厂房建筑活化再利用而言，应充分考虑老旧工业厂房所处的地理位置、历史意义、建筑特色与空间架构等，在改造过程中应当注意，满足不同的定位、类型、业态的现代社会需求至关重要。

3.1 室内空间功能转换整合

老旧工业厂房室内空间改造的重点是实现功能的重新植入，对原有建筑空间赋予新的用途，才能真正实现老旧厂房活化再利用的目标。在对其空间改造之前，需要对老旧工业厂房进行科学准确的价值评估，并且充分考虑与周边城市环境的关系，制定最适宜明晰的业态规划和功能定位，从而使老旧建筑风貌在满足新业态功能的基础之上，传达出新的精神和气韵。通常来说，老旧工业厂房室内空间的业态改造方式主要有以下四种：一是以休闲商业为特色业态的改造模式；二是以文化展览贸易业态为特色的改造模式；三是以文化创意产业及办公为特色的改造模式；四是以体验式个性化消费为特色的综合体改造模式。对于老旧工业厂房来说，功能置换就是利用工业建筑结构坚固、空间体量巨大的空间优势，对原有建筑通过转换新的功能实现对其动态保护。

在室内空间重塑的设计过程中，要进行设计规划以解决空间的布局，对于新功能和新材料的介入，要平衡好与原有老旧厂房建筑风貌的比例关系，使两者协调共生和相互融合，不能对原有建筑风貌产生过大的破坏和冲击，通过新旧空间的相互渗透来激发旧厂房室内空间的活力。

常见的老旧工业厂房多以厂区形式布局，可以采用化整为零的空间设计手法，通过扩建廊架、廊道、局部构筑物等将各个厂房建筑连成一体或形成组团。同时将厂房之间的空间转化成庭院环境或过渡性空间，既有利于整体空间的组织利用，也便于新功能的加载，改善原有厂区的空间不合理性，削弱原本孤立散乱的空间布局不足。

3.2 室内空间形态设计再造

老旧工业厂房通常存在规划不与现代社会匹配、空间结构不完整或设备管线复杂等消极因素，尤其是公共环境配套较弱，导致再利用的口径变窄。在具体再造设计实践中，可保留和改造部分设备管线，使其成为空间环境的景观元素；对于那些无法形成景观元素的，可采取拆除措施。

老旧工业厂房室内空间形态再造设计通常采取以下方法：

（1）内部空间重构。将大的母体空间加以分割，形成串联空间或组合空间加以利用，可结合轻钢结构等手段对原厂房内部空间进行个性化设计和表达。

（2）建筑实体植入。针对某些空间生成逻辑具有自身特殊性的新增体量，仅仅通过空间分隔是无法满足其功能需求的，可采取外界建筑实体植入的手法，新增部分与原有厂房在材质、形态、色彩上都具有较大差异，这种反差在某种程度上以一种动态失衡的方式激活了均质化的工业厂房空间形态。

（3）引入室内绿植。老旧厂房室内空间高大，采光条件优越，在建筑内部采用绿植进行局部装饰，可以强化室内空间的自然性生态性，使老旧工业厂房更具活力。

3.3 室内空间界面改造升级

老旧工业厂房室内空间多为冷硬的钢筋混凝土和金属材料，设计改造一定要结合建筑自身特点进行，不宜进行颠覆性的破坏和过度装修。尤其是在老旧工业厂房改造实施过程中，应最大化地利用原有基础，进行优化处理，既要突出老旧厂房空间的氛围营造，也要弱化其冰冷、坚硬感，空间的各个界面要相互呼应，形成整体的风格元素。

具体体现在：

（1）顶棚。顶棚是老旧厂房原生风貌的重要元素，更新改造要充分结合空间功能类型及风格，可以延续工业照明灯具及复古性元素，选材要结合建筑时代特征，同时还要兼顾节能环保等要求。

（2）墙面。墙面是室内空间围合分隔的垂直界面，设计不仅需要与空间功能相统一，还会影响内部的空间形式。

（3）地面。地面是老旧工业厂房空间中使用最频繁的界面，经过长期的磨损，地面可能变得起伏不平，不能够满足新功能的使用要求，在改造中可以全面更新为新材料地面。对于破损不严重的，或有历史纪念价值的地面，可以进行适当修缮与保留，使其满足新功能的要求。

3.4 室内空间改造细节处理

老旧工业厂房室内空间活化再利用设计中，在满足新功能需求为前提，如何更好地体现历史工业建筑特色，打造文化创意新空间，在材料的选取、色彩的运用、装饰元素的塑造和照明方式的处理等方面也十分关键。尤其需要注意以下问题：

（1）材料的应用。须在充分尊重老旧工业厂房原有建筑材料风格的基础上，选择适宜的新型材料，使新旧材料产生融合，营造古今交融的特色视觉审美。

（2）色彩的组合。是对室内空间设计表达的重要体现，要结合厂房内部空间性质，适当增加新的色彩元素，但要注意新旧色彩的比例调配，形成统一的色彩秩序美感。

（3）照明的处理。照明设计是老旧工业厂房室内环境改造的重要方面，由于厂房已经失去了原有的生产功能，被改造成新功能空间，因此应当从艺术的角度出发，实现照明烘托室内空间氛围的作用。

结语

老旧工业厂房设计改造提升及活化再利用，是城市更新背景下盘活闲置资产资源、破解发展空间不足的迫切需要，也是推动城市产业优化升级、提升城市品质的重要途径。设计师应当充分考虑建筑本身的空间特点及周围环境因素，赋予老旧工业厂房相契合的功能设定和业态定位，结合其城市规划需求进行厂房室内空间设计改造，真正让城市工业建筑遗产"活起来"。

（本文为江苏省教育厅 2020 年度高校哲学社会科学研究项目"大运河镇江段工业建筑遗存保护利用策略研究"研究成果。项目立项号：2020SJA2066。）

参考文献

［1］张婧红.旧工业建筑室内空间改造设计研究［D］.昆明：西南林业大学，2013.
［2］吴云.旧工业厂房改造的功能置换策略：以深圳为例［D］.深圳：深圳大学，2018.
［3］余玮，刘富根.南昌塑料厂废旧厂房室内空间的改造设计［J］.中国民族博览，2018(9).
［4］李先亮.旧厂房再利用设计策略研究［D］.长沙：中南林业科技大学，2015.

以《节日的星球》为例析思辨设计的美学策略

■ 李晓慧[1] 梁 雯[2]
■ 1 大连理工大学建筑与艺术学院 2 清华大学美术学院

摘要 埃托里·索特萨斯（Ettore Sottsass）作为意大利反设计运动（anti-design movement）的先锋人物，于1973年以《节日的星球》（The Planet as Festival）为题创作了一系列略带童趣的绘画作品，用诗意的图像描述了一个极度乌托邦的未来世界，对当时西方社会消费主义的盛行予以回应。本文基于思辨设计观点❶对这组作品呈现的非现实特征进行讨论，旨在明确思辨设计的具体美学策略。

关键词 埃托里·索特萨斯 思辨设计 乌托邦 美学策略

1 思辨设计与虚构未来

思辨设计（Speculative Design）对于未来的思考并非建立在预测之上。在安东尼·邓恩（Anthony Dunne）与菲奥娜·雷比（Fiona Raby）看来，预测未来是毫无意义的行为。未来不是需要被论证的结果，他们更关注关于其可能性的诸多想法，以此作为思辨的媒介与手段，更好地理解"现在"，质疑现状并激发人们关于"想要的未来"的思考（图1）。对于未来的思辨通常以虚构的情境设定展开讨论，这不可避免地与现实状况中的某些条件相悖。但这种冲突正是我们想要看到的。虚构的力量使思辨设计的空间游离在现实与不可能之间，可以理解为质询与批判现状的方法论，同时也构成了思辨设计研究内容的主体。

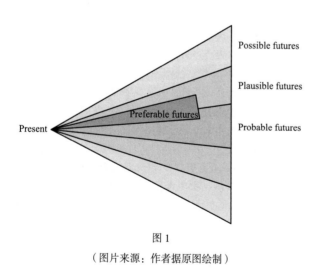

图 1

（图片来源：作者据原图绘制）

我们所处的现实世界被无数充满可能的世界包围着，"现实"与"可能性"通过虚构方式建立连接，也可以说"可能的世界"（虚构的世界）实际是对现实问题的映射，涉及的领域广泛且复杂，比如道德与法律、政治体制、社会信仰、价值观念等。20世纪六七十年代的激进建筑与艺术为邓恩与雷比提供了丰富的灵感源泉，那些离经叛道的作品呈现出的蓬勃生命力是对当时盛行的消费主义有力的回应。

2 虚构情节设定

《节日的星球》是一组具有典型思辨特征的作品，索特萨斯通过一系列具有隐喻特征的虚构场景构建了一个充满诗意的乌托邦世界。在他的设定里生产问题不复存在，机器可以仅靠几个简单的操作即可自动完成所有生产过程。充足的"消费品"随着散布于地下的网状管道实现自动传输。物质的充足使人们无须为生计被迫工作，个人感受与喜好决定一切；消费品爆炸性的分散配置导致了城市的消解，其形态逐渐从地球表面消失了，由茂盛的雨林、树木与沙漠取而代之（图2）。建筑存在的意义被颠覆，供节日狂欢使用的场所被设计出来；人与人之间的交流变得无比顺畅，我们接收到的信息是直接且高度透明的，无须任何所谓永恒存在的核心权力机构过滤，人们始终代表着他们自己；我们不再向往权力，而是关注自我意识与激情的流动，如同气体与液体的化学反应。香氛等作为愉悦身心的催化剂被源源不断地输入供给装置（图3），人们能够通过他们的身体、神经与情欲感受自我，每个人都意识到自己在真切地活着，并且正在缓慢地死去，获得真正的自由。

---

❶ 思辨设计(Speculative Design)是由安东尼·邓恩与菲奥娜·雷比借由《思辨一切——设计、虚构与社会梦想》（*Speculative Everything-Design, Fiction, and Social Dreaming*）一书构建的全新概念，也是两人在英国皇家艺术学院（Royal College of Art，RCA）交互专业的教学与实践中主导的设计方法论，与思辨哲学在抽象意义层面具有相同之处。思辨设计并不单纯以"解决问题"为目的，而是鼓励质疑现实而产生关于未来可能性的推断，以批判性的态度与思维启发人们进行反思，构建理想。

图 2 城市形态被逐渐消解的场景

(Design of a Roof to Discuss Under)

图 3 输送香氛等的装置

(Study for a Dispenser of Incense,LSD, Marijuana, Opium, Laughing Gas)

3 非现实美学策略

非现实美学是思辨设计的主要策略，其正当性与有效性在于，通过刻意地与逼真、常态化的现实保持距离，观者才能时刻觉察到他们是在观看观念，而非产品。《节日的星球》以乌托邦（Utopia）❶思维通过一系列虚构场景构建了一个纯粹的享乐世界，具有显著的非现实美学特征，是思辨设计核心方法论的直接体现。索特萨斯的虚构世界充分夸大了技术的作用，他假定未来世界存在一套强大的循环生产与分配系统，脱离人力参与的"超级机器"生产出丰厚的"消费品"，通过遍及全球的管道系统输送。这些管道被装配在一个充气装置上，由便携式键盘经由无线电通过位于一个个超级存储空间的电脑终端操控。这套便捷的"超级系统"将丰富的生活必需品自由囤积。在生产已经不再是问题的前提下，索特萨斯将人们生活的意义从琐碎的生产与消费活动上升至精神上的自我认知层面，并重新定义了建筑（空间）存在的意义。工厂、办公桌、超市、银行、道路、人行道、晶体管、豪华的酒店大堂、瘸腿的看门人是索特萨斯提取的关于现实的场景符号，实际是对当时西方社会鼓吹的消费主义热潮的解构与回应。被

解放的人们可以成为游牧匠人与艺术家（nomad artisan artists），个人觉知与喜好决定了人们的行为。在这种情况下索特萨斯对"设计"的必要性产生质疑，认为建筑（空间）存在的意义也许是为了节日狂欢。

享受音乐是"狂欢建筑（空间）"被设计出来的理由之一。在"节日星球"上，音乐被当作一种生活必需品，可以经由发射器与管道输送（图 4），以仪式舞蹈、室内音乐、露天音乐会的形式出现在人们的生活日常情境中。索特萨斯构建了一组并列排布的"圣殿"（或庙宇）空间以观演舞蹈，循序渐进地引导人们感知并研习表达情欲（图 5）。颇具仪式感的空间节奏呼应古代埃及的宗教建筑群，怪诞的外部造型暗示了其对男性生殖器官的隐喻，同时我们也可以发现其与实验室中的烧杯、厨房里的调料罐之间有趣的形态关联❷（图 6）。这些放大至建筑体量的生活道具、具有卡通风格特征的简单线条与严谨的平面图纸在画面中形成了一种强烈的冲突感，令人迷惑却又被深深吸引。除了观演舞蹈，人们亦可乘坐沿托坎廷斯河（Tocantins）❸漂流的充气阀（图 7）聆听著名音乐家［如泰勒曼（Telemann）与莫扎特（Mozart）］❹的作品。在音乐的间歇，人们可以换乘其他充气阀，或留在岸边采摘雨林中生

---

❶ 乌托邦是虚构世界最纯净的形式。详见安东尼·邓恩，菲奥娜·雷比.思辨一切：设计、虚构与社会梦想［M］.张黎，译.南京：江苏凤凰美术出版社，2017: 73.

❷ 同时期索特萨斯完成了《印度记忆》系列陶器设计，将印度建筑形态特征应用到厨房用具（调料瓶、果盘）中。详见 http://socks-studio.com/2017/06/12/indian-memory-a-series-of-ceramics-by-ettore-sottsass-jr-1972-73/.

❸ 托坎廷斯河为巴西的一条河流，发源于戈亚斯州的阿尔马斯河，向北流经戈亚斯州、托坎廷斯州、马拉尼昂州、帕拉州，注入帕拉湾，全长 2640km。

❹ 充气阀的标牌显示音乐家的姓名。格奥尔格·菲利普·泰勒曼（1681 年 3 月 14 日—1767 年 6 月 25 日）是当时德国最著名、最受欢迎的作曲家之一。沃尔夫冈·阿马德乌斯·莫扎特（1756 年 1 月 27 日—1791 年 12 月 5 日）是古典时期的作曲家及钢琴家。

图 4　发射舞蹈的系统（华尔兹、探戈、摇滚、恰恰）

（Study for a Large Dispenser of Waltzes, Tangos, Rock, and Cha-Cha）

图 5　舞蹈圣殿

（Study for Temple for Erotic Dances）

图 6　"印度印象"系列陶器设计

（Indian Memory: A Series of Ceramics by Ettore Sottsass Jr. 1972-73）

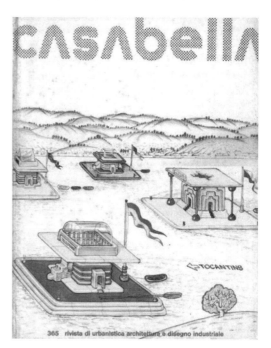

图 7　可以听室内音乐的充气阀

（Rafts for listening to chamber music）

长的水果和蘑菇。

　　构建与自然的和谐关系是《节日的星球》要塑造的核心观点，通常以观察与共处的行为展开。星辰与大海、峭壁与荒野、雨林与河流是索特萨斯构建的享乐情境里常常出现的自然环境，并且多数都可在现实地域中找到真实的踪迹。峡谷间被荒诞地嵌入了一座可以仰望星辰、俯瞰大地的露天竞技场（图8）。设置了多层可居住的空间结构，人们可以在其内举办摇滚演唱会。有机玻璃构成的巨大穹顶上布满了一个个圆形透镜，增强了天空的悠远之感。在

这一场景中，音乐与自然通过通透的空间介质建立联结，为人们的狂欢活动赋予了天然的诗意。在"节日星球"的设定里，与自然环境相关的行为不仅止步于生活情趣，而是演化成一件日常生活例行之事，决定了建筑（空间）的存在方式（图9）。专门仰望星空的巨大竞技场被建造出来，笼罩在峭壁的阴影中。无边的旷野与平静的天空投射出一种悠远的寂寥氛围，增添了观星行为的仪式感。大海亦是托特萨斯愿意描述的自然对象，于吉尔巴岛（Jirba）峭壁上探出的数个瞭望台仿佛在争相释放着人们的好奇心，

图 8　举办摇滚音乐会的室外场馆

（Study for Design of a Stadium for Rock Concerts）

图 9　看星星的竞技场

（Study for Design of a Stadium to Watch the Stars）

不仅可被用于观察海面的天气情况，为捕鱼作业提供气象信息，也可在日落时分远观满载而归的渔船。

结语

　　活跃于 20 世纪六七十年代的意大利反设计运动具有典型的思辨特征。索特萨斯作为诗人与"造梦者"在《节日的星球》系列中构建了一个极度理想化的非现实世界。以乌托邦作为虚构的形式与内容、以诗意的非现实美学策略表达了对日益增长的消费主义观念的厌恶。通过对万能机器取代人类生产的场景描述夸大技术的作用，讽刺了现实中人类机械化工作的境况；以享受音乐和舞蹈作为探索人类情感与欲望的方式，追求精神层面的自由；借助特定的建筑（空间）介质重新定义设计的意义，构建与自然的和谐关系。索特萨斯作为思辨设计的先行者，将虚构的"节日星球"描绘成鲜活的理想，不以使其成为现实为目的，而是将之作为提醒还存在更多可能性的方式，作为"企图"达到的目标，而不是具体的建构过程。以生活"应该是怎样"的标准去衡量生活"现在是怎样"，对于人类而言具有决定性的本构特征 ❶。

　　［本文为大连理工大学教育教学改革基金项目"以思辨设计为主导的环境设计专业基础教学创新模式探究"（项目号：YB2020046）的中期成果。］

参考文献

［1］安东尼・邓恩，菲奥娜・雷比.思辨一切：设计、虚构与社会梦想［M］.张黎，译.南京：江苏凤凰美术出版社，2017.

［2］陈旭.意大利设计史［M］.北京：北京理工大学出版社，2015.

［3］张黎.从激进到思辨：设计如何催化社会梦想［J］.南京艺术学院学报（美术与设计），2017(4): 14–19

［4］楚小庆.大众消费还是精英设计：索特萨斯 20 世纪 50 至 80 年代的产品设计取向［J］.装饰，2013(3): 70–71.

［5］张黎.虚构的价值：思辨设计的美学政治与未来诗学［J］.文艺理论研究，2019, 39(6): 152–160.

［6］Dunne A., Raby F. Speculative Everything: Design, Fiction ,and Social Dreaming［J］.Cambridge: MIT Press, 2013.

❶　详见安东尼・邓恩，菲奥娜・雷比.思辨一切：设计、虚构与社会梦想［M］.张黎，译.南京：江苏凤凰美术出版社，2017: 74.

邻里中心模式下社区商业弹性空间设计策略研究

■ 刘　杰　崔彧瑄
■ 哈尔滨工业大学建筑学院寒地城乡人居环境科学与技术工业和信息化部重点实验室

摘要 受城市发展近郊化趋势及各种突发卫生事件影响，15分钟生活圈概念受到人们的重视，居民对住区周围配套设施的关注度逐渐提升。然而我国已建成的社区商业仍存在业态种类单一、空间活力缺失等问题，不足以满足居民对美好生活的需求。文章借鉴新加坡邻里中心模式，将其引入社区商业设计并结合弹性设计手法，从空间可持续性、灵活性、模糊性以及场地活力营造等方面提出设计原则与策略，创造极具活力的包容性、可持续性社区公共空间。

关键词 邻里中心模式　社区商业　弹性空间　社区可持续性

引言

从国家发展角度，社会经济体制改革使职住结合的单位制逐渐瓦解，向以居住功能为主的城市社区转变，居民社区意识逐渐增强。同时，城市资源制约导致住宅郊区化愈演愈烈，居民生活重心也向郊区转移。从社区建设角度，在最新的社区公共服务设施分级配置标准中，提出原有城市社区"自足性"和"共享性"不足等问题[1]，关注点从空间功能等硬性指标转向居民生活。从居民自身需求的角度来讲，生活质量的提高使居民的生活方式更加多样化，对便捷、高效、具有活力的生活空间更加关注。城镇化处于"外延式"向"内涵式"的深度发展时期，交通拥堵、环境污染、公共设施配套不足、与周边地区发展不平衡等问题成为城市发展的重要议题[1]。社区商业作为最贴近居民生活的空间，其发展受到了广泛的关注。

自20世纪50年代开始，我国社区商业发展经历了四个阶段，从最初居民自发性的底商类型已发展至政府统一规划对邻里模式的初期探索。然而，我国以苏州工业园区为典型案例的邻里中心模式社区商业受"千人指标""服务半径"等概念的影响，仍存在功能重复配置、空间分配不均等问题，邻里中心模式下社区商业的发展问题亟待解决。

1 邻里中心模式下社区商业弹性空间发展需要

社区商业空间作为家庭需求市场化和日常生活现代化的集中体现，是购物中心内涵延伸基础上的一种改良型创新[2]。作为未来商业新的增长点，社区商业发展模式以及空间规划尤为重要，亟待从"社区内的商业"转向"服务于社区的商业"，以满足不同类型居民不同时间段的生活需求。社区商业的建设也受到民政部及国家商务部的重点关注。

1.1 邻里中心模式介入社区商业的现实需要

早在20世纪70年代，建筑师伯纳德·屈米就否认建筑仅仅被视为静态和功能性的观点，而提出建筑应该被界定为经验的序列和吸取[3]，强调人的心理、行为对于空间的影响。以2019年住房和建乡建设部发布的《绿色建筑评级标准》（GB/T 50378—2019）为例，新国标中弱化数字指标的首要地位，而将以人为本作为评判建筑空间优劣的核心，这说明建筑设计的重点已转向对人感受的关注。社会的不断发展使得居民物质生活得到极大丰富，根据马斯洛需求理论，居民的社区意识由于物质需求得到满足而逐渐增强，对社区活力营造以及公共配套设施等方面更加关注，满足服务、购物、休闲功能的一站式空间成为社区商业发展趋势。

然而现阶段我国已建成的社区商业仍停留在物质生活保障阶段，对于居民精神方面满足度较弱。将邻里中心模式引入社区商业空间，从居民行为、消费习惯着手，建立便捷高效的社区服务体系，营造社区空间活力，提升居民对社区的依赖感与归属感是现阶段亟待解决的问题。

1.2 社区商业采用弹性设计手法的发展需求

弹性空间是弹性设计空间化的体现[4]，空间具有可持续性、灵活性、模糊性三个特点。而现阶段社区商业空间受国家发展趋势等因素的影响，急需解决空间资源浪费及分配不均的问题。

从国家发展趋势来看，国家发展重心已由经济发展转向生态发展，大力推行绿色建筑减少资源浪费成为建筑业的主要趋势。居民需求及行为等因素的不断变化会影响社区商业空间布局以及功能的改变，为避免一次性设计在后期改建过程中带来资源浪费，需要采用弹性设计提升空间可适应性。从社区规划角度来看，现阶段社区开发模式由政府统一规划，开发商出资建设[5]。为争取自身利益最大化，开发商通常压缩服务空间，采用公共空间最小化的方式。而居民生活需求增加使得公共服务空间需要涵盖更多功能，两者间的矛盾可采用弹性设计手法，有限空间内通过提高功能灵活性的方式有效平衡两者关系。与其他建筑类型不同，社区商业服务于多年龄段、多类型人群，不同类型人群对空间功能的差异化需求使得空间需要满足不同类型的转换，弹性设计策略可以满足提高空间模糊性的需要，实现空间封闭、半封闭以及开敞空间的灵活转换。

2 邻里中心模式下社区商业弹性空间设计原则

2.1 社区可持续性

为响应国家可持续发展战略并顺应市场经济改革下的社区体制，应以社区为最小单元进行转变。社区商业的可持续性包括提升场地的可适应性及社区活力营造两方面。

场地适应性方面，整合空间与需求的功能设计需要以社区中"人"的生活状况和需求为核心[6]，根据时间发展顺序以及人们需求变化选择性的改变场地功能是提升场地适应性的关键，场地可适应性是从物质方面解决可持续问题。

社区活力营造方面，解决空间可持续问题可通过提升社区凝聚力的方式实现。社区商业的理想形态不再只关注于空间功能的单一维度，而需要前置考虑人际社交空间和社区活力营造问题[7]。将居民的被动行为转换为主动参与，创造有意义的参与形式和具有弹性、可持续的生活和工作方式，战略性地将社区与人们连接起来，提升可持续性和建成环境的品质[3]。

2.2 空间模糊性

邻里中心模式下的社区商业空间与其他类型建筑的差异性在于其服务对象涵盖老、中、青、幼四个年龄阶段，并需要包含零售、公共服务、休闲娱乐、邮政金融、医疗五大功能体系，服务对象跨度大、类型多样以及服务功能庞杂的特点使得空间需要遵循模糊性原则才能有侧重的服务各类人群。

弹性设计下社区商业空间的研究内容不是探索新的空间，而是重组现有空间。社区商业是一定区域内由多个大小不一的"功能模块"组合而成的复合体[5]，模块单元的界面会让原本闭合的空间与外界产生交流和渗透。也就是说，模块界面可以使空间呈现确定性与模糊性的状态，通过确定性空间与模糊空间的不断转换满足不同的功能需求。确定性使空间保持封闭隔离，互不干扰；模糊性保持空间交流、渗透的特性。邻里中心模式下的社区商业空间不仅需要考虑当前的功能使用，也要兼顾居民行为习惯的改变才能与快速发展的社会相适应。

2.3 功能灵活性

在弹性空间设计理念的支撑下，社区商业不再是某个静态时间点上的公共建筑，而是伴随着城市发展以及人的观念需求而合理、有序更新的"动态"建筑[5]，空间的功能预设需要根据人的情感、行为、习惯变化调整。正如埃佐·曼尼奇教授所述，以多样性、冗余、反馈意见和不断试验为特征的弹性系统让公共空间的活力更加明显和有形[3]。随着社会的不断发展，人们生活需求及方式的多样化会影响空间功能的转变，在有限空间内提升功能灵活性不仅在物质上满足居民生活需求转变，也需要在精神方面增添社区活力，达到提升凝聚力的目的。

3 邻里中心模式下社区商业弹性空间设计策略

3.1 弹性预留场地适应社会发展

社区是具有社区感的部落，社区内商业发展机制需要与居民生活相适应，受消费心理学、行为心理学的影响，主要体现在居民对于空间功能性、社会性以及情感性三方面需求。因此，弹性保留场地内空间可以为居民生活的不确定性发展导致功能扩建提供可能性。可在使用后期根据居民需求进行功能调整，避免一次性设计在后期改建过程中带来的资源浪费，增强空间的可适应性，是解决资源消耗、物质方面实现空间可持续性的有效措施。

现阶段邻里模式下的社区商业包括购物、医疗、邮政金融、生活服务以及文化娱乐五大功能体系。将建筑场地弹性预留三种方式扩展至邻里模式下的社区商业内，以五大现有功能体系为基础，可分为集中式、散点式、环绕式布局。例如，生活服务功能可围绕零售功能呈散点式布置，满足居民对于一站式购物生活服务的需求。两个不同的功能空间通过弹性预留空间相连接，预留空间作为两空间的连接与过渡可由居民按需求自主支配，激发居民在社区中的自发性与创造性行为。

3.2 环境叙事设计营造社区活力

社区的本质是"共同体"的形成与发展，这依赖于共同的生活交往、心理归属以及相同的文化观念和地域基础，因此邻里模式下的社区商业空间活力营造是设计的重点。现阶段城市建设通常受现代语汇及功能预设等因素的影响，空间变得枯燥乏味。

文章提出环境叙事设计介入社区共享空间体系，弱化空间功能特性而强调对人与周边环境的协调关系。与其他叙事媒介不同，环境叙事设计可以让居民直接走进环境空间中，叙事的感官尺度被增强更容易触发居民对社区的依赖感与归属感。通过显性和隐形两种设计方式，从图像、文字、形式、尺度、色彩等方面的构建还原旧时街坊的邻里情节，以叙事为导向设计空间，通过制造吸引人、互动、具有特定情节的社交空间将居民聚集在一起[2]，提高居民在社区中的参与性和合作性，把人们从孤立的生活路径中抽离出来，改变人与人、人与社区、人与城市的交往方式。

以上海四平社区创生行动为例，社区场所空间营造呈现72个空间创变，包括一系列公共空间设计改造和公共空间文化活动。其中第三季"NICE 2035未来生活"及第四季社区自治、渐进更新项目分别采用音乐、绳线对邻里楼道空间再设计及口袋公园玩乐设施的创意性融入，还原旧时社区情景，通过环境叙事设计的干预和催化作用激活社区共享空间，实现从单向设计到社会公共参与的转变。

3.3 包容性设计满足多样需求

根据空间模糊性原则，通过包容性规划和设计提升场所模糊性，前置考虑社区中人的能力、性别年龄、文化塑造等问题，满足不同人群的功能需求。为了满足绝大部分商业业态的空间需求，社区商业建筑可采用框架结构的工业模数制柱网[5]；而居民活动空间更适合采用大跨度建筑，少量柱网支撑增强空间的弹性度。两种建筑类型均可采用包容性设计，并通过模数化单元的分割方式，结合模块界面的利用实现空间模糊性的体现。

结合现有社区商业空间布局，依据居民使用需求，强调或弱化单元界面，实现封闭、半封闭、开敞的空间类型转换，满足不同空间类型转换并高效利用不同功能模块间的灰色空间。例如空间内生活服务包含银行、超市、邮政、药店、文化用品等功能，文化娱乐包含居民活动、交流、办公等功能，两者可归纳为公共服务体系。为满足居民一站式生活需求，可通过两者空间界面强调及弱化进行空间的分割与渗透融合，服务于不同能力以及性别人群。

3.4　冗余性设计丰富空间功能

空间的冗余性设计是功能灵活性的体现。冗余性设计把不同属性的空间有机地串联在一起，使原有空间层次和性质相互渗透，形成了多样且层次丰富的空间形态[4]。冗余性设计强调空间从量到质的飞越[4]，包含单一性冗余空间与共享性冗余空间两类。

单一性冗余空间指两种不同功能的空间相互叠加，满足不同时间段同一空间的多重利用的需求，两种不同类型功能空间可采用单一性冗余空间组合。例如，商业服务与公共服务两者并列布置，商业空间呈空闲状态时可适当扩大生活服务空间面积，实现空间的多功能性。同类功能空间组合可采用共享性冗余空间模式，是一种能聚能散的动态空间布置方式，表现为一个母空间连接多个子空间。例如休闲活动可采用共享性冗余空间模式，不同年龄段的人群可在母空间进行聚集活动，也可在子空间各自活动，既产生交集又互不干扰（图1）。

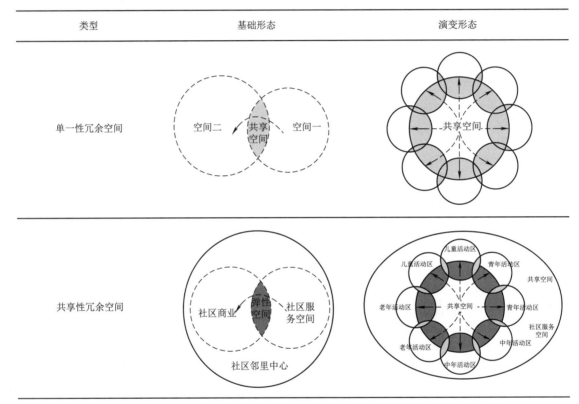

类型	基础形态	演变形态
单一性冗余空间		
共享性冗余空间		

图1　冗余性空间演变示意

结语

由于住宅郊区化的发展趋势与居民日常活动重心的转移，社区商业需要在邻里中心模式的指引下发展。本文提出邻里中心模式下社区商业弹性空间设计策略以增强空间功能的多样性和建筑的可适应性，使居民在社区公共空间内能够进行丰富的休闲活动，提高社区活力与亲和力，增强居民对社区的依赖感，同时提升空间的可持续性。

但我们在当下难以预测未来发展的各个方面，未来的不确定性使设计师的精心设计有时反而是适得其反，需要在现有的经验和能力的基础上去把握未来某些不确定性因素[7]。因此，要求设计以现阶段标准为主要判断因素，结合未来需求的动态因素，在当下与未来之间找到平衡点，制定正确合理的弹性设计目标。

参考文献

[1]孙道胜，柴彦威.城市社区生活圈体系及公共服务设施空间优化：以北京市清河街道为例［J］.城市发展研究，2017，24(9)：7-14.

[2]沈萌萌.社区商业的理论与模式［J］.城市问题，2003(2)：40-44.

[3]倪旻卿，朱明洁.开放营造：为弹性城市而设计［M］.上海：同济大学出版社，2017：182.

[4]段邦禹.美术馆弹性空间设计研究［D］.北京：中央美术学院，2015：6.

[5]王岳峰.社区商业建筑的弹性设计研究［D］.天津：天津大学，2017：34-35.

[6]曾文.转型期城市居民生活空间研究［D］.南京：南京师范大学，2015：48-49.

[7]汤婧婕，余时娇.未来生活圈引力下的新型社区商业探索［J］.建筑与文化，2019(12)：188-191..

环境负荷理论下居家养老空间视觉环境设计研究

■ 刘 杰[1] 李雅娇[2]
■ 1 哈尔滨工业大学建筑学院寒地城乡人居环境科学与技术工业和信息化部重点实验室
2 哈尔滨工业大学建筑学院

摘要 我国正处于人口严重老龄化的发展阶段，养老问题愈发严重。根据传统的居住文化，很多老人仍然倾向于在家中养老。人类获得外部信息主要是通过视觉，能够占到总信息量的80%，在很大程度上超过了听觉、触觉等其他感知觉。本文通过分析老年人在居家养老环境中的视觉负荷，视觉机能变化和生活需要，在色彩环境、光环境这两个视觉层面上提出提高不同年龄阶段老年人生活质量的原则和策略，从而为居家养老的老年人营造一个更为安全、舒适和健康的居住环境。

关键词 环境负荷理论 居家养老 视觉环境 空间设计

引言

截至 2019 年底，中国 65 岁及以上人口占总人口比例为 12.6%，以联合国制定的 14% 为分界线，中国距离"老龄社会"仅差 1.4%，中国正式进入"老龄社会"已开始倒计时，但实际上早在 2018 年，我国南方的部分省市地区已经进入了"老龄社会"。另外随着经济的发展，生活环境中出现了越来越多的高负荷因素，如繁杂的声音、复杂的环境信息等，长时间处于这种环境会使人产生焦虑不安的心理情绪。伴随衰老造成的生理和心理机能退化使老人对环境适应能力变弱，对环境变化较为敏感，对环境刺激更加难以承受，因此在居家环境中，对环境质量的要求也就更高。由于视觉是人们获取信息最主要途径，作为老年人主要活动的室内空间，内部的视觉要素要避免单调和纷乱。通过从视觉角度将环境中的负荷进行合理的设计和控制，一方面可以营造良好的视觉负荷空间，优化老年人的居家环境；另一方面也能够减轻家人和社会的养老负担，促进社会的和谐发展。

1 环境负荷理论与老年人视力相关概述

1.1 环境负荷理论概述

环境的负荷是指环境向个人传递的信息量。环境信息的强度、新奇性和复杂性影响着环境负荷的大小。强度即人所感觉到的刺激的绝对值，新奇性指人们对所接收到的环境信息熟悉的程度，复杂性指环境所包含的不同信息的多少。信息量的多少取决于环境中的视觉、听觉、触觉或嗅觉的刺激所引起的神经系统唤醒水平的高低。通常情况下，环境负荷越大，其对人们的生理唤醒水平越高；反之，则越低。适当的环境负荷可以提高人们对环境信息的主义，当信息接受者对外部环境刺激的负荷值达到临界点时，会逐渐导致其心理不适，从而产生消极心理。

1.2 老年人视力能力与感知能力、行为能力

随年龄的增加，老年人的视力水平在生理上出现衰退的小部分原因是中枢神经衰弱，但是绝大程度上是老年人眼睛结构的变化造成的。角膜直径逐渐变小呈扁平趋势，导致老年人散光和远视，变厚的角膜更容易引起光线散射，从而出现"眩光"；瞳孔缩小导致适应光的变化能力减弱；晶状体的硬化和增厚导致老年人的肉眼组织对蓝色和绿色的辨别变得困难，也不容易看清纹理和图案，对颜色接近的物体难以分辨[1]等。

老年人除了日常外出散步和买菜等目的性强的活动外，大部分时间是在家中度过的。居家环境提供不同强度、新奇性和复杂性的视觉信息量，对老人产生了不同程度的视觉负荷，影响着老人读书看报、家务劳动、休息等的舒适度，对老年人的行为有着积极或消极的影响。

1.3 将环境负荷理论应用到老年室内空间中的重要意义

人们通过视觉来获得对环境信息进行感知。根据统计调查结果显示，60~65 岁的老年人，有一半存在视力障碍，而 66 岁以上的老年人存在视力障碍的比例达到了 70%。老年人视力的下降导致对视觉信息获取能力和处理能力的减弱，如果在短时间内接收到过多的信息或者空间内没有提供足够的视觉信息，就容易造成不适宜的视觉负荷。这种视觉负荷在产生的同时还会使老人产生一定的心理压力，比如焦虑、抑郁等。因此在设计中应该把老年人的视觉负荷保持在一个合理的水平，科学的控制环境带给老年人的刺激，这将对老年人保持身心健康和获得良好视觉感受起到促进作用[2]。

2 室内空间视觉要素及调研分析

2.1 空间视觉要素

室内视觉环境是由空间中各因素总体形成的氛围、意境、风格等给人的视觉感受。色彩、造型、标识等内容构成了室内空间的视觉要素。本文选取色彩环境、光环境这两个主要因素对老年人居家环境进行分析。合适恰当的色彩选取和搭配可以直接影响老年人的身体健康以及情绪状态，合宜的光环境能够创造舒适的气氛，两种要素的合理

应用，不仅能够影响室内环境的氛围，给人带来丰富的视觉感受，还能促进人们的身心健康。

2.2 现状调研内容

根据研究内容，本文对60岁以上的独立且能够自理的居家养老的老年人进行调研。调研内容包括他们在视力方面存在的问题、日常行为模式、居家环境中存在的关于色彩、光环境的现阶段问题和选择偏好等，以便为如何更好地对独立且自理的居家生活的老年人的居家视觉环境进行优化提供参考性的建议。

2.3 调研结果与分析

调研结果显示，对于独立自理生活的老人来说，居家行为白天多倾向于看电视、听收音机、看报纸、做饭等活动；夜晚绝大多数老人都有多次起夜的行为。空间的舒适性和安全性是老年人在生活中要关注的重点内容。在色彩方面，大部分室内环境大面积色彩单调；深色系的家具较多、陈设等物品颜色组合杂乱；不同物品相似的颜色导致老年人拿取物品时经常搞错。在光环境上，人工照明方面，空间中光源单一且常常裸露在外，产生了大面积的阴影和眩光；老年人阅读时亮度不够、光线不均匀导致不同的空间亮度差距较大等问题也加重了老年人眼部的压力，增加了用眼负担。综上，色彩环境和光环境的强度、复杂度影响着老年人在居家养老生活健康与否，而目前老年人的居家色彩和光环境情况不容乐观。

3 居家养老空间内视觉设计原则

3.1 安全舒适性原则

安全和舒适需求是人基本的需求，安全性和舒适性原则是设计中重要的原则。老年人视力能力变差导致其对外在事物的颜色、形状辨识度下降等，空间中单调的色彩、不合理的光环境威胁着老年人居家生活中的安全。利用调节大面积和局部的色彩对比和照明亮度来提高室内环境清晰度，赋予空间适当的色彩和光元素的强度和复杂性，做到可视的安全性，减少老年人不必要的身体损伤和心理压力，促进他们生活舒适感的提升[3]。

3.2 整体协调性原则

色彩与光环境要与整体空间相协调，功能区的不同使得其配置的元素强度与复杂性也不尽相同。室内的色彩应该既有多样性的变化又能够整体统一，使其能够形成统一的风格。在光环境方面注意各个空间的自然光和人工照明的衔接以及不同时间、空间的光源选取和应用。此外，室内视觉环境的好坏与否也需要色彩与光的搭配，只有二者之间相互配合，才能相得益彰。

3.3 满足差异化需求原则

不同老年人选择偏好的情况不同，他们对于色彩选择和光源选择存在着多样性，因此要针对不同文化背景、经济状况的老年人在满足标准的同时进行多样化的色彩和光环境选择和设计。此外，居家环境中起居室、卧室等不同空间承担着不同的功能，老年人在不同的功能区进行着不同的行为活动，因此各个空间的色彩和光元素在满足大体一致的情况下，也要满足稍有差异化的布局。

4 居家养老空间内视觉设计策略

4.1 色彩选取策略

根据《老年人照料设施建筑设计标准》（JGJ 450—2018），室内空间色彩宜以暖色调为主，进而营造温馨、明快、宜居的环境氛围[4]。

在安全层面上，结合老年人的眼部衰老导致其对蓝色、绿色识别性降低的现状，因此在颜色选取是应避免这类短波长颜色的应用。同时，深色系为主的空间环境会显得光线较暗，同时也影响老年人的心理感受。由于老年人视力的对比敏感度降低，因此在涉及界面转折、用电、用气等操作方面，应采用对比强度高的颜色予以提示，防止老年人因辨别不清发生意外。

在审美层面上，整体空间应该统一在一个色调和风格内，形成和谐的视觉效果。要避免大面积使用强烈、刺激性强的色彩，可多使用温和的颜色，局部采用鲜艳颜色做点缀，增强空间的活力。在调研中可以发现，老年人倾向于中式风格，喜欢实木家具和原木色，一方面说明天然色的室内的家具选材和界面颜色更受老年人的喜爱，另一方面也说明，老年人在色彩的选择更偏向于沉稳和古朴大方的装饰色，来满足他们的怀旧心理。

综上，在色彩环境上，要对现阶段高负荷的室内色彩进行整理，降低其复杂性，使其整体处于一个适合老年人视觉体验和心理感受的状态，在局部的关键点提供高强度的色彩信息量，从而对老年人的环境行为起到引导作用。

4.2 光环境设计策略

相比色彩，光环境设计更加倾向于安全方面。首先要充分利用自然光，自然光照射有助于提高老年人的免疫能力，防止骨质疏松，还能够使其心情愉快。其次，要在自然光少量或难以照射的区域结合人工照明进行补充，人工照明在进行整体性照明的同时要结合老年人的行为活动进行有区别、有针对性的设计。老年人的视觉敏感性低，室内的照度要比青年人高，可根据《建筑照明设计标准》（GB 50034—2013）对其进行调节，环境整体光照强度的过高过低，都会给老年人带来视觉负荷，还要采用半透明的灯具对直射光源进行遮挡，防止产生眩光。并且短时间内调节入眼光线的能力变弱，因此提供在空间中要提供均匀的照明，相邻空间要有照明提供过渡，防止老年人发生意外；考虑大多数老年人都有起夜的行为习惯，因此在去往卫生间的路线上要有夜灯进行照明。根据老年人居家在客厅、卧室、门厅等不同空间的时长和行为，不同活动所需要的照度是不同的，在起居室、书房进行阅读功能或在卫生间的时候，照度约为100~300lx，而在门厅和走廊这种交通空间，可采用50lx左右的照度[5]。

不同的照度和光源色彩可以对人的心理产生很大的影响。光环境设计不仅仅要适应老年人视觉要求，还应该融入居家空间的主色调，营造和谐的居家环境。

综上，在光环境上，目前的居家现状光环境光照强度大，而覆盖面积小且不合理，所采用的照明方式简单，但照明效果造成的视觉环境复杂。因此在光环境的设计上，应该均衡整体空间的强度，整体协调的情况下，在对局部空间的照明进行强调或减弱。

结语

老年人视力衰退影响着老年人日常活动，也影响着他们的认知和情感。随着老龄化社会的加剧发展，居家养老方式的影响，居家环境中复杂的信息量将巨大的负荷积压在老年人的视觉上，会加重老年人的生活压力。本文通过分析老年人实力能力和感知能力的衰退以及老年人的行为方式，为其室内环境中的色彩和光进行信息量强度和复杂性调节提出了相应的原则和策略，提供了可参考和借鉴的建议，使视觉负荷能够在一个合理的水平，进而提高老年人居家养老的生活品质，促进社会的和谐。

参考文献

［1］关静 . 基于视觉体验的老年居住空间设计研究［D］. 杭州：浙江理工大学 , 2016.
［2］石程 . 基于环境—行为关系理论的老年公寓空间环境设计研究［D］. 兰州：兰州理工大学 , 2018.
［3］刘溧 . 养老院室内空间的人性化设计［D］. 南京：东南大学 , 2017.
［4］老年人照料设施建筑设计标准：JGJ 450—2018［S］. 哈尔滨：哈尔滨工业大学 , 2018.
［5］建筑照明设计标准：GB 50034—2013［S］. 北京：中国建筑工业出版社 , 2014.

论德罗斯特效应在室内空间环境中的形式艺术美
——以伊斯兰教堂内部的穹顶装饰为例

■ 刘林陇

■ 华中科技大学建筑与城市规划学院设计学系

摘要 德罗斯特效应是分形艺术在非线性空间中表现出的一种独特的视觉形式和特效，也是基于递归算法的数理逻辑在空间艺术中的创造性运用。因此，德罗斯特效应不仅具有数理逻辑的理性美，而且蕴含着极为丰富的形式艺术感。在此背景下，本文试图从分形艺术的角度出发，深入剖析德罗斯特效应在室内非线性空间中表现出的形式艺术美。首先，阐述分形艺术与德罗斯特效应的概念与关系；其次，以伊斯兰教堂内部的穹顶装饰为例，结合宗教文化对德罗斯特效应的装饰图案进行探究，同时重点将其与形式艺术法则相联系，并在统一和变化、主次和虚实、节奏和韵律等方面进行分析解读；最后，浅析在当今数字化时代的背景下，德罗斯特效应在形式与功能上发展的潜力与更多的可能性。

关键词 德罗斯特效应 分形艺术 形式艺术美 非线性空间

引言

一般来说，各种空间形态可以大致分为两种类型：线性空间与非线性空间。欧几里得空间是线性空间的代表，这是一种人们对于各种复杂空间进行分解和感悟的基本空间形式，其中空间化为整数的维度，所有空间均由零维的点，一维的线，二维的面以及三维的体构成[1]。然而，随着空间艺术相关学科的不断完善与计算机图形学的愈加成熟，人们可以借助工具，开始由对线性空间的认识逐渐转向对非线性空间的理解和认知。非线性是一种数学概念，其应用领域极为广泛，而非线性空间则是将非线性概念运用于空间艺术表达而诞生的一种新的空间哲学，其跨越了线性空间的维度约束，进而能更贴切和真实地去描述各种复杂的空间形式。

非线性空间中的分形艺术是现代科学与艺术的统一，更是数学结构与艺术形式的内在联系，同时也是各种空间形式体现出的一种重要的艺术概念。在非线性空间中，由于分形艺术的不同表现，经常带给人们绚丽多变、复杂丰富的视觉特效，这种视觉特效正是德罗斯特效应[2]。

1 分形艺术与德罗斯特效应

1.1 分形艺术与非线性空间

大自然有着极为丰富的景观：连绵起伏的山脉、蜿蜒曲折的海岸线、造型各异的雪花等等，这些视觉丰富的自然景象都蕴含一种重要的艺术概念——分形艺术（图1）。分形艺术是客观对象以某种与其自身相似的自相似形状不断递归而形成最终图案的一种艺术手法，无论是参天大树还是细枝繁花，其构成基本都蕴含着分形艺术的概念。因此，分形艺术能最真实地去描述自然界的景象，而这是传统线性的欧式几何学所不能做到的。

分形艺术由哈佛大学数学系教授曼德勃罗特率先提出，他运用几何学原理阐释了分形，从而为分形现象的研究奠定了理论基础。分形艺术的核心逻辑是注重对事物中秩序和变化的关系处理，其强调变化，同时更强调变化中的秩序统一。非线性空间中，空间的构成逻辑是复杂的，就如同自然中纷繁杂乱的自然景观，但其复杂外观的背后都蕴含着相似或相同的构成逻辑。大千世界正是在这种具有自相似性的构成逻辑的作用下，依据其本身固有的

（a）雪花自相似的构成形式

（b）花瓣不断递归的分形艺术

（c）树叶纹路的分形肌理感

图1 自然界中的分形艺术

不同基本形态而呈现出五彩缤纷的景象，而分形艺术则是一把使我们能够去认识各种复杂外观背后具有相似逻辑的钥匙。

1.2 生活中的德罗斯特效应

德罗斯特效应是分形艺术在非线性空间中表现出的一种视觉形式，也是一种奇特的视觉效应。该名称源自荷兰著名厂牌德罗斯特可可粉的包装盒，其包装盒上的图案是一位护士拿着一个有杯子及纸盒的托盘，而杯子及纸盒上的图案和整张图片相似[3]。自20世纪初开始，这种独特的视觉表现形式就开始被人们使用，且在数十年间便成为一个十分重要的艺术概念（图2）。

这种独特的视觉特效虽然常给人一种错综迷奇的感受，但在某种程度上，其构成逻辑和表现形式依然是分形艺术在非线性空间中的一种具体体现。德罗斯特效应本是递归的一种视觉形式，主要指一张图片的某个部分与整张图片相似，如此产生的无限循环。随着设计艺术学科的不断发展，人们对德罗斯特效应的使用逐渐由二维平面的视觉传达向三维的非线性空间转变。观察自然和社会的不同形态，进而提取其若干元素，依据物理和数学的相关理论且在递归的基础上运用构成艺术的手法和形式艺术法则对基本元素进行分解、置换和重组[4]。

2 德罗斯特效应的形式艺术美

一方面，分形艺术与德罗斯特效应的艺术特征具有一致性，且都是在塑造非线性空间时衍生的重要艺术概念和表现形式，另一方面，蕴含德罗斯特效应的非线性空间其本身就具有极为丰富的形式艺术美，人在其中能感受到多种不同的空间感。该空间打破了界面的限制，通过形式的各种处理和变化对整体表现出的视觉效果进行艺术加工，从而得到缥缈和魔幻的空间。因此，现拟从形式艺术法则中的统一与变化、节奏与韵律、主次与虚实等方面入手，并以伊斯兰教堂内部穹顶界面的装饰图案为例，深入分析德罗斯特效应在室内空间环境中的具体表现，从而最终得到该类空间形式呈现美感的真正原因[2]。

2.1 宁静的伊斯兰艺术

伊斯兰教堂是伊斯兰建筑艺术的重要组成部分和主要表现形式。伊朗清真寺的外观相对朴素，但若进入清真寺内部，呈现在眼前的则是一番与质朴简约的建筑外景截然不同的景象（图3）：深浅不一的蓝色釉面砖与深黄色的黏土砖围绕宽阔的中央庭院，形成一圈细密精美的图案界面。

若仔细观察墙面、窗棂上的各种德罗斯特效应的图案

（a）德罗斯特可可粉的包装盒　　　　　　　　　（b）德罗斯特效应图像

图2　德罗斯特效应图示

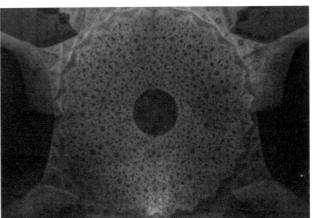

（a）清真寺质朴精致的外观　　　　　　　　　　（b）室内德罗斯特效应穹顶

图3　伊朗清真寺的分形艺术

165

装饰，便会发现蕴含其中的形式艺术美。精美、细致、宛如灿星的穹顶图案，色彩斑斓的光线，奇幻的灯光均体现了伊斯兰教堂对艺术之美的极致追求，这是带有伊朗特色的宁静的伊斯兰艺术。"表里不一""粒子化""穆克纳斯""分形"等成为其空间的关键词。

2.2 德罗斯特效应的统一与变化

统一和变化是德罗斯特效应图案在形式艺术中首要的表现特征。

作为分形艺术的雏形——德罗斯特效应图像具有明显的自相似性，这种自相似形是分形艺术的重要特点，分形的"分"是和整体的"整"相对应的，"整形"是"分形"组合重构，"分形"是"整形"的构成部分。因此，其中"整形"和"分形"的辩证关系便在视觉上呈现出"统一"与"变化"的形式艺术美。

统一是一种秩序的表现，也是一种协调的关系。当我们仔细观察教堂内密布于墙面、窗棂上的几何图案，便会发现每一组看似极为繁复的图案其实都存在一个可以不断重复的基本图形单元，而这个通常呈现出星芒状的基本单元又是由更为基本的正三角形、正方形或者正多边形多次的旋转叠交而统一形成。这种经过基本形的多次递归而呈现的整体图像是其内部的"无序"元素向"有序"的运动变化，在这一过程中，纷繁的诸多细节由统一的分形逻辑进行控制，从而形成了德罗斯特效应图像丰富而又统一美学特征（图4）。

变化是一种智慧、想象的体现，且强调种种因素中的差异性方面，并造成视觉上的跳跃和律动感。教堂内部空间界面中由诸多基本单元不断递归而成的几何图形体系是伊斯兰哲学原子论的思想在形式美学"变化"上的一种具体表现。伊斯兰原子论者认为，我们存在的这个感性世界是由实体和偶性组成。偶性来去行进，便形成了瞬息即变的世界。由于偶性完全以实体为依托，因此，作为基体的实体也成为了可变的。可变就不能是永恒的，也就是说，今世存在的所有东西正在变化着，这就证明了它是由真主创造且始终能存在着的东西[5]。

因此，伊斯兰教堂内部空间的德罗斯特效应图案在追求统一的同时，也极力表现着变化（图5）。具有自相似性的德罗斯特效应图案在每次递归的过程中均会在其尺寸和位置上发生变化，或者是将基本形进行缩放、旋转，从而使得到的图像和原来的基本图像构成相似。无论其形态、结构有多复杂，都应在保持统一原则的基础上进行递归变化。这种变化的背后具有严格而缜密的数学逻辑，从而才得以展现出精确而均衡的几何美感。

教堂内的德罗斯特效应穹顶是秩序统一的感性美，同时也是蕴含数理变化的理性美。

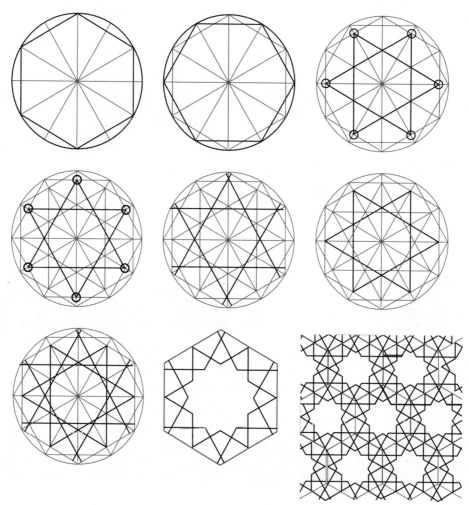

图4 伊斯兰教堂室内穹顶德罗斯特效应图案构成

2.3 德罗斯特效应的节奏与韵律

节奏和韵律是德罗斯特效应图像在形式艺术中最显著的表现。

德罗斯特效应图像的节奏与韵律是体现其所处空间"动感"与"活力"的形式艺术，其本质特点是基本图像元素递归时富有规律的反复，从而使对象拥有了节奏，并在这种具有动势的秩序中萌生出生命律动的感受。因此在一定程度上，节奏和韵律是德罗斯特效应图像的灵魂。

节奏是一种规律性的重复，设计中通常指反复的形态和构造。在伊斯兰教堂中，四座面向庭院建于不同时期的高大"依旺"，其内部各有一个深深凹进的半穹顶空间，穹顶被划分为小面积的、清晰可见的粒子化单元，这便是中东地区古典伊斯兰建筑的一个标志性结构——穆克纳斯[5]。穆克纳斯是一种依附于穹顶内表面的三维空间结构（图6），其单元构件的组合极为复杂，呈现完美地自我复制且相互连接。因此穆克纳斯呈现出自然界常见而建筑界罕见的分形结构，它的基本单元拱在每个不同的层级都会发生尺寸变化，即按照等比例与等距离的反复排列组合，或作为空间位置的延伸，或作规律的序列，即能产生相应的节奏。

仔细观察教堂内富有节奏感的德罗斯特效应构件，会发现有两个主要特点。首先是穹顶内表面构件形态的对立，这种形态的对立是单元构件在递归变化中形成的，无数次的递归变化造就了单元构件的并置和连续的呈现；其次便是有规律的重复、节奏，从而体现对象的一种连续变化的秩序，即对比或对立因素有规律的交替呈现。穆克纳斯正是以对立的、关联的方式去进行安排和处理设计形式，才能使穹顶空间具有一定节奏感。

韵律通常是指有规律的节奏经过扩展和变化所产生的流动的美。教堂内穹顶重复的构件，由小到大、由粗到细、由疏到密、由远到近的变化图形，在一定的架构下不断重复，产生以强弱起伏、抑扬顿挫的规律变化，这不仅体现了节奏在韵律基础上的升华，也是韵律与节奏相辅相成的最佳体现。

因此，在具有德罗斯特效应的穆克纳斯中，节奏与韵律往往相互依存，且互为因果，韵律在节奏基础上丰富，节奏在韵律基础上升华。

2.4 德罗斯特效应的主次与虚实

主次和虚实是德罗斯特效应图像在形式艺术中最具诗意的体现。

长期以来，伊斯兰教堂对室内空间似乎更为偏爱，以至于会忽视建筑的外观。这种"表里不一"的状态在伊朗南部设拉子的几座建筑中表现得尤为明显。而恰是这种内外反差较大的空间及界面处理使人们在其中漫步时能明显地感受到教堂整体处理的"主次"关系。

（a）呈芒状变化的德罗斯特效应穹顶

（b）几何形递归变化的德罗斯特效应穹顶

图5　伊斯兰原子论学说在室内空间界面中体现的变化

（a）依附穹顶且极富装饰韵味的穆克纳斯

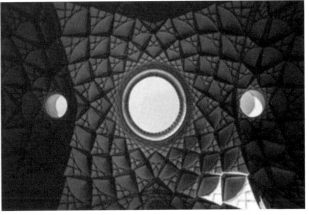
（b）具有分形结构和韵律感的穆克纳斯

图6　富有韵律与节奏的穆克纳斯空间结构

莫克清真寺位于设拉子城南一个不起眼的巷子里，没有人能够回忆起这座泥砖结构的清真寺过于"朴素"的外立面，寺院规模甚至不及一些私人宅院。然而那间有着东向彩色玻璃窗的小祈祷教堂却成为游客们趋之若鹜的场所，每当清晨的太阳升起，这个精致的空间便被五彩斑斓的光线笼罩，景象只能用奇幻来形容。而正是由于教堂内部对光线的独特运用，阳光将彩色玻璃窗的色彩肌理投影到蕴含德罗斯特效应的穹顶上，所以其整体空间才能随着时间的变化而表现出不同时段的递归中心，以及拥有明暗变化和虚实相生的德罗斯特效应图像（图7）。

漫步于教堂内部，会发现穹顶的单元构件在阳光的照射下由于自身形体和所处角度的差异而形成了丰富的视觉感受。整个空间仿佛一个精致的舞台，阳光在舞台上尽情表演，时间是它的导演和化妆师，而蕴含德罗斯特效应的穹顶构件是舞台的巨大背景墙。随着时间变化而不断舞蹈的阳光将穹顶的若干基本构件照亮，并使其成为不同时段的主角。因此，空间中的主次关系是变化的，而起决定因素的正是时间与阳光。

路易斯·康曾经说过："光，是人间与神境相互对话的一种语言，且是人性与神性共同显身具象化的领域。"在伊斯兰教堂中，随时间变化的阳光不仅使德罗斯特效应的穹顶构件有了主次关系，同时由于光自身的"神性"使空间产生了基于主次的虚实关系。光弥漫并充满了富有活跃生机的空间，连续的穹顶构件图案以相同的格调不断重复出现，此时空间仿佛是由光构成的序列。当阳光照射到穹顶

时，正对光线的构件成为主要部分，而由于光产生强烈对比的明暗关系构件便成为该时段的"实"，且是整个空间序列中的"高潮"；相应地，周围环绕于"实"构件的其他元素便成为了此时的"虚"。因此，虚与实是相辅相生的，有了实的衬托，虚才得以显现，虚不是无，虚是一种存在，而实也是相对于虚的实。教堂内光线的变化使德罗斯特效应的穹顶产生了随时间变化的"增强"与"消隐"。

伊斯兰教堂采用洗练、平易的方式去表现光空间，不仅完美地诠释了空间的主次与虚实关系，更表现出蕴含德罗斯特效应的穹顶内部空间的丰富性和新颖性。

3 德罗斯特效应的更多可能性

与此同时，随着目前数字化技术的普及，计算机图形学的不断完善以及数据可视化技术的飞速发展，德罗斯特效应的形式与功能有了更多的可能性。

参数化设计是目前设计师利用数据与变量之间的函数关系对设计对象进行数据控制而改变其形态的一种设计方法和思路，基于其主流的 Grasshopper 平台，设计师能够利用递归算法表达出千变万化的德罗斯特效应，这是一种变量化的设计思想。人们在自然中观察到诸多不同对象的德罗斯特效应，并可以依据相应的算法对其进行递归分析，从而编写出由若干重要参数控制形态的德罗斯特效应图像程序。该程序的实质是一种工具箱，人们通过调节不同参数便能控制其主要形态，从而在短时间内就能得到千变万化的德罗斯特效应图像（图8）。

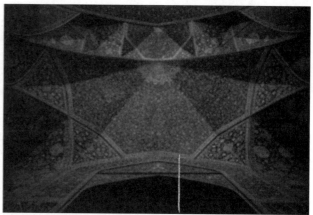

图7　光影变化的室内效果，阳光与德罗斯特效应穹顶相互作用产生富有明暗交替的虚实与主次

图8　样式不同且千变万化的德罗斯特效应图案

此外，参数化的数据控制不仅体现在数据对形态的控制上，同时还能根据遗传算法使德罗斯特效应图像具有一定美感的同时，在室内空间功能的布局上也能够达到最优解。这是一种动态化、多变量控制的函数思想。内部空间的功能布置在一定程度上体现在其若干空间的开放私密与尺寸关系上，因此程序便能大致通过数据去模拟控制空间之间的关系，通过遗传算法，得到空间布局最优解时参数的变化区间。同时，再由该类数据进行递归，得到内部空间的德罗斯特效应图像，而此时得到的所有形态结果均是基于上述内部空间功能最优化的参数控制范围，且能在此区间中再根据相应的形式艺术法则去调节参数，最终得到艺术感最强、形式最优美的德罗斯特效应图像[3]。

因此，运用参数化设计的数据控制，不仅能够实现内部空间中德罗斯特效应图案形式的多样化，还能实现空间功能与形式的完美统一。

结语

分形艺术的德罗斯特效应在目前空间设计艺术中有着非常巨大的潜力和前景。传统的内部空间设计由于功能主义空间划分方式以及与之相适应的空间处理方法的僵化，从而导致空间界面形式单调乏味，空间形态千篇一律，且使人们的设计思维长期停留于欧式几何的线性空间维度中。但是，分形艺术的德罗斯特效应在空间设计中的创造性运用打破了空间的规则几何化倾向和维数的固有界限，且在形式艺术的变化与统一、节奏与韵律、主次与虚实上依然有着独特的表现形式与不俗的美感，从而使空间形式更加活跃，且富有新颖感。

此外，随着数字信息化时代的来临，德罗斯特效应的形式艺术表现也有了更多的可能性。作为设计师的我们，在这势不可挡的历史潮流下，如何应用新型的数字化生产工具去权衡多方面的矛盾，从而在艺术设计中谱写新的篇章？这是我们必须思考的难题，同时也是未来不可回避的问题。

参考文献

[1] 吴卫, 顾彦力. 分形艺术视角下的德罗斯特效应研究 [J]. 包装工程, 2019, 40(12): 92–96.
[2] 胡欣怡. 分形艺术的形式分析 [J]. 艺术与设计 (理论), 2015, 2(6): 123–124.
[3] 沈源, 常清华. 建筑空间形式设计中的迭代及分形思想 [J]. 住区, 2012(5): 28–35.
[4] 冯志, 王杉山. 居室空间分形艺术 : 以中国古代居室设计为例 [J]. 时代文学 (下半月), 2008(10): 152.
[5] 吴雁. 伊斯兰原子论的哲学思考 [J]. 阿拉伯世界, 2004(2): 37–49.

疫情下异地多校联合毕业设计在线教学实践初探

■ 马　辉　林墨飞
■ 大连理工大学建筑与艺术学院

摘要　由于受到新冠肺炎疫情的影响，目前教育部紧急发布"利用网络平台，停课不停学"的教学指导要求。为积极响应教育部的号召，多校异地联合毕业设计教学必然要利用互联网技术采用在线教学模式。之前针对单科课程的在线教学研究经验已经比较普遍，但针对毕业设计教学尤其是异地多校联合毕业设计线上教学还在初期探索阶段。本文以室内设计专业的异地多校联合毕业设计线上教学为背景介绍其优势以及具体实施方式等相关实践内容与经验。

关键词　在线教学　异地多校　联合毕业设计

引言

目前我国在线课程呈现蓬勃发展的态势，各高校都积极投入到线上教学课程的建设之中。2017 年和 2018 年教育部先后认定了 490 门和 690 门国家精品在线开放课程。如今，全国上线的在线课程数量超过了 5000 门，目前课程总量已居世界第一。[1] 线上教学课程的出现为传统教学注入了新的活力，同时也为传统课堂教学的改革敲响了警钟。

1 研究依据

今年肆虐全球的新冠肺炎疫情下，为了更好地贯彻落实习近平总书记关于坚决打赢疫情防控阻击战的重要指示精神，我国教育部发出了"利用网络平台，停课不停学"的号召，同时印发了《教育部应对新型冠状病毒感染肺炎疫情工作领导小组办公室关于在疫情防控期间做好普通高等学校在线教学组织与管理工作的指导意见》[2]，意见强调以政府主导、各个高校为主体、社会广泛参与的方式，共同实施并保障高校在线课程教学。主要依托各级各类的在线课程平台、网络会议空间等，积极开展教师线上授课和学生异地线上学习等在线教学活动，确保疫情防控期间所有高校设计教学进度与教学质量正常化，真正实现"停课不停学"。

异地多校联合毕业设计在疫情期间采用线上教学的交流方式，可以打破传统教学模式受到的时空的限制，有利于异地高校间的教学经验交流与特色推广。同时，针对参与线上教学的所有高校学生与教学团队来说也是一次挑战与提升，这些经验的交流与获得是无法依靠自身院校教学所能达到的教学效果。参加联合毕业设计线上教学的高校可以保持自己院系专业毕业设计教学的特色，还可以有效吸收其他院校设计学专业的教学特点与特色，进而实现联合毕业设计多元联合、共同成长的目的。疫情期间异地多校联合毕业设计课程依托国家政策要求实行线上教学，并且与传统的授课相比线上课程有其自身的优势。但现阶段线上毕业设计教学尤其是异地多校联合毕业设计教学活动还在初期探索阶段。

1.1 线上教学提升了教学资源的公平配置

线上教学课程的每一节课都是教师精心准备的，尤其是毕业设计课程教学一般都是由整个教学团队长期实践总结出来的教学模式。一般毕业设计课程包括具体的项目设计内容，启发学生设计思维，学生通过观看视频课程能够跟着主讲教师的思路去思考，理解知识点。学生还可以根据自身的偏好和能力选择适合自己的学习内容，使学习与教学效果达到最佳效果。

异地多校联合毕业设计教学有涉及院校多，教师和学生人数多的特点，在传统课堂教学模式下受教室空间影响必然会导致坐在教室不同位置的学生所获得的视觉、听觉信息产生一定的偏差，教学相关的信息内容直接影响了教学效果。然而线上教学的试听信息资源对每位学生都是一致的、公平的，进而可以改观和有效提高学生对教学信息资源的获得，同时也可以避免因为教学信息资源的获得障碍与缺失而导致的学生对课程的困惑与厌倦。线上教学信息内容还可以重复读取，有助于学生的反复研习，比传统课堂教学大大缩短了重复教学的时间，有效地提高了教学效率与质量。在传统的毕业设计教学环节中，教师要一对一的辅导学生，教师经常对不同学生重复同一问题的讲解，这样不仅浪费了时间也过度消耗了教师体力。通过在线教学的方式，教师可以通过视频文件讲解共性问题，同时又可以通过同时在线的优势使得每一位学生都能够公平地得到教师的点评与指导，也可以同时看到其他同学的问题与意见，这就使得在线毕业设计教学提高了学生学习与教师指导的效率。

1.2 线上教学打破了教与学的时空局限

传统毕业设计教学环节中，除开题汇报、中期检查和毕业答辩等环节师生能够同聚一堂进行交流与汇报，其他时间学生只能在指定的时间、地点接受本校毕业设计指导教师的教学辅导[3]。而线上教学则使得在统一公共教学平台上所有参加联合毕业设计教学的各校师生都可以不受时空局限随时随地进行教学辅导与交流互动。这样的教学新方式可以有效拓展学生知识接受的广度并提高学生毕业设计深度。教师还可以提前上传线上视频课程，每个视频课程长度一般不超过 20 分钟,学生可以利用自己的时间完成对视频课程的学习,这样学习的时间会变得更灵活机动,学生可以合理安排自己的学习计划与进度,线上视频课程可随时暂停、也可以任意回放反复观看,有益于学生更好地理解教师针对设计内容讲授的知识点与问题要求,还能够提升毕业设计教学成果的质量。只要网络信号充沛就可以顺利完成在线学习活动,克服了传统课堂教学受到的时空的局限。传统联合毕业设计的受众一般是几个人,而在线教学的受众不受人数的限制,未参加毕业设计的同学也可以在线学习与观摩,在线教学的开放性是传统教学模式无法比拟的。

1.3 线上教学促进了教与学有效互动

异地多校联合毕业设计师生人数较多,传统课堂教学模式下只能本校指导教师对本组学生进行毕业设计相关教学指导,无法针对参加毕业设计的其他院校的学生在设计过程中进行意见发表[4]。同时毕业设计指导教师也无法收到全部学生的教学反馈,因此无法更全面地了解学生对知识点的掌握情况,缺少了学生和指导教师之间关于设计教与学的互动讨论以及学生之间的彼此交流,这样会影响毕业设计成果深入程度。线上教学则不同,针对在线视频课程中的某个知识点或者针对学生的设计问题,便可以在适当的环节插入与学生互动交流环节,这种互动形式可以选择视频会议或设立讨论问答区等形式实现,有效监管学生在毕业设计过程中各个阶段教与学的反馈。参加毕业设计的所有学生都可以自由地在讨论区提问,所有指导教师和其他院校学生均可以进行自由解答与争论,同时指导教师还可以在设计的不同阶段设置相关知识主题让全体师生在讨论区展开自由讨论。参与讨论的情况可以通过后台数据完整的保留与呈现出来。此外,毕业设计阶段性的设计成果也可以在指定时间范围内在后台完成成果提交,全体指导教师都可以通过后台数据全面了解和掌握所有学生毕业设计进度与设计深度等情况。根据这些数据情况,指导教师就可以在在线课堂上有针对性与重点性地进行讲解。

另外,在线教学可以通过例如"学习通"或"雨课堂"等在线教学平台,使课堂提问、签到、投票、测验等教学环节更加有效且有趣味地愉快完成,提升了学生主动学习的积极性[5]。同时学生对教学知识点的掌握情况也可以实时反馈给指导教师,对学生的成绩考核实现了客观性、准确性和全面性,使设计教学综合成绩的评定更加科学合理。

1.4 在线教学减轻了教师的重复性劳动

传统毕业设计课堂教学中,各环节设计均为本校本组教师进行一对一、面对面地指导,在面临 16 周的毕业设计教学指导过程中,学生出现的共性问题指导教师一般都是多次反复地为每位学生讲解。这样机械重复的教学劳动对于指导教师来说是需要消耗大量时间与体力的劳动,有限的教学时间被大量浪费在基础问题的反复强调上,使得教学效率极为低下,不利于教学工作的科学展开[6]。并且指导教师也难以准确掌控学生的学习情况和对知识点的掌握情况。然而在在线教学环节中教师可以通过网络平台掌控全部学生的设计进度与深度,同时针对学生的共性问题

与频繁出现的问题可以独立设置一个教学文件来统一讲解,这就可以大大降低指导教师的重复性劳动,使教师可以集中时间与体力进行更深入地指导教学,整体提高了毕业设计教学效率。

综上所述,异地多校联合毕业设计在线教学与传统课堂毕业设计教学相比,在线联合教学在教学环节上与线下毕业设计教学有共同之处,主要教学环节集中在开题汇报、中期检查、毕业答辩等环节,然而,这些重要教学环节与平时教学指导均可以采用线上教学模式进行。这样就可以有效缩短异地各校之间的空间距离,线上教学时间机动灵活也为师生节约了大量的教与学的时间[7]。同时线上教学依托适当的教学平台使得教师的重复教学工作量大大降低,使教师与学生、学生与学生之间的互动与交流时间得以增加。

2 研究内容

在线课程教学理论体系是介于网络教育生态环境和智能化个人学习系统之间的中介系统,它在广大无限的网络教育生态环境与特殊有界的智能化个人学习系统之间架起桥梁,通过层层转化与沟通,最终实现个体的智能化学习或智慧学习,促进个体个性化学习的全面发展。网络教育生态环境与个体之间本来是直接交互的,但由于环境的复杂性和个体的有限性,使个体的教育和学习出现随意性、零散性、浅表化、碎片化等问题,因而必须有系统化的在线课程教学体系提供连续而有序的教育指导,同时,还需要紧密地能够契合于个体的智能化个人学习系统提供具体的指导、协助与支持[8]。基于对网络教育生态环境建设与智能化个人学习系统创建的预测和教育技术发展的现状与未来,我们通过疫情期间异地多校在线联合毕业设计教学实践过程中尝试建构了未来的在线课程教学体系模型(图1)。

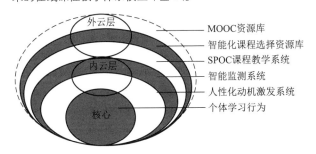

图 1 在线课程教学体系模型

由此扩展到构建基于信息技术的设计学各个专业的新型教学模式,主要分为 MOOC 资源库、课程云层、智能化课程选择系统、SPOC 课程教学系统、智能化检测系统、人性化动机激发系统、个体学习行为七种模式。以上七个方面构成不同的子系统和云层空间,它们之间可以进行复杂多样的自由交互,包括从外到内的递进、从内到外的生成、临近云层空间之间的渗透交互、不同云层空间的跨界交互等。大量的、多样的、有序的"互动与交互"是在线课程教学系统智能化和复杂性的机制保障,有效地互动与交互使信息得以流动、组合、生成,使得学习的网络资源得以不断建立,课程教学体系得以不断更新发展[9]。互动交互的过程体现在人—界面—人的对话过程,是在线课

程教学系统智能进化的过程，也是学习者智慧发展和成为主动学习主体的过程。

然而在在线教学过程中也会出现行为意识弱、监管性低、时间松散等问题。这些问题可以通过促进在线教学反思支架搭建或建立完善管理平台解决。在线教学反思支架包括遵循适时性原则、适度性原则、个性化原则、动态性原则、引导性原则、多元性原则、渐进性原则等进行建立（图2）。

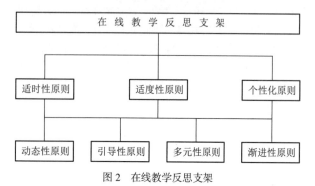

图 2　在线教学反思支架

3　思路方法

异地多校在线联合毕业设计教学遵循多元理论视野、情景认知理论、行为活动理论、分布认知理论框架。为确保课程效果，实现精准授课，在线指导教学的教师将具体的教学过程归结为三部分：首先，课前发布学习任务。课前指导教师通过网络教学平台向学生发布学习任务并提供学习资源，学生自主开始资源课程学习、按计划完成学习任务，这就为正式在线视频教学课程做好了充足准备。其次，在线视频教学课中进行直播互动讨论。指导教师按照课程时间表进行在线直播授课，学生需要实时在线参与直播课学习与在线互动。最后，在线直播授课课后辅导与答疑。指导教师在事先预约好的时间与学生在线交流、讨论和答疑解惑。

在具体实施过程中关于调动学生积极性并提高学习效率的问题上，首先可在上课前10分钟开启签到功能，提醒学生及时签到，保证学生及时进入课堂。结合疫情讲解其对设计可能存在的影响，调动学生参与积极性。然后提前让学生知悉"腾讯课堂"平台对在线教学课堂情况的管理与操作流程，这样就能够有效的提高学生的自觉性。接下来在课程中也可以通过"学习通"的摇一摇功能，随机提问学生回答问题，从而增加教与学的实时互动，并且可以及时地检验学生对新知识的掌握情况。观看在线教学直播与学生签到也可以选用不同平台，这样可以保证在线视频直播教学的质量，也会为视频教学节省时间。同时各院校指导教师之间还可以积极分享精品课程资料，有助于教学团队在短时间内建立完善的课程教学资料，并可以充分利用网络课程资源学习、借鉴精品课程教学，有效地将授课内容与网络教学技术手段有机地结合起来，充分激发学生积极主动参与学习的兴趣[10]。此外还可以利用钉钉会议平台进行教与学的互动交流，通过回放直播的功能、共享桌面功能、多麦连接功能、收集相关直播观看数据和访问数据，可以掌握所有学生的直播在线时长和回看情况，还可以为所有教师展示学生的学习后台数据情况。

4　创新之处

异地多校联合毕业设计在线教学主要是结合所有参加高校师生的教学特色与专业特点制定网络在线教学指导课程实施方案，积极组织各校教师有计划、有步骤地按照不同阶段实施线上教学工作。教学团队间可以通过视频会议相互探讨各校的教学方法，切实提高多校联合设计教学效果，实现多校联合设计教学的目的。

在线教学网络平台的多样组合，异地多校联合毕业设计在线教学主要运用超星、智慧职教、腾讯会议、腾讯课堂、钉钉等网络平台，通过直播、录播、混合播放教学形式实现网络直播＋自主学习＋专题讨论＋在线辅导＋技术实训等的组合方式开展在线设计教学。

结语

由于现阶段国内设计学教育仅有针对线上教学单门课程的研究，对于毕业设计线上教学的研究寥寥无几，因此针对异地多校联合毕业设计在线教学的研究就变得尤为重要。此研究成果可以更好地探索联合设计教学与在线教学的经验，因此研究成果可以更好地推动我国设计学教育线上教学的实施与推广。

参考文献

［1］郝丹.国内MOOC研究现状的文献分析［J］.中国远程教育，2013(11).

［2］彭扬华，刘曙荣.微课在高校思政课中的应用［J］.法制博览，2019(32).

［3］赵应生，钟秉林洪煜.转变教育发展方式是教育事业科学发展的必然选择［J］.教育研究，2012(1).

［4］张璇.学习动力不足的在线辅导策略选择［J］.江苏开放大学学报，2014(3).

［5］冯晓英.在线辅导的策略：辅导教师教学维度的能力［J］.中国电化教育，2012(8).

［6］孙福万.重新认识网络教学［J］.山东广播电视大学学报，2012(1).

［7］常万新.网上教学引入问题教学法的思考［J］.天津电大学报，2009(2).

［8］尹文芬.信息化背景下思政课智慧课堂构建的路径研究［J］.改革与开放，2019(14).

［9］赖文华，伍海燕，王佑镁.在线学习中的教师辅导策略研究［J］.现代远程教育研究，2008(4).

［10］孙淑艳，营光宾.在线辅导答疑的影响因素研究［J］.中国电化教育，2007(10).

高校校车站候车空间人性化程度评价及其设计要素研究
——以重庆大学为例

■ 孙　锟

■ 重庆大学建筑城规学院

摘要 随着我国高等教育不断向前推进，在21世纪以来全国高校新区大量建设的背景下，高校校车站作为服务于广大师生往返各校区而设置的不可或缺的公共服务设施，成为了高校各校区相互连接的重要一环。校车站虽规模小巧且构成简单，但其候车空间的人性化设计与广大师生校园生活的便捷性、安全性和舒适性息息相关。本文以重庆大学校车站为例，通过预先案头调查、实地观测调研、问卷调查等方法对各站点进行对比分析，评价其候车空间的人性化程度，并归纳总结高校校车站的设计要素及其设计原则。

关键词 校车站　候车空间　人性化设计　设计导则

引言

从 20 世纪末到本世纪初，随着我国高等教育大众化的迅速发展，掀起了高校新校区建设的热潮，其有利于扩大人才培养规模，满足人民日益增长的对高等教育的需求，改善高校教学、科研和生活条件，提升教学质量和办学水平，进一步促进我国高等教育事业的发展。在此背景下，高校师生跨校区教学、科研和生活的需要随之产生，各校区之间校车线路的开通、校车站的设立是满足高校各校区间的人员流动需求的重要保障，校车站因而成为高校的关键交通节点，是师生校园生活的必要环节，本文旨在探讨其候车空间的人性化设计，以对未来校车站的空间设计与运营管理带来有益启示。

1 人性化设计理念

人性化设计（Human-centered Design），是指在设计过程中，充分考虑人的行为习惯、心理状况、思维方式和人体生理结构等因素，在保证设计基本功能和性能的基础上，使设计最大限度地满足人们生活、生产活动的需要[1]。简言之，人性化设计就是人本设计，其核心理念是"以人为本"，并摆脱了长久以来现代主义设计强烈理性特征的束缚，人永远只有有限的理性，过度理性会压制人的个性，也就偏离了人性，以致最终设计的功能化和冷漠化，人性化设计理念把关注点着重地放在了"人"的身上，以人为核心思考设计的各个维度，是现代设计中人性的回归，为设计带来了人性的"温度"。

2 高校校车站人性化程度的评价维度

2.1 高校校车站候车过程的主要特征

不同于普通城市公交站点相对单纯的交通功能，笔者基于实地观测调研和问卷调查，得出大学校园校车站的候车过程有着三方面的特征：一是候车人员的构成相对简单，主要为校园师生（图1）；二是校车班次间隔较长，通常为

0.5~1h（表1）；三是车站所处环境优良，一般比城市公交站点拥有更充裕的用地和更好的景观绿化。因而，在满足基本交通站点功能之上，候车人在较长的候车时间内对候车空间的人性化设计有更高的需求。

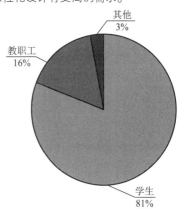

图 1　校车站候车人员构成（基于有效问卷73份）

表 1　重庆大学校车
（由沙坪坝校区发往虎溪校区）时刻表（节选）

班次	车站			
	A 区后门	A 区大门	B 区主席像	C 区大门
1	07:20	07:25	07:25	07:35
2	08:00	08:05	08:10	08:20
3	08:30	08:35	08:40	08:50
4	09:10	09:15	09:20	09:30
5	10:00	10:05	10:10	10:20

2.2 高校校车站人性化程度评价维度的建构

在本文所研究的校车站候车空间中，笔者根据校车站候车过程的主要特征，结合人性化设计理念，关注"人"的需求，以候车人为核心，分析与其产生紧密关联的各个要素，从而建构出高校校车站人性化程度的评价维度，具

体表现在候车过程中"人与环境"的关系、"人与人"的关系、"人与车"关系、"人与自身需求"的关系四个维度（图2）。另外，本文所论述的校车站候车空间概念不只局限于站点本身，而是校车站连同周边附属环境的整体区域。

教学建筑等人流较大的建筑物，减少相互干扰，保障安全（图3）。

（2）平面布局与朝向。各校车站中，B区校车站的平面布局与朝向为其带来了良好的景观视线：B区足球场提供远景，B区主席像提供近景，为师生在候车时间内带来乐趣；A区校车站则主要以李四光雕像为视觉焦点；D区校车站主要视线朝向停车场，显得单调乏味（图4）。

（3）车站形态与标识。各校车站的外部形态均与城市公交站类似（图5），较容易识别。此外，B区校车站借助临近的B区主席像，A区校车站借助A区大门和李四光雕像保持了较好的环境辨识度，便于新生寻找到站乘车。

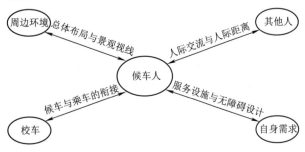

图2　以候车人为核心的校车站人性化程度评价维度

3　实例研究——重庆大学校车站人性化程度评价及其设计要素

3.1　人与环境——总体布局与景观视线

校车站候车空间人性化设计需要将人与外部环境的和谐关系纳入考虑，从到站、候车到乘车的整个过程中，人每时每刻都在与外部环境产生着互动。首先人通过环境中易读的标识物或特征明显的车站形态寻找、到达车站，而后在整个候车的过程中会持续地与等候区朝向的校园环境发生或积极或消极的交流。校车校车站在校园中的总体布局与选址关系到校车站的运营效率和师生到站乘车的便捷性，其朝向与平面布局，对校车站候车空间景观视线的优劣更起到了决定性的作用。此外，校车站的整体空间形态与车站标识物对初次到站乘车的师生的可识别性也尤为重要。以下对重庆大学A、B、D区三个校车站实例展开具体评价：

（1）总体布局与选址。从三个校车站的总体布局来看，它们有几个共同特征：一是各校车站与各校区的大门临近，使得校车与城市交通能便捷相连，保证效率与安全；二是校车站基本都处在学校道路的交通节点，便于师生到站乘车；三是校车站的主要朝向上空间均较为开敞，未有

3.2　人与人——人际交流与人际距离

校车站是高校校区大规模新建背景下的产物。大量的师生、工作人员在新老校区之间辗转，因此校车站则变成了学校重要的交通节点，它像城市客运站一样，各个专业的师生、不同职业的人群汇集于此。然而不同于城市公交站的是，校车站普遍较久的候车时间为师生带来了如何在这段时间内解决好相互熟悉的师生间促进交流，以及相互陌生的师生间缓解尴尬的空间划分问题，而校车站的平面布局，座椅排布以及车站附近的景观节点与小品等特殊要素对促进人际交流或保持人际距离起到了重要的作用。以下对三个校车站实例展开具体评价：

（1）平面布局与座椅排布。三个校车站中，B区校车站具有最多的候车空间层次，一是站台候车区本身，二是邻近的人行道座椅，三是可以借用邻近的足球场的台阶座席，有效满足交流空间和个人空间的多样性需求。相比之下，A、D区校车站的平面布局与座椅排布则简单许多，而车站周边又缺乏可以借用的候车空间，人与人在候车空间的关系显得单一乏味（图6）。

（2）景观节点与小品。现场观察发现，A、B区校车站附近的景观雕塑等特殊要素旁会聚集一定人群候车，候车人员依靠这些节点获得安全感和领域感（图7）。

3.3　人与车——候车与乘车的衔接

候车与乘车两个简单活动之间衔接关系的优劣是校车站设计对功能流线关系处理是否恰当的集中体现。前文已

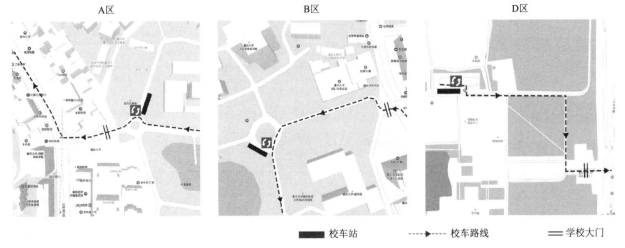

A区　　　　　　　　　B区　　　　　　　　　D区

■■■ 校车站　　----▶ 校车路线　　══ 学校大门

图3　重庆大学校车站位置示意图

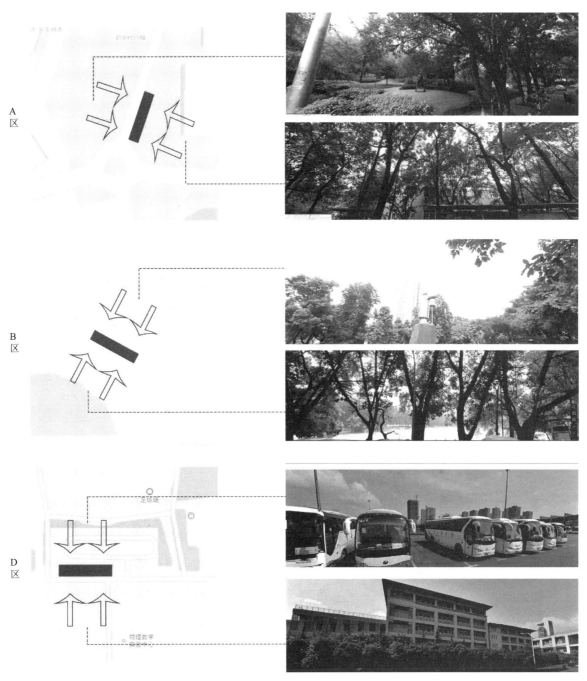

图 4　重庆大学校车站景观视线分析图

图 5　重庆大学校车站外部形象

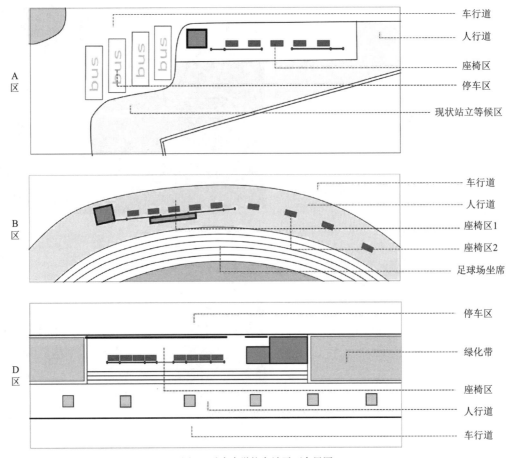

图6　重庆大学校车站平面布局图

标注（从上到下）：
- 车行道
- 人行道
- 座椅区
- 停车区
- 现状站立等候区

- 车行道
- 人行道
- 座椅区1
- 座椅区2
- 足球场坐席

- 停车区
- 绿化带
- 座椅区
- 人行道
- 车行道

A区　B区　D区

图7　重庆大学A、B区校车站附近的雕塑

述，校车班次间隔时间通常较长，人在较长的候车过程之后，转换到乘车过程的方式是否流畅有序，师生的乘车顺序与候车时长是否对应，影响着校园师生能否实现从人性化候车到文明有序乘车的合理衔接。虽然高校师生的素质整体较好，但是空间的功能流线设计仍可对人的行为产生影响，合理的功能流线促成先到先乘的文明乘车，而不合理的功能流线易于激发无序混乱的不文明乘车。以下就人车功能流线关系对三个校车站实例展开评价：

A校车站站台座位区与上车点几乎完全割裂，大量师生直接于上车点附近排队站立候车，人车衔接关系及其不佳，导致了原站台候车区的失落，候车体验不够人性化（图8）；B区校车站由于候车空间较为分散，候车人员到站后散落到各自的个人领域，待校车自A区到达本站时，各处人员再集中到上车点排队上车，先到站未必先上车，候车与乘车的衔接不够流畅，略有混乱（图9）；D区校车站的人车流线关系合理明确，乘车人员能够很流畅地完成从到站、坐下候车再到起身排队上车三个动作的衔接。做到了先到站先上车，候车时长能够与上车顺序大体对应，人性化程度较好（图10）。

3.4　人与自身需求——服务设施与无障碍设计

师生等候校车的过程中，候车空间能否较好地满足普通人群的基本需求和有障碍人群的特殊需求也是衡量其人性化程度的重要指标。考虑到普遍较长的校车班次时间间隔，为保证候车人员舒适的候车过程，校车站要能较好地

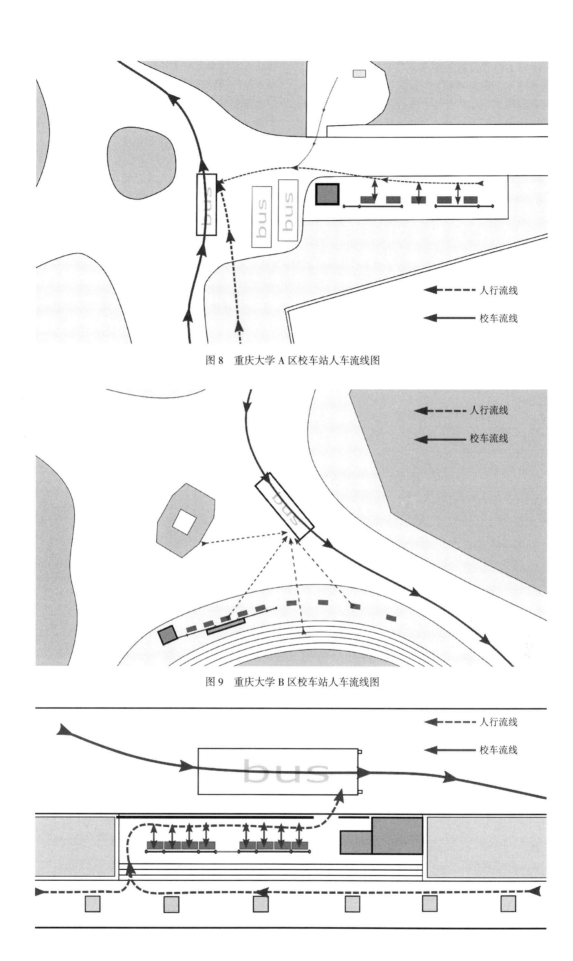

图 8　重庆大学 A 区校车站人车流线图

图 9　重庆大学 B 区校车站人车流线图

图 10　重庆大学 D 区校车站人车流线图

177

遮风避雨,座椅的尺度应当符合人体工程学。校车站除了满足基本的遮阳避雨的功能外,周边基本的配套服务设施还应包含卫生间、小卖部等,它们可以独立设置附近,在校车站或设在校车站周边可达性较高的校园建筑内。基于校车站的规模,配套服务设施通常多设在校园建筑内。此外,校车站应满足有障碍人群的需求,无障碍设计是人居环境建设必不可少的物质条件,也是社会文明的重要标志[2],如为视听障碍者设置语音提示和醒目的标识系统,和为行动不便者减少不必要的高差、保证铺地的平整与防滑等。遮阳避雨方面,A区校车站候车空间主要面朝西向,夏季西晒严重,B、D区校车站的朝向正好在等候区形成阴影,遮阳效果佳;服务设施方面,距离A区校车站最近的卫生间(综合实验大楼)和小卖部(A区大门外)均距离较远,可达性不佳,不够便捷;B区校车站则借用法学院的卫生间和建筑馆的小卖部,能够基本满足需求;D区校车站与第一教学楼仅一路之隔,如厕较方便。而在无障碍设计方面,几个校车站基本未作相关考虑。

4 高校校车站人性化设计导则探索

从上文分析可以看出,重庆大学三个校区的校车站人性化程度在本文所述的几个维度中各有所长,也表现出各自显著的问题。在人与环境的关系上,B区校车站拥有最佳的景观视线(足球场与雕塑)和较好的标志性(B区主席像),其次是A区校车站;在人与人的关系上,同样是B区校车站表现出多样的等候空间层次;在人车关系上,D区校车站通过空间划分实现了从候车到乘车的良好衔接,乘车顺序与候车时长大体对应,而A、B区校车站在此方面显得模糊;在人与自身需求关系上,各校车站借助临近的教学楼和小卖部能够不同程度地满足候车人员的如厕需求和购买补给的需求,D区校车站候车空间与校园道路有较大高差,不利于行动不便者到达候车,A、B区校车站与校园道路高差小,利于行动不便者候车。总的来看,由问卷调查结果综合分析得出的候车空间人性化程度评价(表2),能够直观地反映校车站各个评价维度的人性化程度的高低。

通过对重庆大学三个校区的校车站的实地调研发现,"人与环境的关系""人与人的关系""人与车关系""人与自身需求的关系"四个维度较好地概括了校车站人性化设计的关注点,因此高校校车站人性化设计导则的探索围绕这四个分项展开,并对相关的设计要素进行分类列项讨论(表3)。

表2 重庆大学校车站人性化程度调查表(基于有效问卷73份)

评价维度		校车站人性化程度评价(单项满分1.00)		
人与环境		总体布局与选址	平面布局与朝向	车站形态与标识
	A区校车站	0.62	0.76	0.69
	B区校车站	0.70	0.72	0.74
	D区校车站	0.54	0.51	0.57
人与人		平面座椅排布	景观节点与小品	
	A区校车站	0.38	0.52	
	B区校车站	0.64	0.68	
	D区校车站	0.45	0.53	
人与车		候车与乘车转换		
	A区校车站	0.39		
	B区校车站	0.51		
	D区校车站	0.75		
人与自身需求		座椅尺度	服务设施	无障碍设计
	A区校车站	0.71	0.37	0.38
	B区校车站	0.73	0.41	0.43
	D区校车站	0.68	0.50	0.49

表3　人性化设计角度下高校校车站设计导则

人性化设计维度		设 计 导 则	影响方式
人与环境	总体布局与选址	保证校车与城市交通能够便捷连接，将校车站设在学校道路的交通节点，并避开教学建筑等人流较大的建筑物	保证效率与安全
	平面布局与朝向	候车空间的朝向宜与校园景观发生互动，保证视野开阔	优化景观视线，提升候车体验
	车站形态与标识	依靠校园标志性节点和站点自身形态获得车站的可识别性	提高辨识度
人与人	平面座椅排布	结合校车站周边环境设置多样化，多层次的候车空间	满足交流空间和个人空间的多样需求
	景观节点与小品	周边宜设置雕塑等校园景观小品，并预留等候场地，与校车站等候区关联	带来领域感与趣味性
人与车	候车与乘车转换	人车流线关系合理明确，乘车人员能够很流畅公平地完成从到站、候车、排队上车三个动作的顺畅衔接	促成文明乘车
人与自身需求	座椅尺度	符合人体工程学	保证长时间候车坐姿舒适性
	服务设施	能够遮阳避雨，周边有较好可达性的卫生间，小卖部等	保证候车便利性，满足如厕与购物需求
	无障碍设计	为行动不便者减少不必要的高差、保证铺地的平整与防滑，视听障碍者设置语音提示和醒目的标识系统	满足有障碍人群顺畅乘车

结语

人性化设计理念不是由一场运动或一个设计团队提出的，它是人类在设计这个世界时一直追求的目标[3]。从重庆大学校车站人性化程度评价的研究中可以看到，各个校车站的设计存在许多不足，或许这也是在高校新区大规模建设浪潮之后许多校车站存在的普遍问题，校车站虽规模小巧，功能简单，但其人性化设计是对高校师生校园生活便捷性、安全性和舒适性的保障。笔者寄期望于后期校车站的运营管理或可能的改造中能够对候车空间的人性化设计有所回应，以人为本，兼顾各方面人性化的考虑，为师生创造舒适便捷，人性化的候车体验。

参考文献

［1］王晨升,等.工业设计史［M］.上海:上海人民美术出版社,2016.
［2］白旭.建筑设计原理［M］.武汉:华中科技大学出版社,2015.
［3］何晓佑,谢云峰.人性化设计［M］.南京:江苏美术出版社,2001.

绿色医院理念解析及其内外环境设计探索
——以深圳中山大学附属第八医院绿色设计实践为例

■ 王　锋[1]　陈　聪[2]
■ 1　深圳市汉沙杨景观规划设计有限公司　2　深圳市盛朗艺术设计有限公司

摘要　绿色医院是在其建筑全寿命周期内，在保证医疗流程的前提下，最大限度地节约资源、保护环境和减少污染，为患者和医护工作者提供健康、适用和高效的使用空间，与自然和谐共生的医院建筑。本文通过对绿色建筑设计实践中"绿色医院"的解析、绿色医院建筑内外环境设计要点的解读，结合深圳中山大学附属第八医院进行内外环境绿色设计实践探索，其研究具有现实意义和社会价值。

关键词　绿色医院理念　内外环境　设计实践　中山大学附属第八医院　深圳

引言

当今世界，随着全球日益严重的能源危机、污染的无处不在、生态环境遭受破坏等问题，使人类的生存受到威胁。因此人们把自然、生态、环保、低碳、节能，广泛称之为绿色概念。于是，倡导绿色发展，崇尚绿色生活、建设绿色城市等受到了广泛重视。而"绿色医院"理念在国内外的提出，已成为现代医院建设及发展的必然趋势。

1　绿色建筑设计实践中的"绿色医院"解析

提起绿色，可能人们感到并不陌生，可是对于绿色设计，人们的理解却各不相同，同时绿色设计也反映了人们对现代科技文化所引起的环境及生态破坏的反思，体现了设计师的道德与对社会的责任心的回归。"绿色医院"正是医院管理实践者基于绿色环境思潮影响下提出的，是有利于环境、有利于社会、立足于可持续发展的医院建设新思路和新概念。而绿色建筑是绿色医院的基础，只有建筑是

"绿色"的，才能建设好"绿色医院"。"绿色医院"建筑应是在建筑全寿命期内，为医护人员与医疗人群提供健康、舒适、安全的医疗、居住、生活的良好空间与条件。应具备节能、环保和生态的要求。

1.1　绿色建筑解读

绿色建筑，也称为可持续发展建筑、生态建筑、回归大自然的建筑、节能环保建筑等。虽然提法不同，但其基本内涵是相同的，即减轻建筑对环境的负荷，节约能源和资源，提供安全、健康、舒适、性能良好的生活空间和工作环境，并与自然环境亲和，做到人、建筑与环境的和谐共处，直至实现永续发展的目标（图1）。然而，对绿色建筑的解读目前尚无统一而明确的定义。由于各国的经济发展水平、地理位置、人均资源、科学技术等条件不同，各国的专家学者对于"绿色建筑"都有各自的理解。

德国的K·丹尼尔斯在1995年出版的《生态建筑技术》一书中，对绿色建筑的定义是："绿色建筑是通过有效地管理自然资源，创造对于环境友善的、节约能源的建筑。

（a）马来西亚建筑师杨经文利用垂直绿化构建的绿色建筑

（b）英国伦敦贝丁顿零碳社区的绿色建筑

图1　绿色建筑

它使得主动和被动地利用太阳能成为必需，并在生产、应用和处理材料等过程中尽可能减少对自然资源（如水、空气等）的危害。"

英国建筑设备研究与信息协会（BSRIA）把绿色建筑界定为："对建立在资源效益和生态原则基础之上的、健康建筑环境的营建和管理。"此定义是从绿色建筑的营建和管理过程的角度所作的界定，强调了"资源效益和生态原则"和"健康"性能要求。

美国加利福尼亚环境保护协会（Cal/EPA）指出："绿色建筑也称为可持续建筑，是一种在设计、修建、装修或在生态和资源方面有回收利用价值的建筑形式。"

马来西亚著名绿色建筑师杨经文在他的专著《设计结合自然：建筑设计的生态基础》中指出："生态设计牵扯到对设计的整体考虑，牵扯到被设计系统中能量和物质的内外交换以及被设计系统中原料到废弃物的周期，因此我们必须考虑系统及其相互关系。"同时杨经文认为："绿色建筑作为可持续性建筑，它是以对自然负责的、积极贡献的方法在进行设计。……生态设计概念的本质不是从与自然的斗争中撤退，更不是战败，而是坚持不懈地寻求对自然环境最低程度的影响，并且阻止它的退化。确切地说，生态设计是对环境有益且具有建设性的，是对自然环境的一个积极贡献。进一步说，生态设计是一个对环境的自然系统进行修补、恢复和更新的积极行为。"从这里可知，杨经文的观点很明确，绿色建筑就是"可持续性""对环境有益且具有建设性的"新型建筑[1]。

国外对可持续建筑的概念，从最初的低能耗、零能耗建筑，到后来的能效建筑、环境友好建筑，再到近年来的绿色建筑和生态建筑有着各种各样的解读。而依据联合国21世纪议程，可持续发展应包括环境、社会和经济三个方面的内容。

国内建筑界对绿色建筑也有不同的界定，20世纪90年代末，西安建筑科技大学绿色建筑研究中心就曾提出："绿色建筑体系是由生态环境、社会经济、历史文化、生活方式、建筑法规和适宜性技术等多种构成因子相互作用、相互影响、相互制约而形成的综合体系，是可持续发展战略在建筑领域中的具体体现。"建设部、科技部在2006年修订的国家标准《绿色建筑评价标准》（GB 50378—2006）中，较权威地诠释了绿色建筑的内涵，指出绿色建筑是"在建筑的全寿命周期内，最大限度地节约资源（节能、节地、节水、节材）、保护环境和减少污染，为人们提供健康、适用和高效的使用空间，与自然和谐共生的建筑"。在2019年新版《绿色建筑评价标准》（GB/T 50378—2019）中，绿色建筑被重新定义为："在全寿命期内、节约资源、保护环境、减少污染，为人们提供健康、适用、高效的使用空间，大限度地实现人与自然和谐共生的高质量建筑。"即绿色建筑指的是在建筑全生命周期过程中（包括选址、规划、设计、施工、使用与消费、管理与运行及拆除），根据当地的自然生态环境，运用生态学、建筑学的基本原理和其他相关学科知识，以最节约能源、最有效利用资源的方式，建造和运行环境负荷最

低、与环境相融合的最安全、健康、高效、舒适的人居空间（图2）。这意味着建筑已被视为自然生态循环系统的一个有机组成部分，成为全面涵盖能源、资源、污染、环境、舒适度等要素的综合体及集成的系统工程。

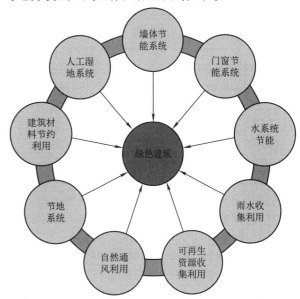

图2 绿色建筑的意义及其构成系统

由于绿色建筑所践行的是生态文明和科学发展观，不仅其内涵和外延是极其丰富的，而且是在随着人类文明进程不断发展的，因此追寻一个所谓世界公认和统一的绿色建筑概念是没有实际意义的。事实上，绿色建筑和其他许多概念一样，人们可以从不同的时空和不同的角度来理解绿色建筑的本质特征。

1.2 "绿色医院"理念解析

医院的功能主要是治疗、护理病人。医院通常分为科目较齐全的综合医院和专门治疗某类疾病的专科医院两类。其中，综合医院即指全科医院，综合了各种病理科室；专科医院则指单科医院。另外在中国，还有专门应用中国传统医学治疗病人疾病的中医院。

医院建筑、特别是综合医院其功能是最复杂的，变化最快的民用建筑类型。医院建筑主要由医疗、护理、后勤、行政与管理等部分所构成。随着社会科技与医疗技术的进步，医院功能构成的内容日益复杂，专业化、中心化倾向越来越明显，其特点为专业分科细、多学科综合性强、医疗设备更为先进且更新，周期越来越短。医院除一般科室外，往往还包括急救、监护、核医学、心理咨询、图像诊断、计算机站、生物工程等部门；而医院的后勤服务及部分医技设施，则表现出向社会化方向发展的趋势。从现代医院的组成上看，大都是医疗、教学、科研三位一体的医疗中心，这又无疑增加了现代医院功能构成的复杂程度。

医院建筑主要有三种布局形式，即分散式、集中式和半集中式。分散式是将各部门分别设于独立的建筑物中，以利于通风、采光，但联系不紧凑，占地多，且管线长；集中式是将门诊、医疗、住院等和供应、管理各部分集中在一栋建筑物中，联系方便、用地省、管线少，但工程较

为复杂；半集中式是将门诊，医疗、住院等部分集中在一起，而将后勤、管理等部分分开[2]。

医疗部分一般包括门诊部、住院部、急诊部、重点治疗护理单元、手术部、放射科、理疗科、药房、中心消毒供应部、检验科、机能诊断室和血库，其建筑构成关系如图3所示。在有教学要求的医院，还设有科学研究和临床教学用房。相比于其他建筑，医院建筑在服务人群、功能构成和运作时间上均具有特殊性，而现代医院片面追求建筑的现代性、室内的舒适性，大量使用空调、照明、通风系统，使医院建筑成为公共建筑中耗能最大的建筑之一。因此，将"可持续发展理念"引入到医院建筑领域已成为一项紧迫的工作，也是医院建筑未来发展的必然趋势。

21世纪以来，在世界卫生组织的推动下，2003年美国无害医疗（HCWH）和最大潜能建筑研究中心（CMPBS）在开发能源与环境设计先导评估体系（LEED）的基础上，联合编制了世界上第一个针对医疗建筑的可量化的绿色设计与评价标准（GGHC）。随后，世界各国先后制定了绿色医院和绿色医院建筑方面的相关政策和评价体系，例如英国建筑科学研究院（BRE）于2008年发布的BREEAM HC、澳大利亚绿色建筑委员会（GBCA）于2009年发布的Green Star HC和美国绿色建筑委员会（USGBC）于2011年发布的LEED HC等。

国内于2010年由住房和城乡建设部科技发展促进中心和卫生部医院管理研究所共同制定了《绿色医院建筑评价技术细则》，涉及规划、建筑、设备及系统、环境与环境保护、运行管理5个方面，把"四节一环保"（节地、节能、节水、节材、环境保护）作为绿色医院建筑必须遵循的原则；2015年颁布的《绿色医院建筑评价标准》（GB/T 51153—2015）中对绿色医院进行了定义，即在医院建筑的全寿命周期内，在保证医疗流程的前提下，最大限度地节约资源（节地、节能、节水、节材）、保护环境和减少污染，为患者和医护工作者提供健康、适用和高效的使用空间，与自然和谐共生的医院建筑[3]。由此可见，与绿色建筑相比，绿色医院的建设核心不仅是不破坏自然环境、不浪费自然资源，与环境和谐共生，更强调在保证医疗流程合理顺畅的情况下，主要为患者和医护人员两大群体提供满足生理、心理、社会需求的疗愈环境。

可见，"绿色医院"是指在医院的全寿命周期内（规划、设计、建造、运行、维护和拆解等）对周围环境的有害影响较小，对资源的需求相对较少，但是在节省资源（比如节地、节水、节能、节材等）的情况下并不减少医院内部使用人员（包括患者、医务人员以及访客）的良好体验，能够达到该目标的医院可以称之为绿色医院。

2 绿色医院建筑内外环境设计要点

就绿色医院建筑内外环境而言，其设计要点主要包括以下内容。

2.1 设计中的"人性化"

有关设计的人性化，是20世纪八九十年代以来在设计领域逐步引起人们广泛关注的设计课题。所谓设计的人性化是指设计中"人性"与"物化"的高度统一。"人性化"是一种注重从人的真正需求出发，创造健康、舒适、自然、和谐的室内外建筑环境，带给人更多的获得感的建筑理念。

荷兰伊拉斯谟医疗中心位于鹿特丹市，是名校伊拉斯谟大学的附属医院（图4）。2004年Merkx + Girod建筑事务所受邀为该医疗中心打造全新的内饰理念，并为包括主入口、入口大厅、门诊部入口区域等在内的8处公共空间进行室内设计，总面积为4000m²。伊拉斯谟医疗中心的内外环境设计，即在对现有建筑现状条件进行深入分析、研究的基础上，综合医院员工、病患及委托商三方的意见，确立出将其打造成一个轻松惬意、具有"人性化"设计特点的现代医院为设计改造目标。为此，设计师在医疗中心室内的颜色、材料、线路等方面都做了较大的改动，尤其是在其内部空间的图形、日光等方面运用了具有现代感的设计语言。同时在医疗中心内部空间以白、灰、黑为主色调的前提下，点缀绿色、粉色、橘色等充满跳跃感的颜色，使整体环境给人不仅具有严谨之意，又有灵动之美。

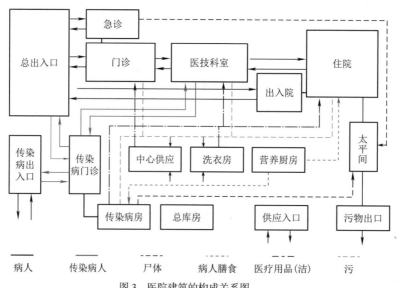

图3 医院建筑的构成关系图

为了提高整个医疗中心内部空间的使用效率，让使用者感到宽敞与舒适，设计将原先处于正大门附近的餐厅移至第二个入口附近的门诊部区域，从而为正大门营造出一个开放的建筑外立面。另在医疗中心两个入口接待处设置了长圆弧状白色聚酯质地的接待台，其鲜明的造型，方面了患者办理各种手续。而屋顶上的巨大日光弯项的设置，还增加了候诊区的采光面积。其间所有的座椅都设计成迂回曲折的连体状，并为同一色系、深浅各异的颜色。候诊区中错落有致的座椅不仅打破了医院拘束紧张的气氛，也让病人和来访者可以轻松随意地坐下等待医生的诊治。在医疗中心内部空间墙面及立柱上，平面设计师 Rene Knip 设计了包括 DNA，病毒等在内一系列的抽象图案置于其上，从而突显了医院的学术性，又增加了内部空间的趣味性，还无形之中在两个入口之间创造出一个路线的指引。

伊拉斯谟医疗中心于 2007 年底完成了全新的内外环境改造，使用至今已得到了医院员工和病人的一致好评，他们都将这个充满现代感和"人性化"设计特点的医院视为令人愉快的工作场所和舒心的治疗胜地。而荷兰在欧洲最好的健康医疗服务水准从这里也可窥见一斑。

2.2 设计中的"本土化"

"本土化"是指绿色医院是人与自然和谐共生的绿色建筑，不应是技术至上、技术堆砌，而应倡导因地制宜、体量适度，少人工、多天然的根植于地域文化的本土绿色设计，促进形成城市文化的多样性。首都医科大学附属北京朝阳医院（图5），其医院建筑南北弧线造型柔美优雅，是为"潮"，中央门诊医技部为"阳"，两者结合，似海洋上喷薄的日出，令人联想到生命活力；朝阳初升，霞光万丈，令人联想到多姿多彩的人生，建筑整体立意与院徽图案寓意高度一致，充分体现了医院特色。另医院建筑单体以"朝阳—流水—彩虹"联合作为设计立意，延展出自然的建筑形式。寓意患者经流水涤荡，沐浴朝阳，摆脱疾病，重获绚丽人生的美好愿景，体现了朝阳医院"守护生命健康，成就美好未来"的使命与宗旨。建筑整体的红色基调也与院址朝阳区相呼应，体现了"朝阳红"的寓意，从而实现了医院建筑"本土化"的设计理念。

2.3 设计中的"低碳化"

"低碳化"是指更加注重建筑全生命期的绿色，从终点关注"建筑运行过程"扩展到降低建筑建造、运行、改造、拆解各阶段的资源环境负荷，从终点关注"节能"扩展到全面关注节能、节地、节水、节材和环境保护。温州医学院附属第一医院新院区在低碳化建设方面取得了很好的成绩（图6），该院选址在具有"城市之肺"之称的温州南面三垟湿地。湿地叶渠陇垫，风光秀美。在外部环境方面，在建的新院区通过优化建设选址、朝向、形态，以充分适应本地气候特点和生态环境，使建筑获得一个良好的

图4 荷兰伊拉斯谟医疗中心建筑内部环境中的"人性化"设计

图5 首都医科大学附属北京朝阳医院建筑内外环境中的"本土化"设计

外部微气候环境。建筑朝向即选择冬季背风向阳、夏季有利于通风之处，使楼体夏季空气自然流动，冬季遮蔽寒风，同时又形成"风口""风道"，实现了建筑本身与环境的有机协调。同时，医院提出了"以疾病为主线、以病人为中心、以人为本"的理念，旨在促进医院建筑在功能上的深化，建成以具备全方位多功能"医疗中心"为单元，组合成若干分院，最终构成"院中院"式新型综合医院城。设计的"医疗分中心"融门诊、医技、病房为一体，由相互关联的专科组成，具备良好流线组织和合理功能分区。如要看心血管病，心血管门诊（专科中心），超声、心电图、影像（医技中心），以及住院（护理中心），尽量安排在一个楼层内，不但使患者的诊疗流程更加快速、合理和通畅，同时也降低了患者滞留医院所带来的能耗支出。从而在建筑、结构、技术与管理节能层面提高能源使用效率，实现"低碳化"医院建设目标。

2.4 设计中的"长寿化"

"长寿化"是建筑最大的绿色，是节约资源能源、降低环境负荷最有效的办法。目前我国建筑的长寿化问题并未引起足够的重视，然而从百年甚至更长时间看，减少建筑的频繁建造、拆除、延长资源的利用时间，可减少资源需求总量，降低环境影响，同时也有利于延续城市建筑文化。医院建筑因具有改建频繁的特点而对建筑寿命造成较大的影响，因此，应用相应技术延长建筑的使用寿命具有重要意义。SI技术体系是将建筑的结构体S（Skeleton）和填充体I（Infill）完全分离的技术。结构体S为主体结构，具有100年以上的耐久性；填充体I为设备管线及内装，易于维修、改造、更换。医院建设中，采用装配式内隔墙、架空地面、整体厨卫等技术可使设备管线、内装部品等与主体结构完全分离，大幅减少了湿作业，在便于设备管线维护的同时也避免其在维修更换时对主体结构造成的破坏和影响，从而延长建筑寿命。医院建筑的空间功能常因需求的改变而变化频繁，因此，需采用空间分割技术以实现医院建筑空间划分的灵活可变，从而满足医院建筑全生命期内使用性质及功能的变化需求，实现医院建筑的"长寿化"。

2.5 设计中的"智慧化"

"智慧化"是指以互联网、物联网、自动化、云计算、大数据、人工智能等信息技术为支撑，建立的医院建筑运营维护管理系统平台，提高建筑智能化、精细化管理水平，更好地满足使用者便利性需求。目前，国内外医院在智能化系统建设方面均取得了诸多成绩，建有楼宇设备管理系统（包含楼宇自控、消防联动、广播、安防、门禁等系统）、医疗信息管理系统（包含LED显示、触摸屏信息查询、液晶媒体展示等系统）、医院专用系统（包含手术监控、医护对讲、门诊叫号等系统）、计算机网络系统及能源管理系统。

另医院"智慧化"设计还应探索以BIM技术为支撑，以对医院建筑全生命期的资源利用进行精细化、信息化、智能化管理，可为使用者提供更好的服务，直至成为未来绿色医院建设的发展方向。

图6　温州医学院附属第一医院新院区建筑内外环境中的"低碳化"设计

3 深圳中山大学附属第八医院内外环境绿色设计实践探索

中山大学附属第八医院（简称中大八院）地处广东省深圳市中心城区——福田区，是目前中山大学唯一一家坐落于深圳市的直属附属医院。医院院区位置优越，环境优美。坐拥"城市绿肺"深圳市中心公园，是深南大道上具有地标性的医疗建筑。医院原为深圳市福田区人民医院，作为深圳市最早的医院之一，拥有50余年的发展历史。2016年8月26日，医院正式纳入中山大学直属附属医院管理体系，成为中山大学深圳校区重要组成部分。

3.1 医院绿色设计动因

中大八院拥有心血管内科、风湿免疫科2个市重点学科，7个区重点专科，6个区重点建设专科。心血管内科开展具有国内先进水平的临床诊疗工作，年收治患者数千例次，抢救成功率达90%以上，2014年，胸痛中心成功通过国家级认证（全市首家）。风湿免疫科即香蜜湖分院，是华南地区首家风湿病专科医院，具有规模大、实力强、起点高、水平高的特点。医院绿色更新改造一则改善空间条件，二则提升内外环境空间品质，其改造项目总用地面积为20888.1m²，建筑面积为209000m²（图7）。用地条件复杂，地形狭长，又被周围高密度的办公楼及住宅包围：北侧为既有住院部外科大楼32000余m²，更新改造是指拆除本楼以外的用地范围内的旧建筑，新建门诊楼15000m²，新建国际诊疗服务中心66000m²，新建国际医学科技交流中心25250m²，及相应的配套建筑及设施，目标是建设30~50年不落后的集医疗、科研、教学、预防保健和康复为一体的现代化三甲综合医院，设置病床1000张（其中基本医疗800张，国际诊疗区200张），年门诊量200万人次（每天5000~6000人次），年出院人次达3.8万，年手术量为2万台次以上。其功能设置及医疗流程设计符合国家三级甲等医院的标准和国际JCI认证标准。东北侧为超高层办公楼，西北侧为商住办公楼，南侧为福华路商业街，东南侧为嘉汇新城商住楼，西南侧为福田中学，为医疗功能设置和建筑布局带来一定难度。另该扩建工程如何打破以往冰冷形象，以亲和的态度融入社区，亦成为设计的一大挑战。此外，在项目更新改造的过程中如何保证医院的医疗日常营业？设备及流线如何与既有住院部外科大楼的衔接使用，其实都是项目绿色实施的困难之处。

自2012年起，医院经深圳市福田区建筑工务署委托，由中机十院国际工程有限公司与CPG Consultants Pte Ltd（新加坡CPG咨询私人有限公司）进行建筑设计、深圳市汉沙杨景观规划设计有限公司进行景观设计、深圳市盛朗艺术设计有限公司进行室内设计，在工程方面，由中铁一局集团有限公司承担建筑工程总承包，深圳市瑞和建筑装饰股份有限公司进行室内施工、深圳市彬绿园林有限公司进行景观施工、深圳市粤鹏建设有限公司进行工程监理，实施整体改造，以全面提升和拓展医院服务功能（图8）。并按照"整体规划、国际标准、全球招标"的原则，以香港、新加坡等国家和地区的国际先进医院为目标，打造国际化、人性化、智能化的绿色医院。

3.2 医院绿色设计特色

就中大八院建筑及其室内环境设计创作实践而言，其设计强调以人为本、风格现代、形式简约、绿色环保，营造回归自然，只有鸟语花香，没有尘嚣市扰，融合现代科技为一体的优美医疗环境。通过绿色建筑及其室内环境设计的创作方式，与大自然紧密联结，给予患者可以舒展的空间，以体现关爱生命、尊重生命的设计理念。其绿色设计探索特色主要体现在以下几个方面。

3.2.1 空间的人性化布局——病房做到一床一窗

医院环境是以人为对象的治疗和服务环境，从"人性化"出发，竭力体现对病人的关怀和尊重。既满足患者生理、心理与社会等层面的各种需求，又给患者提供身心愉悦的环境感受。基于这样的考虑，中大八院在整体空间上采用人性化的布局形式，以使每位病人都能够享有一个病床、一个窗户的私有空间，把大自然的采光、空气引进室内，让每个病人都享受到大自然的美感，达到自然疗养的最大效益。

另外，还考虑了遮风挡雨、采光和自然通风的需要，每个病房设计有一个种植露台，并将绿化的面积提升到立体绿化，让每个病房都呈现生机勃勃，人性化的医疗空间。同时，塔楼的不规则式设计、S形布局，都让每个病房的窗户立面朝向景观的视角，将深圳的城市景观尽收眼底。

3.2.2 医院建筑及其内外环境中的生态绿化

在医院环境中，自然要素的介入对患者康复有着不可替代的作用。生态绿化可以调节空间温度、释放氧气、过滤细菌、改善微气候，同时也可为患者提供户外活动空间，作为辅助医疗空间功能的生态绿化对患者的健康有着积极的影响。

在中大八院建筑组群，在设计中运用绿色医院设计手法，包括底层的架空绿地、屋顶与平台绿化、空中花园等形式，以增大绿化面积与医院的空间层次感。医院内外设有空中绿化庭院、生态中庭与内院、绿化草坡和中心绿化等手段，以形成数个生态"绿源"，通过自然的手段调节医院内外环境的微气候，从而构成一个完整、丰富的空间绿化系统。在种植绿化方面，中大八院为城市提供一个立体的，多样性的绿化形式，做到"建设1m²用地就还给城市1m²绿地"的120%绿地覆盖率的目标。在植物配置上优先种植乡土植物，采用少维护、耐候性强的植物，以减少日常维护的费用；在植物配置上达到保持局部环境水土、调节气候、降低污染和隔绝噪声的目的（图9）。

3.2.3 医院建筑及其内外环境与自然的融合

新鲜的空气和阳光是生命的源泉和能量。而污浊空气中的尘埃携带大量致病细菌，会导致伤口感染和化脓。空气也是许多传染病的传播媒介，控制空气质量可以有效控制医院内的交叉感染。而医院建筑内外环境无论从生理和心理上与自然融合都是必要的，其形式包括自然采光、自然通风等。

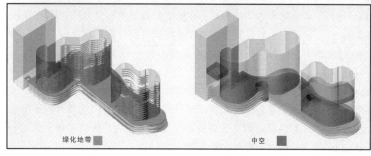

图 7　深圳中山大学附属第八医院建筑及其室内环境绿色设计图

自然采光是医院建筑内外环境与自然融合的主要形式，也是实现建筑节能的最佳途径之一。在中大八院建筑及其内外环境设计中充分利用自然采光为诊疗办公空间提供舒适照明，其直接照射能节省约百10%的照明能耗。另在医院建筑及其室内环境设计中主要采取两项措施控制光污染，其一是立面采用光电板加采光玻璃的幕墙形式避免光污染，其二是在附近的道路两旁栽种一定高度的树木，既作为绿化用途，又可作为遮挡眩光的屏障。

自然通风也是医院建筑内外环境与自然融合的主要形式，还是一种具有很大深度潜力的节能方式，它具有节能、改善建筑室内热舒适性和提高室内空气品质的优点。在春秋两季，中大八院打开建筑中庭顶部换气口，自然风将裙房屋面架空层的新鲜冷空气经中庭把塔楼里的热空气循环替换，由此可节约空调能耗50%，中庭热舒适度保持在29~31℃。在夏季，全部打开建筑中庭顶部换气口，自然风将裙房屋面架空层的绿化及水景新鲜冷空气经中庭把塔

图8　深圳中山大学附属第八医院建筑造型及其内外环境绿色设计落成实景

图 9　深圳中山大学附属第八医院建筑室内环境绿色设计特色落成实景呈现

楼里的热空气循环替换，从而可节约空调能耗 10%。用自然的通风、采光条件以及有组织的自然气流进行总体布局，以形成有效舒适的医疗环境。

设计还在两个塔楼的中部各设一个自然通风井，自然风通可过裙房屋面架空层经风井向塔楼屋顶换气，实现建筑可根据四季气温的差异自然调节建筑内部温度，让建筑成为"会呼吸的绿色建筑"。

3.2.4 医院建筑内外环境设计中的资源节约

中大八院建筑及其内外环境改造的目标就是立足节能环保、积极开发利用新能源、新技术，并结合当地气候条件和地质环境，打造低能耗、高能效的建筑。

在医院建筑及其内外环境上将采用高标准的节水器具，包括坐便器、小便器、卫生间龙头、厨房龙头，节水量可以比一般的节水器具节水 20% 以上。采用可控制活动遮阳、高性能的外墙、屋面保温材料降低采暖空调负荷。另太阳能作为清洁的可再生能源，无污染，和锅炉供热项目相比极大地减少了二氧化碳排放。本项目采用真空管集热器太阳能系统，集热器设置在屋顶，用于提供办公楼的生活热水，生活热水的太阳能保证率达到 75% 以上。办公建筑的生活热水全部采用太阳能热水，可再生能源的使用量可以达 3% 以上。

3.3 医院绿色设计细节

在医院内外空间环境设计探索中，对细节设计均做到了极致。如医院室内医生办公室、诊疗室的布置，即从患者敏感的心理感受出发，通过控制光、材质以及细节处的空间尺度来为患者营造轻松的医疗体验，关注患者的同时也加强了对医务人员工作环境的关注（图 10）。其中设有集中更衣淋浴和休息服务设施，满足了医务人员需求，方便了医院管理，也节省了空间。同时对急诊部、手术部、重症监护、中心消毒供应、病理科、检验科等特殊科室，充分考虑到医务人员健康安全，明确划分了污染区和清洁区。另在室外景观设计部分，利用底层架空绿地、屋顶绿化、空中花园、绿化平台等多种设计手法，大大增加了绿化的面积，也增加了医院的空间层次感。空中绿化庭院、生态中庭、内院、绿化草坡和中心绿化等形成了数个生态"绿源"，通过自然的手段调节区域微气候，构成了完整、丰富的多层次绿化体系，从而形成数个生态"绿源"的处理细节。

经过绿色设计的深圳中山大学附属第八医院，于 2019 年 9 月重新运营。其建筑面积达到 21 万 m²，床位 1500~2000 张，停车位 1200 个，医院不仅为辖区居民提供具有自身特色的基本医疗服务，还为境外人士提供一流水准、国际水平的高端医疗服务，且已成为具有一定知名度、较强竞争力的现代化三甲医院（图 11）。此外，深圳中大八院以中国香港、新加坡等地的国际先进医院为目标，打造国际化、人性化、智能化的绿色医院。其建筑及其室内环境设计即强调以人为本、风格现代、形式简约、绿色环保，营造回归自然，只有鸟语花香，没有尘嚣市扰，融

图 10　深圳中山大学附属第八医院建筑及其外部环境绿色设计细节落成实景

图 11　深圳中山大学附属第八医院建筑及其内外环境绿色设计落成实景

合现代科技为一体的优美医疗环境。其绿色设计特色主要体现在空间的人性化布局——将病房做到一床一窗，且在建筑及其内外环境中注重生态绿化、与自然的融合及环境资源的节约，并在绿色医院建筑及其室内环境设计方式上和大自然紧紧联结，给予病人患者可以舒展的空间，直至体现出医疗建筑及其室内环境关爱生命，尊重生命的绿色设计理念。

参考文献

［1］张燕文.绿色建筑室内环境［M］.北京：机械工业出版社，2020.
［2］辛艺峰.室内环境的人性化设计：现代医疗建筑室内环境的人性化设计探索［C］// 中国室内设计学会 2005 年桂林年会暨国际学术交流会论文集.武汉：华中科技大学出版社，2005.
［3］中国建筑科学研究院.绿色医院建筑评价标准：GB/T 51153—2015［M］.北京：中国计划出版社，2016.

以《清明上河图》等古画为例浅析唐宋建筑风格的变迁

■ 王 欢 袁 萍
■ 新疆大学建筑工程学院

摘要 本文试图从唐宋时期具有建筑形象的古画中进行城市空间以及建筑形象的对比研究。探讨唐宋两代在建筑发展中的传承和变迁，迄今为止，遗存较完整的唐代建筑均为单体建筑，要研究唐代的建筑群组和城市空间还需要借鉴唐代壁画，宋代风俗画有较大研究价值，如本文提到的《清明上河图》《千里江山图》《闸口盘车图》等，从这些画作中分析唐宋建筑演化的原因和过程。

关键词 唐宋建筑风格 《清明上河图》 城市空间

引言

唐宋两朝间有 53 年五代十国的时期，这段时期也至关重要，唐朝本身形成了一种舒展开朗的建筑风格，在唐中期和晚期也在变化，宋代大部分继承了唐代的建筑特点，其中的变迁也受到了五代十国的时期影响，或者说是五代十国过渡了唐和宋的建筑风格。本文意在从古代画作中整理和建筑有关的线索，其中以《清明上河图》为主，因此画作大量描绘了北宋汴京的城市风貌，有重大研究价值且已有丰富研究成果。并从以下几个方面探讨唐宋建筑风格的联系和差异。

1 《清明上河图》的绘制方法承袭于隋唐

陈寅恪先生曾说："中国文化造极于赵宋之世。"明朝学者宋濂先生也曾说过："自秦以下，文莫盛于宋。"宋朝一致被认为是中国历史上经济、文化、科学高度繁荣的时代。文化绽放，文学巨著对今天仍有重要影响。然宋朝的文化繁荣并不是凭空而来，它基于唐代的基础上，经过五代十国的衔接和宋代自身的发展。唐代时期，万国来朝，综合国力世界领先，并且唐代的文化极度包容，接纳各国交流学习，经济、社会、文化、艺术多元且开放。在诗词、书法、绘画、音乐等方面有非常高的造诣及成果。如到今天依然广为传颂的唐诗五言七言绝句体系，在中学课本里经常出现的李白、杜甫、白居易的诗词，书法家颜真卿的颜字依然是如今现代人学习书法的模仿对象，画圣吴道子等人的绘画风格影响到唐代的雕塑，以及音乐家李龟年等。隋开创了科举制，除了能更新固化的社会阶级之外，另一方面也大大促进了文学教育的普及和发展。中国历史上自科举以来，第一个状元、三元及第都在唐朝出现。

《清明上河图》(本文只讨论石渠本)属绢本界画，界画这种艺术形式在魏晋南北朝时期就已出现，唐朝在短暂的隋朝基础上，将界画变为了绘画界的一种时尚，如现存的隋唐壁画中，建筑形象大多都是借助尺规进行绘制的。在唐代甚至更早，中国古代绘画的题材主要为宗教和贵族生活，《清明上河图》的作者张择端，虽供职于皇家画院，流传的画作仅存《金明池夺标图》和《清明上河图》，但表现的风俗画内容极其罕见地涵盖了城市空间和大量的民间建筑。宋代及宋代以后，借助尺规作画已经非常普遍，在作画时，表现体量较大的建筑或较长的线条时，都会借助尺规，而尺度较小或弧线及自由曲线由画师徒手绘制。《清明上河图》仅在上善门的表现中大量使用了尺规，其他内容大多为徒手绘制，更说明了宋代画师的技艺高超。

其次是建筑形象无论在唐代壁画还是宋代界画中，都有透视概念，中国最早将透视概念引入建筑画时为初唐时期，显然宋代画作承袭了这一技法。在唐代壁画中，以懿德太子墓道壁画中的建筑为例（图1），非常明显的使用了透视画法，四个建筑的灭点虽然不一致，看起来像是今天我们在绘图时变了形的错误透视，但唐代画师已经感知到近大远小的透视规律，并在画作中尝试对这一规律进行表现，只是对透视的表现技法还不成熟。再例如清明上河图中上善门楼的画法，侧立面几乎没有透视表达，而正立面，其屋顶在远离视点处就逐渐变窄，再由阑额、勾栏、窗等线条延长后，在端头交于一点，可以认为是我们现在画法几何意义上的灭点。

图 1 懿德太子墓中壁画

关于研究画作中的建筑形象真实性的问题也是重点，画作中的建筑要有一定的真实度，才有复原的价值，《金明池夺标图》（图2）中的平面布局（图3）在汴京的具体位置可考证，且整体布局与东京梦华录中的文字记载比较相符，北宋之后的界画真实度反而存疑，元明清时期的界画，不再局限于还原场景的表达，而是营造建筑与周边环境的氛围，建筑细部构件也有了固定的表达方式，对于这些内容，复原要比研究的价值略低一些。

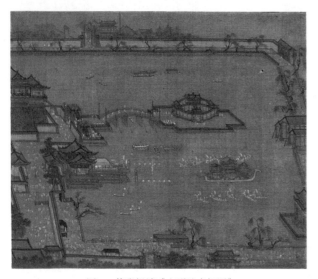

图2　传张择端《金明池夺标图》

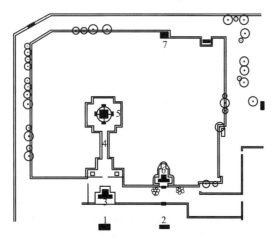

图3　金明池夺标图复原平面

2　唐宋城市肌理的变化

唐代时期的城市肌理虽无类似《清明上河图》的传世之作描绘，但在敦煌壁画中能看到以长安城为蓝本的城市形态（图4），唐代到宋代，中国城市经历了里坊制从鼎盛走向衰落的过程。大部分研究者倾向于唐代里坊制度的崩坏始于唐代的中后期，笔者认为唐长安的坊市制度加速崩溃是在安史之乱后至唐末，在唐中期以前的坊内商业活动就已有一定规模。唐代的商业区主要分布在东西二市，而一般的日常用品购买行为来说，百姓若离东西二市比较远的坊，就十分不便。唐代的里坊单元，换算成今天的计量单位，以宣阳坊为例，约为955m×514m，宣阳坊离

东市较近，这个距离对于日常购物来说已经不太便利，更有一些物品需到西市购买的情况。另二市每日有时间限制，根据《卖炭翁》的描述中应日中为市，猜测约为现在的北京时间11:00—12:00左右开市，在时间和空间上均有不便，城市急需扩大市场空间，这是坊内商业开始出现的基础。

图4　莫高窟晚唐85窟北顶华严经变所绘的里坊

唐代神怪小说《唐传奇》中对百姓的日常生活多有描述，其故事情节创作度虽比较高，但对于城市生活的细节描述可信度是比较高的。可参考《任氏传》中的故事情节："天宝九年夏六月，崟与郑子偕行于长安陌中，将会饮于新昌里。"[1] 这段文字说明新昌坊有酒肆。"既行，乃里门，门扃未发。门旁有胡人鬻饼之舍，方张灯炽炉。郑子憩其帘下，坐以候鼓，因与主人言。"描述的是郑六早上欲离开昇平坊，但坊门没有开，郑六便在坊门旁的饼店休息等待，说明至少天宝年间之前一段时间，坊内的商业活动已经很常见了。

另有《唐传奇》收录的一则故事——《李娃传》，对于长安城的商业空间描述更为详细，如平康坊已在长安城具有大型娱乐场所的里坊地位，同时荥阳公子所居住的布政坊有多家丧葬铺，且长安城的承天门街能够举行挽歌大赛，是可以作为商业广告性质的公共活动空间，《李娃传》的故事背景依然是天宝年间。

在研究中已有成果证明，除东西二市外，长安城的大多数里坊都有商业空间，如常乐坊盛产梨花蜜，颁政坊因摊点美食而闻名。笔者认为经济的活力在很早就影响着长安城的发展布局。

在唐长安的里坊制确定的初期，坊墙具有划分里坊和主街空间的作用，并有限制人行为非常大的威慑力，如《唐律疏议》中卷八规定："越官府廨垣以里坊垣篱者，杖七十。侵坏者，亦如之。"然而开元天宝年以后，根据《唐会要》描述，三品以上的官员可以直接对街道开门，坊墙作为里坊与大街的界线开始模糊，"侵街"现象开始出现，宵禁政策也一度难以实施，唐文宗开成五年曾提出"京夜市，宜令禁断"，证明统治者已对此现象感到恐慌。甚至在安史之乱这一特殊时间段，有了官方的侵街行为，当时为保证军粮的供给，长安城的街道曾在李隆基的同意下，被用于种植农作物。商品经济的活力最终突破了坊墙，改变

了长安城棋盘格的城市肌理。唐末宋初这一段时间里，侵街行为十分严重，坊内开店、开设夜市、破坏坊墙、开设临路店活动十分活跃，无论是唐末还是宋初，朝廷都极力制止，坊墙并非一夜倒塌，里坊制也不是突然结束，里坊制的衰败过程中出现了反复性和复杂性。在五代十国的后周期间，后周世宗柴荣曾经提出"其京城内街道阔五十步者，许两边人户各于五步内取便种树、掘井、修盖凉棚。其三十步以下至二十五步者，各与三步。"[2]说明里坊制衰落了（图5）。最终，如《清明上河图》描绘的城市生活那样，汴京城内街市遍布，三楼相高，五楼相向，呈现出了一副新的城市肌理。大街小巷，桥头路口，城门附近，都成为商业交换的场所。各种早市、夜市、庙会，节日集市，连绵不绝。

3 唐宋的城市空间

本段内容基于第二点的基础上继续深入讨论，中国古代城市空间受《周礼·考工记》的理想城市平面布局影响十分深刻，以唐长安为例，道路划分整个城市108坊，百姓活动的公共空间有《李娃传》中提到的承天门大街，但承天门大街尺度并不亲切，除大型活动外，应不作为日常活动空间。在《唐会要》中记载，开元二十四年（736年），唐玄宗"毁东市东北角，道政坊西北角，以广花萼楼前"。作为长安城内上元节等节日的公共活动场所。东西二市自不必说，以及长安城东南隅的曲江池，各个里坊中的寺院空间也承担公共空间的功能。总的来说，公共空间的面积及数量比较有限，空间的变化和层次在城市中体现的较为简单。

宋东京在《清明上河图》中的公共空间比较丰富，但宋东京的前身是唐代的汴州城，应会受到里坊制制度的影响，前文提到，汴州作为五代十国时期，后周国的首都，又在"陈桥兵变，黄袍加身"后成为北宋的首都，其规模受人口数量的影响，在里坊制的基础上出现了很大的变化。首先宋东京不同于唐长安，唐长安是经过严整规划布局设计后建设的，而宋东京是在原汴州城址的基础上扩建的，"显德二年（后周世宗，955年）四月诏曰……东京华夷辐

辏，水陆会通，时向隆平，日增繁盛。而都城因旧，制度未恢，诸卫军营，或多窄狭，百司公署，无处兴修。加以坊市之中，邸店有限，工商外至，络绎无穷，傀赁之资，增添不定，贫乏之户，供办实难，而又屋宇交连，街衢狭隘，入夏有暑湿之苦，冬居常多烟火之忧。将便公私，须广都邑。宜令所司于京城四面，别筑罗城。先立标识，候将来冬末春初，农务闲时，即量差近甸人夫，渐次修筑。春作才动，便令放散，或土功未毕，即迤逦次年修筑，所异宽容办集。今后凡有营葬及兴置窑灶并草市，并须去标识七里外。其标识内，候官中擘画，定军营、街巷、仓场、诸司公廨院了，即任百姓营造。"[3]

从《五代会要》的记载中体现出宋东京在扩建的过程中有百姓参与的灵活性，有使用者建造房屋的自主权。除去三套方城制度，以及中轴线主干道千步廊的空间，宋东京的其他城市空间已不似唐代严整。这和人的行为之间互有关联。首先从宏观的角度来说，整个城市的西部存在大面积的军营，形态和东部相差很大，尽管整个城市依然有中轴线，但中轴线两侧是两种不同的用地性质，不似唐代两侧是接近对称的里坊。其次是市肆沿街的因素，这是"侵街"的行为导致的，同时沿街店铺不仅有商业用途，由于沿街建筑层高有二三层不等，在竖向空间中上层也具有居住的功能（图6）。为了增加商业机会，建筑前搭设凉棚（图7），用地稍宽裕的沿街店铺，会从主街向内设置合院空间（图8），从《清明上河图》的几处能看到。

且宋东京的地理条件决定了水系比长安发达，四水贯都，城市在规划时应是充分考虑和利用了四条主要河流（图9），正如唐洛阳城对洛水的利用。《清明上河图》中汴河，商铺市肆及郊野建筑都是沿汴河两岸分布，并在汴河两岸留出供纤夫行走的道路（图10），这是人的行为和地理条件互相作用的结果。

同时《清明上河图》中的街道空间充分体现了宋东京的街头文化和街头空间的弹性，疑似衙署门前的空地（图11），因为整条街上的人数量都很多，但分布在五人值守的建筑门前空间，停留的行人几乎没有，推测是政治机

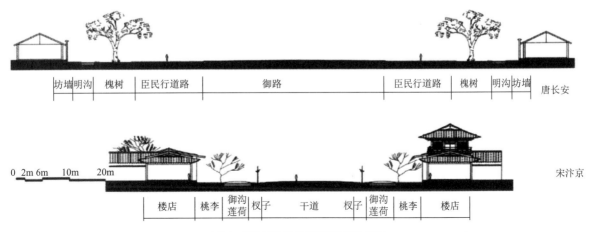

图5　唐长安及宋东京御路截面比较图

图 6 久住王员外家的沿街二层建筑

图 7 汴河东部第一家酒肆的凉棚

图 8 街道周围的合院空间

构，行人本能地快速通过。衙署右边有算命先生摊位，酒肆门前的彩楼欢门对于街道空间和店铺空间起到吸引食客和过渡街道空间的作用，酒楼上方食客和主街道之间的视线可达性非常好，以及孙羊正店左边的说书先生的摊位，当街可聚众数十人，充分体现了北宋东京街头文化的发达（图12）。

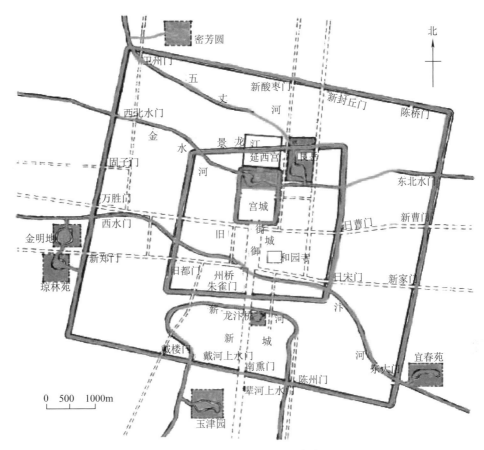

图9　宋东京的主要河流示意图

图10　《清明上河图》表现的汴河岸上的纤夫

195

图11 《清明上河图》中的街道空间

图12 《清明上河图》中孙羊正店左侧的说书摊位

4 建筑风格和宅地制度

对比唐代画作中的建筑形象，和《清明上河图》中的建筑内容，可以看出唐代建筑在建造时，用料较足，檐下铺作较为简单，挑檐深远，补间铺作使用简洁的人字拱或竖向木撑（图13），《清明上河图》中的码头仓库，补间铺作使用一斗三升（图14），宋代建筑风格更加精致，屋顶结构更为复杂，如被金军拆解搬走的熙春阁。

唐代住宅在分配时有法可依，唐玄宗开元二十五年（737年）令："应给园宅地者，良口三口以下给一亩，每三口加一亩，贱口五口给一亩，每五口加一亩……诸买地者不得过本制。"这条法令大致规定了宅基地的分配原则，居民建房占地，需要经过政府的审核与批准，如果是自由人，每三口可以占一亩宅基；如果是金字塔最底层的仆役等，每五口只能拥有一亩宅基地，如果以后宅地机转让出售，新的房主也必须符合法令规定，不能超标。这种规模已经基本能够满足普通百姓的生活需求，皇亲贵族等人口在里坊里据

1/6~1/3 的面积也比较常见（图15），唐代的宅第从面积上讲，比较舒展开阔，并且给唐代文人山水园在城市中的营造提供了条件，白居易曾在诗中暗讽唐代官员在洛阳购置宅第却久无人居的现象。"试问池台主，多为将相官，终身不曾到，唯展宅图看"。从各方面都能看到 [1]，唐代都城的住宅用地非常宽松。莫高窟壁画中就反映了唐代住宅建筑中开阔的院落，甚至能在院落中使用耕牛（图16）。唐代文学家韩愈宅就体现了宅第的空间划分（图17），建筑和建筑之间间距较大，再加上较高的坊墙院墙，以及不允许私建楼阁窥视他人庭院的法度，使得唐代的宅第像独立存在在偌大喧嚣长安城中的世外桃源（图18）。

宋东京作为国都建设的过程在前文已经提到，是在适应人口的过程中逐渐扩建的，其中就涉及用地扩张的问题，宋东京人口密度超过了前朝，庞大的军营空间也大量占据了城市的比例。宋代的宅第面积远不如唐代宽裕，《清明上河图》中对这种人口密度造成的建筑密度作了非常生动的刻画。画中的房屋在郊野时是单层建筑，麦场也较开阔，

---

❶ 见唐诗五言绝句《题洛中第宅》。

图 13　莫高窟 148 窟中描绘的唐代五开间建筑

图 14　《清明上河图》中汴河北岸码头建筑

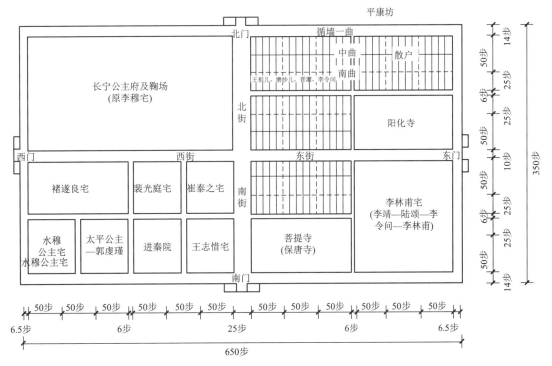

图 15　唐长安平康坊宅基地划分示意图

图16 莫高窟85窟宅院形象可见宅旁耕牛

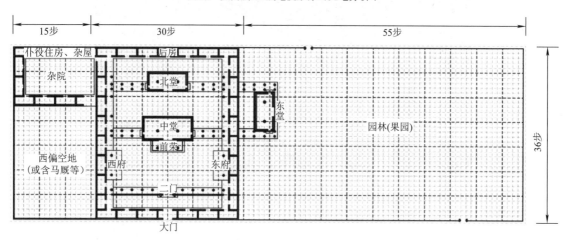

图17 唐长安城中韩愈宅平面示意图

图18 唐长安局部里坊宅院空间复原图

然而画面一旦到了近郊及城门内外，就出现了房屋密集，屋面勾连搭接的情况，有些房屋间距极其狭窄，仅能容纳单人侧身行走，庭院也普遍狭小，再没有出现过类似韩愈宅的格局，街道空间也远小于唐代的坊间道路。

宋代对于百姓建造房屋的宅地制度也有规定，如《宋史·舆服志》中提到："私居，执政，亲王曰府，余官曰宅，庶民曰家……凡民庶家，不得施重栱、藻井及五色文采为饰，仍不得四铺飞檐，庶人舍屋许五架，门一间两厦而已。"[4] 由此可见，宋代宅第同唐代一样，要遵守封建社会等级森严的秩序，从《清明上河图》及《千里江山图》中能够看到农舍仅有院落，没有院墙和院门，因其属农舍而非宅第（图19、图20）。

图19 《清明上河图》中的郊区农舍

图20 《千里江山图》中的农舍

结语

本文以《清明上河图》为例，参考敦煌壁画、唐代墓道墓壁画中的建筑形象，从图形学的角度分析了宋代和唐代之间建筑的变迁。从里坊制到街巷制，除了经济本身的活力导致城市肌理的变迁以外，也体现了在特定的时间下，底层人的社会结构和生活习惯与统治者、贵族之间的差异。城市的演变是一个缓慢的过程，而这一动态过程，发生在推动历史进程的每一个人身上，也和当时的地理气候条件，政治经济文化密不可分，是十分复杂的过程，值得我们在这一领域中不断深入挖掘和思考。

参考文献

[1] 中华文库青少年导读本丛书编委会.白话唐代传奇［M］.北京：外文出版社有限责任公司,2012.
[2] 常青.石渠本《清明上河图》中的北宋东京城研究：商业大街的建筑与民俗景观分析［D］.上海：同济大学,2005.
[3] 王溥.五代会要［M］.上海：上海古籍出版社,1978.
[4] 史仲文,胡晓文.中国全史：12［M］.上海：中国书籍出版社,2011.
[5] 钟灵毓.《清明上河图》中的北宋东京市肆形态及街巷空间研究［D］.长沙：湖南大学,2017.
[6] 张筱晶.基于宋《营造法式》的城楼建筑研究：以宋画《清明上河图》上善门为例［D］.北京：北京建筑大学,2018.
[7] 张杨,黄天辰,朱一凡.从《清明上河图》看北宋东京东水门地段城市设计特色［J］.安徽建筑,2017,24(3).
[8] 孟元老.东京梦华录［M］.郑州：中州古籍出版社,2010.
[9] 刘涤宇.街头文化的空间基础：历代《清明上河图》中街道空间结点与相关生活场景分析［J］.南方建筑,2011(4):64-71.
[10] 刘涤宇.历代《清明上河图》城市与建筑［M］.上海：同济大学出版社,2013.

建筑设计院室内设计业务营销策略优化

■ 王 宁

■ 中设筑邦建筑设计研究院

摘要 2005年后，中国加入世界贸易组织，开始对外开放设计市场，为室内设计业的发展提供了广阔的空间，促使我国室内设计行业进入快速发展时期，许多世界知名设计公司在我国设立了办事机构，我国设计行业面临着巨大的压力。传统央企设计院在如今的市场营销策略环节中表现出诸多问题。本文针对此类现象进行研究，提出一些见解和想法，希望可以给目前分析同行业企业提供更多的参考。

关键词 建筑设计院 室内设计 营销

引言

近年来伴随房地产行业与城市建设方面的投资持续扩大，室内设计业的发展空间更为广阔，促使我国室内设计行业进入快速发展时期。设计企业想要在激烈的竞争环境中发展，除了不断优化设计师团队，还需结合自身业务实际情况，匹配高效的营销策略，从而抓住当前的发展机遇，进一步提升行业市场的占有率。据此，在本文当中以中设筑邦建筑设计研究院（以下简称设计院）作为研究对象，对当今设计院室内设计业务营销策略中存在的普遍问题进行研究探讨。

1 室内设计业务营销环境分析

设计院波特五力示意图如图1所示。行业竞争环境分析如下：

（1）供应商分析。设计院的室内设计业务是一个全过程的设计服务，主要是以设计产品服务于甲方，对于原材料等无特别的需求，最大的供方资源是人力资源。其外部供应商组成分为以下三种：第一种供应商的存在，是由于短期内常规设计项目过多，出现内部产能不足的时，需求项目外包的供应关系（如效果图制图服务外包、施工图深化服务外包、BIM服务外包等）；第二种供应商，则是因为项目性价比过低，直接采用项目外包的供应商关系；第三种供应商，是由于项目一体化需求或项目边缘业务延伸，没有相应专业的产能可提供而衍生的项目外包供应关系。目前，无论以上哪种供应商，因为国内室内设计市场已经相对饱和，不具有不可替代性或转换成本较高的特性，其议价能力比较低下。仅当项目对交货期要求紧时，供应商的议价能力才大大增强。

（2）购买者分析。购买者通过压低价格，或要求设计院提供较高质量的产品，或要求更短的交货期，来影响设计院的盈利能力，从而实现改变竞争的效果。设计院的所有购买者对产品的要求都是：尽可能付出最少的报酬，而获得最高的回报。结合设计院的实际情况来说，主要购买者为政府、房地产开发商、学校、医院、企业事业单位等项目业主单位以及个人。设计院受益于这些体制内单位固

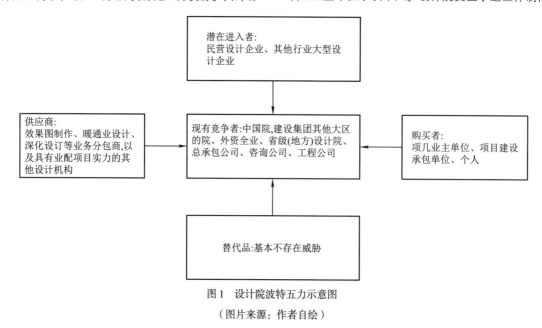

图1 设计院波特五力示意图

（图片来源：作者自绘）

定资产投资比重的增加，还有工程建设承包单位、兄弟单位长期业务往来的合作客户关系、民企以及零散的个人客户。

（3）现有竞争对手分析。全国勘测设计行业企业类型以国有企业和民营企业为主，外企基本是象征性地存在着。民营企业已经崛起为国有企业的主要竞争对手。这些民企进入市场的时间非常早，开拓了很多业务，人才方面也都建立了一套完整、科学的运转制度，拥有相对成熟、专业的设计团队，复制产品的能力强，业务转换成本低。在市场趋于成熟、产品需求增长缓慢等客观条件下，他们通常采用低价手段促销，并提供良好的产品质量和服务。另外，民企处于规模经济的考虑，在一些如住宅项目、装配式建筑等业务板块采用标准化协同设计方式，导致部分个性化产品的消费者降低消费水平，采用低成本趋同的设计产品。现如今，设计企业提升营销策略，已经成为抵御外来竞争的重要手段。

（4）潜在进入者分析。和其他行业一样，室内设计行业同样面临着潜在进入者的挑战以及威胁，这些企业将来可能会进入行业与设计院形成竞争关系，进而争夺下游市场，争夺上游供应商。就整个室内设计行业而言，行业准入门槛相对较低，进入的该行业所需投入资金不多，为潜在进入者提供了有利条件。就设计院的目前实际情况来说，室内设计业务主要是大型公建类项目，这类项目不同于民用住宅项目，行业监管部门设置专业资质、限定行业门槛，导致进入壁垒比较高。另外此类销售渠道的开拓难度比较高，设计院仍具有一定的竞争优势。对于新兴方向，民企和设计院成本和经验相同，依靠新方向探索的效率，新技能掌握的速度来竞争。

（5）替代者分析。设计院室内设计服务的表现形式是服务过程各个阶段的方案设计文件，替代者所能提供的替代服务，也仅仅指的是生产过程中管理、方案文本、施工配合等阶段的设计服务，没办法进行全过程的完整替代。但对于一些体量巨大的项目，设计院为了降低成本，会创建相应的设计部门来完成室内设计项目，这时就会引发替代效应，但不会产生规模效应。因此替代效应并不明显，所以无须考虑替代品的威胁。

2 室内设计业务营销策略优化

2.1 产品策略优化

（1）产品品类增加民用住宅类。建议企业开展住宅标准品和非标准品的研发，建立民用住宅类的专业团队与完整的服务流程。达到既可以满足低成本预算标准品需求的客户，也不需要再投入二次研发的成本，同时又可以满足定制化客户，拥有个性化高端定制产品。

（2）为商业类产品提供附加值延伸。传统设计公司把自己定位为客户的技术供应商，而共谋者能深刻理解客户的商业模式。产品的附加值是客户购买有形产品或者享受无形服务时所获得的全部附加服务和利益，设计院要站在客户的角度，升级相关的设计服务，可以在商业类产品增加设计咨询、品牌建设、后期运营等具体服务板块，完成

从供应商到共谋者角色的交互式转变。

2.2 价格策略优化

（1）结合市场环境影响要素，考虑定价因素。在考虑定价因素时，应结合市场环境影响要素作为决定性的定价因素，具体包括客户心理价位、品牌影响力、产品成本、地区差异、项目潜力等，将具有竞争性的环境因素取不同的权重系数计入附加调整系数。

（2）建立价格调整的评估机制。设计院市场开发部门应建立价格调整评估机制。根据市场和项目的实际情况，对竞争企业的相关项目案例以及以往的报价情况进行重点分析，对竞争对手预先进行客观的分析与评估。在价格调整前，便对价格可调整的范围做到精准预估。

2.3 分销策略优化

（1）针对特色业务增加渠道数量。设计院可以致力于实现特定用户群的需求，以此加强自身的竞争力，并在细分市场中占有一定的市场份额。例如，一些人口众多的中小型城市蕴藏着巨大的市场潜力，设计院可以避开白热化的竞争，在这些城市寻找新的目标市场。

（2）根据产品组合特征去渠道布局。设计院应该根据各个细分市场内自身产品组合策略特征对渠道进行总体布局，为产品匹配最擅长的渠道，为渠道寻找最合适的产品：一方面，能够充分发挥渠道作用，实现市场的覆盖率最大化和销量最大化；另一方面，有利于设计院的对成本和产品质量的控制，获得事半功倍的效果。

（3）设置专员助力渠道提高效率。应建立利益关联、情感关联和文化认同，双赢渠道观念，根据设计院现有渠道管理体系，设定并督促市场开发部门专员助力管理渠道。在每一个区域市场设立专门的市场服务人员，做到专人、专区、专项服务，增强渠道的控制能力，帮助渠道进行市场开拓，加强渠道自身品牌的运营能力和市场的掌控能力。

2.4 促销与沟通策略优化

（1）升级广告的形式与内容。根据设计院业务发展重点制作专项模块，突出特色，扩大设计院影响力。此外，全面建设设计院英文版网站内容，与中文网站保持同步，国际化官网，进行设计院设计品牌国际化维护与提升，有效地提高企业市场竞争力。甚至在未来，设计院应通过自己的官方网站提供互联网设计相关服务，从而实现客户个性化的设计需求。

（2）丰富广告形式。活用新媒体丰富的促销手段，借助自媒体受众多以及传播迅速的优势，加强设计院的竞争力，同时提高其知名度，扩大设计院宣传推广力度；在通过微博、微信等网络自媒体的形式做好品牌推广的同时，增加专业咨询的互动模块，弥补客户对专业知识存在的盲区和误区。利用一种或者多种媒体来得到客户回复，提供远程技术支持和培训服务，既方便客户，又可以降低服务成本。顺应时代个性化要求，最终建成互动交易的营销体系，提高沟通便捷程度与沟通效率。

（3）普惠大众，增设相关行业的交流平台。通过使用自媒体来开展专业小课堂服务板块，对室内装饰期间的各种细节进行传播，向大众展示材料和工艺的创新，将设计

理念传递给大众，持续加深大众对装饰行业、对设计院的了解；此外，设计院应积极增设设计行业、媒体行业等相关行业的交流平台。首先对公司品牌进行大力宣传，获得更多设计以及销售人才的关注，其次提高社会对公司的好感度，提高公司知名度。

（4）继续维护好原有公共关系，加速开发新的公共关系。设计院应继续保持与高校合作，做好行业讲座与校企联合办学，解决高校在校生学习、就业问题，并做好相关的媒体宣传，在高校教师这一公共群体当中也留下良好印象，继续参与到行业协会、研讨会等活动中去，提升企业影响力。此外，要对工程建设主管政府部门以及项目主管政府部门进行拜访，同时加大国际业务的开拓力度，关注商务部等涉外机构的援外设计项目。

2.5 业务人员策略优化

（1）人员培训的优化。设计院的专业人才具有比较高的专业素养，其中不乏存在具有管理能力潜质的复合型专业人才。设计院对这类人才可以进行管理能力的培养，甚至提供必要的支持，比如鼓励其进行 MBA、EMBA 的教育深造、举办同行业管理者会议交流等，为设计院储备兼具专业背景与管理才能的优秀人才。

（2）晋升体系策略的优化。设计院应发展专业人才职业发展渠道，定向培养。对于设计行业而言，面对不同的细分市场，处于不同的发展阶段，对专业能力的要求也不同。比如有些项目需要不断追求新技术的专才，有些项目需要的是不仅关注设计，也懂得上下游产业链的通才，这些都是专业化不同的发展方向，是企业和个人皆有不同的选择。

（3）企业培训策略的优化。设计院需建立专业人才的复合能力培养体系，制度化、常态化的去推行实施，帮助专业人才提升复合能力，促使员工与企业发展同步，适应社会的需要。达到整个设计院重视复合能力的效果，能够自上而下进行下意识学习。设计院自身的培训能力有限，因此可以和社会上比较成熟的培训机构进行合作，根据公司选派以及自愿原则，选择专业人才参加培训机构管理类、营销类、素质类、职业规划类课程的学习，组织开展拓展式训练等，借助优质的社会培训资源，全面打造设计院专业人才的复合能力。

2.6 服务过程策略优化

（1）提升内部管理与服务水平。根据设计院有关运营管理方法，对自身运营信息平台功能进行完善，促使运营信息审核效率进一步提高，并完善信息追踪管理等工作。实施技术结合运营的方式，统筹设计院所有专家的资源，打造一个完整的运营服务平台，同时构建投标信息综合备案系统，保证项目的顺畅。此外，坚持对该阶段内部管理能力进行评价，评估各相关部门的效率，正视问题、解决问题。

（2）完善服务体系。设计院要建立一套完整的服务体系，从前期商务到后期客户回访服务及客户维护等，树立全员营销意识，从客户的需求出发，分层次的建立与客户各层级人员的分层对接，针对性的完善服务体系的各个阶段，和客户建立良好的关系，提高客户的信誉度，打造良好的品牌形象。

（3）健全营销管理用人机制。设计院应健全和优化目前的营销管理用人制度，通过树立清晰的营销目标，加强对营销人员的培训，明确营销业绩和岗位职责，并对营销人员进行考核评定，根据评定结果进行分级，根据不同的级别制定专门的奖励机制，考核结果不理想的设计师进行降级处理，力求真正有效地联合甲方和设计院，加强企业宣传和服务水平。

2.7 有形展示策略优化

（1）服务环境展示策略的优化。设计院应在考虑经营成本的前提下，定期进行办公设备的更新与维护，具体可以从下面几点去做：首先，对办公设备出现的问题进行分类定级，统计现有办公设备进行相应的归类；其次，对重点区域的，不符合当代设计形象的办公设备果断直接升级；再次，根据归类分批淘汰使用年限过久以及功能出现比较严重问题的办公设备，进行相应的新产品替换；最后，对可通过简单维修、维护而改进提升的办公设备，相关部门可尽快开展维修及维护工作。

（2）公司形象展示策略的优化。今后需加强企业标识的更新频率以及应用范围，需进一步明确设计院的企业标识同一性、充分展示设计院的个性。尤其针对地方分公司，制定统一标识视觉要求，确保其与设计院总部同频的品牌形象，从而为设计院营造良好的外部品牌形象。

综上，面对日趋激烈的市场环境，设计院作为智力型服务企业，其营销策略区别于制造业，与室内设计业务全过程的服务特点有着密切的关联，值得所有相关从业人员重视与思考。

参考文献

［1］陈君, 刘永宏, 谢和书, 等. 市场营销策划［M］. 北京：北京理工大学出版社, 2012.
［2］陈阳. 白话设计公司管理［M］. 北京：中国建筑工业出版社, 2013.
［3］徐适. 品牌设计法则［M］. 北京：人民邮电出版社, 2019.
［4］姚建明. 战略管理［M］. 北京：清华大学出版社, 2019.
［5］周庆. 营销渠道模式的设计与选择［M］. 武汉：华中科技大学出版社, 2015.

梦境的维度：超现实主义与室内设计

■ 薛清午

■ 内蒙古师范大学国际设计艺术学院

摘要 超现实主义以其怪诞、神秘的风格和对人内在无意识的外化反映，对艺术与设计有着深远的影响。室内设计作为与人关系最为亲密的设计类别，其达到目的的主要手段是对人的全方位探究。当下，社会发展对室内设计有了更高要求，探究室内设计中的超现实主义运用，可以为设计师提供创作新思路。本文运用调查法与文献研究法，解析超现实主义与室内设计并结合心理学，分析得出通过超现实主义手段所进行的室内设计是人潜意识的形象化表达，是人梦境维度的具体体现，在室内设计中融入超现实主义的非理性象征，可以满足当下人对室内设计从心理到生理的双重需求，从而促进室内设计领域的新发展。

关键词 超现实主义 室内设计 无意识

引言

在人们惊叹第三次工业革命的同时，以人工智能、量子信息技术、清洁能源等技术带头下的第四次工业革命已经发生。由于现代科技的发展与人民生活水平的提高，传统的室内设计，无论从形式还是材质上都不足以满足人们的需求。过去从来不被看好的智能家居逐渐占领家居市场，设计互联网化盛行的时代，传统室内设计的优势在逐渐下降，越来越多的跨学科交叉与技术互溶代替了原本的单一创作方式。在这个巨变的时代，人们对于室内设计有了更高、更独特的要求，这对室内设计领域来说是机遇更是挑战。

超现实主义作为当代艺术被低估的艺术形式，在短短四十余年的时间里对艺术界产生极大影响，融入超现实主义的室内设计也屡见不鲜。近年艺术界人们津津乐道的话题：街头涂鸦艺术家班克西（Banksy）❶在富比苏的拍卖会上即使"自毁"画作藏家依然坚持高价买入；潮流艺术家 KAWS（Brian Donnelly）❷与日本服装品牌优衣库合作联名款 T 恤刚刚上市就被争抢一空；在 2019 年的上海国际潮流玩具展上，近十万人把大厅堵得水泄不通……由此可见，年轻一代对艺术与设计的追求异于他们的父辈，甚至是完全相反的。他们更多的会把情感"移情"于作品之上，他们需要有趣、神秘、打破常规的作品，而超现实主义恰好可以满足这一切。

1 造梦的超现实主义

早在 95 年前，超现实主义就已屹立于世，它源于"先锋派"，是"达达主义"的后继者，由法国诗人与评论家安德烈·布勒东（André Breton）提出。第一次世界大战后，布勒东在服役期间接触了西格蒙德·弗洛伊德（Sigmund Freud）的无意识理论，尔后他把这种理论融入达达主义中，由诗学创作发起了"自由创作"的风潮。超现实主义从文学领域兴起，后来引起艺术家们的兴趣。第一场超现实主义与艺术碰撞的画展于 1925 年在巴黎举行，此后风行了近 40 年。较为著名的超现实主义艺术家有：胡安·米罗（Joan Miró）、萨尔瓦多·达利（Salvador Dalí）、雷尼·马格里特（Rene Magritte）、弗里达·卡罗（Frida Kahlo）、马克思·恩斯特（Max Ernst）等。

不少超现实主义艺术家认为，人的本性是非理性的，因此他们痴迷于人精神世界的反常理与原始状态，力求通过作品的表达去深入探究人精神世界的神秘之处。从这些艺术家的作品可以窥探到对超现实主义的诠释——非理性。理性是一种客观的符合科学逻辑的能力，理性的创作就是合理、成体系的创作，例如中国的传统绘画与西方的古典主义绘画。反观非理性则是不合逻辑，打破常规、违反常理的。当今社会物质丰裕的同时人对精神世界期望值也越来越高，种种原因使得人变得"复杂"，多数人都在具备科学理性修养的同时渴望着非理性的存在。而超现实主义意在把已经形成"惯有思路"的世界打破重组，让自由属于自由，让无意识与梦占据主导。如果说非理性的诉求被解读成为梦，那么超现实主义就是让诸多不可能成为可能的过程，是一种造梦的媒介，是人非理性的直观展现。用诗人洛特·雷阿蒙（Isidore Ducasse）❸的诗来形容，这种美学是"就像缝纫机和雨伞在手术台上的偶遇一样美丽"。

---

❶ 班克西（Banksy），1974 年出生，英国街头艺术家，以其低调神秘的行事风格与反讽街头涂鸦著称，被英国 18 至 24 岁年轻人票选为"英国最伟大的艺术家"。

❷ KAWS（Brian Donnelly），1974 年出生，美国街头艺术家，其的创作载体主要在人偶公仔或海报上代表作品主要有《回家路漫漫》。2006 年创办街头潮流品牌 Original Fake，利用各样独有的 KAWS 式代表元素，进军潮流服饰市场。

❸ 洛特·雷阿蒙，真名伊西多尔·杜卡斯（Isidore Ducasse），1846 年出生，法国诗人，被超现实主义奉为先驱的怪异神魔，被纪德慧眼视为"明日文学大师"的文字开掘者。

2 圆梦的室内设计

室内设计虽作为环境艺术设计的分支，但其发展与建筑的发展基本上是一致的。中国早期的室内设计依附于建筑设计，直到 20 世纪 80 年代初才作为一门相对独立的专业与学科彻底脱离于建筑设计。受到中国传统的影响，中国的室内设计相比西方自成一派，严谨、规矩是它的代名词。从中国古建筑精准的榫卯结构，再到明清家具严谨的外观造型，无不透露着中国古代人民的思想观念与生产生活方式。传统的长期存在自有它的价值与优势，面对新兴的时代，传统也可以融入当代元素。对比其他国家，中国的室内设计鲜有突破常规思维的中式设计，更多的是一种对原有固定元素的重组，虽然有对于心理学等交叉学科介入的研究，但对于超现实主义中的无意识在研究与实践方面却是空白。这是一种有代价的大胆行为，多数设计的结果是已被预设好以求达到某些特定的目的，这种融入形而上的做法有时并不一定存在优势。室内设计不同于摄影、电影、绘画，把超现实主义运用在室内设计中，会彻底颠覆空间的原有语境。西方的超现实主义融入室内设计更多体现在家具设计与艺术空间营造上，由于小批量生产更接近个人主观表达而不是满足需求，他们的作品更称得上是一种实用艺术品。

以 20 世纪 40 年代的瑞士超现实主义艺术家梅拉·奥本海姆（Meret Oppenheim）为例，她最著名的作品是《皮毛餐具》传统的杯子被赋予了皮毛的材质，它不仅含有艺术家所赋予隐喻，更是一种家居用品与超现实主义的触碰。她的《鸟脚桌》则是运用传统材质把普通桌子赋予了鸟类的优雅——木制桌面上刻有鸟类足迹，铜制桌腿仿生鸟类足部设计面上也刻有鸟类足迹。除此之外的类似创作还有松鼠杯——在杯子的手柄处增添松鼠尾巴，如此组合令人感到意外又有趣。梅拉·奥本海姆（Meret Oppenheim）把自己的梦作为创作来源，作为当时为数不多的女性超现实主义艺术家，她的作品与萨尔瓦多·达利（Salvador Dalí）的《嘴唇沙发》等作品都可以说是超现实主义对室内设计的初探。20 世纪 70 年代后至今，越来越多的设计师受到他们的影响，以超现实主义为灵感进行了大量设计。而空间方面的超现实主义，早期更多表现在电影中，以西班牙国宝级电影导演路易斯·布努埃尔（Luis Buñuel）❶ 的电影《一条安达鲁狗》为例，从电影场景设计的角度，把导演路易斯·布努埃尔（Luis Buñuel）与演员萨尔瓦多·达利（Salvador Dalí）的怪诞梦境实体化。

随着社会的发展，当下超现实主义更多体现于科幻电影、展示空间设计与建筑设计中。如此让我们再看室内设计，它何尝不也是一种造梦。超现实主义以它独有的造景能力——通过一件家具打破常规的变化、一个空间不合常理的变形，就使整个创作变得富有魅力。它会让我们质疑自己的既有常识，但这种特殊性正是当今室内设计所需要的，人对于某些无意识甚至是遥不可及的梦境，同样可以通过室内设计来实现。

3 仿生人会梦见电子羊

《仿生人会梦见电子羊吗？》是菲利普·迪克（Philip K. Dick）❷ 于 1968 年出版的科幻小说，小说讲述了人类在荒蛮的末日时代中复制自己，创造仿生人，并且奴役这些仿生人的故事，探究了人存在与生命的意义，对复杂的人性做了另类的解读。它不仅仅是仿生人拥有人类意识的故事，更是在末日中描绘了人对新的向往的追逐与期盼。本文以超现实主义与室内设计、造梦与圆梦给予作者题目肯定的回答。当下，仿生人会梦见电子羊。室内设计与超现实主义的融合，就是在探寻梦境的维度，仿生人梦见电子羊就是无意识被赋予实体化所产生的新的无限可能。仿生人会达到甚至，超越人最初对它们的设定，设计师们基由超现实主义也会突破室内设计所面临的瓶颈，与新型科学基础摩擦出新的火花。

哲学家亨利·伯格森（Henri Bergson）的直觉意识与西格蒙德·弗洛伊德（Sigmund Freud）的无意识理论，向人们表明无意识只占人类思维的一小部分，安德烈·布勒东（André Breton）在吸纳了达达主义和形而上主义之后所创建的超现实主义，把这一小部分无限扩大。在超现实主义的语境中，所见并非真实，它绝对存在另一番含义。多数的设计师都在自动接受"理性"所带来的一切，而超现实主义可以提醒设计者，短暂地逃离理性的现实恰好是我们回归现实的最佳途径。在未来，设计师需要做的，是试图去超越理解自己的所见所闻，减少用理性去同化更多的东西的惯性思维，去还原、拓宽梦境的维度。

参考文献

[1] 戴维·霍普金斯 . 达达和超现实主义 [M] . 南京：译林出版社，2013: 1–29.
[2] 威尔·贡培兹 . 现代艺术 150 年 [M] . 桂林：广西师范大学出版社，2017: 313–316.
[3] 张青萍 .20 世纪中国室内设计发展解读 [J] . 艺术百家，2009(1): 109–115.
[4] 李昌菊 . 为什么西方现代艺术在中国本土并没有推行成功？[EB/OL] .2018–08–15 [2019 06–20] .https://news.artron.net/20180817/n1017481.html.

❶ 路易斯·布努埃尔（Luis Buñuel），1900 年出生，西班牙国宝级电影导演，曾多次获得国际电影节大奖。
❷ 菲利普·迪克（Philip K. Dick），美国科幻小说作家，被誉为"美国的卡夫卡"，曾获得雨果奖和坎贝尔奖，其作品被改编为《银翼杀手》《少数派报告》等电影。

悦半舍民宿的候车空间体验设计

■ 杨铭斌

■ 佛山硕瀚设计有限公司

摘要 悦半舍民宿位于中国广东省肇庆市鼎湖区凤凰镇同古村近178乡道，宁静的九龙湖水库源头深处。在2014年开业，老建筑与新建筑连在一起，一共有9个客房。原来学校操场改造成民宿的主院，整个建筑以及院子空间与自然的无缝融合，提供了品茶参禅、瑜伽、探险、养身等各种朋友之间聚会的共享空间。民宿在九龙湖旅游风景区与黄金沟景区中间，分别相距7.5公里与5.9公里，因此在周末时间会有很多邻近城市的游客过来度假。

但是，由于民宿的位置是在乡村里面，过来度假的游客只能使用自己的私家车到达，目前到达民宿或者从民宿到达景区没有任何公共交通工具可以配套。因此，为了可以让更多的游客更方便地过来享受假期，在民宿现有的整体规划环境中，建造一个多样性体验的候车空间，新建的这个候车空间必须尊重原建筑与自然环境的融合。在候车空间里，除了满足有一个等候公共交通工具的空间以外，通过对空间的设计以及与周围自然环境的融合，为民宿带来更多不同的体验感受与增值服务。当新的空间更好地把民宿原规划好的功能环境衔接起来，与自然环境形成各种和谐关系，让民宿也像旁边的大树一样，随着时间的过去会发现有不同的变化呈现。呈现出来的改变是一种诗意营造的表达，让每位旅行者每次过来会发现不同的惊喜。

关键词 中国广东　候车空间　多样性体验　自然环境　和谐关系　诗意营造

引言

不同的领域都对体验设计的理解有所贡献。

体验设计会影响我们的生活、文化和身份。正如美国哲学家约翰·杜威（John Dewey）所说："体验是由人们的行动、感知、思考、感受和理解（包括他们对环境中的人工产品的观点和感受）所组成的缺一不可的整体。"

体验关心的是一个真正让人沉浸其中的事件的所有品质，无论它是在读一本好书时人们体会到的沉浸感，还是在玩游戏的时候的挑战感，又或者是一个引人入胜的剧情的展开。它关心交互体验所有让体验变得难忘、满意、有趣且有收获的品质。

科技文明的进步与发展给现代生活带来了很多便利，在科技越来越发达的今天，人们开始有意识的朝精神方向索取和迈进，将对生活及工作环境的追求更多地偏向在精神层面，已经可以把更多的感知融入设计中，从界面式交互逐渐拓展成空间交互，使用者能够捕捉到更多的感觉，让设计追随体验，这也是未来体验设计发展的趋势。

设计师可以为体验而设计，但拥有体验的是使用设计的个人和群体。

1 关于体验设计

1.1 体验设计的定义

体验设计是属于另一个设计的专业领域，有别于图形设计、建筑设计、产品设计、空间设计等设计范畴。

体验在进行一项设计的过程中，充分发挥使用者的积极作用，提高其对于该设计的参与度，使其与该设计更好地融为一体，尽可能提高服务水平，进而发挥其在设计中的"舞台"作用；同时对产品作出合理定位，充分发挥其蕴含的"道具"职能；然后积极利用环境的功能，进而促进其"布景"作用的发挥，不断增加使用者自身的感受，提高并产生与其的互动，不断丰富对于该设计的感受，进而促进其对于美的感受不断提升，让使用者发现其中的与众不同而获取惊喜与愉悦。

1.2 体验设计的特点

首先，体验设计具有亲身性。人是在体验设计中的主体。要求人们身临其境，全身心地投入和参与。通过自己的感官来体验感受，获取最真实最有价值的结果（图1）。其次，体验具有主观性。体验是个体的，它还受到个人经历、阅历、学识和参与程度等诸多因素的影响。这种体验无法替代他人，他人也无法替代自己。不同的人针对同样的空间环境，体验的结果是各不相同的。再者，体验具有综合性。它是视觉、听觉、味觉、触觉、嗅觉等多种感知的综合体验，也是人的内心活动与外界空间环境刺激相结合的综合体验。最后，体验具有延展性。体验的过程是有限的，但是体验留给人们的记忆和想象却是无限的。因此，体验设计关乎人的感受，一切为人而设置，把人的身体成为空间的组成部分，而空间设计是通过形状、形式来让人去感知，与体验设计相比，空间塑造人。

2 感官与设计体验

感官体验无时无刻地发生在我们身上，这一思想在德国哲学美学家费歇尔的理论中也得到了体现。他在一本名为《美的主观印象》的书中对这一思想做了充分阐释，明确指出：人类在对感官的利用过程中并非互不关联，人在对感官进行利用的过程中，大多以同一感觉作为出发点，

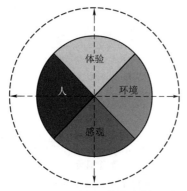

图1 体验设计与环境、人、感观之间的关系示意图

进而从中分出多种感官，在本质上能够代替彼此发挥作用。在对某一事物进行感知的过程中，当某一感官发挥作用时，与之相关的其他感官也会发生作用，不仅会发挥回忆的功效，同时会对这一感知发出一种回声，最后会作为一种象征存在于人们的潜意识里，由此产生了人们对于同一事物的共鸣。体验设计中的感官体验，就是在已有的视觉听觉上，调取日常生活经验，使用户更有代入感。

2.1 设计体验的视觉表达

光是自然界中最好的雕塑家，让我们看到自然界最立体的层次与最美的色彩。彼得·卒姆托曾提到：意象和景观，充满着渴望、悲伤、宁静、喜悦、孤独、神圣、丑陋、骄傲的炫耀、诱惑，它们全都有自己独特的光。要是没有光，还会有可能想象出这些东西吗？光展现事物的形态，人眼所见引起人心理上的感受和情感变化。例如，我们都会选择向有光的空间走去，因为光给予我们的指引，它是一个没有文字的指示牌；反之，一个暗室则带给我们绝望与恐惧的感受。

2.2 设计体验的听觉表达

声音是无形的材料，天然的声音与空间结合，营造出独特的空间氛围。当你设计一座建筑时，你设想那座建筑处于沉静当中，这真是一件美好的事。设法把建筑设计成一处寂静的空间。有一些建筑有着美妙的声音，让我能感到家一般的安适自在。当我们置身在寂静的空间中，由空间的形式比例与表面材料质感所表达出来的声音是极简的、美妙的。例如，在打坐的时候，我们可以沉静地聆听内心的声音，这是在平时生活中最常忽略的声音，而这样的声音却给予我们最有效的疗愈。

2.3 设计体验的触觉表达

亲密的接触让我们感受到温度存在。温度在这里的意思是物理上的，但也可认为是心理上的，它存在于我们所看见、所感受、所触及的东西中。空间中所用到的表面材质，都可以用身体的每个部分去触摸，感受材质肌理的不同所表达出的温度。举例而言，木头给我们的感觉是温和的，而光滑表面的金属是冰冷的。

2.4 设计体验的嗅觉表达

气味的传播也是生理反应与空间张力表现的因素之一。通过气味散播的设置可以规划出我们在空间中所要传达的游走动线，从而引发一种自由移动的感觉，给予一个漫步的环境，一种心境，是诱导的优雅艺术。当我们进入某个空间，气味可使我们驻足逗留或被吸引着，追随着空气中的味道感受一场发现之旅。

3 探讨"人"在体验设计中的关系

安东尼·葛姆雷曾提到：我认为"身体"就是感知世界的其中一种途径。我一直在说，"闭上你的双眼，能否感受到在黑暗中，你在它的里面，身体就是承载你的那个空间"。并且，"未知"对我来说非常重要，我认为好奇心本身是带有很大价值的，它让人们对于那些不可描述的东西具有了理解和感知的愿望。

3.1 空间与人的关系

空间中的设计决定于人在空间中的使用以及人在空间中的状态与生活方式。在创作空间时，考虑所有东西融合一起的关系，所产生的感觉，创造惊喜感。它不是在设计形状，设计的是人跟这些形状发生关系。空间是主导人在其中发生关系，让人其获取感知。

3.2 人与体验的关系

打破为一个目的而服务的思维，创出一个为人们乐在其中的体验空间。人本身是属于个体空间，为自己创造出自己想要的感受与体验。在空间里不是自己被强迫的体验，而是需要根据自己的经历导入体验情感，在空间里感受并迷恋着。布置好的环境并不是约束的，而是让人产生更多的想象，对其进行解读。体验是瞬间的，也是为每个人私人定制的，在这里"人"是主导，是在雕塑每个人所期待的不同空间。

4 项目的体验设计与周围环境元素的和谐关系

4.1 自然与建筑的和谐

通过建筑与自然相连，适应自然的环境，把建筑嵌入自然环境之中。当建筑与自然环境融合在一起的时候，发现建筑就从自然中生长出来，透过光影呈现出的画面是建筑的线条与自然环境的不规则形态形成有趣的对比。自然给予很多奢侈却免费的东西，解读建筑与自然发生的关系，每一个瞬间都是美妙的。

4.2 新建筑与老建筑的和谐

把新建筑看作为一个雕塑，在原来环境中赋予一种新的语言，为自然环境提供多样的可能性。而这个"雕塑"的设置应该是无序的，融入自然环境生长的规律，促进并产生彼此之间的对话。

4.3 天然与人为的和谐

艺术与大自然的结合并不意味着艺术作品将自然改观，而是对自然稍加装饰，改变大自然原来的面貌，使人们对所处的环境重新给予评价。艺术和自然的结合，并不是说人工制作的艺术重于大自然，而是大自然重于人工艺术作品。换句话说，是对大自然稍加修饰，使人们重新注意大自然，从中得到与平常不一样的感受。大地艺术（也称为地景艺术），是始发于美国，在20世纪60年代末和20世纪70年代早期兴盛的艺术运动，其表现为大地景观和艺术作品本身不可分割的联系。同时，它也是一种在自然界创作的艺术形式，创作材料多直接取自自然环境，例如泥土、岩石、有机材料以及水等。推土机等工程机械时常作为改变地景的工具出现在创作过程中。

4.4 材质元素对比上的和谐

在自然环境中的建筑应用材质上，材质的搭配应该营造出诗意的品质，作为触动人的最有效的方式，并让人进入一个不同心境和气质的世界。材质的可持续性与时间的维度相关联，记录下时间的流逝感。与自然环境中的材质对比，呈现出材质的层次与最真实的表现，搭配对比的极简，却营造无穷尽的可能。

4.5 节奏元素对比上的和谐

音乐学者写道的是一位作曲家："彻底的泛调性，强有力而有特点的节奏音型，旋律清晰，和弦简单而严格，音色有透彻的辐射感。"在空间体验设计中，建筑的线条与自然的对比，老建筑与新建筑的形态对比，在自然环境的各种元素相连起来构成一首曲子，形成有紧有松、有高有低、有快有慢的节奏。体验设计在节奏元素上的对比，也是受感官的高度敏锐影响，独特的氛围营造，让人感受到与众不同的触动。

5 项目的体验设计方案表达

5.1 项目体验设计的前期调查

目前常规的候车空间（图2）特点有以下几个：

（1）功能单一。即大部分的候车空间只提供候车功能，对于现今社会的发展是不够的。例如，没有提供下一班次或下一路车的到达时间等实时情况的基本信息。

图2　目前的候车站点现状

（2）人性化服务欠缺。即没有提供网络功能与有关景点站点的介绍、没有自动售卖机与共享自行车来解决有需求的人。

（3）造型设计与周边环境不和谐。即在每个城市里所有的候车空间都是一样的，只考虑候车空间的单独设计，忽略了与周围环境的融合，因此把候车空间放到市中心还是郊区，都产生与四周环境极其不和谐。

（4）材质的选择与不稳定性。即主要采用的是油上绿色的铁板与绿色的亚克力，经过时间的洗礼铁板会生锈，亚克力也会老化，造成材质不可以延续使用，同时也体现出选材的不环保性。

在本项目中，我们主要探讨的是关于悦半舍民宿候车空间的体验设计，根据当地的周围环境与自然的融合作为核心研究。因此我们针对到民宿度假的人群做了调查，调查的内容主要关注在材质、附属功能、体验感受。

经过前期对年轻人与中年人针对悦半舍民宿候车空间设计项目的抽样调查后，发现中年人群更在乎功能的实用性与便利性，而年轻人更关注的则是能否赋予空间实用功能以外的意境营造，是对于人在其中的感受体验。这也是我们这次项目要实现的结果。

5.2 项目体验设计的概念叙述

悦半舍民宿在得天独厚的优美环境中，它坐落在山脚上，面向湖泊。每天享受着大自然最奢侈的东西：明媚的阳光、纯净的空气、愉悦心境的大自然色彩……在这里建造一个候车空间，我们期待的结果是跟这里的一切都可以发生关系，彼此间产生互动，空间与周边的自然事物那样一起生长（图3、图4）。

图3　悦半舍民宿全景

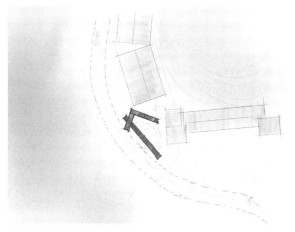

图4　项目设计的平面示意图

候车空间的存在一定是跟周围的环境和谐的，而且更需要关注的是如何使它与周围环境产生关系，如何引导人们在当中进行体验并感受，如何把天然的声音结合空间创造出不一样的候车氛围，如何建造出一个多样性而且有价值的候车空间。

我们把这个候车空间建造的项目当成一个雕塑的项目，就像是在这原有的环境情况下，赋予一件雕塑在这空间里，把各个元素统一起来（图5）。

图5　候车站的设置与建筑景观的关系

6　项目体验设计的探讨过程

6.1　如何引导体验

对我们来说，最重要的是引发一种自由移动的感觉，一个漫步的环境，一种心境。更多的是诱导人们，而不是把人们指来引去。民宿的候车空间建筑体的设计，是一个用几何图形拼出新的空间，互相穿插在一起所汇聚的交叉点上，创出新的空间，并赋予新的功能。建筑体分上下两层，下面一层是候车空间与共享交通工具的空间，通过坡度可以便捷地来到二层，这层是与连接民宿内部的通道汇聚的交叉点，站在这里，可以眺望远处的风景区，因此赋予一个新的功能——品茶空间。游客在候车的时候可以先到这里加点碎木，让火星燃烧起来，然后亲自为自己煮一杯茶，一边品茶一边眺望远处的山与水，呼吸着高纯度的空气，从这里通过一杯茶感受打开另一个自然的世界。指来引去、加以诱导、任其散开、给予自由。在某些情况下，促成一种令人镇定的效果是更为明智和远为聪明的，引入某种镇静，而不是让人们到处乱跑，不得其门而入。在那里，没有东西会试图哄骗你，你可以该怎样就怎样。形式是通过创造的体验所得出来的，体验却是设计师所设定的更多不同的可能性而呈现出来的，让人们可以在情感上产生互动（图6）。

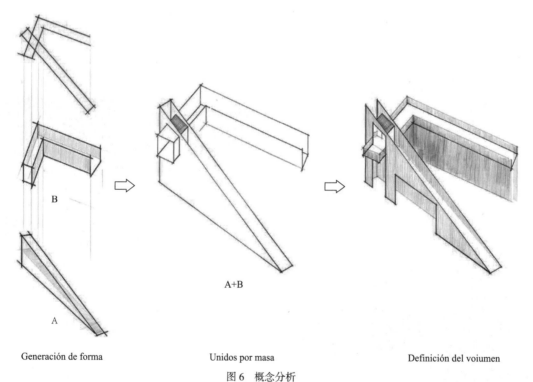

Generación de forma　　　　Unidos por masa　　　　Definición del voiumen

图6　概念分析

6.2　天然的声音与空间结合，营造独特的空间氛围

当你设计一座建筑时，你设想那座建筑处于沉静当中，这真是一件美好的事。设法把建筑设计成一处寂静的空间。有一些建筑有着美妙的声音，让我能感到家一般的安适自在。民宿的候车空间建筑体由几何图形构建而成，朴素的线条勾勒出建筑体的气质，造型上的大面积留白，凸显了建筑体的纯粹，能安静地躺在树林里，很温和、时而伴随着自然界的美妙声音像在演奏着愉悦的乐曲——小鸟在树上鸣叫、微风把树上的叶子扇动起来的摩擦声、早晨露水落下的水滴声……如此洗涤心灵的声音，很轻很舒服，这是自然给予的最诗意的治愈声音。这样的声音在别处是无法与建筑空间匹配的，人们也就只有在这里可以充分地体验到（图7~图9）。

图 7　候车空间的周围环境

图 10　悦半舍民宿原建筑表皮

图 8　候车空间与自然环境的关系一（建筑模型）

图 11　候车空间功能分区的关系一（建筑模型）

图 9　候车空间与自然环境的关系二（建筑模型）

图 12　候车空间功能分区的关系二（建筑模型）

6.3　体现空间美的形式与多样性

彼得·卒姆托曾经提出美是否有某种形式？在一个空间中感受到美存在的元素有很多，包括在适合场所中使用的材质、声音、能诱引你情感的情景、强烈的视觉与体验感、自然元素与空间的组合等。民宿的候车空间建筑体分别用了锈钢板与水泥混凝土这两种材质，虽然建筑体是建造在自然环境中，但我们不希望建筑表皮直接选用来自自然的材质，这样减弱了建筑体与自然之间的层次感。然而，我们又不能选取与自然相冲突的材质，在建造这个建筑体时，我们希望的是让建筑体像在自然中生长出来一样，与周围的自然环境有一定的联系。锈钢板的表面已经有了过去时间的沉淀，混凝土表皮很纯粹，能凸显一种安静的气质。这样的组合，让建筑体与民宿以及周围的自然环境匹配显得很默契。从实用功能性的角度，这两种材质的可持续性使用与环保性都是很好的，建筑会跟随着时间生长的，随着时间的过去，建筑表皮上也会显示出生命的痕迹（图 10~ 图 12）。

光是自然界中最好的雕塑家。太阳照射下来，树的剪影就粘在建筑体的表皮上，仿佛给建筑体披上一件遮阳外套。晚上，建筑体中设置的情景灯点亮时，光线射到树木上，一束由强到弱的渐变光束给予树木害羞的表情，此时的画面让建筑体与周围环境多了一份暧昧（图 13）。

图 13　悦半舍内部环境

候车空间建筑体的规划解决了在民宿出发附近两个风景区的公共交通问题。在这里，可以等候过去风景区的公交车，也可以在此等候民宿服务的预约用车，更可以使用这里所配置的共享自行车，根据自身情况来选择不同的出行交通工具。除了解决核心问题以外，这个空间的建筑体还给人以多样的丰富体验：你可以在候车的时候先上二层一边品茶一边眺望远处的风景，享受自然的美好；你若从民宿出来，走到这里，呼吸着清新的空气，可与朋友喝茶聊天，享受假期的快乐；当你通过这个空间进入民宿，走上坡后，发现这里摆着茶席，仿佛民宿的主人跟你说："欢迎回家！"空间的多样性让功能的延伸与价值得到很好的诠释（图14、图15）。

6.4 与周围环境产生关系

王澍对弟子常说的三句话："在作为一个建筑师之前，我首先是一个文人。""不要先想什么是重要的事情，而是先想什么是有情趣的事情，并身体力行地去做。""造房子，就是造一个小世界。""情趣"，如此轻飘的一个词，却能造就真正的文化差别。对中国文人而言，"情趣"因师法自然而起，"自然"显现着比人间社会更高的价值。在如此得天独厚的自然环境中建造一个候车空间的建筑体，这个建筑体犹如一件雕塑艺术品，不但可以融入原来周围的环境中，而且可以营造一种新的环境氛围。民宿的新老建筑规划与自然环境融合得很好，我们在保持这种良好状态的情况下，把候车空间的建筑体的位置确定下来，设置在民宿的老建筑与新建筑之间的过渡区域，并以几何形态的构成把建筑体的调性勾勒成当代富有雕塑感的空间。当这个候车空间的建筑体穿插在大自然的树木中，就像是大自然中新来的朋友，现代建筑与大自然的树木在"对话"与"玩耍"，阳光照射让二者的关系更加亲密，雨点洒落，仿佛能听到它们在轻声细语。这一切形成美的形式，营造出诗意般的意境（图16）。

6.5 项目体验设计的整体呈现

以几何形态的构成把建筑体的调性勾勒出当代的富有雕塑感的空间，凸显建筑体的纯粹。建筑仿佛安静地躺在树林里，温和而友好（图17、图18）。

图14 候车空间功能分区的关系一（建筑模型）

图15 候车空间功能分区的关系二（建筑模型）

图16 候车空间功能分区与周围环境的关系（建筑模型）

图17 悦半舍民宿候车空间项目规划平面图

图 18　悦半舍民宿候车空间设计效果图

结语

通过对悦半舍民宿的候车空间体验设计项目的研究，以自然环境、建筑、人作为一种空间意义的表达方式来营造富有体验感的设计。从感官对设计体验的表达、人与体验中元素的互动对话、体验设计与周围环境的和谐关系等方面入手，注重人在其中的情感导入与互动，把免费却奢侈的自然环境资源利用好，同样可以营造出更好品质的环境，用设计为项目带来多重意义与更大的价值。

参考文献

［1］王澍.造房子［M］.长沙：湖南美术出版社，2016.

［2］Zumthor P. Thinking Architecture［M］. 3nd ed. Birkhäuser Architecture, 2010.

［3］Zumthor P.Atmospheres［M］. Birkhäuser Architecture, 2006.

［4］大卫·贝尼昂.交互式系统设计［M］.2版.史元春，秦永强，等，译.北京：清华大学出版社，2014.

［5］朱颖芳，蔡准芳.浅谈体验设计中的通感作用［J］.艺术与设计，2018(3): 26–28.

［6］李智超.空间体验在环境艺术设计中的重要性刍议［J］.城市建设理论研究（电子版），2016(3).

花元素在妇产医院室内环境设计中的应用研究

■ 姚　露[1]　尚慧芳[1T]　王传顺[2]
■ 1　华东理工大学艺术设计与传媒学院　　1T　通讯作者：华东理工大学艺术设计与传媒学院
　　2　华建集团上海现代建筑装饰环境设计研究院有限公司

摘要　花元素在传统人居环境中被广泛的应用，人们常使用鲜花或带有花卉纹样的陈设品装饰空间。同时，自古以来花与女性形象关系密切，且蕴含着古老的生殖崇拜观念，将花元素介入妇产医院室内环境设计有助于营造易于被孕产期女性认同的环境氛围。本文以花元素在传统人居环境中的使用为基础，探讨其在现代妇产医院室内环境设计中应用的可能性。通过研究，本文认为将花元素应用于妇产医院的环境图形设计、艺术陈设设计和公共设施设计三个方面能够有效提升空间的审美品质，并使环境呈现更加生活化和自然化的氛围，有利于构建益于孕产期女性康复的疗愈环境。

关键词　花　妇产医院　室内设计　环境图形

引言

　　随着社会的不断发展，人们对医疗环境的要求不断提高，妇产医院更是如此。人性化的妇产医院可以帮助孕产期女性减少生育带来的紧张、恐惧心理，有助于女性的分娩与恢复，也有利于医患之间的沟通。然而，目前许多妇产医院室内设计仍存在机构感强、环境冰冷生硬的问题，如何软化妇产医院室内环境氛围还需要更多探索。自古以来，人们都喜欢用花比喻女性，因为花的外在形象和生命历程与女性有诸多相似之处，女性也喜爱花，花与女性之间具有紧密的关联。将花元素应用于妇产医院的室内环境设计，不仅能美化室内环境，还能得到女性的理解与认同，给予积极的心理暗示。本文以花元素在传统人居环境中的使用为基础，探讨其在现代妇产医院室内环境设计中的应用，以期构建有益于孕产期女性康复的疗愈环境。

1　花元素在传统人居环境中的使用

　　古往今来，纷繁的花卉为人类环境设计提供丰富的装饰素材。花元素在传统人居环境设计中的使用，为其介入妇产医院室内提供了可借鉴的因素与经验。

1.1　鲜花

　　多彩的颜色、婀娜的姿态、各异的芳香使鲜花从绿色植物中脱颖而出，自人类诞生之初就吸引着人们的目光[1]。用鲜花装点环境，是花元素在环境设计中最初的应用。盆花和瓶花在室内环境中应用广泛，尤其是瓶花，宋时诞生的花道赋予插花更丰富的文化内涵，使其成为深受贵族女性喜爱的艺术形式。瓶花选花如同择友，不同季节应选取不同的花。袁宏道在《瓶史》花目一节中写道"入春为梅，为海棠；夏为牡丹，为芍药，为石榴；秋为木樨，为莲、菊；冬为蜡梅。……终不敢滥及凡卉。"[2]瓶花大量出现在古人生活的日常中，从流传至今的画作中可以看到室内随处摆放的瓶花点缀（图1、图2）。鲜花给人们带来感官上的享受，装点着人们的生活，源远流长的插花艺术历久弥新，至今为人所喜闻乐见。

1.2　花卉纹样

　　花卉纹样是传统平面装饰中最常见的题材之一。史前时期的食具上就发现了花卉纹样的雏形。随着生产力的发展与人们的需求，花卉从自然生长转为人工栽培，题材逐

图1　宋代《妆靓仕女图》

图2　清代金庭标《画曹大家授书图》

渐丰富起来。隋唐时期，牡丹、菊花、海棠等开始融入纹样设计；宋元以后，添加了茶花、桃花、梅花等多种花卉题材；明清时期，受西方文化熏陶，花卉纹样呈现繁复华丽的特征，题材更加多样化。花卉纹样被广泛应用在陈设品、日用品、装饰品等多方面，从古代各类室内摆件（图3）、壁画屏风（图4）上都能看到花卉题材的运用，优美的形态赋予花卉纹样极高的观赏价值，贯穿于人们生活的始终。

花元素还广泛运用在传统建筑构件的装饰雕刻中，传达吉祥寓意。随着手工艺的发展，花卉主题装饰推陈出新，出现了造型奇特、结构复杂的建筑构件，三雕艺术愈发精巧华美。砖雕大多在花墙、照壁、门窗、墀头、门楼等位置，使用牡丹、荷、梅等花卉题材，但花元素并不单独出现，牡丹与凤凰、荷与鸳鸯、梅与喜鹊等经常成对出现（图5），通过植物动物一静一动，吉祥寓意的叠加，表达美好的祝愿。木雕除了常用的牡丹、荷、梅，还使用山茶、石榴、菊花等纹样（图6），作为整个空间的点睛之笔。石雕使用广泛，大多采用荷、月季、菊等花卉意向（图7）[3]。这些花卉雕刻用其丰富的细节语言反映着当时人们的技术水平与生活，也成为古代人们精神追求的真实写照。

2 花元素介入妇产医院室内的优势

自古以来，人们都喜欢用花比喻女性，因为花的外在形象和生命历程与女性有诸多相似之处，女性也喜爱花，花与女性之间具有紧密的关联。在妇产医院这一特殊环境下，花元素的独特优势将积极影响孕产期女性心理。

2.1 与女性关联紧密

在传统文化中，闭月羞花、国色天香、出水芙蓉等带花的成语多用来形容女性，或是用来比喻女性容貌姣好，或是用来比喻女性风姿绰约。之所以历来用花比喻女性，是因为女性姣好的面容与娇媚的神态，一如花般，能带给人良好的审美感受，外在表现为人见到花与人见到女性时产生的相同的愉悦感受。这种外在表现随着时间被逐渐强化，使女性与花之间产生稳定的意象联系，提及花便想到女性，想到女性便会以花作比[1]。

花与女性之间的关联在文学作品里表现得更加淋漓尽致。张爱玲在《红玫瑰与白玫瑰》中，将两位女主人公比喻成不同颜色的玫瑰，写下了"选择了红玫瑰，白玫瑰就是你的床前明月光；选择了白玫瑰，红玫瑰就是你心口上永远抹不掉的朱砂痣。"[4]用白玫瑰塑造圣洁妻子的形象，是平淡恬静的生活，用红玫瑰塑造炽烈情妇的形象，是奔放炽热的情爱，将不同颜色的花与女性之间的形象联系准确呈现，借花喻人，令人慨叹。

2.2 生殖崇拜

赵国华在《生殖崇拜文化略论》中写道："从表象来看，花瓣、叶片可状女阴之形；从内涵来说，植物一年一度开花结果，叶片无数，具有无限的繁殖能力。所以，远古先民将花朵盛开、枝叶茂密、果实丰盈的植物作为女阴的象征，实行崇拜，以祈求自身生殖繁盛、蕃衍不息。"[5]原始先民由于不懂得人体构造，尚未弄清生殖繁衍的真正原因，只是看到婴儿从女阴中生出，因此对能够孕育新生命的女性产生神秘与敬畏的心理。在生产力水平低下的原始社会时期，决定整个部落兴衰的关键在于人口的数量与体质的强弱，因此更对能使部落人丁兴旺的女性怀有崇拜，这种崇拜的实质是人们在恶劣环境下对繁衍与生存的希望。花从外观上看，外形与女阴相似；从内涵上看，是植物的生殖器官，相同的形态与繁衍能力将女性与花紧密联系起来，最后花成为了女性的象征。以莲为例，莲花自古就有女性子宫的隐喻，纵观一些神话传说，莲是许多神

图3 宋代黑漆点螺花鸟纹轴盘

图4 清代乾隆金漆点翠玻璃围屏

图5 梅与喜鹊

图6 门上的山茶木雕

图7 莲瓣型柱础

诞生的孕床，盘古诞生于创世青莲。作为植物子房的莲蓬，在梵文中也与"子宫"恰好共用一个字眼，玉茎与莲花等说法也有对异性结合的暗喻。将花元素融入妇产医院室内环境设计，在一定程度上回应女性、花卉、繁衍之间古老原始的生殖崇拜，也暗含对女性生产不易的尊重。

2.3 疗愈作用

在妇产医院环境中，花作为女性非常喜爱的自然元素之一，抽象其表现形式转化为二维图案，成为室内环境设计中的一个重要构成部分，以姣好的视觉效果与自然性的风格特点，增强积极且富有美感的感官输入，有效帮助孕产期女性疏导在院的紧张情绪。Stichler（2001年）将医院环境的定义延展至帮助患者适应和养护，而不仅仅在于康复和治愈。在有自然光、自然元素、柔和色彩、轻柔变化的刺激、平静的声音等这些元素且富有美感的医院环境中，治疗能得到更加积极的效果[6]。花元素有利于构建这种良好的物理康复环境，帮助女性适应在产前检查、分娩、康复等不同阶段可能产生的心理变化，抚平消极情绪，积极进行社交活动，促使空间、人、花之间形成良性互动，从多方面帮助孕产期女性养成健康的生活方式，形成良性循环，达到疗愈效果。

3 花元素的具体应用

花元素在妇产医院室内环境设计中的实际应用分为三个部分：环境图形、艺术陈设与公共设施。从环境图形的角度，以花为形象基础，将其艺术化为有着良好审美感受的图形，以室内各表面为载体，丰富室内环境的视觉效果。从艺术陈设的角度，用花主题的公共艺术装饰妇产医院室内环境，释放消极情绪，发挥艺术对于孕产期女性的心理治疗作用。从公共设施角度，选择以花元素为主题的公共设施、室内家具，营造放松、温馨的室内氛围，构建亲切、活泼的妇产医院环境氛围。

3.1 环境图形

3.1.1 装饰图形

由于医院空间比较特殊，在卫生方面要求较高，因此通常选用质地光滑坚硬、便于清洁的材料，例如瓷砖、洁净板等，导致室内环境冰冷生硬。在保证洁净的基本要求下，有效活化妇产医院室内环境成为亟待解决的问题。

将花的图案装饰在原本色彩单一的墙面上，形成层次丰富而有趣味性的墙面装饰，活化妇产医院室内严肃、紧张的氛围，并通过模拟自然环境，缓解孕产期女性就诊、治疗的焦虑不安情绪。例如，美国加利福尼亚州帕萨迪纳市 Shriners 儿童医院以动植物为原型使用大量色彩缤纷的墙贴（图8、图9），活跃整个空间氛围，营造轻松欢快的环境。不仅是墙面，大厅等空旷地面可以采用地砖、地贴等构成图案，并与墙面等其他装饰结合，丰富室内整体视觉效果。荷兰赫尔辛基儿童医院（图10、图11）使用手绘风格的莲花形象并以地贴的形式装饰地面，不仅符合莲花原本的生长习惯，还与人们的欣赏习惯

保持一致，结合其他不同种类的花卉及植物形象，配合清新的色彩，营造出一种自然轻松的氛围，加之木材与磨砂玻璃原本柔软亲和的感觉，使医院环境呈现自然化氛围，帮助孕产期女性放下心理戒备，对医院产生信任感与安全感。

图8 医院走廊

图9 诊室

图10 地面　　　　　　　图11 诊室玻璃

随着现代技术的发展，花元素融入妇产医院室内环境的方式得以拓展。以法国北部私人医院为例，将花卉图案通过丝网印刷技术印在窗户玻璃上（图12），使花元素以独特的方式呈现，与室内淡雅的配色相映成辉（图13），丰富了室内视觉效果。从室内向外看，花卉图案与室外树木融为一体（图14），将室外自然景观过渡至室内，构建孕产期女性亲切熟悉的自然性室内环境，帮助女性保持积极状态。阳光照射时，花的倒影与阳光形成朦胧的光影关系，倒映在白色床单上，给人以美的享受，有助于转移孕产期女性住院产生的消极情绪，为治疗提供良好的心理基础。

3.1.2 导视系统

导视系统的设计可以和环境装饰主题一致，作为环境图形设计的一部分，也可以比较独立的形式存在。国内妇产医院一直存在着人流量大、空间结构复杂的情况。孕妇作为特殊的寻路者，生理上的不适更容易影响到其心理状态，产生紧张焦虑的情绪，从而影响陪同家属的情绪变化，加剧了寻路过程中对信息的识别，形成恶性循环。现有的导视设计虽然在一定程度上解决了寻路问题，但仍存在辨识度较低、复杂等问题。

简洁易懂、生动有趣的导视系统可以减少在寻路过程中产生的负面影响。以温特图尔 Wiesengrund 养老中心为例，通过不同花卉图案区分医院楼层（如图15、图16），突出楼层不同的属性特征，达到易识别的目的，并利用图形上的相似原则快速寻路，减少寻路失败产生的焦虑。在整个寻路过程中，利用花卉元素转移注意力，帮助孕产期女性维持良好的情绪，减轻陪同家属的压力。

3.2 艺术陈设

20世纪70年代，艺术不再被看作艺术家个性的彰显，而与公众生活、文化权利密切关联，逐渐形成了"公共艺术"的概念。这一概念的基本涵义，即艺术介入环境设计，使艺术融入环境，用艺术调节公共空间与人的和睦关系[7]。将花元素融入妇产医院室内公共艺术，可以利用花元素天然的亲和力与疗愈功能，通过艺术设计为孕产期女性创造舒适的疗愈环境，突出室内设计的人文关怀。在医生办公室、门诊室等医务人员的工作空间，花卉主题的艺术作品也能有效活化空间，减轻医务人员的视觉疲劳，提高工作效率。

进入医院后，女性一般会产生紧张心理，在入口大厅等公共空间放置大型的花卉主题画作可以在第一时间缓解紧张情绪，如美国 Smile Designer 牙科诊所（图17）。美的公共艺术不能真正治愈疾病，但有助于转移不良情绪，消除孕产期女性对于治疗环境的恐惧。策划艺术活动，将花主题艺术作品放置在医院各公共环境，不仅帮助孕产期女性对医院建立信赖感，还能促使医护人员提高工作积极性。弗雷德和帕梅拉·巴菲特癌症中心引入玻璃大师奇胡利的艺术作品（图18、图19），在各处公共空间摆放较大的花卉主题玻璃艺术装置，淡化女性正身处医院的记忆，制造先入为主的审美印象。花卉主题艺术设施将女性对花卉、对艺术作品的喜爱转化为对妇产医院环境的适应与接受，从而以积极的心态对待治疗。

3.3 公共设施

通过在室内装饰少量符合孕产期女性健康需求的花卉，配合有趣的室内公共设施，增加室内环境的趣味性，能够使妇产医院环境呈现自然化、生活化的氛围。

花卉颜色鲜艳，很好的点缀门诊等候大厅等室内公共环境（图20），柔化整体室内设计，达到赏心悦目的效果，有效调节孕产期女性的精神状态，并帮助医护人员适当分散注意力，缓解工作压力。病房空间较小，容易使人产生

图12 窗户外观

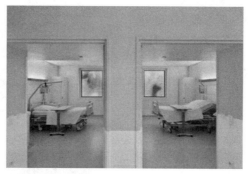

图13 窗户细节

图14 室内

图15 不同楼层对应不同花卉

图16 8楼电梯间

疲惫焦虑的负面情绪，花卉作为自然元素，可以给予轻松积极的心理暗示，创造良好的病房氛围。另外，将花元素融入室内公共设施设计，通过色彩鲜艳、形态可爱的家具设计，提升妇产医院室内环境审美品质。例如使用花形态的座椅（图21），将花娇美可爱的形态特征灵活运用于家具的装饰细节与整体造型上，在不失家具原本实用性的前提下，丰富室内空间的色彩与装饰效果，使环境趣味化，缓解孕产期女性住院期间紧张乏味的心理状态，保持愉悦。

图 17　美国 Swile Designer 牙科诊所

图 18　奇胡利的艺术作品（一）

图 19　奇胡利的艺术作品（二）

图 20　花卉点缀室内公共环境

图 21　花形态座椅

结语

　　综上所述，将花元素应用于妇产医院室内空间，能够为妇产医院室内环境设计带来新的视野。通过将花元素应用于妇产医院室内环境图形设计、艺术陈设设计和公共设施设计三方面，可以有效帮助孕产期女性维持良好的心理状态，纾解就诊治疗时产生的消极情绪，促进孕产期女性的顺利分娩和产后康复。未来妇产医院室内环境设计也应更加注重环境对女性心理的疗愈作用，探索真正适合孕产期女性心理需求的环境氛围，促进妇产医院设计的人性化发展。

　　[基金支持：华东建筑集团股份有限公司科学技术研究课题《"大医疗、大健康"环境需求下医疗空间的系统性建构》（编号：19-1 类 -0118- 综）。]

参考文献

[1] 张启翔 . 中国花文化起源与形成研究（一）: 人类关于花卉审美意识的形成与发展 [J] . 中国园林，2001(1).
[2] 袁宏道，张德谦 . 瓶史瓶花谱 : 插图典藏版 [M] . 沈阳 : 万卷出版公司，2016.
[3] 杨晓东 . 明清民居与文人园林中花文化的比较研究 [D] . 北京 : 北京林业大学，2011.
[4] 张爱玲 . 张爱玲全集 02: 红玫瑰与白玫瑰 [M] . 北京 : 北京十月文艺出版社，2012.
[5] 赵国华 . 生殖崇拜文化略论 [J] . 中国社会科学，1988(1).
[6] Stichler J F. Creating healing environments in critical care units [J] . Critical Care Nursing Quarterly, 2001, 24(3): 1.
[7] 赵志红，黄宗贤 . 艺术在公共空间中的话语转换 : 公共艺术概念的变迁 [J] . 美术观察，2007(11).

浅谈干花花艺在室内设计中的应用

■ 袁嘉文
■ 华中科技大学

摘要 随着时代的发展，人们的物质生活水平都得到了极大的提高。人们对室内空间的需求不再仅仅局限于功能上的满足，而是追求精神上的满足。而干花花艺以其独特的美感越来越受欢迎。本文重点介绍干花花艺在室内设计中的应用，通过介绍干花花艺的特性和优点，体现干花花艺的价值，从室内设计风格、室内空间特点、花材种类三个方面，介绍干花花艺的运用，并讨论干花花艺给室内设计带来的启发，为室内设计增添更多内容。

关键词 干花花艺 室内设计

引言

干花花艺是通过保色、干燥、定形、加工、整理等一系列的工艺手法，将自然界中的植物器官（花、叶、果、枝干、根等）进行一系列工艺处理后，形成的自然工艺品。[1]与鲜花相比，干花具有许多优点：首先，干花花材经过处理，能够长期保存，且更易于长距离运输，因此与鲜花相比，我们能获得的干花种类比鲜花多。其次，干花经过处理后，虽然不具备鲜花的浓烈芬芳，但增添了干燥后"太阳"的气息，浅淡但温暖，且人们可以根据各自喜好的不同给干花着色并增添香味，定制专属自己的干花花材。并且，干花在室内设计中的应用形式与鲜花相比更加丰富，干花花材不依赖水源，因而不再拘泥于花器，而是可以自由地存在于室内任意的角落。最后，干花花艺无须频繁更换或过度护理，会相对地降低投入。

1 干花在室内设计中的优势

1.1 健康和环保

社会的高效发展虽然使人们的物质生活更为丰富，可与此同时人们工作和生活的压力也越来越大。在室内设计中，加入干花花艺这种植物元素对于缓解人们的情绪起着重要作用。通过在室内放置干花花艺，可以使人们在生活中感受到自然的氛围和气息，同时干花花艺不需要经常更换，体现了健康环保的理念。

1.2 个性化

当前，人们的生活方式正在逐渐丰富，并呈现出多样化的趋势。在室内设计方面，人们已不再局限于高端和豪华，而是越来越注重个性。干花花艺材质的特殊性使其易于储存和运输，为人们提供了更多选择，同时又能让人们自己做一定的改变，更能凸显各自的个性所在。这种人性化的设计形式可以使人们的生活质量提高，同时也能提升人们的审美价值和精神品质。[2]

1.3 丰富空间

现代室内环境通常充满各种现代材料：玻璃、混凝土、塑料等，缺少自然元素。干花花艺的存在能为室内空间增添更多元素，与室内的现代材料形成对比，同时干花花材种类繁多，不同的种类有着不同的外形与色彩，这些元素都能很好地丰富室内空间的层次。且干花花材多数带有淡淡的香味，能为充斥现代材料"冰凉"气息的室内空间带来属于自然的味道，让室内空间更加温暖柔和。与传统的设计理念不同，现代的室内设计更加注重可变性和可操作性，干花花艺不依赖水源，使得花艺放置地点有了更多的选择，体现不同的艺术特点。

1.4 陶冶情操

干花花材种类繁多，不同的花材、不同的搭配都能营造不同的氛围，而不同的氛围带给人的影响也不同。特别中国人自古以来就喜欢赋予植物高尚的品格：梅，探波傲雪，高洁志士；兰，深谷幽香，世上贤达；竹，清雅澹泊，谦谦君子；菊，凌霜飘逸，世外隐士[3]。这些植物不仅能烘托出室内空间的氛围，也能代表使用者的追求。西式的干花花艺多за求色彩或造型，以此营造或温馨或个性的氛围，突显其随性自在的特点。

2 干花在室内设计中的应用

2.1 按照装修风格设计

干花花艺在室内设计中的应用，必须与室内整体风格相匹配。尽管干花花艺具有个性化特征，但是设计过程中也不能脱离室内的整体风格，要保证室内的整体性、和谐性。室内设计为中式风格，干花花艺需要选择更符合中式雅致有韵味的花材，如干荷花、干莲蓬等，营造"出淤泥而不染，濯清涟而不妖"的"陋室"氛围。但是如果室内设计风格为西式风格，则可以选择颜色艳丽具有西式风格的花材，营造浪漫温馨的氛围，或者颜色素雅更具田园气息的花材，营造随意舒适的氛围。

2.2 按照室内空间特点设计

干花花艺在室内设计中的应用，要以不同的空间特点进行方案设计，每个空间的布局和功能都不尽相同，适宜的花材种类、花束大小、花器也都不同。例如在玄关处设置按干花艺时应选择小束干花花艺，花束虽小却也要精心设计。因为玄关是整个室内空间的开始，是室内设计风格最初的体现，且玄关面积通常较小，如果花束太大，便会有空间拥挤杂乱的感觉。而且玄关通常具有整理衣着及少量存储的功能，所以进行花艺设计时，可以选择壁挂式花束，既不会占用玄关处面积，又能给人留下深刻的第一印象，让人们从这里开始了解室内的整体风格。

再如进行客厅的设计时，客厅是通常承担着交流以及待客的作用，也是定义整个室内空间风格的场所，所以在客厅进行干花花艺布置时，要根据空间的复杂程度进行选择。空间较小、内容丰富的客厅可以选择花朵大的单株花材进行点缀，不会显得空间过于繁杂，又能起到画龙点睛的作用。空间大、整体较简洁的客厅空间可以选择色彩艳丽的花材，将其放置到客厅比较显眼的位置，使人们进入到客厅之后能第一时间吸引其注意，或者选择线条感强烈的花材，用大花束的体积感及造型感吸引人们的注意，浅淡的色彩也更容易融入不同的室内风格中。

卧室的主要功能是休息，在针对卧室进行干花花艺装饰，要尽量营造温馨舒适的氛围，对于花材的选择也要慎重，避开香味浓烈的花材，以免影响睡眠，可以选择颜色淡雅的花材搭配适量薰衣草，既能改善睡眠，也能让人们一觉醒来看到自己心仪的花艺有个好心情。

进行餐厅部分的设计时，餐桌上放置的干花花艺的大小要以餐桌尺寸为设计依据，要注意高度适中，否则会影响人们的用餐。同时在选择花材时，不能选用香味浓烈的花朵，不然会影响食物本身的味道，进而影响食欲。且由于干花花材的特殊性，要注意避开容易掉落的花材，以免影响进餐。

进行书房的设计时，选择干花花艺前必须要分析书房这一空间的特征。书房的作用主要是用来学习或工作，所以所选择的干花大小必须要适中，如果尺寸太大则会出现注意力无法集中的状况。同时，色彩要以淡雅为主，如果颜色过于艳丽可能会扰乱人的思绪，让书房这一空间该有的作用无法正常发挥。因此，在进行书房的干花花艺设计时建议选择线条干净的叶子植物，将花卉作为点缀，一方面为空间增添美观度，另一方面也能不影响人们的学习和工作。

2.3 按照花材种类设计

干花易保存、易运输、易获取，所以干花种类繁多，根据花朵大小、花茎长短、颜色的不同，各自有不同的适宜展现形式。花朵较大的花材适合单株布置，用于点缀空间，或作画龙点睛之用。花朵较小的花材，适宜以花束的形式存在，在花束里作为主体或点缀都可，如满天星、小雏菊等。叶子类的花材，根据叶子形态的不同，有适宜单株存在或用于花束点缀的，如尤加利；也有花茎较长，适合整束存在的，如芦苇、美人草等。

3 干花花艺和室内设计的启发

干花花艺的创作过程与室内设计之间有许多相似之处，二者均遵循对比与统一、均衡与稳定、主从与重点的设计原则。

干花花艺的对比与统一主要体现在色彩和花材体量上，干花花艺讲究色彩搭配对比中有统一性，体量上更是应该有高有低、有收有放。室内设计中也会利用材质、体量、色彩上的对比，营造空间的层次感。而干花花艺与室内设计之间也存在对比与统一，如花束风格要与室内风格相统一，但在要与室内空间的复杂程度形成对比，这样才能起到丰富空间的作用。

干花花艺与室内设计二者的均衡与稳定都体现在"构图"上，干花花艺的"构图"讲究错落有致，形成对称或不对称的平衡状态。而室内设计的均衡则分为动态均衡和静态均衡，静态均衡是指在平静中求得一种均衡，有对称与非对称之分；动态均衡是指在运动中求得一种均衡，以形成一种动态的美感和体现一种自由、灵活、向上的设计表现构思和风格。[4]

干花花艺与室内设计在主从与重点的体现上也颇为相似，都通过构成元素展现。花束中有主花有配花，才能更好地突显主花的特点，让整束花既有重点又不乏味。在室内设计中，空间里有特点的家具不宜多，过于复杂的家具容易使空间看起来狭窄，而毫无特点的家具又会使得空间过于乏味。

根据对干花花艺与室内设计所遵循的三个主要设计原则分析来看，两者的设计手法之间存在许多相似之处，未来的发展也势必相互影响和促进，干花花艺也必将更好地融合到室内设计中。

结语

干花花艺已不是以往人们脑海中存在的"假花"概念，而是具有自己独特美感的艺术品，随着个性化的发展，干花花艺越来越受欢迎，干花花艺脱胎于花艺，但与鲜花花艺相比，人们对干花花艺的关注度较低，但干花花艺丰富的种类能产生的搭配效果非常多，值得人们细致的研究。且干花花艺现在也不再局限于室内设计中，有很多室外空间也会用到干花花艺，例如婚礼会场等。总之，干花花艺是室内设计中个人风格的体现，是现代室内设计中不可或缺的艺术元素。在充满现代材料的时代，干花花艺的色彩、形态、芬芳能让人们培养自我修养，改善心情，创造精神享受。干花花艺在未来一定会和室内设计一起更好地发展，也希望能有更多人注视到干花花艺的发展。

参考文献

［1］刘超，史婷婷，张丹丹．浅析干花花艺在室内装饰中的应用［J］．农家参谋，2018(15)．

［2］李蓓蕾，钟刚．论花艺绿植在室内软装饰设计中的应用［J］．艺术科技，2016(7)．

［3］百度百科：https://baike.baidu.com/item/ 四君子 /232827?fr=aladdin．

［4］辛艺峰．室内环境设计理论与方法入门［M］．北京：机械工业出版社，2009．

雅隐词话：面向邻里交往的社区公共空间设计探索

■ 张佳薇[1] 黄 敏[2]
■ 1 武汉大学城市设计学院 2 通讯作者：武汉大学城市设计学院

摘要 探讨中国大城市"乐居"生活的发展方向，通过社区公共空间的优化设计，促进良性的邻里交往。以社区居民的公共空间活动需求为基础，分析人群特点，汲取中国传统文化中的宋代民居营造智慧，通过案例研究、文献研究、归纳总结等方法，提出互动性设计、共享性设计、人性化设计等公共空间设计方法，激发邻里社交潜能。结合武汉交投华园社区的三大公共空间——"上河雅集""梦华书院"和"童乐坊"项目方案设计，探索将宋式美学与传统民居特点融入现代社区公共空间设计，提供邻里适度共生的多样化生活方式。

关键词 邻里 交往 公共空间 宋代文人四雅

引言

随着中国城市与经济的迅猛发展，城市公共空间大量被占用。新时期全民对于生活品质的要求显著提升，人民群众参与社会生活的成本的社会化，成为削减社会矛盾的重要方式。被社会变革和城市高速发展所割裂的人际关系，所带来的人情疏离，所造成的社会矛盾隐患，急需设计师去思考，如何削减钢筋混凝土的冷漠坚硬，如何缓解生存竞争的压力焦虑，如何盛放芸芸众生的广场舞之乐。在新建商品楼盘拔地而起的同时，如何构建小区业态，是涸泽而渔还是还地于民，值得多方思考和慎重选择。构建社区的深度交流公共文化空间，适度引导8小时之外的社区交流活动，推广分享、关怀的价值观念，构建和谐共处的宜居、和居、乐居环境，让绿色生态不仅存在于物质空间，也深植于新时期人们的心理空间。

1 中国当代大城市居民的乐居心理需求

1996年，联合国第二次人类住区大会宣言中提出了城市应当是适宜居住的人类居住地的概念。所谓"宜居"，即适宜居住。宜居的主体是人，即让生活在中国当代大城市的居民们感到舒适。20世纪以来，宜居的维度不断拓展，环境美学大家陈望衡先生提出了"宜居、利居、乐居"的三个居住层次，强调了人的情感认同对城市的重要性；又提出"安居""和居"强调城市的家园感，丰富了城市环境作为生活居所的"乐居"追求 [1]。

探讨中国当代大城市人们的乐居心理需求，不得不提到第三代心理学的开创者——亚伯拉罕·马斯洛的需求层次理论。随着乐居心理需求层次从低到高攀升，映射到居民乐居感受的不断变化，城市空间环境的侧重点也会有所变化。

首先生理需求上，中国当代大城市居民的首要便是要满足吃穿住行的基本需求。其次是从安全需求上来说，要满足居住安全、物质安全、行为安全等。在归属与爱的需求上，要满足社交、就业、公共场所空间、社区或城市归属感的心理需求。从经济、地位、社会福利、城市服务状况上来满足尊重的基本心理需求。接着是要满足居民接受教育，追求娱乐与精神生活的需求。最后，一个乐居的城市要满足居民自我实现的需求，使居民能够更好地成长与发展，能发挥自身潜能，实现自己的梦想。

中国人关于"乐居"的追求由来已久，突出表现为对"家园"的建设。"家"是个体家庭，"园"则是家族、邻里乃至城邦。探讨中国城市的居住空间，需要跳出房型、样板间的局限，着眼于邻里交往的行为分析，更加注重社区公共空间的研究。

2 大城市邻里交往的行为分析

2.1 邻里交往行为方式分析

人的社会性集中体现在群体性。人与人之间的交往行为无处不在，有活动的地方便会有交往，其形式丰富多样，大城市邻里间的交往行为也是如此。扬·盖尔便将活动分为三种类型 [2]，包括必要性活动、自发性活动和社会性活动，本文也将邻里间的常见交往行为归入这三种类型中。

2.2 不同人群邻里交往行为特征

由于居住区中的居民们包含各个年龄段的人，不同年龄段的居民在日常生活行为习惯上也有所不同，因此本文根据不同年龄段的人群的交往行为特性进行了总结分析。

（1）儿童。研究观察表明大部分儿童具有强烈的好奇心与好动的天性，这也决定了他们是邻里交往最活跃的组成部分，而不同年纪的儿童其活动特点也有所不同，行为方式见表1。儿童的交往游戏空间的设计一定要遵循安全的基本条件，同时幼儿的活动也强烈依赖于成人的看护，在这种情况下，也促进了看护儿童的成人间的交往。

表1　不同年龄儿童行为特征 [3]

年龄组	行　为　特　征
1~3周岁孩子 （婴儿期）	婴儿从大概6个月开始爱看、听、触摸各种东西，同时对颜色亮眼或能发声的物体很感兴趣，开始初步的游戏活动，离不开实物和玩具
3~6周岁学龄前儿童 （幼儿期）	学龄前儿童主导活动以游戏为主，喜欢创造性的活动或游戏等
7~12周岁孩子 （童年期）	入学后的儿童主导活动以学习为主，开始有集体活动的意识，参与到集体活动的发展中，游戏兴趣逐步向体育、竞赛、智力类活动转变

（2）中青年。社区中大部分居民都是中青年，而中青年们作为一个家庭的中流砥柱，绝大部分忙于工作而疏于休闲玩乐，因此他们的交往行为更多的是社会性交往。他们的活动时间大多在早晨锻炼、傍晚散步和闲聊，其活动场地也多在居住区附近。而更年轻的青年人由于还未背负上有老、下有小的生活压力则更注重于追求个性的发展，更偏向于娱乐性、体育性强的交往行为。

（3）老年人。老年人特别是退休老人的生活重心更偏向于家庭生活，闲暇时间更多，据观察老年人的行为特征包括：同性、同龄人群聚集性，多是老大爷们聚在一起打牌、下棋，老年妇女们聚在一起聊天、打麻将、带孙子等；受外部环境影响大，天气、时间变化都会影响老年人的交往行为与活动；重视运动、健康，老年人们多聚在一起跳广场舞、打太极等，进行一些低运动量的活动。

3　邻里交往的空间分析

3.1　邻里交往空间普遍特征

（1）领域安全性。领域安全性是邻里交往空间的一个重要特征，指群体或个体对一个场所或区域的占有和控制，是针对成员受保护的区域。交往空间的领域安全性能让居民们产生在自己住宅之内感受到的安全感和属于这个空间的意识，倘若每个人都将这一场所视为住宅与居住环境的组成部分 [4]，便能促进居民间更加良性的相互交流沟通与了解，提升对外人的警觉，对培养居民责任感具有重要意义，也为创造和谐社会提供必要条件。

（2）一定开放性。社区中邻里间的交往空间作为一个介于私密性住宅与开放公共外部空间的过渡空间，其空间特性具有一定的开放性，这就意味着在空间中产生的交往行为与活动具有很强的流动性，而针对这一点，我们可以在设计时对空间中的边界进行柔化与精心设计来创造使人们在户外逗留的条件，从而促进空间中居民的交往活动。

（3）空间功能多重复合性。作为一个承载邻里交往的空间，其空间的功能是具有多元性与复合性的，这是由于居民的交往行为也是多种活动综合呈现的，简单的交谈等社会性活动有时也是伴随着其他必要性或自发性活动出现的。因此邻里交往空间有时可以是休息型的，是人们游憩之后休息和交流的场所；有时也可以是集会型的，如大型活动、展览等场所，这种类型复合性较强，方便各种活动

的展开，能有效增进邻里交往行为的发生。

3.2　邻里交往空间设计原则

根据以上理论基础分析，总结出好的邻里交往空间设计上有以下几个原则：

（1）开放性。一个能促进交往行为发生的空间一定是具有一定开放性的，它强调人与人、人与空间、人与环境的交流渗透。邻里交往空间的开放性设计原则一是注重共享空间从而使不同的使用人群能同时使用同一处空间，充分利用空间资源让其最大限度地发挥自己的价值，促进不同人群的交往；二是注重边界的渗透，柔性边界这个概念最初是由丹麦建筑师扬·盖尔提出的，其实就是指空间与空间边界的渗透，对边界进行处理为居民们进行长时间的活动创造条件。

（2）趣味性。交往空间设计的趣味性是为了激活单调的空间，吸引更多的居民来此进行交流，参与活动等。趣味性原则首先体现在划分好清晰的、层次分明的空间领域上，丰富的空间层次不会让在其中进行交往活动的居民们感到单调；其次体现在空间功能的多重复合性上，只有能承载居民分散自由随意地进行综合性活动的空间才能更有效地被居民在使用；最后体现在富有趣味性的辅助设施上，空间中摆放巧妙的家具设施能有效地影响人的活动，提高人们的参与性。

（3）宜人性。交往空间的宜人性即以人为本，一是空间要具有主体侧重性，根据不同的空间使用主体如老人，儿童等要注意主体一定的需要与特点来设计；二是注重空间的领域安全性，保障使用者的安全；三是注重合适的空间规模与合适的空间体验，从人机工程学的角度为使用者提供最舒适的空间感受。

4　宋代传统民居公共空间的宜人性分析

经过对宋代传统民居的文献资料分析研究，我们发现其公共空间的宜人性主要体现在以下三个方面：

（1）崇尚自然之风。两宋时期无论是大官富商还是平民百姓都十分注重家居环境和热爱青山绿水的大自然，这一点可以从当时的诗词歌赋、绘画中窥见。

他们对自然的热爱也体现在了生活的家与公共空间中，首先体现在了室内的空间上，宋代传统民居室内空间都很注重通透和韵味：其通透性体现在两宋时期的空间分隔手法逐渐由帷幔过渡到屏风，且大多数格扇门窗是可拆卸的，于是在春夏秋冬不同的季节可能就会出现不同的室内空间效果；空间中的韵味则从家具陈设的高洁造型以及高低有致的摆设中流露出来。

（2）显现实用性。整体来说宋人在使用建筑与审美上较崇尚实用，这一点首先是因为技术的进步，宋代的科学技术在当时是位居世界前列的，这也影响到了建筑领域，斗拱技术成熟，家具模块化不断发展，再加上《营造法式》的颁布都促进了宋代建筑的实用性发展。

宋代传统民居的实用性最体现在其家具陈设等不断适应居民的生活习惯，两宋时期跪坐变为垂足而坐，这种坐姿的变化也催生了许多家具的种类增长与造型变化，同时其架构的比例也更协调，更适应人们的生活。

（3）体现当时价值观。宋人十分重视居住风水观，重视志趣的体现。首先宋代多文人，整个朝代重文轻武，因此在宅子中他们会更希望能体现其贤德志趣，追求宅居的"淡泊明志"。除此之外，宋人也十分注重生活的表达，这一点在宋代文人画上体现得淋漓尽致，无论是风俗画还是山水画，无论是《清明上河图》还是《雪霁江行图》都有人物活动描绘，而宋代最活跃的文化便是"茶"文化与"书院"文化，在风俗画中也出现了不少"斗茶"与书院的描绘，从中可看出宋代对人的关怀。

5 武汉"交投华园"社区公共空间设计方案

5.1 项目概述

交投华园社区位于湖北省武汉市东湖高新区花山生态新城腹地，是武汉市主城区一块不可多得山水自然福地，整个社区的建筑风格以"宋式风雅"为定位，雅俗共赏。社区涵盖了高层和MAX创想叠墅，除了基本的居住空间，还加入了花园景观区、儿童活动区、国际幼儿园、三大架空层公共空间等保障居民美好生活需要的空间。整个社区总面积约 12 万 m²，社区内绿化率也达到了 30%。我们对三大架空层公共空间进行方案设计。

5.2 设计构想

根据调研我们发现，人们在购房时更考虑小区的配套公共设施与空间，希望能在工作之余享受到更多社交与娱乐活动的快乐，主动构建更友善的邻里关系。

据此，我们赋予三个架空层空间各自的功能，将三个空间进行关联设计，打造一个会客、阅读、育儿和交往多重并行的可以让邻里适度共生的微社区。同时，我们也因地制宜，根据该社区整体的新宋式建筑设计风格，深入挖掘宋代传统民居空间文化，找到古今公共空间的相通之处，并发掘其中对我们室内设计的可用之处。

设计以"雅隐词话"为题，取宋代公共空间宜人性的自然之风，提炼三句古诗词的"山、林、海"之意境，分别作为三大空间的主题。用共享空间的形式来关联展示互动空间、室内景观空间、儿童共享学习空间三大空间。

5.3 三大公共空间关联设计

（1）"雅活"互动。三个架空层公共空间的最大关联性就体现在他们的互动性设计上，我们设置了一个展示互动空间，作为展览活动的举办场地，同时引入宋代文人四雅的概念，以其中三雅——点茶、插花、挂画为每个小展览空间的主题。

（2）"私塾"共享。宋代私塾教育属于"私学"，与当时官方政府主导的"官学"相对，这也和现代的私立学校和公立学校的教育制度有些类似。传统私塾理念十分稳定，基本以儒学为主，方法自由，目的单纯，学生和老师的压力比较小。我们对私塾理念的借鉴主要体现在童乐坊中，在其中构建了一个可预定的低成本、高质量陪伴的共享教育空间，在这个空间中，居民或者机构可以预定场地，让孩子们在里面进行语数外、艺术与体育等课程的培训与练习，这也在一定程度上缓减了家长不放心孩子出远门上培训班的教育焦虑问题。

（3）"宜用"关怀。人文关怀首先体现在细节上，考虑到社区中的各个年龄段居民，我们在家具上对小孩与成年人也有做区分，在遵循人机工程学原理进行家具设计的同时，我们也遵守无障碍设计原则，并考虑公共空间的安全性，例如为不方便走路的人进行细部设计，如在室内加设无障碍坡道，为儿童设计明亮的卫生间以改变他们害怕卫生间的想法，为保护使用者在柱子上包裹软包，尽量减少地面高差等。

5.4 公共空间设计方案

5.4.1 上河雅集室内设计

上河雅集以自然的"山"为主要设计主题，灵感源于梅尧臣诗中的"适与野情惬意，千山高复低"。由于是高层的架空层，内部有"天然"的承重隔墙结构，隔墙较多，内部的排风井不容忽视。

我们利用建筑本身的隔断来分隔空间，这些空间多为居民提供交谈会客空间，且内外通透开放，可达性高。由于内部排风井的存在，做了一定的高差变化，增加空间丰富性与趣味性，吸引居民停留的同时也更契合"千山高复低"的诗境，如图1所示，下面以延伸出去的水景作为点缀，增加空间的可看性与丰富性，吸引居民来此会客聊天。除此之外，我们也用了"框景"的手法给室内许多灰色空间增添色彩。

图 1　抬起的会客空间

5.4.2 梦华书院室内设计

梦华书院以自然元素的"林"为设计主题，灵感源于辛弃疾诗中的"旧时茅店社林边，路转溪桥忽见"，以高耸的竹林为主要设计元素，竹林书架的设计让人犹如在竹中穿梭，其余书架以木质材料为主，空间上更注重通透性，如图2所示。

图 2　竹林书架

书院空间中主要有展示互动宋代文人四雅中的"挂画"文化空间、阶梯阅读空间、儿童阅读空间和竹林景观空间。其中80%的空间为公共阅读空间，这些公共阅读空间大部分与室外无高差，且入口较多，遍布多方，增加可达性与开放性，符合社区共享图书馆要求，满足社区居民阅读的精神需求。

5.4.3 童乐坊室内设计

童乐坊的室内设计主要包括展示互动空间，教育培训空间，游乐空间这三个大空间，设计主题是"海"，灵感来源于李清照《渔家傲》中的那句"天接云涛连晓雾，星河欲转千帆舞"。我们充分利用空间的同时也结合宋代文人"四雅"之一的"插花"文化为孩子们打造一个丰富的充满趣味的游乐益智空间，如图3所示为插花展示互动区。

图3　插花展示互动区

空间共享——解决亲子家庭痛点。我们贯穿了共享设计的理念，设计了低成本、高质量的分享式育儿空间，同时也鼓励小孩子们多运动，在游乐空间中多为一些满足孩子们跳动攀爬兴趣的设施，特别是克服了排风井的问题，利用其上层空间给孩子们打造了一个属于他们自己的"小阁楼"，如图4所示为上层游乐空间。

图4　上层游乐空间

动静划分——实现空间功能协调。我们将整个空间根据功能性划分为静态与动态空间，在静态空间中主要以平静的海为设计灵感，如图4所示。在动态空间中则以动态的海为设计灵感。

灵动区隔——达成空间开放设计。我们也坚持了开放性的设计理念。现代的儿童更多是在室内待着或玩耍，整体空间上，我们的门窗多以折叠式或推拉式为主，可以根据需要将空间变为一个整体或是多个小空间供人使用，折叠推拉式的门也增强了室内外空间的联通，增强空间通透性。

在高楼林立，居住区逐渐高层化、公寓化的今天，人与人之间的交往聊天在虚拟网络中变得越来越简单，在现实中却变得越来越难。许多学者和设计师都在积极探索邻里交往的空间设计。我们从空间的开放性方面入手，从宋代传统民居公共空间室内设计中汲取灵感与设计手法，以传统文化来串联空间，关照不同年龄层次的需求，分别尝试"雅活"互动的闲趣，"私塾"共享的开放、"宜用"关怀的亲和、"安心"陪伴的爱护，探讨宜居的人文关怀，激发社区交往空间的生机与活力。

（本文为2019年度武汉大学教学研究项目"MOOC+非遗进课堂的教学创新与学生评价体系研究"的中期成果。）

参考文献

［1］陈望衡.再论环境美学的当代使命［J］.学术月刊,2015,47(11):118-126.

［2］扬·盖尔.交往与空间［M］.4版.北京:中国建筑工业出版社,2002.

［3］邓述平,王仲谷.居住区规划设计资料集［M］.北京:中国建筑工业出版社,1996.

［4］姜松,万婧.基于人的活动对街区公园设计的思考［J］.山东林业科技,2010(4):77.

音乐剧剧院的"情、境、理、术"设计系统分析

■ 张明杰

■ 北京筑邦建筑装饰工程有限公司

摘要 随着我国的观演文化向着更加纵深的方向发展,产生于欧洲、兴盛于美国的音乐剧❶表演近20年在我国也得到广泛的欢迎并逐渐形成稳定的观众群体。文章以北京天桥艺术中心为例,聚焦专业音乐剧剧院的室内设计,从而探讨此类剧院室内设计中的设计立意、设计语言、设计技术以及设备设施等要点。

关键词 音乐剧 音乐剧剧院 观演空间的情、境、理、术❶

引言

本文以北京天桥文化艺术中心为案例来论述专业的音乐剧剧院室内设计的"情、境、理、术"体系。

经过多年的项目设计实践,笔者感悟并总结出观演建筑和观演建筑空间设计的因素可概括为"情、境、理、术"的四个层次,这四个字涵括了观演建筑室内设计的各个方面,是对这类空间室内设计的体系化思维、科学化流程和合理化知识结构的一次较为全面的梳理和建构。这既是一套指导观演室内设计的方法体系,也是一套研究项目案例的分层解读体系。

"情、境、理、术"的设计体系是从诗性到理性、宏观到微观、抽象到具象、模糊到明晰的递进的体系。同时也是环环相扣的系统,是一个项目设计推进的坐标系统。是以"术"撑"理"、以"理"造"境"、以"境"推"情"的设计全因素(图1)。

1 音乐剧剧院的"情"本体

1.1 音乐剧剧院周边环境之"情"况

1.1.1 文脉环境、人文环境与社会环境

天桥源于历史上一座北京中轴线上南北方向的桥,它纵卧在东西向龙须沟上。由于是天子(封建帝王)经过这里祭天、祭先农的桥,故而称天桥。元代天桥处在大都城的南郊。明嘉靖年间增筑外城后,成为外城的中心。清代的前三门外是会馆、旅店、商业集中之地,天桥一带逐渐出现了茶馆、酒肆、饭馆和卖艺、说书、唱曲娱乐的场子,形成天桥市场的雏形。同时天桥地区是北京民间艺术的摇篮和北京乃至中国平民文化的浓缩。天桥是面向平民百姓的,天桥的平民文化反映了平民百姓的喜、怒、哀、乐和他们的企求与愿望。项目周边规划见图2。

1.1.2 周边观演生态及其他业态

天桥演艺产业区指天桥地区北起广安大街,东起南中轴路至永安门,南至永安门滨河路沿线,西至虎坊路二太平街;划分为演艺核心区、文化旅游品交易区、传统文化展示区、休闲娱乐区、演出经纪区、演艺功能溢出区(图3)。

1.2 音乐剧剧院物质功能之"情"态

音乐剧是20世纪出现并成熟于美国的一门新兴的综合舞台表演艺术,它熔戏剧、音乐、歌舞等于一炉,音乐通俗易懂,同时广泛地采用了高科技的舞美技术,不断追求视觉效果和听觉效果的完美结合。因此很受大众的欢迎(图4、图5)。

在音乐剧的商业运营方面,欧美在百年多的商业表演经验中总结出了一套成功的市场运作手段,并且创作出一系列世界闻名的经典剧目,因为通俗易懂、贴近观众,音乐剧剧目往往能突破观众年龄的局限,广受各个年龄段观众的喜爱。经典著名的音乐剧包括《剧院魅影》《妈妈咪呀》《西贡小姐》《悲惨世界》《猫》《奥克拉荷马》《音乐之声》《Q大道》等。

北京天桥艺术中心以音乐剧为主要演出形态,同时是包含话剧、舞剧、秀、演唱会、芭蕾及交响音乐会等多种演艺形式在内的综合性剧场群❸。世界四大音乐剧之首的《剧院魅影》作为艺术中心的开幕大戏,首次登录北京,同时拉开了艺术中心开幕演出季的帷幕。艺术中心没有驻场剧团和定制剧目,而是由北京天桥艺术中心管理有限公司统一策划和安排每年每季的演出剧目和相关文化艺术活动,近期《泰坦尼克号》《白夜行》等优秀剧目在演出季中纷纷上演。可以与天桥艺术中心等量齐观的国内专业音乐剧剧院相比较的有著名的上海文化广场。上海文化广场自2005年改造后,中间建了一座建筑面积6.5万 m^2、观众席2010座的以演音乐剧为主的多功能地下剧场,承载了上海的主要专业的音乐剧演出(图6)。

---

❶ 音乐剧兴起于美国百老汇,以综合的艺术形式呈现,是更为通俗的戏剧形式。

❷ 情、境、理、术体系为作者多年设计经验感悟出的设计哲学、方法论、方法、手法的综合体系。

❸ 综合性剧场群也可理解为综艺中心、大剧院模式的观演建筑。

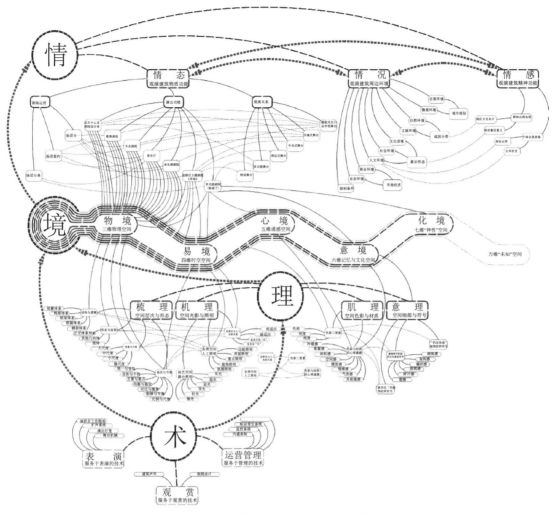

图1 "情、境、理、术"体系的理论框图

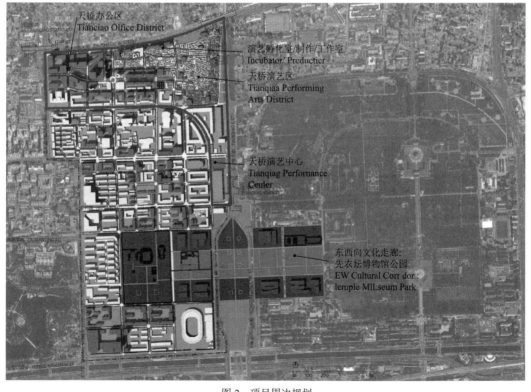

图2 项目周边规划

（图片来源：作者）

图 3 天桥演艺产业区

图 4 美国纽约百老汇

（图片来源：作者）

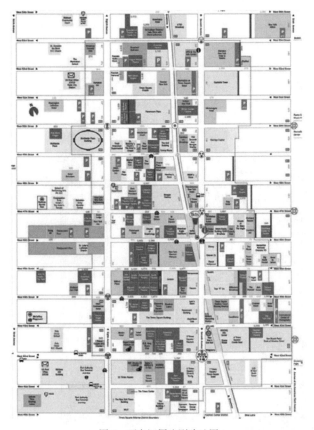

图 5 百老汇周边剧院地图

（图片来源：作者）

1.3 音乐剧剧院精神功能之"情"感

为了打造可以媲美百老汇和伦敦西区的中国的音乐剧剧院群落。项目选址北京中轴线的南延长线。北京中轴为历史文化的传承轴，北京的古建筑，充满艺术趣味的街市为中国文化及民俗文化的浓缩。天桥艺术中心的建筑以现代剧场形象呈现、城市中行走步行的氛围，体现北京城市的发展痕迹。同时，艺术中心周边的观演业态为天桥艺术大厦、天桥杂技剧场、德云社、天桥剧场、张一元茶馆、湖广会馆、北京工人俱乐部等。具备了观演文化的历史脉络和深厚底蕴。天桥艺术中心由 1600 座音乐剧剧院、1000 座戏剧院、400 座实验话剧院和 300 座黑匣子剧院四个部分组成。剧院顶尖的硬件设施、管理和运营团队以及汇聚世界精品的演出剧目，将为观众呈现无与伦比的舞台视听盛宴，是大众舞台娱乐的绝佳选择！为建筑北侧立面。

2 音乐剧剧院的"境"营造

2.1 音乐剧剧院三维"物境"与四维"易境"空间

北京天桥艺术中心面客区公共空间包括：前厅、物品寄存处、取票区、咖啡厅、1600 座观众厅、1000 座观众厅、400 座小剧场、300 座黑匣子剧场（含观众厅精装区域及声闸）及部分舞台、贵宾服务区、VIP 门厅、VVIP 休息室、服务区水吧、声闸、衣帽间、卫生间、电梯厅、电梯轿厢、面客楼梯间等；后场区包括：演员候梯厅、演员通道、布景间、舞蹈排练厅、戏剧排练厅、声乐排练厅、排练休息室、高管办公室、普通办公室、化妆间、VIP 化妆间及卫生间、更衣间、淋浴间、候演区、乐器存放间、服装存放间、音响设备存放间、乐队休息室、指挥休息室、布景间、乐器工作间、演职人员餐厅及备餐间、库房、安保人员休息室等。

接近立方体的古戏楼大堂及长方体文化内街即分隔了几个剧场、同时又是剧场与剧场之间的连接交通纽带，4个极简的"方块体"形成现代主义的 4 个剧场观众厅及其附属的候场公共空间，空间层次错落有序也源自对"京味儿"街巷城市肌理的表达。艺术中心前厅的正中央，一

图 6 音乐剧剧照

（图片来源：作者）

座规制严谨的"古戏楼"从剪影中伸出，色彩雅艳华丽的两层戏台蕴藏了百年天桥的余音绕梁，传统的戏楼与极致简约的剧院公共空间形成极度张力的对比，犹如将中式戏曲念白与流行时尚的音乐剧唱法跨界融合。从北京中轴线向南的经典传统建筑的轮廓提炼为"剪影和轮廓"成为现代、简约的建筑空间中的文化记忆，观众可以闪回到那个温馨、市井、亲切、热闹喧嚣的天桥。图7为建筑东入口。

图7　建筑东入口
（图片来源：作者）

2.2　音乐剧剧院五维"心境"通感空间、六维"意境"记忆与文化空间、七维"化境"神性空间

2.2.1　五维记忆空间

"天桥印象"的室内设计概念可以解读为三个层次：第一层次为"天桥"的原印象，通过规制整整的古戏楼大堂，真实再现和追忆历史，隐喻传统民间艺术百态。第二层次为"天桥"一次印象，通过文化内街剪影对中式建筑轮廓的抽象提取达到古今交融的空间意境。第三层次为"天桥"的二次印象，通过现代简约的剧场空间设计体现当代市民生活（图8）。

图8　剧院内部公共空间
（图片来源：作者）

2.2.2　六维文化空间

"天桥印象"的设计立意在前厅空间里通过对传统戏院、戏台的写实表达，将"百年天桥"透过中国传统艺术形式以一种"立游"的方式重现老天桥的繁华影像。"天桥印象"的设计立意在1600座剧院的设计中又将民居街巷元素与流行的玫瑰红的曲线剧场声学墙面融合成为中西合璧的音乐剧剧院空间（图9）。在1000座剧院的设计中，墙面块状的吸声墙体暗喻天桥市井撂地艺术的人文元素，寓古于今（图10）。

图9　1600座音乐剧剧院局部
（图片来源：作者）

图10　剧院的古戏楼前厅
（图片来源：作者）

3　音乐剧剧院的"理"规制

3.1　音乐剧剧院空间层次与形态之梳"理"

艺术中心总的建筑面积为3.4万 m²，剧院的空间层次和尺度分为大、中、小、微4种尺度的处理。首先，"大尺度"的是现代、极简的方形剧场公共建筑空间，用极简的现代主义营造了剧院室内与城市公共空间的衔接，用经典戏楼与简约北京的对比增添了现代与传统的戏剧闪回，古戏楼大堂及文化内街即分隔了几个剧场、同时又是剧场与剧场之间的连接交通纽带，4个极简的方形体量形成现代主义的剧场公共空间，空间层次和尺度的错落也源自对"京味儿"街巷城市肌理的表达，大堂中央的经典的古戏楼直接望向天坛公园，形成了古戏楼前厅、城市空间再到天坛公园的东西方向上的景观视觉轴线。图11为古戏楼前厅运营中情况。

图11　古戏楼前厅运营中情况

（图片来源：作者）

"中尺度"为马蹄形的音乐剧剧院空间以及鞋盒形的戏剧剧院空间，通过流畅的线条感设计暗合音乐剧舞台艺术的时尚与通俗。1600座剧院为主剧院，观众厅的面积为1587㎡，池座为1141座（VIP为57座、乐池区为151座），二层楼座为229座。鞋盒形的中剧场演出话剧为主，池座为605座（VIP为36座、乐池区为82座），二层楼座为334座（图12）。

图12　1600座剧院

（图片来源：作者）

"小尺度"的设计语言采用了人文含义浓重的如"屋檐、牌楼、山墙"等中式抽象剪影，将人文元素通过写意的方式融入现代主义空间中。

最后，"微尺度"的设计体现在材料交接、标识导引的视觉形象等细部设计上，处处暗合天桥意蕴。图13为古戏楼前厅三层画廊前厅。

图13　古戏楼前厅三层画廊前厅

（图片来源：作者）

3.2　音乐剧剧院空间光影与照明之机"理"

古戏楼大厅的东侧和顶面有自然光进入，这也产生了空间内的明适应和暗适应问题。照明设计通过自然光分析，在室内的人工光照明中充分考虑对自然光的阴影处进行补光。面向东侧的古戏楼大堂，随着太阳从东方升起到夕阳西下，前厅经历了早上充足的晨光、中午雕塑感的光影以及傍晚温暖柔和的漫反射自然光，形成颇具时间感的场景体验。

古戏楼大堂及文化内街走廊的人工照明如下：

功能照明：中心基础照明为金卤轨道灯（图14）。氛围照明：ED线性洗墙灯（图15）。

装饰照明：轨道金卤灯为古戏楼形成重点照明、古戏楼与剪影间的缝隙照明、剪影照明（图16）。

1600座剧院空间人工照明如下（图17）：

功能照明：金卤灯及LED灯相搭配，灯具数量减少到最低，天花结构隐藏灯具，使空间品质更完整纯净。利用二层座池底面隐藏灯具，为一层座椅提供局部照明。

氛围照明：线性投光灯具隐藏安装于天花内照射天花顶板，柔和的光线突出顶部弧形关系。灯具隐藏在墙面内，透过墙面的圆形孔洞照射天花顶面，呈现投光效果。红色墙面的洗墙渲染使墙面的华丽效果更显著，分区域性回路分配方便场景组合调用，灯具隐藏在结构细缝内。

装饰照明：入口处门头造型内藏可调光荧光灯，局部创造照明节点。灯具侧装于座椅下方，照射台阶牌号数字，有效避免对前方演员的视线干扰（图18）。

底座式安装金卤轨道射灯

光源:HIT-CE   出光角度:54°
功率:150W   数量:15盏
色温:3000K   控制要求:回路控制开关

图14 古戏楼前厅的功能照明

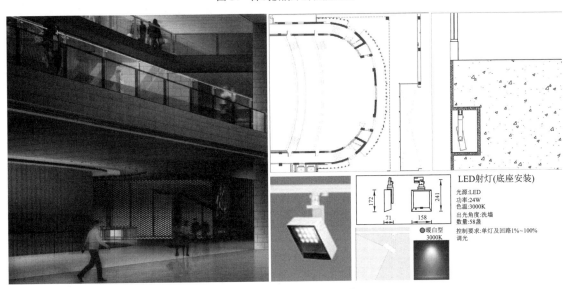

LED射灯(底座安装)

光源:LED
功率:24W
色温:3000K
出光角度:洗墙
数量:58盏
控制要求:单灯及回路1%~100%
调光

图15 古戏楼前厅的界面照明

(图片来源:优雅式照明)

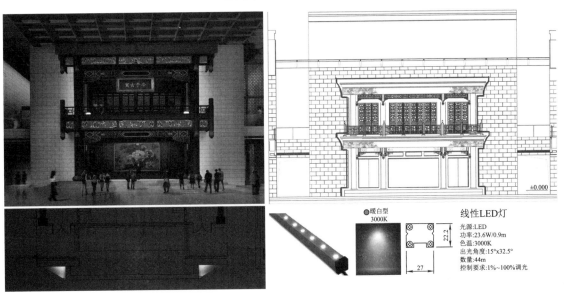

线性LED灯

光源:LED
功率:23.6W/0.9m
色温:3000K
出光角度:15°x32.5°
数量:44m
控制要求:1%~100%调光

图16 文化内街的装饰照明

(图片来源:优雅式照明)

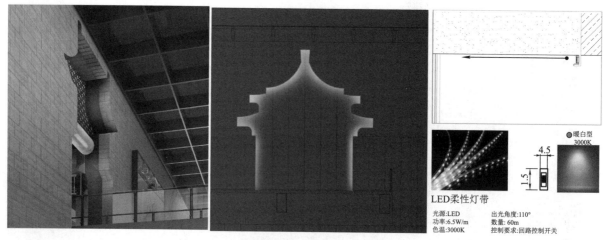

图 17　文化内街的装饰照明

（图片来源：优雅式照明）

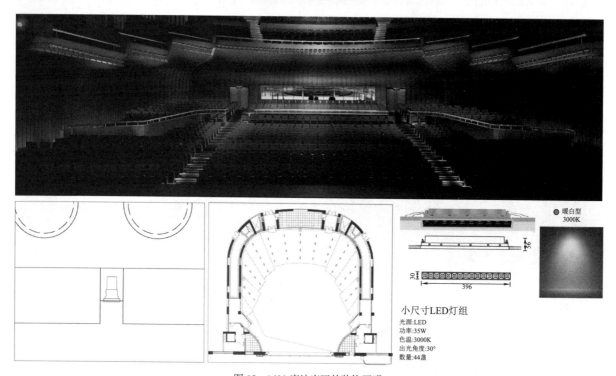

图 18　1600 座池座区的装饰照明

（图片来源：优雅式照明）

3.3　音乐剧剧院空间色彩与材质之肌"理"

剧院前厅由中正优雅的"米色"大厅＋色彩绚丽的"古戏楼"构成古今交汇的空间（图 19），采用 30mm 厚450m×900m 黄洞石墙面和地面构筑了极具现代感的门厅和文化内街以及四个剧院的前厅候场空间。GRG 造型仿铜剪影在古戏楼前厅勾勒出仿古建筑的剪影并与传统的古戏楼形成内外穿插的关系，使观众从前厅看到戏楼也会形成完整的戏楼感知，不规则穿孔石膏板吊顶满足了公共空间的吸声需求。

1600 座剧院的色彩运用为玫瑰红的时尚帷幕状凹槽的墙面扩散体和吸声体＋香槟金的龙鳞纹的 GRG 吊顶（图20）。既有华丽的观演氛围，又不乏音乐剧演出需要的时尚环境。墙面材料的具体构造如下：第一层，吸声玻璃丝棉（容重 48kg/m³）表面外包玻璃丝布。第二层，18mm厚阻燃板。第三层，吸声玻璃丝棉（容重 48kg/m³）表面外包玻璃丝布。第四层，织物饰面。

800 座剧院是一个木色的声匣子、方形错拼的 1000座反射加吸声的声学墙面。墙面材料的具体构造如下：第一层，吸声玻璃丝棉（容重 48kg/m³）表面外包玻璃丝布。第二层，18mm 厚木饰面板。顶面材料：20mm 厚 GRG造型板表面仿木纹艺术漆（图 21）。

3.4　音乐剧剧院空间细部与符号之意"理"

3.4.1　天桥艺术中心第一层"天桥印象"：再现天桥

在艺术中心里面最核心的部分就是分隔以及衔接 4 个剧院的古戏楼大厅，这个大厅的最中央以正已祠戏楼为原型复原了一个规制最为严整、经典的中国传统戏楼，这是一个采用写实方式表现天桥文化意境的建筑符号（图22）。

3.4.2 天桥艺术中心第二层"天桥印象"：隐喻的"中轴线"

除了规制经典、严谨的中央古戏台，在剧院公共空间里的界面基本是以现代主义的简约的方盒子空间来展现的。采用米色洞石形成的这些方体空间隐隐地透露出中国的韵味。在戏楼大厅、文化内街能看到中国古典意味的建筑轮廓剪影，从前门、大栅栏牌楼、天坛再到正乙祠戏楼，等

等这些经典的在北京南中轴线上的中国传统建筑被设计师抽象提炼出剪影来隐喻北京中轴线上的文脉（图23）。

3.4.3 天桥艺术中心第三层"天桥印象"：隐喻的"民居细节"

在1600座音乐厅剧院内，玫瑰红色的织物墙面的凹凸细节犹如美国百老汇音乐剧的帷幕，华丽而时尚。二层楼座的金色瓦当、二层楼座的入口处的垂花门语素以及金色肌理GRG吊顶隐喻地象征了天桥曾经的盛世。

图19 古戏楼前厅的剪影
（图片来源：作者）

图21 1600座剧院楼座
（图片来源：作者）

图20 1600座音乐剧剧院
（图片来源：作者）

图22 从古戏楼望向东侧
（图片来源：作者）

图 23 文化内街里隐喻的剪影

（图片来源：作者）

4 音乐剧剧院的"术"应用

4.1 观演中服务于"演"的技术

1600 座观众厅舞台技术指标：观众厅面积为 1587m²，台口尺寸为 10m×16m（高×宽），观众楼座最大视距 34m，观众池座最大视距 32m。品字形舞台的主舞台为 29m×21.4m（面宽×进深），两侧舞台为 18m×21.4m（面宽×进深），后舞台为 29m×9.6m（面宽×进深）。

1000 座观众厅舞台技术指标：观众厅面积为 920m²，台口尺寸为 14m×8m（高×宽），观众楼座最大视距 28m，观众池座最大视距 25m。舞台的主舞台为 26m×20m（面宽×进深），两侧舞台为 7m×20m（面宽×进深），13m×20m（面宽×进深），池座 605 座，楼座 334 座。

1600 座剧院灯光技术指标：第一道面光与舞台台口线夹角 46.7°、第二道面光与台唇边沿夹角 48.1°、第一道耳光与舞台夹角 40.2°、第二道耳光与舞台夹角 29.7°。

1000 座剧院灯光技术指标：第一道面光与舞台台口线夹角 46.7°、第二道面光与台唇边沿夹角 45.0°、第一道耳光与舞台夹角 31.2°、第二道耳光与舞台夹角 17.0°。

剧院演出交响乐时可考虑在舞台上设置活动的反声罩。其作用如下：隔离巨大的舞台空间，节约自然声能，防止声音在舞台上被吸收和逸散。便于乐师间的时时相互听闻，提高演奏的整体性，为观众厅池座的前中区坐席提供早期反射声。

4.2 观演中服务于"观"的技术

4.2.1 建筑声学设计

（1）混响时间（RT）：中频的混响时间为 1.2s，混响时间考虑 6 个频带，各频带的中心频率为 125Hz、250Hz、500Hz、1000Hz、2000Hz、4000Hz、各频率的混响时间允许有 10% 的偏差。

（2）在自然声源条件下，厅内声场的不均匀度应不高于 ±4dB，最大与最小声级差值不高于 8dB。

（3）演出时最大的干扰噪声不得大于 25dBA，干扰噪声一般来自于建筑外部噪声、相邻房间产生的噪声和设备的噪声。厅内噪声应满足 NR20 曲线，或 LA ≤ 25dBA。

（4）语言清晰度，剧场内大部分区域在 50%~70%，以保证观众席音质明亮、亲切。

（5）音乐清晰度，剧场大部分区域在 −4~4dB，以保证对音乐层次更好地表达。

（6）侧向声能，剧场内指标全在 20%~40%，剧院内具有环绕感。

1600 座音乐剧剧院声学构造：顶面为 20mm 厚石膏阻尼层加 20mm 厚硬质 GRG 板的做法。提供更多的反射声。墙面为吸音玻璃丝棉外包玻璃丝布外装 18mm 厚阻燃板的构造，每个单元间距为 50mm、100mm、150mm。侧墙下部采用反射构造，采用吸音玻璃丝棉外包玻璃丝布外装 18mm 厚阻燃板的构造，其声学构造为防止共振吸收，要求板与板之间不得存在缝隙或者密封的接缝。侧墙的上部，距离楼座地面 2.5m 高度以上的范围采用吸声构造，采用吸声三聚氰胺海绵（容重9.7kg/m³）和透声阻燃布的声学构造，其声学构造对声音有良好的吸声贡献，能够有效地控制混响时间。

1000座戏剧剧院声学构造：顶面为20mm厚石膏阻尼层加20mm厚硬质GRG板的做法。吊顶内声桥和面光桥做封闭处理，同时面光桥和声桥做强吸声处理。墙面为容重48kg/m³的吸声玻璃丝棉，外加双层18mm厚木挂板，整体构造声学要求面密度至少为20~30kg/m³，防止低频共振吸收，要求板与板之间不得存在缝隙或者密封的接缝。观众厅的后墙距离舞台较远且与面对舞台，对剧院有可能出现回声缺陷，在声学构造中也做了相应考虑。池座后墙采用18mm厚木微孔穿孔板，其中木微孔穿孔板距离墙面200~300mm，空洞直径2~3mm，穿孔率4%~6%，穿孔板覆50mm厚容重48kg/m³吸音玻璃丝棉，减弱从舞台发出声音的额回馈，通过吸声处理消除话筒啸叫的问题。

4.2.2 建筑视线设计

（1）1600座剧场（图24）。

楼座最大俯角为21.8°；最大视距：楼座为31.3m、池座为33.7m；C值为100mm；座椅排距为950mm/1050mm；座椅间距为550mm/600mm。

（2）1000座剧场。

楼座最大俯角为22.1°；最大视距：楼座为28.15m、池座为24.35m；C值为100mm；座椅排距为950mm/1050mm、座椅间距为550mm/600mm。

图24　1600座音乐剧剧院

（图片来源：作者）

4.3 观演中服务于"管"的技术

4.3.1 剧场内安装的智能化系统

剧场内安装的智能化系统包括通信网络系统、综合布线系统、有线电视系统、广播系统、无线对讲系统、信息引导及发布系统、售检票系统、建筑设备监控系统、安防技术防范系统、智能化集成系统及机房工程等（图25）。

图25　剧场大厅的群众文化活动

（图片来源：杨树聪）

4.3.2 对剧场家具的要求

1600座音乐剧剧院的座椅的单个吸声应控制在以下范围，观众厅的座椅对控制混响时间有重要的作用，设计拟定单个座椅的空座吸声量为0.5~0.6m²/座，待观众厅装修完毕后，座椅安装前进行中期的声学音质测试，依据测试结果确定座椅的具体吸声量，并要求剧院的座椅提供复合该剧院声学要求的检测报告（国家CMA资质的座椅声学测量报告），经过声学设计认可，方可生产安装。要求座椅空座和有人坐时，其吸声量的变化尽可能小，以减少不同上座率条件下，观众厅混响时间变化不明显。建议座椅采用木靠背和木质扶手，靠背内软垫层的厚度和密度根据声学要求进行设计和生产。座椅翻动时不产生噪声和碰撞声。

4.3.3 剧场标识导引系统

剧场标识导引系统包括综合信息标识、前台标识字、楼层信息标识、电梯楼层索引标识、人行分流指示标识、楼层信息标识（吊挂）、电梯厅位置标识、电梯厅楼层号标识、电梯编号标识、步梯间楼层号标识、步梯间位置标识、剧场入口编号标识、剧场分区分道标识、座位号标识、服务设施位置标识、剧场总索引标识、电梯轿厢楼层信息标识、功能间位置标识、设备间位置标识、卫生间标识、消火栓位置标识、警示类标识、紧急疏散图标识、室内广告位。

4.3.4 剧场运营的基本要求

（1）厨房顾问对VIP休息区的服务间、二层前厅两侧水吧等都有机电提资，请按该提资进行内装设计和预留。

（2）预留设备设施检修口。

（3）所有涂料、板材、石材必须符合环保要求。

（4）所有材料满足国家相关消防规范的阻燃要求。

物避免锐角或尖角形状的装修。

照明或装饰灯具需满足防坠落要求。

滑设计。

对天桥艺术中心的"情、境、理、术"全因

素论述，可以发现音乐剧剧院选址的演艺产业组团化的趋势，观演关系比传统歌剧院和话剧院更为灵动，更加代表一种轻松、时尚和商业的演出形态，更为专业地针对于音乐剧演出这种综合舞台艺术的生理和心理空间的营造。

参考文献

［1］焦鑫鑫."剧院"不"剧院"：浅论音乐剧唱法与流行唱法的结合［J］.戏剧之家，2017(16)
［2］吕洋.《室内乐简史》译文及相关问题研究［D］.天津：天津音乐学院，2015.
［3］何蕴琪."音乐剧之王"《剧院魅影》来广州了［J］.南风窗·双周刊，2015(18).
［4］宋瑾.从不同语境评析"音乐表演与欣赏的关系"［J］.天津音乐学院学报，2019(4).
［5］彭媛娣.简论中美音乐剧的差异与发展趋势［J］.中国音乐（季刊），2008(3).
［6］胡星亮.论"国剧运动"的话剧民族化思考［J］.文学评论，1998(3).
［7］汪涛.论20世纪音乐剧的发展历程及其美学特征［D］.重庆：西南师范大学，2002.
［8］卿菁.美国百老汇"整合音乐剧"［D］.南京：南京艺术学院，2007.
［9］黄河清.美国百老汇运作模式及其启示［D］.长沙：中南大学，2011.
［10］曹子熙.美国外百老汇音乐剧艺术特征研究［D］.成都：四川师范大学，2018.